普通高等学校"十四五"规划机械类专业精品教材

现代制造技术基础及应用

主　编　高　阳　杨　斌　朱德馨
副主编　李文龙　冯　瑞　梁　靓　南晓辉
主　审　孙红霞

华中科技大学出版社
中国·武汉

内 容 提 要

本书是北方民族大学机电工程学院机械设计制造及其自动化专业(省级一流建设专业)的成果，是根据教育部《普通高等学校本科专业类教学质量国家标准》和工程教育专业认证对机械设计制造及其自动化专业建议的指导性教学计划、培养目标和课程大纲编写而成的。本书对常见现代制造技术进行了梳理，内容紧凑，各章相互间的关联性更强。本书共 8 章，第 1 章绪论，第 2 章数控加工技术基础，第 3 章数控车削加工基础及应用，第 4 章数控铣削加工基础及应用，第 5 章电加工技术基础及应用，第 6 章激光内雕加工技术基础及应用，第 7 章增材制造技术基础及应用，第 8 章工业机器人基础及应用。

本书努力贯彻以学生为中心、以目标为导向的工程教育专业认证理念，力求理论联系实际，通过较多的学做结合与图表运用，培养读者解决复杂机械工程问题的能力。

图书在版编目(CIP)数据

现代制造技术基础及应用/高阳，杨斌，朱德馨主编. —武汉：华中科技大学出版社，2021.12
ISBN 978-7-5680-7544-2

Ⅰ.①现… Ⅱ.①高… ②杨… ③朱… Ⅲ.①机械制造工艺-研究 Ⅳ.①TH16

中国版本图书馆 CIP 数据核字(2021)第 192163 号

现代制造技术基础及应用　　　　高 阳 杨 斌 朱德馨 主编
Xiandai Zhizao Jishu Jichu ji Yingyong

策划编辑：王 勇
责任编辑：刘 飞
封面设计：原色设计
责任监印：周治超
出版发行：华中科技大学出版社(中国·武汉)　　电话：(027)81321913
　　　　　武汉市东湖新技术开发区华工科技园　　邮编：430223
录　　排：武汉市洪山区佳年华文印部
印　　刷：武汉市籍缘印刷厂
开　　本：787mm×1092mm 1/16
印　　张：17.25
字　　数：408 千字
版　　次：2021 年 12 月第 1 版第 1 次印刷
定　　价：54.80 元

前　言

现代制造技术是以传统制造技术为基础，通过不断地吸收信息技术和现代管理技术等方面的成果，并将其综合应用到产品设计、加工、检验、管理、销售、售后乃至回收等各个环节，以实现优质、高效、低耗、清洁、敏捷制造等而形成的一门综合性、交叉性的前沿学科和技术。

制造业作为国民经济的物质基础和产业主体，是衡量国家科技水平和综合实力的重要标志。《中国制造 2025》开篇曾指出："制造业是国民经济的主体，是立国之本、兴国之器、强国之基 。"然而，随着我国人口红利的消失，人工费用的增长，传统制造业依靠人力发展的道路已经越走越窄。与此同时，以工业机器人为代表的智能装备，使传统的装备制造以及物流等相关行业的生产方式发生了革命性变革。我国通过将信息化与工业化深度融合，坚持"以信息化带动工业化，以工业化促进信息化"，走出了一条科技含量高、经济效益好、资源消耗低、环境污染少、人力资源优势得到充分发挥的新型工业化道路，在经济全球化的大环境下实现了飞跃式发展。面对 2035 年"基本实现社会主义现代化"的目标，以及为实现中国经济从高速发展向高质量发展的转变，在未来的发展中，我国仍坚定不移地推动制造强国和网络强国建设，以提高制造业智能化、绿色化、高端化、服务化水平，形成实体经济、科技创新、现代金融、人力资源协同发展的现代制造业产业体系。《现代制造技术基础及应用》正是在这一背景下编写完成的。

现代制造技术是机械类本科生工程训练课程中的一部分内容。本书融合了数控加工技术、电加工技术、激光加工技术、增材制造技术和工业机器人技术等内容，可作为机械类专业实践必修课程的教材，计划学时为 48 学时。课程环节包括理论讲授、实践操作、作品制作等教学环节，学生需自己动手完成一系列的工程训练项目，直接获得现代工业制造技术和生产工艺过程的基本知识，接受生产工艺组织管理能力的基本训练，也为后续专业课程的学习奠定基础。书中第 2～8 章的数字资源可通过微信扫描章名右边的二维码获取。

本书主要用于普通高等院校机械类专业工程训练现代制造技术的实践教学，可作为机械工程和机械设计制造及其自动化专业的教材，也可作为普通高等院校其他机械类专业的教材或参考书，亦可供从事现代制造技术的工程技术人员参考使用。

本书由北方民族大学高阳、杨斌、朱德馨、李文龙、冯瑞、梁靓和南晓辉共同编写完成，由高阳、杨斌和朱德馨担任本书主编。本书编写分工如下：第 1 章由朱德馨编写；第 2～4 章由杨斌和李文龙编写；第 5 章由冯瑞编写；第 6 章由梁靓编写；第 7 章由高阳编写；第 8 章由南晓辉编写。本书由北方民族大学孙红霞教授主审，高阳统稿。感谢研究生佟宇、梁园、苏杰，本科生黄昊等对书稿整理所做的贡献，感谢北方民族大学机电工程学院和国家自然科学基金项目（编号：51765001）对本书出版的资助，以及北京华航唯实机器人科技有限公司的支持。

限于编者的水平，书中不妥之处在所难免，恳请读者批评指正。

编　者

2021 年 6 月

目　　录

第1章　绪　论

制造业是利用制造过程，将制造资源转换为可供人们使用的工业品或生活用品的行业，是一个国家国民经济的支柱产业，也是国家创造力、竞争力和综合国力的重要体现。它不仅为现代工业社会提供物质基础，为信息和知识社会提供先进装备和知识平台，还是国家安全的基础。

制造业的发展水平取决于制造技术的水平。人类文明的发展历史实际上就是制造技术的发展历史。制造技术的发展水平是衡量国家经济发展水平和国力强弱的重要标志。

1.1　制造与制造技术

1.1.1　生产与制造

生产是指人类创造社会财富的活动和过程，包括物质和精神财富的创造，以及人自身的孕育等，也可称为社会生产。狭义上的生产仅是指人类创造物质财富的活动和过程。从抽象意义上说，生产是在特定的技术条件下，通过将人的劳动作用于劳动对象和劳动资料，获得人们所需要的各种物品或服务的过程。在这一过程中，人们会运用整个人类在改造自然和利用自然的过程中积累起来的各种经验、知识和操作技巧来改造自然物质。这里的生产具有一般的技术属性，反映了人与自然的相互关系，是作为人类生存的自然条件而存在的。

制造则是人类按照市场需求，运用主观掌握的知识或技能，并借助于手工或客观物质工具，采用有效的工艺方法，将原材料转化为物质产品并投放到市场的全过程。制造是一个比较大的概念，它有广义和狭义之分。狭义上的制造，仅是指生产车间内与物流有关的加工和装配过程；而广义上的制造，则包含了市场分析、产品设计、工艺规划、生产准备、加工装配、生产管理、市场营销、售后服务，以及回收处理等整个产品生命周期内的一系列相互联系的生产活动。它不仅是人类所有经济活动的基石，更是人类历史发展和文明进步的不竭动力。

1.1.2　制造系统

制造系统一般是指由制造过程及其涉及的硬件、软件和人员等组成的一个具有某种功能的有机整体。制造过程即产品的经营规划、开发研制、加工制造和控制管理的过程；硬件包括生产设备、工具和材料、能源以及各种辅助装置；软件包括制造理论、制造工艺和方法及各种制造信息等。另外，根据研究问题的侧重点不同，制造系统还有以下三种特定的定义。

(1) 制造系统的功能定义：制造系统是一个将制造资源（包括原材料和能源等）转变为产品或半成品的输入、输出系统。

(2) 制造系统的结构定义:制造系统是制造过程中所涉及的硬件及其相关软件所组成的一个统一整体。

(3) 制造系统的过程定义:制造系统是产品生命周期的全过程,包括市场分析、产品设计、工艺规划、生产准备、加工装配、检验出厂、市场营销及回收处理等各个环节。

由上述定义可知,制造系统是一个工厂/企业所包含的生产资源和组织机构。而通常所指的制造系统只是一个加工系统,仅是上述定义系统的一个组成部分。例如:柔性制造系统,仅能称为柔性加工系统。

1.1.3 制造技术

制造技术(manufacturing technology)是制造业生产各种必要物质(包括生产资料和消费品)所使用的一切生产工具和技术的总称,它涵盖了整个生产制造过程的各种技术的集成,同时也是制造业赖以生存和发展的主体技术。制造技术发展的则是由社会、政治和经济等多方面的因素决定的,但最主要的因素是科学技术的推动和市场的牵引。制造技术的发展水平是衡量国家经济发展水平和国力强弱的最重要标志,也是提高产品竞争力的关键。

相对于仅强调工艺方法和加工设备的传统制造技术,现代制造技术则不仅重视工艺方法和加工设备,更注重于设计方法、生产模式、制造与环境的和谐统一、制造的可持续性以及制造技术与其他学科技术的交叉与融合等,甚至还涉及制造技术与制造全球化、贸易自由化和军备竞争等方面的内容。

1.1.4 制造业在国民经济中的地位

制造业是以制造技术为主导进行产品制造的企业群体的总称,是国民经济的基础产业,同时也是衡量一个国家或地区生产力水平高低的指标。自工业革命以来,世界强国的崛起无不依赖于其发达的制造业体系,而以我国为代表的一批发展中国家通过工业化脱离贫困,走上国家繁荣之路的经验,更是为制造业在国民经济中的核心地位做出了有力证明。制造业的发展不仅直接影响着国民经济各部门的发展,还对国家整体技术水平和经济效益的提高有着较大的影响。据调查,先进的工业化国家中,60%~80%的社会财富和45%的国民收入都是由制造业创造的,近1/4的人口从事于各种形式的制造活动,而在非制造业部门中,也有近一半人员的工作性质与制造业有着密切的关系。

纵观世界各国,任何一个经济发达的国家,无不具有强大的制造业,许多国家的经济腾飞,制造业功不可没。其中,日本最具有代表性。第二次世界大战后,日本先后提出"技术立国"和"新技术立国"的口号,对机械制造业的发展给予全面的支持,并抓住机械制造的关键技术——精密工程、特种加工和制造系统自动化,在战后短短30年里,一跃成为世界经济大国。与此相反,美国自20世纪50年代以后,曾在相当长的一段时间内忽视了制造技术的发展。美国政府历来认为生产制造是企业界的事,政府不必介入。而美国学术界却只重视理论成果,忽视实际应用。一部分学者还错误地主张应将经济重心由制造业转向高科技产业和第三产业,结果导致美国经济严重衰退,竞争力明显下降,在汽车、家电等行业中不敌日本。

制造业在我国的地位尤为重要，它是我国国民经济和工业化发展的核心力量。《中国制造 2025》开篇即指出："制造业是国民经济的主体，是立国之本、兴国之器、强国之基。"面对以信息技术为代表的第三次工业革命，我国"以信息化带动工业化，以工业化促进信息化，走出一条科技含量高、经济效益好、资源消耗低、环境污染少、人力资源优势得到充分发挥的新型工业化路子"。通过将信息化与工业化深度融合，中国在新世纪实现飞跃式发展。2020 年中国工业增加值达到了 31.31 万亿元，连续 11 年位居世界第一。在制造业快速发展的带动下，中国 GDP 也在 2010 年超过日本，成为世界第二大经济体，标志着中国通过新型工业化道路实现了经济繁荣，取得了巨大成就。

1.2 制造技术的发展历程

人类文明的发展历程实际上就是制造技术的发展历程。纵观制造技术的发展历程，科学技术的每次重大进展都推动了制造技术的发展，人类的需求不断增长和变化，也促进了制造技术的不断进步。

1.2.1 传统制造技术的发展历程

早在石器时代，人类就开始使用减量法，把石块的多余部分敲打掉，制造出了各种石具。发展到原始社会，人类又利用等量法制造出土陶制品。待到原始社会后期和封建社会初期，随着冶金技术的发展，人类又使用增量法制造出了大量的金属制品。在近万年的农业经济发展进程中，制造技术的创新与进步，始终是农业生产发展和人类文明进步的支柱和推动力。但由于农业经济本身的束缚，当时的制造业只能采用作坊式手工业的生产方式，生产原动力主要是人力，局部利用水力和风力。

18 世纪 70 年代，以英国人瓦特(James Watt)改良的蒸汽机为标志，动力问题得以解决，从而推动制造业由手工制造转向机械制造，制造技术获得了飞速的发展，并引发了第一次工业革命。制造业开始从手工作坊生产逐渐转变为以机械加工和分工原则为基础的工厂生产。制造方法的转变则主要表现在各种加工、切削技术及零件的制造开始向更精细、更专业化、大批量的方向发展。

19 世纪中叶，电磁场理论的建立为发电机和电动机的产生奠定了基础，人类迎来了电气时代，人们以电力作为动力源，使机器的结构和性能发生了重大的变化。同时，互换性原理和公差制度也应运而生。所有这些变化使制造业发生了重大变革，并使其进入了一个快速发展时期。

20 世纪初，大批量流水生产线和泰勒式工作制及其科学管理方法，在汽车制造等行业得到了应用，生产率获得极大的提高。特别是在第二次世界大战期间，以降低成本为目的的刚性、大批量自动化制造技术和科学管理方式得到了很大发展。大批量流水生产线不仅降低了产品的生产成本，还能保证产品的良好质量，此时最具有代表性的产品是福特公司的"T"型车。

1.2.2 现代制造技术的发展历程

现代制造技术是在传统制造技术的基础上发展起来的，其发展最早可以追溯到 20 世纪50年代至60年代，主要以当时先后出现的计算机、数控机床、工业机器人等为形成标志。

第二次世界大战之后，传统的大批量生产方式已难以满足市场多变的需求，多品种、小批量的生产方式逐渐成为制造业的主流生产方式。20世纪70年代后，计算机、微电子、信息化和自动化技术的迅速发展，推动了生产方式由大、中批量生产自动化向多种小批量柔性生产自动化转变。传统的自动化生产方式只有在大批量生产的条件下才能实现，而数控机床，尤其是数控加工中心的出现则使中、小批量生产自动化成为可能。在此期间，开始初步形成一系列的先进制造技术，如计算机数控加工、柔性制造技术等，并出现了一些先进制造模式。同时，现代化生产管理模式，如准时制生产、全面质量管理，开始应用于制造业。

从20世纪80年代起，随着世界经济的发展和人们生活水平的不断提高，市场环境发生了巨大的变化，尤其是网络技术的迅速发展给世界带来了巨大的影响。一方面，消费者的需求日趋多样化和个性化；另一方面，市场竞争日趋激烈化和全球化。在这样的时代背景下，能够快速响应瞬息万变的市场需求则成为制造系统赢得市场竞争的焦点。与此同时，世界也正处在由资源消耗型的工业经济向以信息知识为基础的知识经济转变的重要时期。知识经济在很大程度上体现在具有高知识附加值的产品上，知识经济的一个重要标志就是产品创新。在这种环境下，制造资源相对集中、组织结构相对固定，以区域经济环境为主导、以面向产品为特征的传统制造模式显然已不合时宜，而具有全球性的，能够以灵活敏捷的组织形态与控制机制，快速响应市场需求变化的新一代制造模式此时则纷纷呈现并得到长足的发展，从而涌现出了许多新的制造技术和制造方法。在设计领域，主要有计算机辅助设计(computer aided design，CAD)、计算机辅助制造(computer aided manufacturing，CAM)、计算机辅助工艺规划(computer aided process planning，CAPP)等；在制造领域，主要有计算机数控(computer numerical control，CNC)、直接数字控制(direct numerical control，DNC)、高速切削技术、精密与超精密加工技术、微细加工技术、纳米制造技术和快速成型技术等；在经营管理领域，有物料需求计划(material requirements planning，MRP)、制造资源规划(manufacturing resource planning，MRP-Ⅱ)、企业资源规划(enterprise resource planning，ERP)等；在制造系统和制造模式方面，有计算机集成制造系统(computer integrated manufacturing system，CIMS)、柔性制造系统(flexible manufacturing system，FMS)、并行工程(concurrent engineering，CE)、精益生产、敏捷制造和分散网络化制造等。

自21世纪以来，为了应对能源危机、环境恶化、资源短缺等各种问题，绿色制造技术开始出现和发展。同时各种先进的技术装备也相继出现并得到较大发展，如虚拟轴机床、可重构机床、精密焊接技术与装备、微制造技术与设备、快速成型系统、激光加工技术与装备等。

1.3 现代制造技术概述

1.3.1 现代制造技术提出的背景

现代制造技术(modern manufacturing technology，MMT)首先由美国于20世纪80

年代末提出，也可称为先进制造技术(advanced manufacturing technology，AMT)。20 世纪 80 年代末，美国制造业面临德国和日本的竞争压力，持续衰退。1988 年，美国政府资助了“21 世纪制造企业战略”研究，并于其后不久提出了先进制造技术发展目标，制定并实施了“先进制造技术计划(ATP)”和“制造技术中心计划(MTC)”，以增强美国制造业的竞争力。先进制造技术计划的主要研究内容包括现代设计方法与技术、先进制造工艺与技术、先进制造过程的支撑技术与辅助技术以及制造基础设施。现代制造技术的概念就是在此背景下提出的，并迅速得到了全球工业化国家的普遍关注。

1.3.2 现代制造技术的内涵与特征

随着社会需求的个性化、多样化的发展，生产规模开始沿着小批量→大批量→多品种变批量的方向发展，同时以计算机为代表的信息技术和现代化管理技术的相互渗透与融合，不断地改变着传统制造技术的内涵和特征，从而形成了现代制造技术，但现代制造技术至今尚无明确的和一致公认的定义。根据近年来在现代制造技术方面开展的工作，通过对其特征的研究分析，一般认为：现代制造技术是传统制造业不断地吸收信息技术和现代管理技术等方面的成果，并将其综合应用到产品设计、加工、检验、管理、销售、售后乃至回收等各个环节，以实现优质、高效、低耗、清洁、敏捷制造等，提高对动态多变的市场的适应能力和竞争能力的制造技术的总称。

现代制造技术重要的特征就是实现优质、高效、低耗、清洁、敏捷制造。这意味着现代制造技术除了通常追求的优质、高效外，还要面对有限资源与日益增长的环保压力的挑战，实现低耗、清洁的可持续发展。此外，现代制造技术也必须面对人类消费观念变革的挑战，满足日益“挑剔”的市场需求，实现敏捷制造。

从整体上来说，现代制造技术具有以下几个特征。

第一，现代制造技术的综合性。现代制造技术主要是在综合计算机、信息技术、自动化等学科的基础上发展而来的一门综合性的学科，随着不同对象与时间的变化，它的功能结构和信息系统也在不断变化。

第二，制造系统的多功能性。现代制造系统本身具有多功能性以及信息密集性，它可以制造与批量无关的产品，也可以通过定制来满足产品在多个方面的个性化需求。

第三，制造的智能化。这种智能化的现代制造技术可以代替人工操作的技术，而且也可以学习工程技术人员经过长期积累形成的实践经验与知识能力，并能够把这些方面的内容应用在解决实际生产问题的过程中。此外，智能制造系统可以充分发挥人的创造能力，并具有人的智能与技能，它强调的是把人作为系统的主导者。

第四，设计和工艺的一体化。传统的制造工程设计与工艺是分别开展与推进的，从而导致了工艺附属于设计。工艺和设计脱离的问题使得制造技术不能实现进一步发展，产品设计总是会被实际的工艺条件所影响与约束，而且也会被制造的可靠性、加工精度尺寸等多个方面限制。所以，从工艺入手实现设计与工艺的一体化发展必须要把设计和工艺紧密联系起来。

第五，精密加工技术的关键性。精密与超精密的加工技术是评价现代制造技术水平的一个主要因素。从目前来看，纳米加工技术体现了制造技术的最高精度水平。

第六，产品生命周期的整体性。现代制造技术是从产品概念出发，包括产品形成、应用、报废处理等所有环节的一个综合性的系统。在产品设计的过程中，不但包括结构设计、零件设计、装配设计等方面的内容，而且包括最重要的拆卸设计，从而也就确保了在产品报废处理的过程中，可以实现对材料的回收利用，减少对环境造成的污染。

1.3.3 现代制造技术的体系结构

现代制造技术所涉及的领域和内容非常广泛，国际上通常采用"技术群"的概念来描述现代制造技术的基本体系结构，一般认为现代制造技术主要包含5大技术群。

（1）系统总体技术群。

主要包括柔性制造、计算机集成制造、敏捷制造以及智能制造等先进制造技术。

（2）设计-制造一体化技术群。

主要包括计算机辅助设计/计算机辅助制造/计算机辅助工程、数控技术、自动化工厂、并行工程、虚拟制造等。

（3）制造工艺与装备技术群。

主要包括材料生产工艺与装备、常规加热工艺与装备、高速/超高速加工工艺与装备、精密/超精密与纳米加工工艺与装备、特种加工工艺与装备等。

（4）管理技术群。

主要包括计算机辅助生产管理、物料需求计划/制造资源规划/企业资源规划、供应链管理、全面质量管理、准时生产、精益生产、企业业务流程再造等。

（5）支撑技术群。

主要包括标准化技术、计算机技术、软件工程、数据库技术、多媒体技术、通信技术、人工智能、虚拟现实技术、人机工程学、环境科学等。

美国机械科学研究院（AMST）提出了一种多层次技术群构成体系，如图1-1所示。

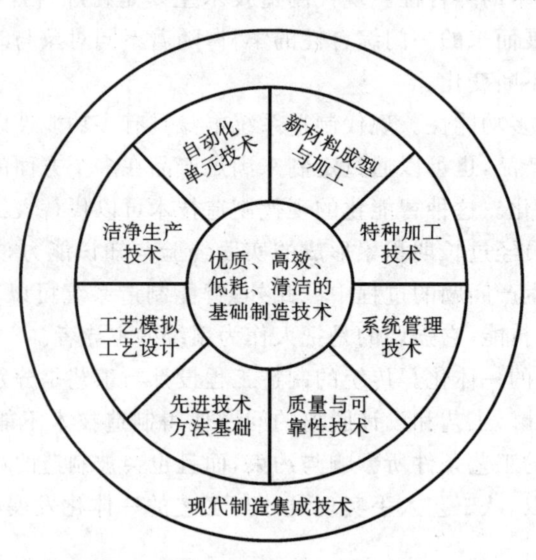

图1-1 多层次技术群构成体系

（1）第一个层次为优质、高效、低耗、清洁的基础制造技术。过去生产中常采用经济实用的工艺技术，如铸造、锻压、焊接、热处理、表面保护、机械加工等传统基础加工工艺。随着技术的进步，经过优化形成的优质、高效、低耗、清洁的基础制造技术是现代制造技术的核心及重要组成部分。

(2) 第二个层次为新型制造单元技术。在市场需求及新兴产业的带动下，制造技术与电子、信息、新材料、新能源、环境科学、系统工程、现代管理等高新技术相结合而形成了崭新的制造单元技术。例如，制造业自动化单元技术、极限加工技术、质量与可靠性技术、系统管理技术、CAD/CAM、清洁生产技术、新材料成型加工技术、激光与高密度能源加工技术、工艺模拟及工艺设计优化技术等。

(3) 第三个层次为现代制造集成技术。这是应用计算机技术、信息技术和管理技术与制造技术相互融合，集成上两个层次的技术而形成的现代制造技术的高级阶段。例如，柔性制造系统、计算机基础制造系统、智能制造系统以及虚拟制造技术等。

以上三个层次都是现代制造技术的组成部分，但其中任何一个层次都不等于现代制造技术的全部。

1.3.4 现代制造技术的分类

现代制造技术是一个涉及范围非常广泛、技术非常繁多的复杂系统。从制造技术的功能性角度划分，可将现代制造技术分为五大类型。

1. 现代设计技术

现代设计技术就是以产品的质量、性能、时间、成本/价格综合效益最优为目的，以计算机辅助设计技术为主体，以知识为依托，以多种科学方法及技术为手段，研究、改进、创造产品活动过程所用到的技术群体的总称。

2. 现代加工技术

现代制造技术的发展包含了机械制造工艺的变革与发展，因为制造工艺与加工方法是制造技术的核心和基础。随着机械制造工艺技术水平的提高，加工制造精度也在不断地提高。超高速加工技术的应用和不同工序的集成，大大地提高了机械加工的效率。新型材料的不断推陈出新，既扩展了加工对象，同时又促进了新型加工技术的出现。由于新的制造工艺理念的突破，快速成型等新加工模式出现。

3. 制造自动化技术

制造自动化是在制造过程的所有环节采用自动化技术后，所实现的制造全过程的自动化。制造自动化的任务是研究制造过程中规划、管理、组织、控制与协调优化等环节的自动化，以实现产品制造过程的优质、高效、低耗、柔性、洁净等。

4. 制造管理技术

从广义上讲，制造系统是由加工对象、制造装备以及人员组织等构成的一个有机整体。其中，企业的战略决策、组织架构、人力资源、信息流、物流等的管理与控制，是一个非常重要的方面。要使制造系统高效地运作，离不开有效的管理，也离不开制造管理技术。

5. 先进制造技术

先进制造技术是指集机械工程技术、电子技术、自动化技术、信息技术等多种技术为一体，用于制造产品的技术、设备和系统的总称。它是制造技术、计算机技术、通信技术、自动化技术和管理科学等学科的交叉。先进制造技术正朝着柔性化、集成化、网络化、虚拟化和清洁化的方向发展。

1.4 现代制造技术的特点及发展趋势

1.4.1 现代制造技术的特点

1. 动态性

现代制造技术主要针对一定的应用目标不断地吸收各种高新技术,所以现代制造技术本身的发展并非一成不变,而是随着其他相关技术的发展不断地更新自身的内容。在不同时期,现代制造技术反映着不同的自身特点。另外,在不同的国家和地区,现代制造技术也有其自身发展的重点目标和内容,通过重点内容的发展以实现这个国家和地区制造技术的跨越式发展。

2. 广泛性

传统的制造技术是将各种原材料变成成品的加工工艺,而先进制造技术则在传统制造技术的基础上大量应用于加工和装配过程。但由于生产过程包括了设计技术自动化技术和系统管理技术等,且将其综合应用于制造的全过程,覆盖了产品设计、生产准备、加工与装配、销售使用、维修服务甚至回收再生的整个过程,因此其涉及面非常广泛。

3. 实用性

现代制造技术首先是一项面向工业应用具有很强实用性的新技术,其主要是针对某一具体制造业的需求而发展起来的先进适用的制造技术。同时,现代制造技术不以追求高新技术为目的,而注重最好的实践效果,以提高效益为中心,以提高企业竞争力、促进国家经济增长与增强综合实力为目标。从现代制造技术的发展过程与应用的范围来看,无不反映着这是一项应用于制造业,且对国民经济的发展起重大作用的实用技术。

4. 集成性

传统制造技术的学科和专业因比较单一而独立,且相互间的界限分明。而现代制造技术是集机械、电子、信息、材料和管理技术为一体的新型交叉学科。由于专业和学科间的不断渗透、交叉与融合,界限逐渐淡化甚至消失,技术趋于系统化、集成化,且发展成为集机械、电子、信息、材料和管理技术于一体的新型交叉学科。因此,可以称其为“制造工程”。

5. 系统性

相对于传统制造技术,随着微电子、信息技术的引入,现代制造技术不仅能驾驭生产过程中的物质流和能量流,还能驾驭信息生成、采集、传递、反馈与调整的信息流动过程。可以说,现代制造技术是驾驭生产过程的物质流、能量流和信息流的系统工程。例如,柔性制造系统、计算机集成制造系统是先进制造技术全过程控制物质流、信息流和能量流的典型应用案例。

6. 高效、低耗、清洁及灵活性

现代制造技术的核心是优质、高效、低耗、清洁等,它是从传统的制造工艺发展起来的，并与新技术实现了局部或系统的集成，这意味着现代制造技术除了通常追求的优质、高效外，还要面对有限资源与日益增长的环保压力的挑战，实现低耗、清洁的可持续发展。

7. 先进性

现代制造技术是多项高新技术与传统制造技术相结合的产物，它代表着制造技术的发展趋势和方向。现代制造技术的最终目标就是要提高对动态多变的产品市场的适应能力和竞争能力。为确保生产和经济效益持续稳步的提高，对市场变化做出更灵活、敏捷的反应，以及对最佳技术效益的追求，提高企业的竞争能力。现代制造技术比传统的制造技术更加重视技术与管理的结合，更加重视制造过程组织和管理体制的简化以及合理化，从而产生了一系列先进的制造模式。

1.4.2 现代制造技术的发展趋势

1. 虚拟化

随着信息技术的发展，基于信息技术兴起的虚拟现实技术和仿真技术也在不断地更新发展，将虚拟化技术引入制造产业中，人们通过更合理地应用虚拟技术和仿真技术，借助计算机软件，对产品的设计、加工、装配、检验以及使用进行虚拟化试验，能更快地找出其中存在的问题，从而对其进行优化，这样一来，就能提高产品制造的可靠性，提升其研发与应用的效率，同时也能有效减少资源的浪费。因此，虚拟化技术是现代制造技术未来发展的主要趋势之一。

2. 全球化

近年来，现代制造技术开始逐渐朝着技术全球化的方向发展，但是，每个国家之间的生产标准存在差异，减缓了这一发展趋势。随着全球经济一体化发展速度的不断加快，各个国家的制造技术必然会朝着趋同化的方向前进。具体来说，现代制造技术的全球化特征主要体现在以下几个方面：第一，在全球经济不断发展的过程中，控制生产技术的成本已经成为获取利润的主要方式，因此，降低生产技术的成本已经成为必然趋势；第二，随着全球环境的不断恶化，人们的环保意识不断提高，在这种情况下，绿色生产技术的应用已经刻不容缓。

3. 绿色化

绿色化的发展模式是近年来提出的新理念，也是在环境保护的基础上形成的现代发展理念。习近平总书记指出："我们要建设的现代化是人与自然和谐共生的现代化。"当前，我国正在大力推进绿色发展，并且颁布实施了 ISO9000 系列国际质量标准和 ISO14000 国际环保标准。在这样的背景下，现代制造技术未来的发展就必须遵循绿色发展的理念，实现现代制造的绿色化。因此，在产品设计、材料选用、制造工艺、包装、管理销售和使用方面，都必须遵循绿色发展理念，使生产过程与使用过程绿色化，在产品使用完以后，也必须进行绿色化处理，对其加以回收利用，以避免对生态环境造成污染破坏，保证人与自然的和谐发展。因此，绿色化发展是现代制造技术未来发展的主趋势之一。

4. 快速化

制造过程的快速化是指对市场的快速响应和对生产的快速重组能力。快速化能强有力地推动制造技术的进步与发展，但它需要生产模式的高度柔性和敏捷性，否则，就不能以最快的速度应对市场变化，以致被淘汰。所以，制造过程的快速化是现代制造技术发展的“动力”。在未来社会经济的发展过程中，现代制造企业提高生产与经营的快速响应能力是至关重要的。

5. 可持续化

可持续化并不仅仅是一个经济层面的理念，而是能够融入现代制造业生产过程中的一种先进理念。长期以来，工业制造资源都是影响社会经济发展的重要因素之一，所以，在现代制造业的生产过程中，必须充分考虑环境问题以及资源的可持续发展问题。此外，因为传统的工业生产制造过程已经对自然生态环境造成了严重的污染，并且引发了雾霾、全球变暖等多种环境问题，对人们的身体健康与生产生活产生了严重影响。在这种情况下，必须进一步优化与创新现代制造技术，加强可持续制造技术的应用，以此来减少现代制造技术对环境造成的污染。

6. 精密化

现代高新技术产品需要高精度制造，社会的发展对产品的质量提出了越来越高的要求。这决定了发展精密加工、超精密加工技术是未来的一个重点。纳米技术的出现已经给我国的传统制造行业造成了巨大的冲击，而且也为现代制造业带来了新的发展机遇。在这个大背景下，现代制造业应该及时地开展技术创新，以此来提高现代制造业的生产水平。此外，纳米材料的出现也给现代制造业带来了新的市场前景，所以，在未来的发展过程中，现代制造业可以按照这一新的市场需求来创造更多的精密化新产品，以此来促进现代制造业的进一步发展。

课后习题

1-1 简述什么是现代制造技术。

1-2 简述现代制造技术的体系构成。

1-3 结合实际，论述我国现代制造技术的发展状况。

第2章 数控加工技术基础

第2章
数字资源

2.1 数控加工的基本概念

数控加工是指在数控机床上进行零件加工的一种工艺方法，它是用数字信息（即程序）控制机床自动运行完成零件的加工。数控加工是一种具有高效率、高精度和高柔性特点的自动化加工技术，它可以有效解决复杂、精密、单件小批量零件的加工问题，不仅能够充分适应现代化生产的需要，而且是自动化、柔性化、敏捷化和数字化制造的基础与关键技术。

数控加工过程如下。

（1）数控加工程序编制。首先根据零件设计要求（零件图）制定数控加工工艺过程，选择刀具及切削参数，然后按数控机床规定的编程格式编写零件的数控加工程序。

（2）数控加工程序输入。根据数控机床的程序输入要求，通过输入装置将数控加工程序输入数控机床的数控系统中。

（3）零件加工。数控系统对输入的数控加工程序进行相应的处理，生成和发出相应的控制指令，控制机床的各种运动和动作，使刀具与工件严格地按照程序规定的顺序、刀具路径和参数运动，从而加工出符合要求的零件。

数控加工程序简称数控程序或零件程序（part program ），是用特定格式的一套指令代码编写的控制数控机床执行一个确定的加工任务的一系列指令。数控加工程序编制是指为零件的数控加工编写加工程序的过程。

一般来说，数控加工技术包括数控加工工艺和数控加工程序编制技术两大方面。数控机床为数控加工提供了物质基础，但数控机床是按照事先规定的指令信息——数控加工程序来执行各种运动的。因此，数控加工程序编制是实现数控加工的重要环节。对于复杂零件的加工，其编程工作显得尤其重要。

此外，在数控加工中，通常采用坐标测量机或直接在数控机床上测量零件的加工精度，因此需要编写数控测量程序控制测量过程。一般认为，数控测量程序是数控加工程序的一种。

2.2 数控机床

2.2.1 数控机床的组成

数控机床主要由控制介质、数控系统、伺服系统和机械系统等组成，如图2-1所示。

1. 控制介质

控制介质又称信息载体，用于记录零件的数控程序。常用的信息载体有U盘等，它

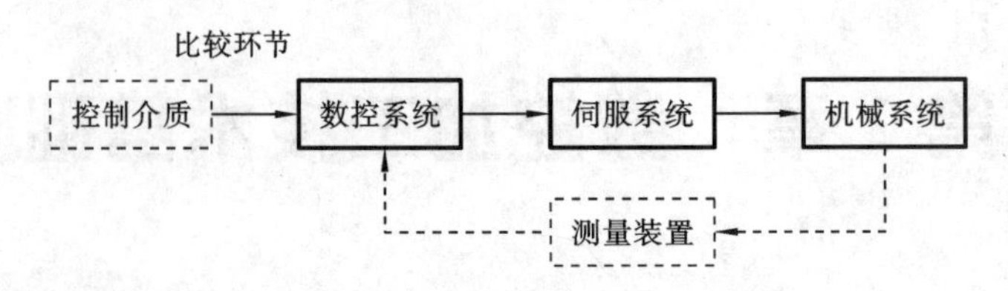

图 2-1　数控机床的组成

们可通过相应的输入装置将信息输入数控系统中。数控机床也可采用操作面板上的按钮和键盘直接输入数控程序和其他加工信息,或者通过配置的通信接口(串口或网卡)将外部计算机上的数控程序输入数控系统中。

2. 数控系统

数控系统是数控机床的控制系统,是数控机床的核心组成部分。它的功能是输入数控加工程序,进行计算和处理后,发出相应的指令,传送给伺服系统,通过伺服系统控制机床的运动和动作。数控系统控制的机床运动和动作主要包括:

(1) 机床主轴运动,如主轴的启动、停止、转向等;

(2) 机床进给运动,如点位、直线、圆弧进给运动,运动方向和进给速度选择等;

(3) 刀具选择、换刀和刀具补偿;

(4) 其他辅助运动,如工作台锁紧和松开、工作台的旋转与分度、冷却液的开和关等各种辅助操作。

3. 伺服系统

伺服系统(又称随动系统)是用来精确地跟随或复现某个过程的反馈控制系统。它是数控系统与机床执行机构的连接环节,是数控机床执行机构的驱动部件。伺服系统的作用是把来自数控系统的位移或位移速度、加速度等信号,经功率放大和处理后,转换成机床执行部件的运动,如工作台的直线运动、主轴的旋转运动等。

根据驱动主轴或进给运动,可以将伺服系统划分为主轴伺服系统和进给伺服系统。伺服系统一般由比较环节、驱动单元、伺服电动机和测量反馈单元四部分组成,如图 2-2 所示。

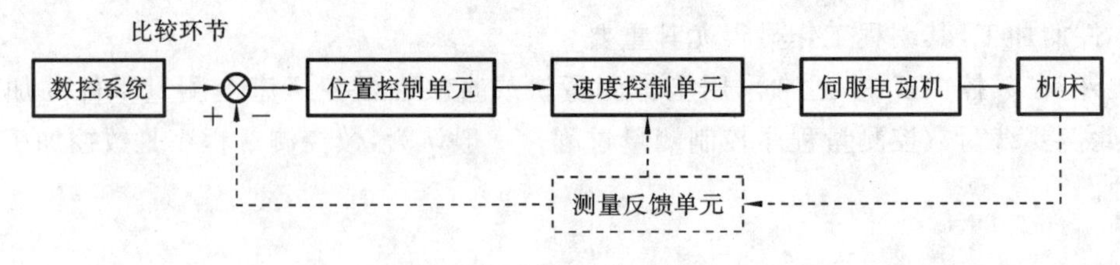

图 2-2　伺服系统的组成

比较环节的功能是将输入的指令信号与反馈信号进行比较,以获得输出与输入间的偏差信号。

驱动单元包括位置控制单元和速度控制单元,其主要任务是对比较环节输出的偏差信号进行变换处理,以控制伺服电动机按要求动作。一般情况下,多将位置控制单元与数控系统做在一起,所以通常所说的驱动单元是指速度控制单元。速度控制单元是一个调速系统,由速度调节器、电流调节器、功率驱动放大环节等组成。

伺服电动机的功能是将电信号转换成转轴的角位移或角速度以驱动控制对象。“伺服”即电动机转子服从控制信号的要求即时运转或停止，因此伺服电动机的控制精度非常准确。常用的伺服电动机有直流伺服电动机、交流伺服电动机和数字伺服电动机。一些低端数控机床常采用步进电动机作为驱动部件。

检测环节是指能够对输出进行测量并转换成比较环节所需要的量纲的装置，一般包括传感器和转换电路。

伺服系统的性能将直接影响数控机床部件的运动精度和速度，因此它是影响数控机床加工精度和加工效率的主要因素之一。

4. 机械系统

数控机床的机械系统由下列部分组成。

(1) 机床基础件：包括床身、底座、立柱、横梁、滑座、工作台等，它是整台机床的基础和框架。机床的其他零部件要么固定在基础件上，要么在基础件的导轨上运动。

(2) 主轴部件：包括主轴伺服电动机和主轴传动系统。

(3) 进给系统：包括进给伺服电动机和进给传动系统。

(4) 实现工件回转、定位的装置和附件。

(5) 实现某些部件动作和辅助功能的系统和装置，如液压、气动、润滑、防护等装置。

(6) 刀库和自动换刀装置。

(7) 自动托盘交换装置。

数控机床机械系统的主要特点如下。

(1) 大多数数控机床采用高性能的主轴及伺服传动系统，因此，数控机床的机械传动机构得到了简化，传动链较短。

(2) 为适应数控机床的连续自动化加工，数控机床具有较高的动态刚度、阻尼及耐磨性，热变形较小。

(3) 采用高效、高精度、无间隙传动部件，如滚珠丝杠螺母副、直线滚动导轨、静压导轨等。

(4) 一些数控机床还采用了刀库和自动换刀装置，以提高机床工作效率。

2.2.2 数控机床的工作过程

在数控机床上加工零件时，首先要制定零件的数控工艺过程，按照数控机床规定的格式和指令代码编写零件的数控加工程序；然后通过输入装置将数控加工程序输入数控系统中；数控系统对数控加工程序进行处理，向伺服系统等发出相应的指令，控制机床主轴的启停、变速，工作台(或刀架)的进给方向、速度和位移，以及其他如刀具更换、冷却液开关控制等，使刀具与工件及其他辅助装置严格按照数控加工程序规定的顺序、轨迹和参数进行工作，从而加工出符合要求的零件。数控机床的工作过程如图 2-3 所示。

2.2.3 数控机床的分类

数控机床种类较多，按其加工工艺方式一般可分为金属切削数控机床、金属成型数控机床和特种加工数控机床等。金属切削数控机床中根据其自动化程度的高低，又可分为

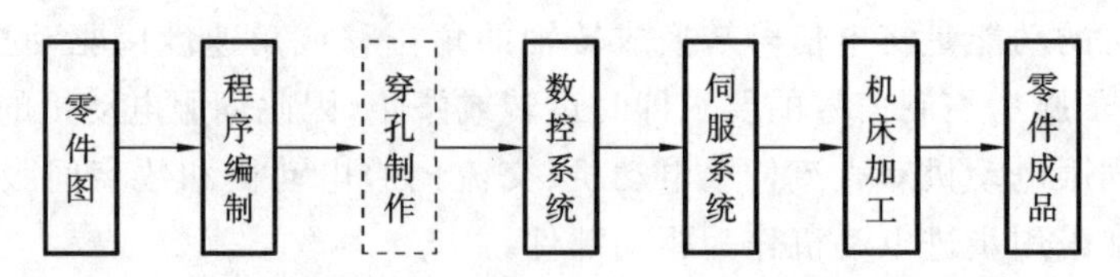

图 2-3 数控机床的工作过程

数控机床、加工中心(machining center, MC)和柔性制造单元(flexible manufacturing cell,FMC)。

像传统的通用机床一样,数控机床可分为数控车床、数控铣床、数控钻床、数控磨床、数控齿轮加工中心、数控冲床、数控剪床等,这类数控机床的工艺特点和相应的通用机床相似,但它们具有复杂形状零件的加工能力。

加工中心可分为镗铣类加工中心和车削加工中心,它们是在相应的数控机床的基础上加装刀库和自动换刀装置而构成的。其工艺特点是:工件经一次装夹后,数控系统能控制机床自动地更换刀具,连续自动地对工件多个表面进行铣(车)、钻等多种加工操作。

柔性制造单元是具有更高自动化程度的数控机床。它可以由加工中心、搬运机器人和(或)自动化小车等自动物料储运系统组成,有的还具有加工精度、切削状态和加工过程的自动监控功能。

特种加工数控机床可分为数控电火花加工机床和数控线切割机床等。

2.2.4 数控机床的控制方式

1. *按运动方式划分*

数控机床的种类虽然很多,但按照刀具与工件的相对运动方式,可将其控制方式划分为点位控制、直线运动控制和轮廓控制。

(1) 点位控制。只控制机床移动部件的终点位置,而不管移动轨迹如何,并且在移动过程中不进行切削,如图 2-4(a)所示。数控钻床、数控冲床等是典型的点位控制机床。

(2) 直线运动控制。除了控制运动的起点与终点的准确位置外,还要求刀具运动轨迹为一条直线,并能控制刀具按照给定的进给速度进行切削加工,如图 2-4(b)所示。数控车床、数控铣床、加工中心等一般都具有直线运动控制功能。

(3) 轮廓控制。轮廓控制又称连续轨迹控制,能够对刀具与工件的相对移动轨迹和速度进行连续控制,并在移动时进行切削加工,可以加工任意斜率的直线、圆弧和曲线,如图 2-4(c)所示。大多数数控铣床、数控车床、数控磨床、加工中心等都具有轮廓控制功能。

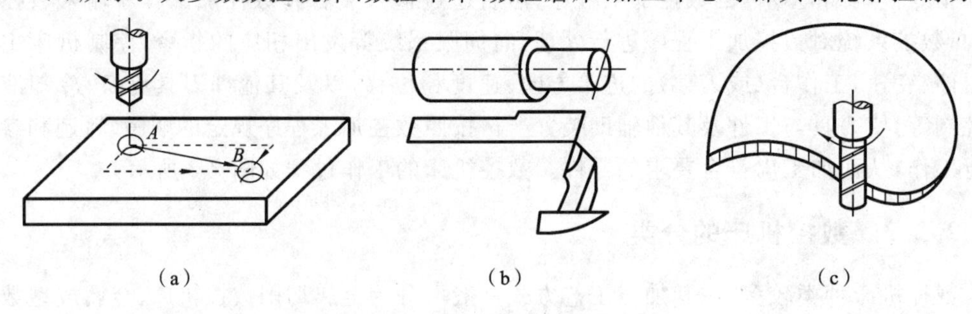

图 2-4 数控机床的控制方式

2. 按伺服系统控制方式划分

按伺服系统控制方式的不同,可将数控机床的控制方式划分为开环控制、闭环控制和半闭环控制方式。

(1) 开环控制方式。

开环控制是一种不带位置测量反馈装置的控制方式,在这种控制方式中,数控系统处理数控加工程序,并向伺服系统发出位移指令信号,驱动机床运动,进行加工。最典型的开环伺服系统就是采用步进电动机的伺服系统,如图 2-5 所示。它一般由步进电动机驱动器、步进电动机、齿轮箱和丝杠螺母传动副等组成。数控系统每发出一个位移指令脉冲,经驱动器功率放大后,驱动步进电动机旋转一个步距角,再经传动机构带动工作台或刀具移动。步进电动机的实际转角和转速分别由输入的脉冲数和脉冲频率决定。这类系统的信息传送是单向的,即位移脉冲指令发出去以后,实际进给位移不再反馈回来,所以称为开环控制方式。经济型数控机床一般采用开环伺服系统,机床调试简单,其精度取决于步进电动机和机床机械系统的精度,一般来说,其加工速度和加工精度较低。

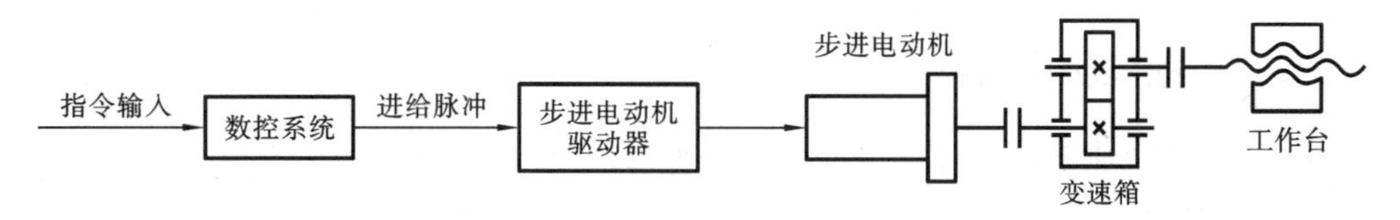

图 2-5 开环控制示意图

(2) 闭环控制方式。

闭环控制是一种在机床移动部件上直接安装位置测量反馈装置的控制方式,如图 2-6 所示。位置测量装置(光栅、感应同步器等)的作用是检测工作台的实际位置并反馈给数控系统。数控系统将实际位置与数控加工程序中规定的位置相比较,以其差值来控制伺服电动机(直流或交流伺服电动机)驱动工作台向减少误差的方向移动,直到差值等于零为止。这类伺服系统将机床工作台纳入位置控制环,故称为闭环控制。闭环伺服系统可以消除因传动环节的制造精度而引起的运动误差,因而定位精度高。但闭环伺服系统受丝杠的拉压刚度、扭转刚度、摩擦阻尼特性和间隙等非线性因素的影响,导致机床调试复杂困难。如果各种参数匹配不当,将会引起系统振荡,造成不稳定,影响定位精度。闭环伺服系统的结构复杂、成本高,故主要用于精度要求高的数控机床。

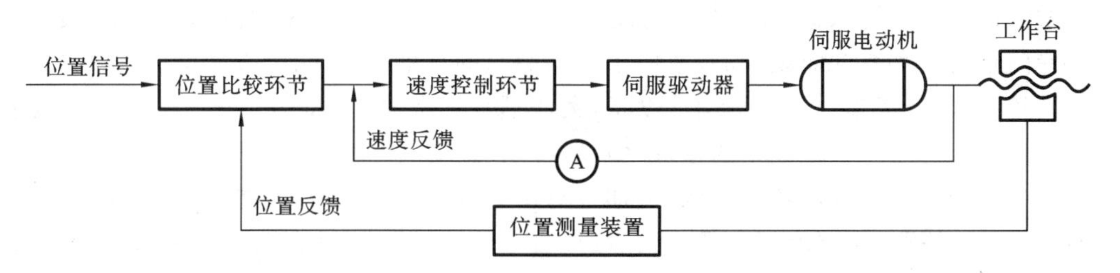

图 2-6 闭环控制示意图

(3) 半闭环控制方式。

与闭环控制方式不同,半闭环控制用安装在伺服电动机或丝杠上的角位移测量元件

(如旋转变压器、脉冲编码器、光栅等)来代替安装在机床工作台上的直线测量元件,用测量电动机的旋转角位移来代替测量工作台的直线位移,如图 2-7 所示。这种系统未将丝杠螺母副、齿轮传动副等传动装置包含在闭环反馈系统中,因而称为半闭环控制方式。半闭环控制虽然不能补偿传动装置的传动误差,但容易获得稳定的控制特性,其控制精度介于开环控制系统的精度和闭环控制系统的精度之间,其机床调试比闭环控制方式的容易,因而应用广泛。

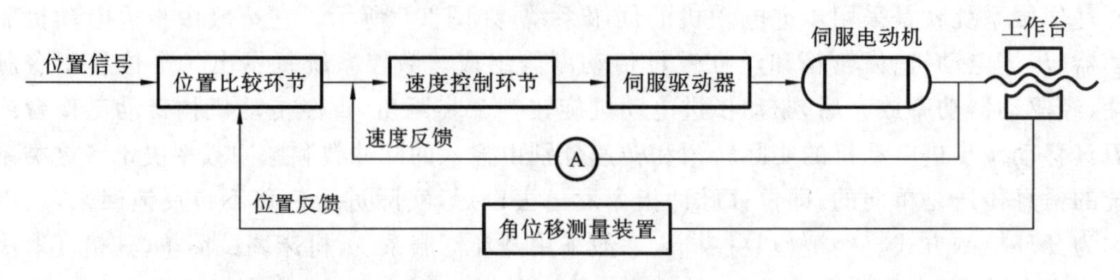

图 2-7 半闭环控制示意图

2.2.5 数控机床的特点

数控机床与普通机床相比具有以下显著特点。

1. 自动化程度高

在数控机床上加工零件时,除手工装卸工件和对刀外,全部加工过程都可由机床自动完成。尤其是在柔性制造系统(FMS)中,上料、下料、检测、诊断、传输、调度、管理等也可自动完成,从而减轻了操作者的劳动强度。

2. 进给传动机构简单

数控机床的进给传动机构一般为滚珠丝杠副,伺服电动机与滚珠丝杠直接连接或通过同步带连接,传动机构简单。滚珠丝杠副通过预紧可消除反向间隙,传动精度高,运动平稳。

3. 具有加工复杂形状零件的能力

数控机床因其具有多轴联动功能,能够加工许多普通机床难以加工或无法加工的空间曲线、曲面,因此能够完成常规加工方法难以完成或者无法完成的复杂型面的加工。

4. 具有高度的柔性

柔性即灵活、可变、适应性强,是相对刚性而言的。许多企业采用的组合机床、专用机床是专门针对某种零件而设计的,适用于产品稳定的大批量生产,可大幅度提高生产率和产品质量,并降低成本。但这类刚性设备,无法适应多品种、小批量生产。一般的机械仿形加工机床能加工一些较复杂的零件,但零件形状改变后,就必须重新设计、制造靠模等,技术准备周期长。而采用数控机床,当加工对象改变后,只需改变数控加工程序、调整刀具参数等,并且很少需要专用夹具,因此数控机床柔性好,可大大缩短工艺准备周期,特别适用于多品种、中小批量和复杂型面的零件加工。

5. 加工精度高、质量稳定

目前,数控机床加工的尺寸精度一般可达±0.005 mm,最高的尺寸精度可达±0.01 μm,数控机床的脉冲当量一般为 0.001 mm,高精度数控机床可达 0.0001 mm,其运动分辨率远高于普通机床。另外，数控机床具有位置检测装置，可将移动部件的实际位移量或丝杠、伺服电动机的转角反馈到数控系统，并进行补偿。因此，可获得比机床本身精度还高的加工精度。数控加工是用程序控制的自动化加工技术，零件的加工质量由机床保证，无人为操作误差的影响，所以同一批零件的尺寸一致性好，质量稳定。

6. 加工效率高

数控机床的加工效率一般比普通机床的高 2～3 倍，在加工复杂零件时，加工效率可提高十几倍甚至几十倍。数控机床能够减少零件加工所需的机动时间与辅助时间。数控机床的主轴转速和进给量的范围比普通机床的范围大，使得每一道工序都能选用最佳的切削用量。另外，良好的结构刚性允许数控机床进行大切削用量的强力切削，从而有效地节省了加工时间。数控机床移动部件在定位中一般都采用加速和减速措施，并可选用很高的空行程运行速度，缩短了定位和非切削时间。对于复杂零件可以采用计算机辅助编程，而零件又往往安装在简单的定位夹紧装置中，从而加快了工艺准备过程，尤其是在使用具有自动换刀装置的加工中心时，工件往往只需进行一次装夹就能完成几乎所有部位的加工，不仅可消除多次装夹引起的定位误差，还可大大减少加工辅助操作，使加工效率进一步提高。

2.3 数控机床的发展

1952 年，在美国诞生第一台数控机床。由于早期计算机的运算速度低，不能适应机床实时控制的要求，因此人们通过采用数字逻辑电路组成一台机床专用计算机作为数控系统，称为硬件连接数控，简称为数控（NC）。至 1970 年，由于通用小型计算机已出现并成批生产，于是将其作为数控系统的核心部件，数控系统从此进入了计算机数控（CNC）阶段。至 1974 年，微处理器被应用于数控系统，虽然早期的微处理器速度还不够高，功能还不够完善，但可以通过多处理器结构来解决。至 1990 年，PC 的性能高度发展，可以满足作为数控系统核心部件的要求，数控系统从此进入了基于 PC 的阶段。

1956 年，德国研制出第一台数控机床。德国特别注重科学试验，理论与实际相结合，基础科研与应用技术科研并重。企业与大学科研部门紧密合作，对数控机床的共性和特性问题进行深入的研究，在质量上精益求精。德国的数控机床质量及性能良好、先进实用、货真价实，出口遍及世界，尤其是大型、重型、精密数控机床。德国特别重视数控机床主机及配套件的先进实用，其机、电、液、气、光、刀具、测量、数控系统、各种功能部件，在质量、性能上居世界前列。例如，西门子公司的数控系统世界闻名，各企业竞相采用。

日本政府对机床工业的发展异常重视，在重视人才及机床元部件配套上学习德国，在质量管理及数控机床技术上学习美国，甚至青出于蓝而胜于蓝。日本自 1958 年研制出第一台数控机床后，1978 年产量（7342 台）超过美国的（5688 台），至今产量、出口量一直居世界首位（2001 年产量 46604 台，出口量 27409 台，占 59%）。战略上先仿后创，先生产量大而广的中档数控机床，大量出口，占领世界广大市场。日本在 20 世纪 80 年代开始进一步加强科研，发展高性能数控机床。日本 FANUC 公司的战略正确，仿创结合，针对性地发展市场所需的各种低、中、高档数控系统，在技术上领先，在产量上居世界第一。

我国数控技术起步于20世纪50年代。1958年研制出第一台数控机床，发展过程大致可分为两大阶段。现已基本掌握了现代数控技术，初步形成了自主数控产业。产品的性能经不断改进有了较大的提高。但由于数控系统相关技术的自主创新能力不足，尚且无法与国外先进技术相比，因此仍然与国外先进水平存在一定的差距。随着数控系统集成度的增强以及网络化技术和信息化的不断发展，我国数控机床呈现出以下发展趋势。

1. 高速化、高精度化

随着计算机技术的不断进步，微处理器的迅速发展为数控系统向高速化、高精度化方向发展提供了保障，促进了数控技术水平的提高，数控装置、进给伺服驱动装置和主轴伺服驱动装置的性能也随之提高，使得现代数控设备随着工业的高速发展以及新材料的应用，对加工的高速化要求越来越高。其主要方面体现在：主轴转速、进给率、运算速度、换刀速度等方面。同时，由于先进理论的研发以及高分辨率位置检测装置的应用，数控机床精度的要求现在已经不局限于静态的几何精度，机床的运动精度、热变形以及对振动的监测和补偿越来越受到重视，并通过提高CNC系统控制精度、采用误差补偿等技术提高精度。

2. 多轴联动加工和复合加工

通过采用多轴联动和复合机床进行加工，减少了工件装卸、更换和调整刀具的辅助时间以及中间过程产生的误差，提高了零件加工精度，缩短了产品制造周期，提高了生产效率和制造商的市场反应能力，相对于传统的工序分散的生产方法具有明显的优势。

3. 控制智能化

随着人工智能在计算机领域的渗透和发展，数控系统引入了自适应控制、模糊系统和神经网络的控制机理，不但具有自动编程、前馈控制、模糊控制、学习控制、自适应控制、工艺参数自动生成、三维刀具补偿、运动参数动态补偿等功能，而且人机界面极为友好，并具有故障诊断专家系统，使自诊断和故障监控功能更趋完善。

4. 设计、制造绿色化

绿色设计是在不牺牲产品功能、质量和成本的前提下，系统考虑产品开发、制造及其活动对环境的影响，从而使得产品在整个生命周期中对环境的负面影响最小，资源利用率最高。绿色制造是一个综合考虑环境影响和资源消耗的现代制造模式，通过绿色生产过程生产出绿色产品。随着世界经济的迅速发展，尤其是国内自改革开放以来工业化程度的加快，所导致的环境污染问题越来越严重，环境保护的呼声越来越高，环保问题已经成为各国经济可持续发展的制约因素之一。数控机床作为装备制造业的核心，能否顺应环保趋势，加大绿色设计与制造的研制，将是影响经济发展的要素之一。

2.4 数控加工的工艺处理

工艺分析及处理是整个数控加工工作中较为复杂而又非常重要的环节之一。数控加工工艺是否先进、合理，关系到加工质量的优劣。在编制加工程序前，必须对机床主体和数控系统的性能、特点和应用，以及数控加工的工艺方案制订工作等各个方面，都有比较全面的了解。编程时对工艺处理考虑不周，常常是造成数控加工失败的主要原因之一。

2.4.1 数控加工的主要内容

数控机床与普通机床加工工件的区别在于数控机床是按照程序自动加工工件，而普通机床则是由人来操作的。数控加工中，只要改变加工程序就能达到加工不同形状工件的目的。

1. 适合数控加工的工件

在选择适合数控加工的工件时，一般可按下列顺序考虑。

(1) 通用机床无法加工的工件应作为优先选择。

(2) 通用机床难加工，质量也难以保证的工件应作为重点选择。

(3) 通用机床加工效率低、工人手工操作劳动强度大的工件，可在数控机床尚存在富裕加工能力时选择。

2. 不适合数控加工的工件

(1) 占机调整时间长，如以毛坯的粗基准定位加工第一个精基准，需用专用工装协调。

(2) 加工部位分散，需要多次安装、设置原点的工件，采用数控加工很麻烦，效果不明显，可安排通用机床补加工。

(3) 按某些特定的制造依据(如样板等)加工的型面轮廓。主要原因是获取数据困难，易与检验依据发生矛盾，增加了程序编制的难度。

2.4.2 数控机床的合理选用

由于数控机床是运用数字控制技术控制的机床，它是随着电子元器件、电子计算机、传感技术、信息技术和自动控制技术的发展而发展起来的，是涉及电子、机械、电气、液压、气动、光学等多种学科的综合技术产物。当前，数控机床的价格相对较高，数控机床的先进性、复杂性和发展的速度快，以及品种型号、档次的多样性，使得选用数控机床远比选用一般传统机床要复杂得多。

不同的数控机床各有特色，任何数控机床都绝非是万能的。一台数控机床只能具备部分功能。因此，在选用数控机床时，必须进行具体研究和分析。选用得合理，就能通过有限的投资获得极佳的效果和效益，反之，也有可能花费很大的代价才能达到解决问题的目的，造成浪费。选用数控机床需遵循以下几个原则。

1. 生产上适用

这主要是指所选用的数控机床功能必须适应被加工零件的形状尺寸、加工精度和生产节拍等要求。形状尺寸适应性是指所选用的数控机床必须能适应被加工零件群组的形状尺寸要求；加工精度适应性是指所选择的数控机床必须满足被加工零件群组的精度要求，在能确保零件群组加工精度的基础上，不追求不必要的高精度；生产节拍适应性是指根据加工对象的批量和节拍要求来决定数控机床的选用，并注意上、下工序间的节拍协调一致，以及外部机床的配置、编程、操作、维修等环境。

2. 技术上先进

在选用数控机床时，应充分考虑到技术的发展，应具有适当的前瞻性，保证设备在技术水平上的先进性，不要一味追求低价格，避免出现新购设备在使用不长时间后即面临淘汰的尴尬境地。

3. 经济上合理

数控机床的价格主要取决于技术水平、质量和精度、配置以及质量保证费用等。对数控机床的价格必须进行综合考虑，不应一味追求价格高或低，应坚持最高性价比原则，即在满足被加工零件的功能要求和保证质量稳定可靠的前提下，做到经济合理。

除上述基本原则以外，选用数控机床时还要考核生产企业质量保证体系的完善性和可信性，其售前和售后服务网络是否健全，服务队伍是否能胜任工作，服务是否及时、是否能履行承诺，这对选用设备的正常使用至关重要。

2.4.3 零件加工的工艺分析

无论是手工编程还是自动编程，在编程前都要对所加工的零件进行工艺分析，拟订加工方案，选择合适的刀具，确定切削用量。在编程中，对一些工艺问题（如对刀点、加工路线等）也需做一些处理。因此程序编制中的零件的工艺分析是一项十分重要的工作。

1. 数控加工工艺的主要内容

根据数控加工的实践经验，数控加工工艺主要包括以下内容。

(1) 选择适合在数控机床上加工的零件和确定工序。

(2) 对零件图样进行数控工艺性分析。

(3) 零件图形的数学处理及编程尺寸设定值的确定。

(4) 选择数控机床的类型。

(5) 制定数控工艺路线，如工序划分、加工顺序的安排、基准选择、与非数控加工工艺的衔接等。

(6) 数控工序的设计，如确定工步、刀具选择、夹具定位与安装、确定走刀路线、测量、确定切削用量等。

(7) 加工程序的编写、校验和修改。

(8) 调整数控加工工艺程序，如对刀、刀具补偿等。

(9) 数控加工工艺技术文件的定型与归档。

2. 数控加工工艺分析的一般步骤与方法

数控加工工艺分析涉及面很广，在此仅从数控加工的可能性和方便性两方面加以分析。在程序编制前对零件进行工艺分析时，要有机床说明书、编程手册、切削用量表、标准工具、夹具手册等资料。

1) 零件图样上尺寸数据的标注应符合编程方便的原则

(1) 零件图样上尺寸的标注方法应适应数控加工的特点，在数控加工零件图样上，应以同一基准标注尺寸，直接给出坐标尺寸。

(2) 构成零件轮廓的几何要素的条件应充分。在手工编程时，要计算每个节点的坐标。在自动编程时，要对构成零件轮廓的所有几何要素进行定义。因此在分析零件图时，要分析几何要素的给定条件是否充分，如果构成零件几何要素的条件不充分，编程时便无法下手。

2) 零件各加工部位的结构工艺性应符合数控加工的特点

(1) 零件的内腔和外形最好采用统一的几何类型和尺寸。这样，可以减少刀具规格和换刀次数，使编程方便，生产效益提高。

(2) 内槽圆角半径的大小决定着刀具直径的大小，因而内槽圆角半径不应过小。

(3) 铣削零件底平面时，槽底圆角半径不应过大，因为铣刀端刃铣削平面的能力差，加工效率降低。

(4) 应采用统一的基准定位。在数控加工中，若没有采用统一的基准定位，会因工件重新安装而出现加工后的两个面轮廓位置及尺寸不协调的现象。

此外，还应分析零件所要求的加工精度、尺寸公差是否能得到保证，有无引起矛盾的多余尺寸或影响工序安排的封闭尺寸等。

3. 加工方法的选择

加工方法的选择原则是保证加工表面的加工精度和表面粗糙度的要求。由于获得同一级精度及表面粗糙度的加工方法有许多，因而在实际选择时，要结合零件的形状、尺寸和热处理要求等全面考虑，对各加工阶段的划分和加工顺序的安排要做到经济合理。

1) 加工阶段的划分

当零件的加工质量要求较高时，加工阶段可划分为粗加工、半精加工、精加工和光整加工等阶段。

(1) 粗加工阶段。该阶段要切除大量的余量，在保留一定加工余量的前提下，提高生产率和降低成本是该阶段的主要目标，所以该阶段的切削力、夹紧力、切削热都较大。如果零件的加工批量较大，应优先采用普通机床和成本较低的刀具进行加工，这样不但可发挥普通机床设备的效能，降低生产成本，也易保持数控机床的精度。

(2) 半精加工阶段。该阶段为主要表面的精加工做好准备，也能完成一些次要表面的加工，如钻孔、攻螺纹、铣键槽等。

(3) 精加工阶段。该阶段可使主要表面加工到图样规定的尺寸、精度和表面粗糙度。

(4) 光整加工阶段。该阶段可使某些特别重要的表面加工达到极高的表面质量，但该阶段一般不能用来提高工件的形状和位置精度。

2) 加工顺序的安排

在安排数控加工顺序时，应遵循以下几个原则。

(1) 先粗后精。整个工件的加工工序，应该是粗加工在前，相继为半精加工、精加工、光整加工。粗加工时快速切除余量，精加工时保证精度和表面粗糙度。对于易发生变形的零件，由于粗加工后可能发生变形而需要进行校形，因此需将粗、精加工的工序分开。

(2) 先主后次。先加工工件的工作表面、装配表面等主要表面，后加工次要表面。

(3) 先基准后其他。工件的加工一般多从精基准开始，然后以精基准定位加工其他主要表面和次要表面，如轴类零件一般先加工中心孔。

(4) 先面后孔。箱体、支架类零件应先加工平面，后加工孔。平面大而平整，作为基准面稳定可靠，容易保证孔与平面的位置精度。

(5) 工序集中。工序集中就是将工件的加工集中在少数几道工序内完成。这样可提高生产率；减少工件装夹次数，保证表面间的位置精度；减少换刀次数，缩短加工的辅助时间；减少数控机床和操作人员的数量。

(6) 先内腔后外形。先加工内腔，以外形夹紧；然后加工外形，以内腔中的孔夹紧。

另外，在同一次安装中进行的多道工序，应先安排对工件刚度破坏较小的工序。

2.4.4 数控加工工序的划分

工序的划分是数控加工技术中十分重要的环节。工序划分合理与否，将直接影响数控机床技术优势的发挥和零件的加工质量，应当引起足够重视。

1. 工序划分的原则

为了充分发挥数控机床的优势，提高生产效率和保证加工质量，在数控加工工艺设计中应遵循工序最大限度集中的原则，即在一次装夹中本台数控机床应力求能够加工零件的全部表面。工序划分应考虑以下几个原则。

1）粗、精加工分开的原则

若零件（单件）的全部表面均由数控机床加工，工序一般按先粗加工、再半精加工、最后精加工的顺序分开进行，即粗加工全部完成之后再进行半精加工、精加工。粗加工时可快速切除大部分余量，再依次精加工各个表面，这样，既可提高生产效率，又可保证零件的加工精度和表面粗糙度。对于某一加工表面，则应按粗加工—半精加工—精加工的顺序完成。对于精度要求较高的加工表面，在粗、精加工工序之间，零件最好搁置一段时间，使粗加工后零件的变形得到较为充分的恢复，再进行精加工，这样才有利于提高加工精度。一般情况下，精加工余量以留 0.12～0.16 mm 为宜。精铣时应尽量采用顺铣方式，以保证零件的表面质量。此外，在可能的条件下，尽量在普通机床或其他机床上对零件进行粗加工，以减轻数控机床的负荷，保证加工精度。

2）一次定位的原则

对于一些在加工中因重复定位而产生误差的零件，应采用一次定位的方式，按顺序换刀作业。例如，加工箱体类零件的各轴线孔系，可依次连续加工完成同一轴线上的各孔，以提高孔系的同轴度及位置公差，然后再加工其他坐标位置的孔，确保孔系的位置精度。根据零件特征，尽可能减少装夹次数。在一次装夹中，尽可能完成较多的加工表面，这样，可以减少辅助时间，提高数控加工的生产效率。

3）先面后孔的原则

通常，可按零件加工部位划分工序。一般先加工简单的几何形状，后加工复杂的几何形状；先加工精度要求较低的部位，后加工精度要求较高的部位；先加工平面，后加工孔。例如，对铣平面-镗孔复合加工，可按先铣平面后锁孔的顺序进行。因为铣削时切削力较大，零件易变形，待其恢复变形后再锁孔，有利于保证孔的加工精度。若先钻孔再铣平面，则孔口就会产生毛刺、飞边，影响孔的装配。

4）尽量减少换刀次数的原则

在数控加工中，应尽可能按刀具进入加工位置的顺序集中工序，即在不影响加工精度的前提下，减少换刀次数，减少空行程，节省辅助时间。零件在一次装夹中，尽可能使用同一把刀具加工较多的表面。当一把刀具加工完所有部位后，应尽可能为下道工序做些预加工。例如，使用小钻头为大孔预钻位置孔或划位置痕，或用前道工序的刀具为后道工序先进行粗加工，换刀后完成精加工或加工其他部位。对于一些不重要的部位，尽可能使用同一把刀具完成同一个工位的多道工序加工。

5）连续加工的原则

在加工半封闭或封闭的内外轮廓中，应尽量避免加工停顿现象。“零件—刀具—机床—夹具”这一工艺系统在加工过程中暂时处于弹性变形动态平衡状态，若忽然进给停顿，则切削力会明显减小，原工艺系统就会失衡，使工件在刀具停顿处留下划痕（或凹痕）。因此，在轮廓加工中应避免进给停顿现象，保证零件表面的加工质量。

2. 工序与工步的划分

1）工序的划分

（1）按零件装卡定位方式划分工序。由于每个零件结构形状不同，各表面的技术要求也有所不同，故加工时，其定位方式存在差异。一般加工外形时，以内形定位；加工内形时，以外形定位。因而，可根据定位方式的不同来划分工序。

（2）按粗、精加工划分工序。根据零件的加工精度、刚度和变形等因素来划分工序时，可按粗、精加工分开的原则来划分工序，即先粗加工再精加工。此时，可用不同的机床或不同的刀具进行加工。通常在一次装夹中，不允许将零件的某一部分表面加工完毕后，再加工零件的其他表面。

（3）按所用刀具划分工序。为了减少换刀次数，减少空行程时间和不必要的定位误差，可按刀具集中工序的方法加工零件，即在一次装夹中，尽可能用同一把刀具加工出需要加工的所有部位，然后再换另一把刀具加工其他部位。

2）工步的划分

工步的划分主要从加工精度和效率两方面来考虑。在一个工序内往往需要采用不同的刀具和切削用量，对不同表面进行加工。为了便于分析和描述较复杂的工序，工序又细分为工步。工步划分的原则如下。

（1）对同一表面，按粗加工、半精加工、精加工的顺序依次完成，对全部加工表面，按先粗加工后精加工的顺序分开进行。

（2）对于既有铣面又有通孔的零件，可先铣面后通孔。按此方法划分工步，可以提高孔的加工精度。因为铣削时切削力较大，工件易发生变形，先铣面后镗孔，使其有一段时间恢复，可减小由变形引起的对孔的精度的影响。

（3）按刀具划分工步。某些机床工作台回转时间比换刀时间短，可按刀具划分工步，以减少换刀次数，提高加工效率。

总之，工序与工步的划分要根据具体零件的结构特点、技术要求等情况综合考虑。

2.4.5 加工路线的确定

在数控加工中，刀具刀位点相对于工件的运动轨迹称为加工路线。加工路线是编写程序的依据之一。加工路线的确定原则主要有以下几点。

1. 应保证被加工零件的精度和表面粗糙度且效率高

例如，铣削外表面轮廓时，铣刀的切入和切出点应沿零件轮廓曲线的延长线上的切向切入和切出零件表面，而不应沿法向直接切入零件，以避免加工表面产生划痕，保证零件轮廓光滑。铣削内轮廓表面时，切入和切出无法外延，这时铣刀可沿零件轮廓的法线方向切入和切出，并将其切入、切出点选在零件轮廓两几何要素的交点处。图 2-8 和图 2-9 所示分别为铣削外轮廓表面和铣削内轮廓表面时刀具的切入和切出过渡。

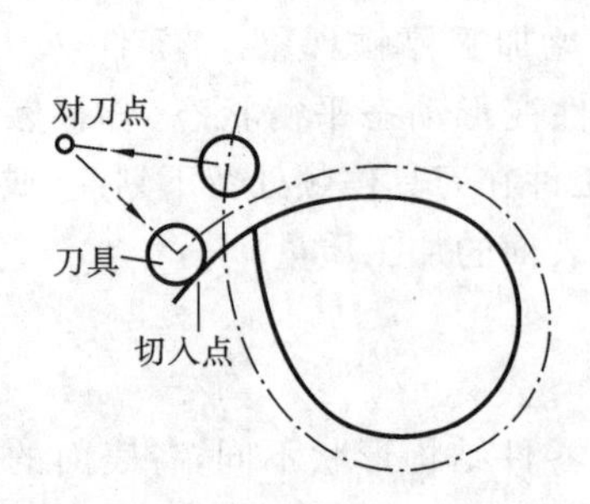

图 2-8 外轮廓加工刀具的切入和切出过渡

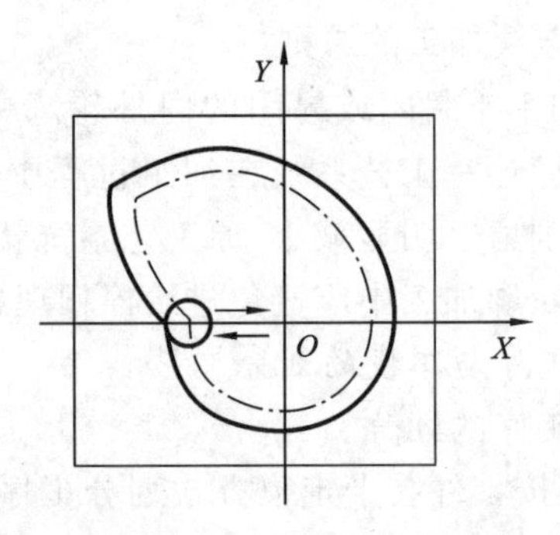

图 2-9 内轮廓加工刀具的切入和切出过渡

图 2-10 所示为加工封闭凹槽的走刀路线。图(a)所示为采用行切法的进给路线，行切法是指刀具与零件轮廓的切点轨迹是一行一行的，而行间的距离是按零件加工精度的要求确定的。这种方案中，由于表面不是连续加工完成的，在两次接刀之间表面会留下刀痕，因此表面质量较差，但加工路线较短。图(b)所示为采用环切法的进给路线，环切法是指刀具沿型腔边界走等距线。这种方案克服了表面加工不连续的缺点，但进给路线太长，效率较低。图(c)所示为先用行切法，最后一刀用环切法的进给路线。这种方案克服了前两种方案的不足，先采用行切法，最后环切一刀，光整表面轮廓，获得较好的效果。因此，三种方案中，图(a)所示方案最差，图(c)所示方案最好。

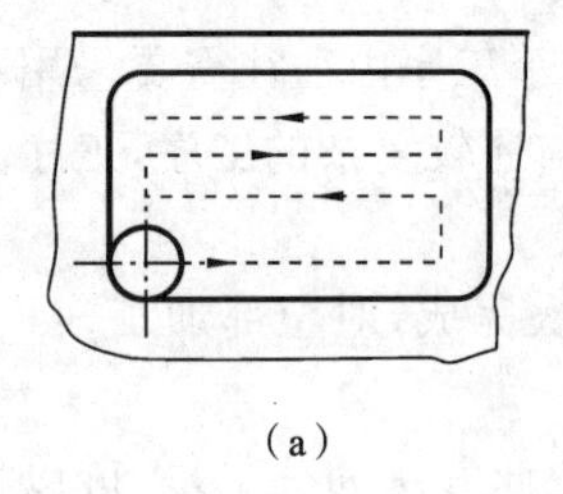

(a)

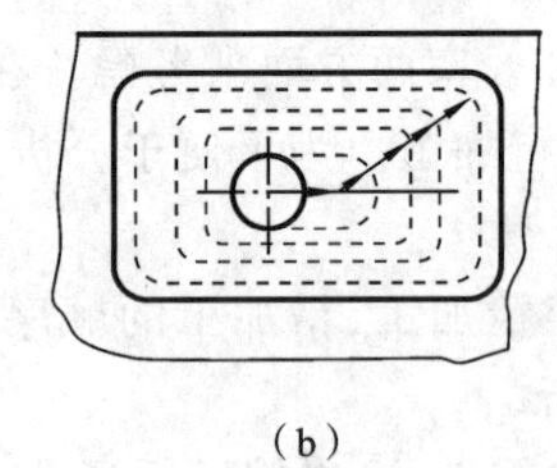

(b)

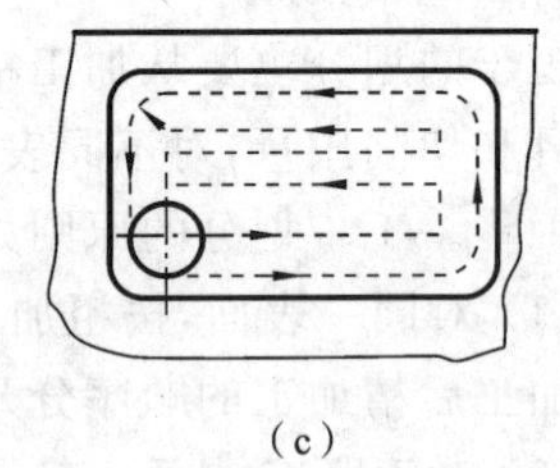

(c)

图 2-10 封闭凹槽加工走刀路线

对于一些位置精度要求较高的孔系加工，应特别关注各孔加工顺序的安排，若安排不当，就有可能把坐标轴的反向间隙带入行程中，会直接影响各孔之间的位置精度。各孔的加工顺序和路线应按同向行程进行，即采用单向趋近定位点的方法，以免引入反向误差。例如，图 2-11(a)所示的孔系加工路线，在加工孔Ⅳ时，X 方向的反向间隙将会影响孔Ⅲ、孔Ⅳ的孔距精度；如果改为图 2-11(b)所示的加工路线，可使各孔的定位方向一致，从而提高孔距精度。

2. 应使加工路线最短

应使加工路线最短，这样既可减少程序段，又可减少空刀时间。图 2-12 所示为钻孔加工路线的例子。按照一般习惯，总是先加工均布于同一圆周上的八个孔，再加工另一圆周上的孔，如图 2-12(a)所示。但是对点位控制的数控机床而言，要求定位精度高，定位过程尽可能快，因此，这类机床应按空程最短原则来安排走刀路线，如图 2-12(b)所示，这样可以节省加工时间。

3. 应使数值计算简单

数值计算简单可以减少编程工作量。此外，还要考虑工件的加工余量和机床、刀具的

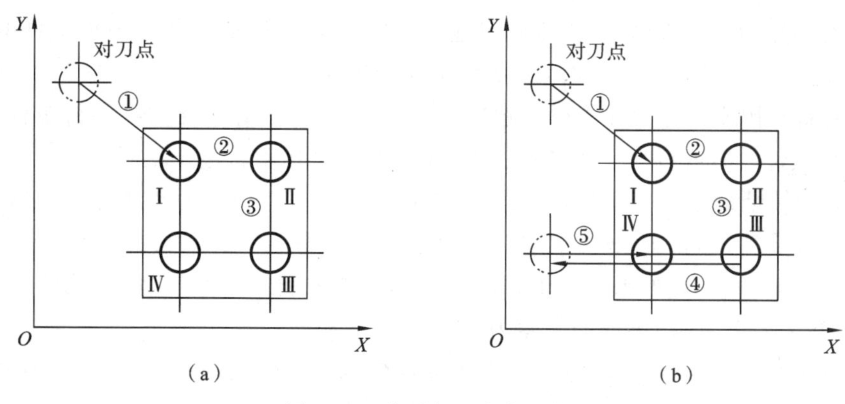

图 2-11　孔系加工方案比较

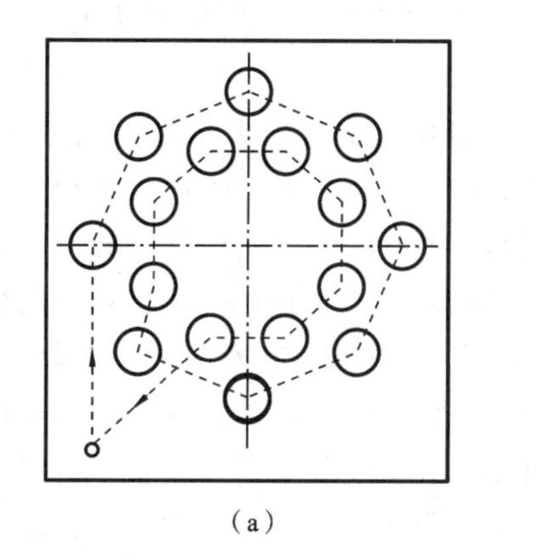

(a)

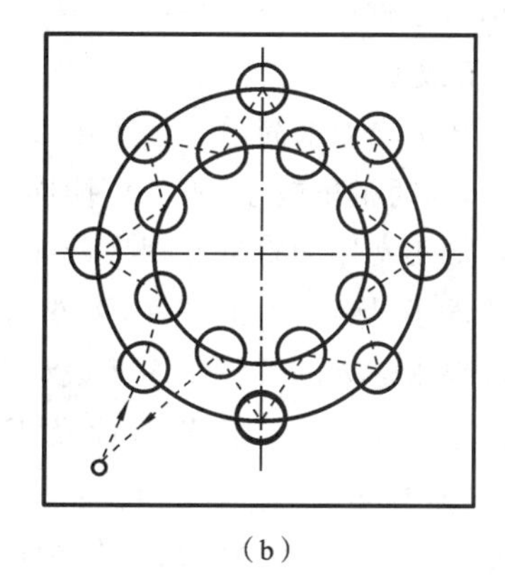

(b)

图 2-12　最短加工路线选择

刚度等情况，确定是一次走刀，还是多次走刀来完成加工，以及在铣削加工中是采用顺铣还是采用逆铣等。

2.4.6　零件的安装与夹具的选择

1. 定位基准的选择

工件上应有一个或几个共同的定位基准。该定位基准一方面要能保证工件经多次装夹后其加工表面之间相互位置的正确性，例如，多棱体、复杂箱体等在卧式加工中心上完成四周加工后，要重新装夹后加工剩余的加工表面，用同一基准定位可以避免由基准转换引起的误差；另一方面要满足加工中心工序集中的特点，即一次安装尽可能完成工件上较多表面的加工。定位基准最好是工件上已有的面或孔，若没有合适的面或孔，也可专门设置工艺孔或工艺凸台等作为定位基准。

选择定位基准时，应注意减少装夹次数，尽量做到在一次安装中能把工件上所有要加工表面都加工出来，因此，常选择工件上不需数控铣削的平面和孔作定位基准。对薄板件，选择的定位基准应有利于提高工件的刚度，以减小切削变形。定位基准应尽量与设计基准重合，以减小定位误差对尺寸精度的影响。

2. 装夹方案的确定

在零件的工艺分析中，已确定了工件在数控机床上加工的部位和加工时用的定位基准，因此，在确定装夹方案时，只需根据已选定的加工表面和定位基准确定工件的定位夹紧方式，并选择合适的夹具。此时，主要考虑以下几点。

(1) 夹紧机构或其他元件不得影响进给，加工部位要敞开。要求在夹持工件后，夹具上的一些组成件(如定位块、压块和螺栓等)不能与刀具运动轨迹发生干涉。

(2) 必须保证最小的夹紧变形。工件在粗加工时，切削力大，夹紧力也必须大，但又不能把工件夹压变形，否则，松开夹具后工件会发生变形。因此，必须慎重选择夹具的支承点、定位点和夹紧点。如果采用了相应措施仍不能控制工件变形，就只能将粗、精加工分开，或者粗、精加工使用不同的夹紧力。

(3) 装卸方便，辅助时间尽量短。由于数控机床效率高，装夹工件的辅助时间对加工效率影响较大，因此要求配套夹具在使用中也要装卸快和方便。

(4) 对小型零件或工序不多的零件，可以考虑在工作台上同时装夹几件工件进行加工，以提高加工效率。

(5) 夹具结构应力求简单。由于零件在数控机床上的加工大都采用工序集中原则，加工的部位较多，同时批量较小，零件更换周期短，因此夹具的标准化、通用化和自动化对加工效率的提高及加工费用的降低有很大影响。所以，对批量小的零件应优先选用组合夹具，对形状简单的单件小批量生产的零件，可选用通用夹具。只有对批量较大，且周期性投产的零件和加工精度要求较高的关键工序才设计专用夹具，以保证加工精度和提高装夹效率。

(6) 夹具应便于与机床工作台面及工件定位面间进行定位连接。例如，加工中心工作台面上一般都有基准 T 形槽，转台中心有定位圆，台面侧面有基准挡板等定位元件。固定方式一般利用 T 形槽螺钉或工作台面上的紧固螺孔，用压板或螺栓压紧。夹具上用于紧固的孔和槽的位置必须与工作台上的 T 形槽和孔的位置相对应。

3. 定位安装的基本原则

在数控机床上加工零件时，定位安装的基本原则与普通机床的相同，也要合理选择定位基准和夹紧方案。为了提高数控机床效率，确定定位基准与夹紧方案时应注意以下三点。

(1) 力求设计、工艺与编程计算的基准统一。

(2) 减少装夹次数，尽可能在一次定位装夹后，加工出全部待加工表面。

(3) 避免采用人工调整式加工方案，以充分发挥数控机床的效能。

2.4.7 数控加工的工艺文件

数控加工的工艺文件主要有：数控编程任务书、数控加工工件安装和原点设定卡片、数控加工工序卡片、数控加工走刀路线图、数控刀具卡片等。文件格式可根据企业实际情况自行设计。

1. 数控编程任务书

它阐明了工艺人员对数控加工工序的技术要求和工序说明，以及数控加工前应保证的加工余量。它是编程人员和工艺人员协调工作和编制数控程序的重要依据之一。

2. 数控加工工件安装和原点设定卡片(简称装夹图和零件设定卡)

它应表示出数控加工原点定位方法和夹紧方法，并应注明加工原点设置位置和坐标方向，以及使用的夹具名称和编号等。

3. 数控加工工序卡片

数控加工工序卡片与普通加工工序卡片有许多相似之处，所不同的是：数控加工工序卡片中应注明编程原点与对刀点，要进行简要编程说明（例如，所用机床型号、程序编号、刀具半径补偿、镜向对称加工方式等）及切削参数（即程序编入的主轴转速、进给速度、最大吃刀量等）的选择。

4. 数控加工走刀路线图

在数控加工中，常常要注意并防止刀具在运动过程中与夹具或工件发生意外碰撞，为此，必须告诉操作者关于编程中的刀具运动路线（例如，从哪里下刀、在哪里抬刀、哪里是斜下刀等）。为简化走刀路线图，一般可采用统一约定的符号来表示。不同的机床也可以采用不同的图例与格式。

5. 数控刀具卡片

数控加工时，对刀具的要求十分严格，应按照数控机床的刀具与工具系统的要求选择。刀具一般要在机外对刀仪上预先调整刀具直径和长度。刀具卡片应反映刀具编号、刀具结构、尾柄规格、组合件名称代号、刀片型号和材料等。它是组装刀具和调整刀具的依据。

2.5 数控编程的基础知识

数控编程是将零件加工的工艺顺序、运动轨迹与方向、位移量、工艺参数（如主轴转速、进给量、吃刀量等）以及辅助动作（如换刀、变速、冷却液开停等），按动作顺序，用数控机床的数控装置所规定的代码和程序格式，编制成加工程序单（相当于普通机床加工的工艺规程），再将程序单中的内容通过控制介质输送给数控装置，从而控制数控机床自动加工。这种从零件图样到制成控制介质的过程，称为数控机床的程序编制。

2.5.1 数控编程的方法

程序编制方法有手工编程与自动编程两种。

1. 手工编程

从零件图样分析、工艺处理、数值计算、编写程序单、制作控制介质直至程序校验等各步骤均由人工完成，称为“手工编程”。手工编程适用于点位加工或几何形状不太复杂的零件加工，或程序编制坐标计算较为简单、程序段不多、程序编制易于实现的场合。这时，手工编程（有时手工编程也可用计算机进行数值计算）显得经济而且及时。对于几何形状复杂，尤其是由空间曲面组成的零件，编程时数值计算烦琐，所需时间长，且易出错，程序校验困难，用手工编程难以完成。有关统计表明，对于这样的零件，编程时间与机床加工时间之比的平均值约为 30∶1。所以，为了缩短生产周期，提高数控机床的利用率，有效地解决各种零件的加工问题，必须采用自动编程。

2. 自动编程

自动编程也称为计算机（或编程机）辅助编程，即程序编制工作的大部分或全部由计算机完成，如完成坐标值计算、编写零件加工程序单等，有时甚至能帮助进行工艺处理。自动编程编出的程序还可通过计算机或自动绘图仪进行刀具运动轨迹的图形检查，编程人员可以及时检查程序是否正确，并及时修改。自动编程大大减轻了编程人员的劳动强度，使编程人员效率提高了几十倍乃至上百倍，同时解决了手工编程无法解决的许多复杂零件的编程难题。工件表面形状越复杂，工艺过程越烦琐，自动编程的优势也就越明显。

2.5.2 程序编制中的坐标系

1. 机床坐标系

为了保证数控机床的运动、操作及程序编制的一致性，数控标准统一规定了机床坐标系和运动方向，编程时采用统一的标准坐标系。

1) 坐标系建立的基本原则

(1) 坐标系采用笛卡儿直角坐标系、右手法则，如图 2-13 所示，基本坐标轴为 X、Y、Z 直角坐标轴，相应于各坐标轴的旋转坐标分别记为 A、B、C。

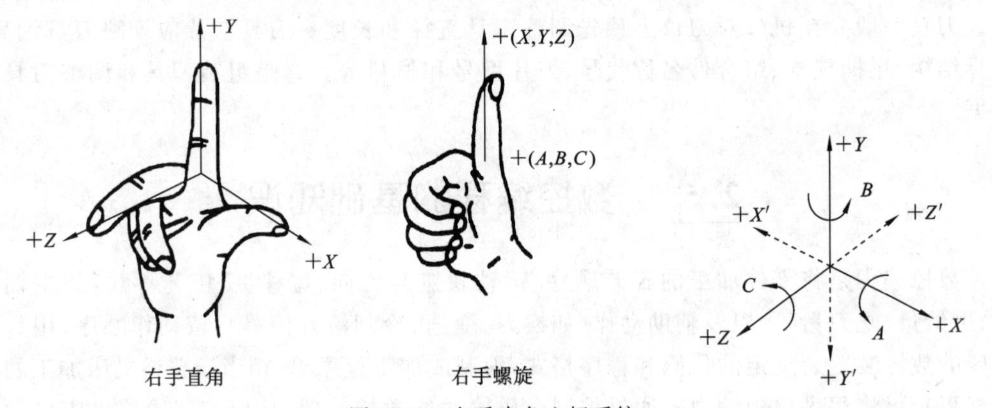

图 2-13 右手直角坐标系统

(2) 采用假设工件固定不动、刀具相对工件移动的原则。由于机床的结构不同，有的是刀具运动，工件固定不动；有的是工件运动，刀具固定不动。为编程方便，一律规定刀具运动，工件固定。

(3) 采用使刀具与工件之间距离增大的方向为该坐标轴的正方向，反之则为负方向，即取刀具远离工件的方向为正方向。旋转坐标轴 A、B、C 的正方向确定方法如图 2-13 所示，即按右手法则确定。

2) 各坐标轴的确定

确定机床坐标轴时，一般先确定 Z 轴，然后确定 X 轴和 Y 轴。

Z 轴：规定与机床主轴轴线平行的标准坐标轴为 Z 轴。Z 轴的正方向是刀具与工件之间距离增大的方向。

X 轴：为水平的、平行于工件装夹平面的轴。对于刀具旋转的机床，若 Z 轴为水平的，从刀具主轴的后端向工件看，X 轴正方向指向右方；若 Z 轴为垂直的，从主轴向立柱看，X 轴正方向指向右方。对无主轴的机床（如刨床），X 轴正方向平行于切削方向。

Y 轴：垂直于 X 及 Z 轴，按右手法则确定其正方向。

图 2-14 所示为数控车床加工中心坐标系。

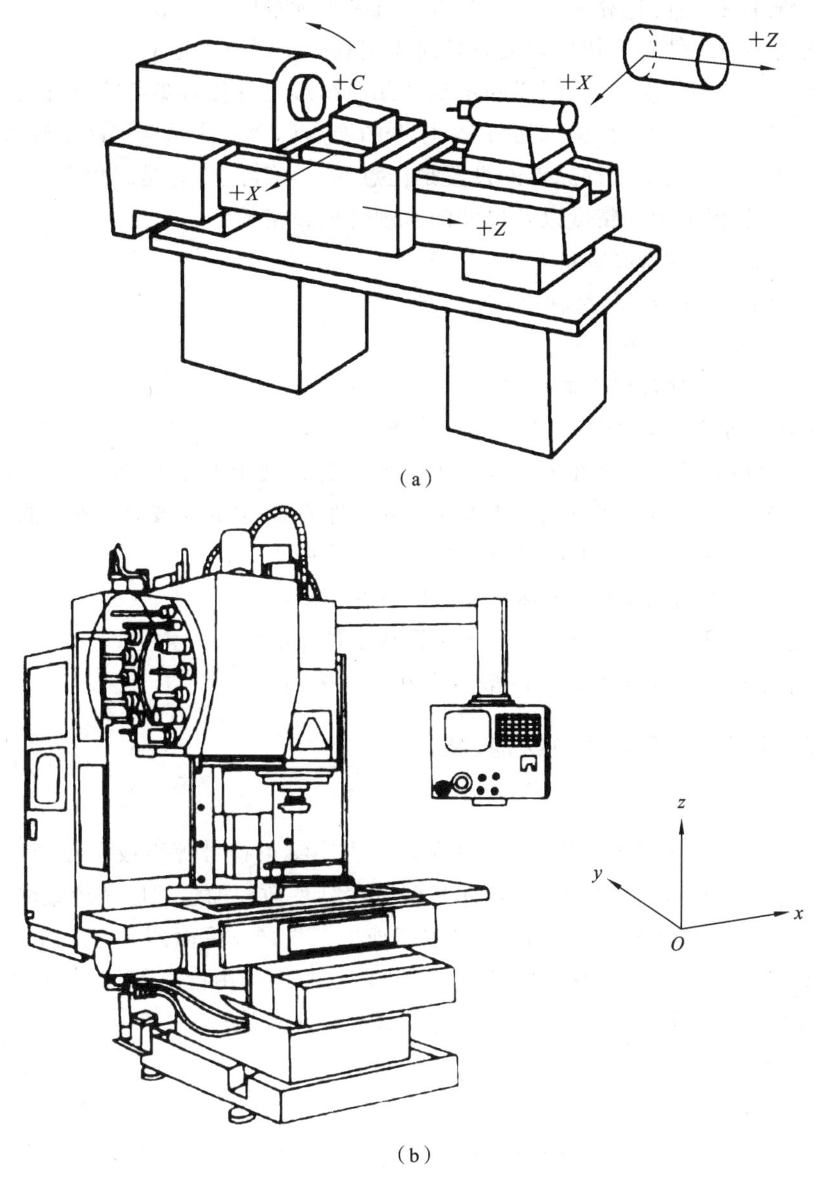

(a)

(b)

图 2-14 数控车床加工中心坐标系

(a) 数控车床坐标系；(b) 加工中心坐标系

3）机床坐标系的原点

机床坐标系的原点也称机械原点、参考点或零点，这个原点是机床上固有的点，机床一经设计和制造出来，机械原点就被确定下来。机床启动时，通常要进行机动或手动回零，就是回到机械原点。数控机床的机械原点一般在直线坐标或旋转坐标回到正向的极限位置。

2. 工件坐标系

当零件在机床工作台上装夹好时，如果使用机床坐标系来编制数控加工程序，则会感到很麻烦。因为零件的形状及尺寸均以有关基准来标注，而零件图样上并未反映出它在数控机床加工空间中的位置，即使通过对刀或在线检测等手段获知了其位置数据，但要编制数控加工程序时，还需换算成零件各基点在机床坐标系中的数据。基于以上原因，工件坐标系就需要在与工件有确切位置关系且易于编程的空间点处建立。

工件坐标系是人为设定的，用于确定工件几何图形上各几何要素的位置，为编程提供数据基础，所以又被称为编程坐标系，该坐标系的原点称为工件原点。该坐标系与机床坐标系是不重合的。理论上工件原点的设置是任意的，但实际上，它是编程人员根据零件特点为了方便编程、保证加工精度以及尺寸的直观性而设定的。

工件坐标系原点的选择原则是：

(1) 坐标值的计算方便，编程简单；

(2) 引起的加工误差最小；

(3) 加工时容易对刀和测量尺寸。

工件坐标系原点一般按以下几点进行选择：

(1) 工件坐标系原点应选在零件的设计基准上，这样便于坐标值的计算，并减少误差；

(2) 工件坐标系原点应尽量选在精度较高的工件表面，以提高被加工零件的对刀精度；

(3) 对于对称零件，工件坐标系原点应设在对称中心上；

(4) 对于回转类零件，工件坐标系原点应设在回转中心上；

(5) 对于一般零件，工件坐标系原点应设在工件轮廓的某一角上；

(6) Z 轴方向上的坐标系原点一般应设在工件表面。

2.5.3 数控加工程序的结构、格式

1. 程序结构

一个完整的加工程序由程序号、程序内容和程序结束符号等组成。在加工程序的开头要有程序号，以便进行程序检索。程序号就是给零件数控加工程序一个编号，并说明该零件加工程序开始。程序号一般以字母“O”或“%”打头，后面跟 4 位阿拉伯数字，如 O3515、%3412。程序内容则表示全部的加工程序。我们可用指令 M02 或 M30 作为整个程序结束的符号来结束程序，程序结束应位于最后一个程序段。

2. 程序格式

1) 程序段构成要素

数控加工程序由若干个程序段组成。每个程序段包含若干个指令字（简称字），每个字由若干个字符组成。图 2-15 所示为某格式的一个程序段及其含义。

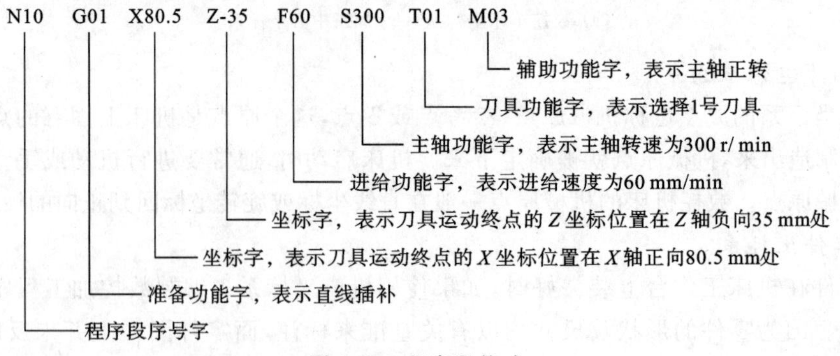

图 2-15 程序段格式

该程序段命令机床用 1 号刀具以 300 r/min 的速度正转，并以 60 mm/min 的进给速度做直线插补运动至 X80.5 mm 和 Z-35 mm 处。

2）程序段格式

一个程序段由多个字组成，这些字可分为顺序号字、准备功能字、尺寸字、进给功能字、主轴功能字、刀具功能字、辅助功能字和程序段结束字等。每个字都由称为地址码的英文字母开头，程序段中各类字的意义如下。

（1）顺序号字。由地址码 N 及后续 2～4 位数字组成，用于对各程序段编号。编号的顺序也就是各程序段的执行顺序。

（2）准备功能字。准备功能字由地址码 G 及其后续两位数字组成，从 G00～G99 共 100 种。G 功能的主要作用是指定数控机床的运动方式，为数控系统的插补运算等做好准备。所以它一般都位于程序段中尺寸字的前面而紧跟在程序段序号字之后。表 2-1 是 FAUNC Oi 系统常用的准备功能。

表 2-1　FAUNC Oi 系统常用的准备功能

代码	组别	功　能	代码	组别	功　能
G00*	01	快速点定位	G54	14	选择工件坐标系 1
G01		直线插补	G55		选择工件坐标系 2
G02		顺时针圆弧插补	G56		选择工件坐标系 3
G03		逆时针圆弧插补	G57		选择工件坐标系 4
G04	00	暂停，持续时间用 P 或 X 编入	G58		选择工件坐标系 5
G20	06	英制输入	G59		选择工件坐标系 6
G21		米制输入	G65	00	宏程序调用
G22	04	内部行程限位有效	G70	06	精车循环
G23		内部行程限位无效	G71		外圆粗车循环
G27	00	返回参考点校验	G72		端面粗车循环
G28		返回参考点	G73		固定方式粗车循环
G29		从参考点返回	G74		钻孔循环
G30		回到第二参考点	G75		割槽循环
G32	01	螺纹切削	G76		螺纹切削组合循环
G34		变螺纹切削	G90	01	外圆切削循环
G40*	07	取消刀具半径补偿	G92		螺旋切削循环
G41		左边刀具半径补偿	G94		端面切削循环
G42		右边刀具半径补偿	G96	02	主轴恒线速度控制
G50	00	主轴最高转速设置（坐标系设定）	G97*		取消主轴恒线速度控制
G52		设置局部坐标系	G98	05	进给速度按每分钟设定
G53		选择机床坐标系	G99*		进给速度按每转设定

注：① 00 组的代码为非模态代码，其他均为模态代码；

② 标有 * 号的 G 代码，表示在系统通电后，或执行过 M02、M30，或在紧急停止以及按“复位”键后系统所处的工作状态；

③ 若不相容的同组 G 代码被编在同一程序段中，则系统认为后编入的那个 G 代码有效；

④ FANUC 车床系统中用 X、Z 表示按绝对坐标编程；用 U、W 表示按增量坐标编程。

G代码有两种：一种是模态代码，它一经运用，就一直有效，直到出现同组的其他G代码时才被取代；另一种是非模态代码，它只在出现的程序段中有效。不同组的G代码在同一程序段中可以指定多个。G代码功能的具体应用将在后面重点介绍。

(3) 尺寸字。尺寸字也称坐标字，用于给定各坐标轴位移的方向和数值。它由各坐标轴地址码及正、负号和其后的数值组成。尺寸字安排在G功能字之后。尺寸字的地址对直线进给运动为X、Y、Z、U、V、W、P、Q、R，对于绕轴回转运动为A、B、C、D、E。此外还有插补参数字(地址码)I、J和K等。尺寸字的单位对于直线位移多为“毫米”，也有用脉冲当量来表示的；回转运动的单位则为“弧度”或“转”。具体情况视选用的数控系统而定。

2.5.4 辅助功能指令

辅助功能也称M功能，由地址码M及后续两位数字组成，从M00～M99共100种。它是控制机床各种开/关功能的指令。注意：在同一个程序段里，不能有两个M代码。表2-2所示为常用辅助功能M代码。

表2-2 常用辅助功能M代码

序号	代码	模态	功能	序号	代码	模态	功能
1	M00	非模态	程序停止	8	M07	模态	冷却液开
2	M01	非模态	选择停止	9	M08	模态	冷却液开
3	M02	非模态	程序结束	10	M09	模态	冷却液关
4	M03	模态	主轴正转	11	M19	非模态	主轴定向停止
5	M04	模态	主轴反转	12	M30	非模态	程序结束，并返回程序首段
6	M05	模态	主轴停转	13	M98	非模态	调用子程序
7	M06	非模态	自动换刀	14	M99	非模态	子程序结束，返回主程序

辅助功能指令主要是控制机床开/关功能的指令，如主轴的启停、冷却液的开停、运动部件的夹紧与松开等辅助动作。M功能常因生产厂家及机床的结构和规格不同而异，这里介绍常用的M代码。

(1) M00：程序停止指令。

在执行完含M00的程序段指令后，机床的主轴、进给、冷却液都自动停止。这时可执行某一固定手动操作，如工件调头、手动换刀或变速等。固定操作完成后，须重新按下启动键，才能继续执行后续的程序段。

(2) M01：选择停止指令。

该指令与M00类似，所不同的是操作者必须预先按下面板上的“选择停止”按钮，M01指令才起作用，否则系统对M01指令不予理会。该指令在关键尺寸的抽样检查或需临时停车时使用较方便。

(3) M02：程序结束指令。

该指令编在最后一条程序段中，用以表示加工结束。它使机床主轴、进给、冷却液都停止，并使数控系统处于复位状态。此时，光标停在程序结束处。

(4) M03、M04、M05：主轴旋转方向指令。

这些指令分别命令主轴正转(M03)、反转(M04)和主轴停转(M05)。

(5) M06：自动换刀指令。

该指令用于加工中心的自动换刀。自动换刀过程分为换刀和选刀两类动作。把刀具从主轴上取下，换上所需刀具称为换刀；选刀是选取刀库中的刀具，以便为换刀做准备。换刀用 M06，选刀用 T 功能指定。例如，"N035M06T13"表示换上第 13 号刀具。

(6) M07：2 号冷却液开指令，用于雾状冷却液开。

(7) M08：1 号冷却液开指令，用于液状冷却液开。

(8) M09：冷却液关指令。

(9) M19：主轴定向停止指令。

这些指令使主轴准确地停在预定角度的位置上。用于镗孔时，镗刀穿过小孔镗大孔；反镗孔和精镗孔退刀时使镗刀不划伤已加工表面。某些数控机床自动换刀时，也需要主轴定向停止。

(10) M30：程序结束指令。

该指令与 M02 类似，但 M30 可使程序返回到开始状态，使光标自动返回到程序开头处，一按启动键就可以再一次运行程序。

2.5.5 其他功能指令

1. 进给功能

进给功能也称 F 功能，由地址码 F 及其后续的数值组成，用于指定刀具的进给速度。进给功能字应写在相应轴尺寸字之后，对于几个轴合成运动的进给功能字，应写在最后一个尺寸字之后。

F 功能指令用于控制切削进给量，在程序中有两种使用方法。

(1) 每分钟进给量 G94。

编程格式：G94F_。F 后面的数字表示的是每分钟进给量，单位为 mm/min(系统默认)。例如，G94F100 表示进给量为 100 mm/min。

(2) 每转进给量 G95。

编程格式：G95F ____。F 后面的数字表示的是主轴每转进给量，单位为 mm/r。例如，G95F0.2 表示进给量为 0.2 mm/r。

2. 主轴转速功能

主轴转速功能也称 S 功能，由地址码 S 及后续的若干位数字组成，用于指定机床主轴转速，单位为 r/min(系统默认)。

编程格式：S ____ M ____。例如，用直接指定法时，S1500M03 表示主轴正转，转速为 1500 r/min。

3. 刀具功能字

刀具功能也称 T 功能，由地址码 T 及后续的若干位数字组成，用于更换刀具时指定刀具或显示待换刀号。

编程格式：T ____。在加工中心上，T 后面跟两位数字，两位数字表示刀具号，如 T02

表示选用 2 号刀具;在数控车床上,T 后面跟四位数字,前两位是刀具号,后两位是刀具长度补偿号,又是刀尖圆弧半径补偿号,如 T0203 指令,02 为刀具号(选择 2 号刀具),03 为刀具补偿值组号(调用第 3 号刀具补偿值)。刀具补偿用于对换刀、刀具磨损、编程等产生的误差进行补偿。

2.5.6 常用数控指令及用法

1. 基本准备功能指令及用法

G 代码是与插补有关的准备功能指令,在数控编程中极其重要。目前,不同数控系统的 G 代码并非完全一致,因此编程人员必须熟悉所用机床及数控系统的规定。下面介绍法兰克数控系统中的 G 代码指令及其编程方法。

1) G54、G55、G56、G57、G58、G59:工件坐标系设定指令

一般数控机床可以预先设定 6 个(G54～G59)工件坐标系。G54～G59 是通过设定工件坐标系原点在机床坐标系里的偏置量,从而建立的工件坐标系。在机床操作时,通过对刀操作测定出工件坐标系原点相对于机床坐标系原点分别在 x、y、z 轴方向上的坐标值,并把该坐标值通过参数设定的方式输入机床参数数据库中,如图 2-16 所示。

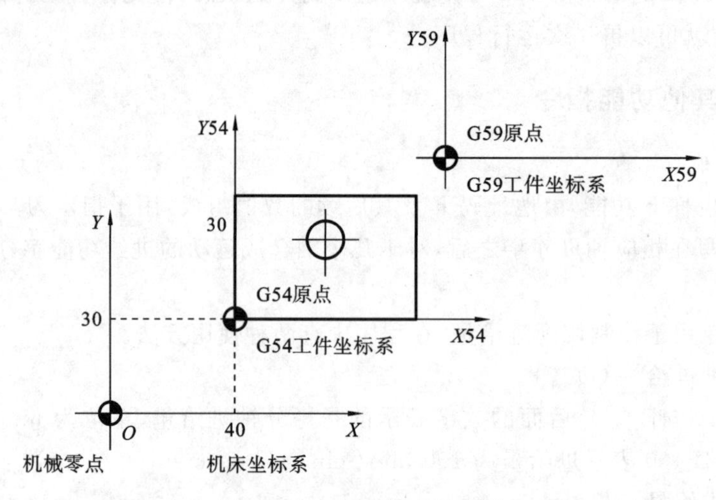

图 2-16 工件坐标系的选择

数控加工程序一旦指定了 G54～G59 中的一个,则该工件坐标系原点即为当前程序原点,后续程序段中的工件绝对坐标均为相对此程序原点的值,例如,某段程序如下:

```
N01 G54 G00 G90 X30 Y20;
N02 G55;
N03 G00 X40 Y30;
```

执行 N01 句时,数控装置会选定 G54 坐标系作为当前工件坐标系,然后再执行 G00 移动到该坐标系中的点 A(见图 2-17);执行 N02 句时,系统又会选择 G55 坐标系作为当前工件坐标系;执行 N03 句时,机床就会移动到刚指定的 G55 坐标系中的点 B,如图 2-17 所示。

对于编程员而言,一般只要知道工件上的程序原点就足够了,因为编程与机床原点、

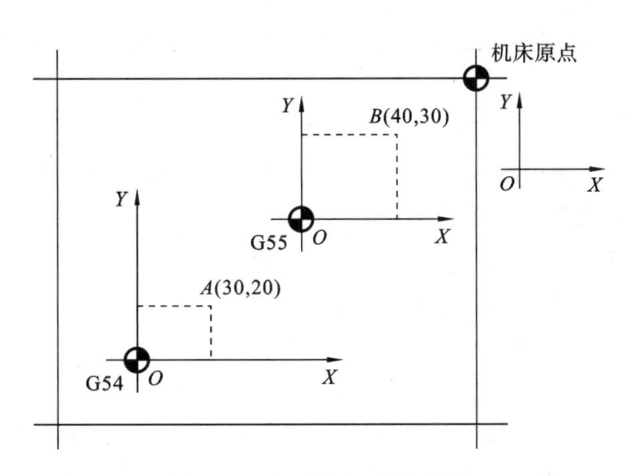

图 2-17 工件坐标系的使用

机床参考点及装夹原点无关，也与所选用的数控机床型号无关（但与数控机床的类型有关）。但对于机床操作者来说，必须十分清楚所选用的数控机床的上述各原点及其之间的偏移关系。对于不同的数控系统，程序原点设置和偏移的方法不完全相同，必须参考机床用户手册和编程手册。

2) G90、G91：绝对坐标编程与增量坐标编程指令

G90 为绝对值编程指令，G91 为增量值编程指令。在 G90 方式下，程序段中的轨迹坐标都是相对于某一固定编程原点所给定的绝对值。在 G91 方式下，程序段中的轨迹坐标都是相对于前一位置坐标的增量值。如图 2-18 所示。

用绝对值编程的程序为

```
N01  G90;
N02  G01  X10  Y20;
N03  X30  Y30;
N04  X40  Y60;
N05  X80  Y30;
N06  M02;
```

用增量值编程的程序为

```
N01  G91;
N02  G01  X10  Y20;
N03  X20  Y20;
N04  X10  Y20;
N05  X40  Y-30;
```

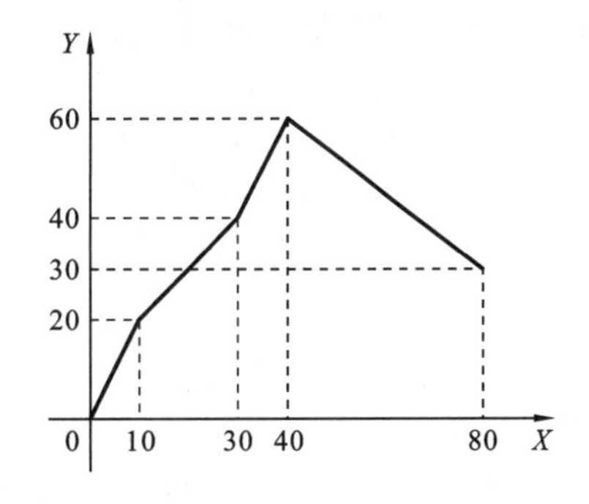

图 2-18 G90 与 G91 应用

如果在程序段开始不注明是 G90 还是 G91 方式，则数控装置按 G90 方式运行。

3) G00：快速点定位

命令刀具以点定位控制方式快速移动到指定位置，用于刀具的快进、快退运动。进给速度 F 对 G00 程序段无效，G00 只是快速到位，运动轨迹视系统设计而定。

指令格式：G90/G91 G00 X ___ Y ___ Z ___。

式中：X、Y、Z 分别为 G00 目标点的坐标。

注意：G00 指令仅精确控制起点、终点的坐标位置，不能严格控制运行轨迹，因此 G00 指令不能用于切削加工。

4) G01：直线插补

命令机床数个坐标间以联动方式直线插补到规定位置，这时刀具按指定的 F 进给速度沿起点到终点的连线做直线切削运动。

指令格式：G90/G91 G01 X ___ Y ___ Z ___ F ___。

式中：F 用于指定进给速度(数控铣床、加工中心默认单位为 mm/min)；X、Y、Z 分别表示 G01 的终点坐标。

5) G17、G18、G19：插补平面选择

G17 表示 *XY* 平面插补，G18 表示 *XZ* 平面插补，G19 表示 *YZ* 平面插补。当机床只有一个坐标平面时(如车床)，平面选择指令可省略。例如，在 *XY* 平面加工时，一般 G17 可省略不写。

6) G02、G03：圆弧插补指令

圆弧插补指令使机床在各坐标平面内执行圆弧运动，加工出圆弧轮廓。G02 表示顺时针方向圆弧插补，G03 表示逆时针方向圆弧插补。

圆弧插补的顺、逆时针方向可按图 2-19 给出的方向进行判别。

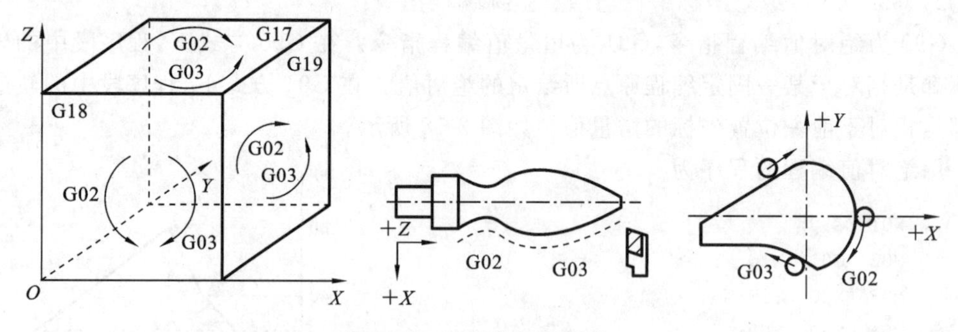

图 2-19　圆弧的顺逆区分

沿垂直于圆弧所在平面(如 *XY* 平面)的坐标轴正方向往负方向(−*Z*)看，刀具相对于工件的转动方向是顺时针方向为 G02，逆时针方向为 G03。

圆弧插补程序段的格式主要有两种：一种用圆弧终点坐标和圆弧半径 R 表示；另一种用圆弧终点坐标和圆心坐标表示。其指令格式为

XY 平面：G02　(G03)　G17 X ___ Y ___ I ___ J ___(R ___)F ___；

ZX 平面：G02　(G03)　G18 X ___ Z ___ I ___ K ___(R ___)F；

YZ 平面：G02　(G03)　G19 Y ___ Z ___ J ___ K ___(R ___)F ___；

其中：X ___，Y ___，Z ___为圆弧终点坐标值，在绝对值编程(G90)方式下，圆弧终点坐标是绝对坐标，在增量值编程(G91)方式下，圆弧终点坐标是相对于圆弧起点的增量值；I ___，J ___，K ___表示圆弧圆心相对于圆弧起点在 X、Y、Z 轴方向上的增量坐标，与 G90 和 G91 方式无关；I ___，J ___，K ___也可用 R ___指定，R ___为圆弧半径，当两者同时被指定时，R 指令优先，I、J、K 指令无效，在圆弧切削时应注意，当圆弧的圆心角 $\alpha \leqslant 180°$时，R 值为正；当圆弧的圆心角 $\alpha > 180°$时，R 值为负，R 不能做整圆切削，整圆切削只能用 I、

J、K 指令编程，因为经过同一点，半径相同的圆有无数个；F 为刀具沿圆弧切向的进给速度。

由图 2-20 所示可知 A、B 两点的坐标分别为 $A(-40,-30)$、$B(40,-30)$。

圆弧段 1 程序为

```
G90  G02  X40  Y-30  R50  F100;
```

或

```
G91  G02  X80  Y0  R50  F100;
```

圆弧段 2 程序为

```
G90  G02  X40  Y-30  R-50  F100;
```

或

```
G91  G02  X80  Y0  R-50  F100;
```

图 2-21 所示为一封闭圆，现设起刀点在坐标原点 O。

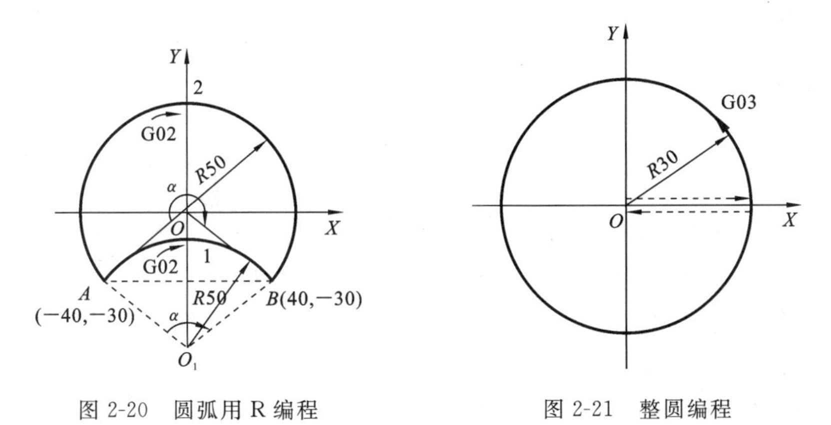

图 2-20　圆弧用 R 编程　　图 2-21　整圆编程

从点 O 快速移动至点 A 沿逆时针方向加工整圆，用绝对值编程的程序为

```
N10  G54  X0  Y0  Z0;
N20  G90  G00  X30  Y0;
N30  G03  I-30  J0  F100;
N40  G00  X0  Y0;
```

用增量值编程的程序为

```
N20  G91  G00  X30  Y0;
N30  G03  I-30  J0  F100;
N40  G00  X-30  Y0;
```

下面以图 2-22 所示为例，说明 G01、G02、G03 的编程方法。

设刀具由坐标原点 O 快进至点 a，从点 a 开始沿 $a—b—c—d—e—f—a$ 切削，最终回到原点 O。

用绝对值编程的程序为

```
N01 G54 X0 Y0;
N02 G90 G00 X30 Y30;
```

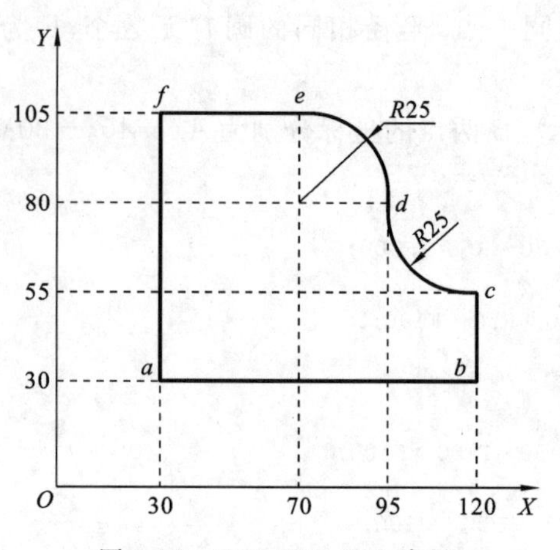

图 2-22　G01、G02、G03 编程

```
N03 G01 X120 F120;
N04 Y55;
N05 G02 X95 Y80 I0 J25 F100;
N06 G03 X70 Y105 I-25 J0;
N07 G01 X30 Y105 F120;
N08 Y30;
N09 G00 X0 Y0;
N10 M02;
```

用增量值编程的程序为

```
N01 G91 G00 X30 Y30;
N02 G01 X90 F120;
N03 Y25;
N04 G02 X-25 Y25 I0 J25 F100;
N05 G03 X-25 Y25 I-25 J0;
N06 G01 X-40 F120;
N07 Y-75;
N08 G00 X-30 Y-30;
N09 M02;
```

注意:为讨论方便,上述圆弧加工程序中都没有考虑刀具半径对编程轨迹的影响,编程时假定刀具中心与工件轮廓轨迹重合;实际加工时,应考虑刀具中心与工件轮廓轨迹之间永远相差一个刀具半径值 R,这要用到刀具半径补偿功能;刀具补偿将在后面加以介绍。

2. 刀具补偿指令

1) 刀具半径补偿指令 G40、G41/G42

G41 为刀具半径左补偿指令,表示沿着刀具前进的方向看,刀具偏在工件轮廓的左边,相当于顺铣;G42 为刀具半径右补偿指令,表示沿着刀具前进的方向看,刀具偏在工件轮廓的右边,相当于逆铣,如图 2-23 所示。对刀具寿命、加工精度、表面粗糙度而言,顺铣效果较好,因此 G41 使用较多。G40 表示取消刀具半径补偿指令。G41、G42 指令需要与 G00～G03 指令共同构成程序段。G40、G41、G42 为模态指令。

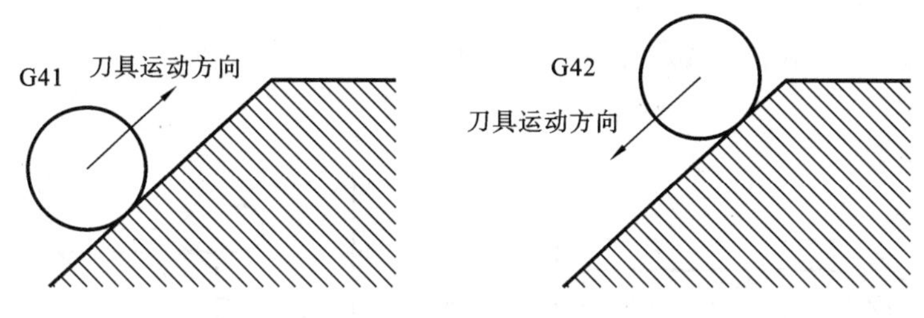

图 2-23 G41/G42 指令

程序段格式(假设在 XY 平面)为

G00(G01)G41(G42)X ___ Y ___ D ___ F ___;

G02(G03)G41(G42)X ___ Y ___ L ___ T ___ D ___ F ___;或 G02(G03)G41(G42) X ___ Y ___ R ___ D ___ F ___;

G00(G01)G40 X ___ Y ___ F ___;

其中:X ___,Y ___为刀具半径补偿起始点的坐标;D ___为刀具半径补偿寄存器代号,一般补偿号为两位数(D00～D99),补偿值预先寄存到刀补寄存器中;F ___为进给速度(用 G00 编程时 F 省略)。

注意:G40 必须和 G41 或 G42 成对使用。

(1) 刀具补偿的功能。

在平面轮廓铣削加工时,由于圆柱铣刀半径 R 的存在,刀具中心轨迹和工件轮廓轨迹不重合,始终相差一个刀具半径值 R。数控机床只要具备了刀具半径补偿功能,就可利用这一功能,编程时将刀具半径值预先储存在数控系统中,不论刀具半径值的大小,只需按照工件轮廓轨迹进行编程。执行程序时,系统将根据储存的刀具半径值自动计算出刀具中心的轨迹,然后按照刀具中心轨迹运行程序,从而加工出要求的工件形状。在刀具磨损、刃磨后刀具半径减小,或重新换刀后的刀具半径与编程时设定的刀具半径不同时,可以仅改变刀具半径补偿值,无须重新编写程序。

另外,对工件的粗、精加工,可以用同一个程序,而不必另外编写。如图 2-24 所示,当按零件轮廓编程以后,在粗加工零件时可以把偏置量设为 D,$D=R+\Delta$,其中 R 为铣刀半径,Δ 为精加工前的加工余量,那么,零件被加工完成以后将得到一个比零件轮廓 $ABCDEF$ 各边都大 Δ 的零件 $A'B'C'D'E'F'$。在精加工零件时,设偏置量 $D=R$,这样,零件被加工完后,将得到零件的实际轮廓 $ABCDEF$。

(2) 刀具补偿的动作过程。

刀具补偿的动作过程分为三步,即刀补建立、刀补执行和取消刀补,如图 2-25 所示。

用增量值编程的程序为

```
O0001;
N10 G54 G91 G17 G00 M03;        G17 指定刀补平面(XY 平面)
N20 G41 X20.0 Y10.0 D01;        建立刀补(刀补号为 01)
N30 G01 Y40.0 F200;             刀补执行开始
N40 X30.0;
N50 Y-30.0;
```

```
N60 X-40.0;                          刀补执行结束
N70 G00 G40 X-10. 0 Y-20.0 M05;      取消刀补
N80 M02;
```

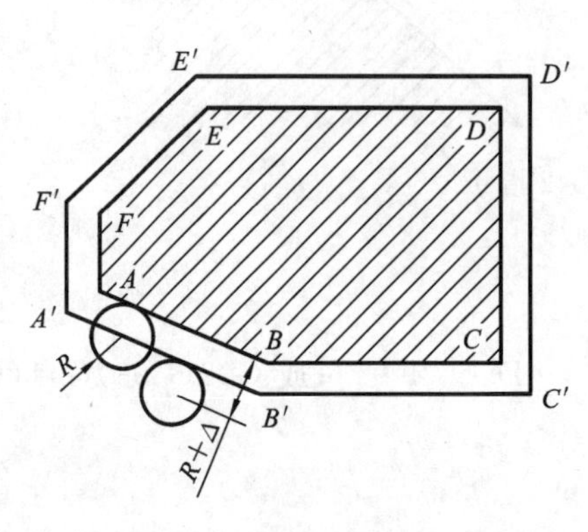

图 2-24　刀补功能的利用

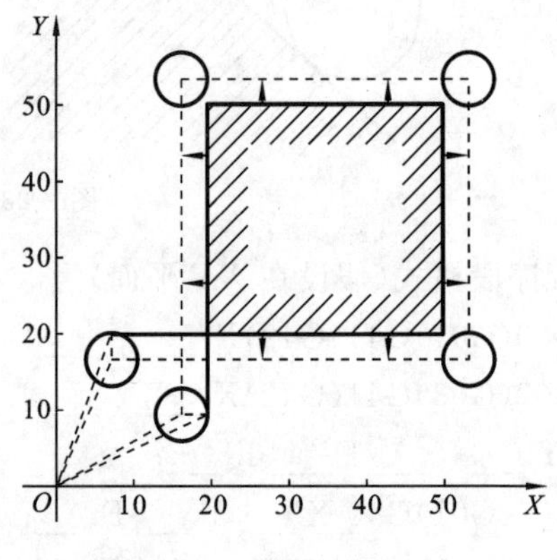

图 2-25　刀补的动作过程

用绝对值编程的程序为

```
O0002;
N10 G54 G90 G17 G00 M03;         G17 指定刀补平面(XY 平面)
N20 G41 X20.0 Y10.0 D01;         建立刀补(刀补号为 01)
N30 G01 Y50.0 F200;              刀补执行开始
N40 X50.0;
N50 Y20.0;
N60 X10.0;                       刀补执行结束
N70 G00 G40 X0 Y0 M05;           取消刀补
N80 M02;
```

注意:在启动阶段开始后的刀补状态中,如果存在两段以上的没有移动指令或存在非指定平面轴的移动指令段,则可能产生进刀不足或进刀超差,其原因是进入刀补状态后,只能读出连续的两段,这两段都没有进给,也就不能产生矢量,确定不了前进的方向。

2）刀具长度补偿(偏置)指令 G40、G43 /G44

G43 为刀具正补偿(偏置)指令,用于刀具的实际位置正向偏离编程位置时的补偿(或称刀具伸长补偿),它的作用是将刀具编程终点坐标值减去一个刀具偏差量,也就是使编程终点坐标向负方向移动一个偏差量。

G44 为刀具负补偿(偏置)指令,用于刀具的实际位置负向偏离编程位置时的补偿(或称刀具缩短补偿),它的作用是将刀具编程终点坐标值加上一个刀具长度偏差量,也就是使编程终点坐标向正方向移动一个偏差量。

G40 是撤销刀具长度补偿(偏置)的指令,指令刀具移回原来的实际位置,即进行与前面长度补偿指令相反的运算。不管刀具实际长度比编程时的刀具长度短(即刀具长度短于编程时的长度)还是长,都取正值。

程序段格式为 G43(G44)　Z ___(X ___/Y ___)H ___(D ___);

其中:Z ___(X ___/Y ___)为补偿轴的编程坐标,刀具长度补偿指令一般用于刀具轴向(Z

向)的补偿;H ___(D ___)为刀具长度补偿代号,其中 H00 或 D00 也为取消长度补偿偏置。

刀具长度补偿(偏置)指令的主要作用:在编程时不必考虑刀具的实际长度及各把刀具不同的长度,当刀具在长度方向的尺寸发生变化(刀具磨损或重新换刀)时,可以在不改变程序的情况下,通过改变偏置量,加工出所要求的零件尺寸。图 2-26 所示的加工情况中,如果刀具正偏置,即刀具短于编程时的长度时,要用 G43 指令进行伸长补偿,$e=3$,存储地址为 D01,即 D01=3,按相对坐标编程的加工程序为

```
N01 G91 G00 X70 Y35 S100 M03;
N02 G43 D01 Z-22;
N03 G01 Z-18 F500;
N04 G04 X20;
N05 G00 Z18;
N06 X30 Y-20;
N07 G01 Z-33 F500;
N08 G00 D00 Z55;
N09 X-11 Y-15;
N10 M02;
```

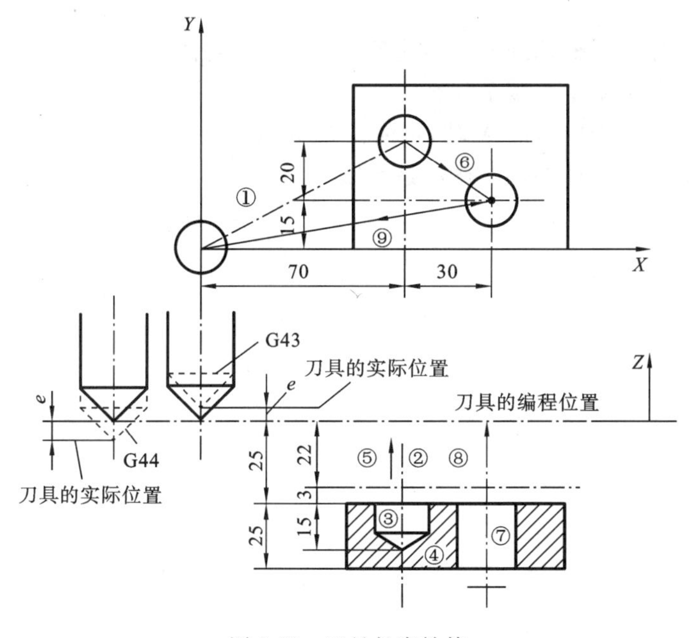

图 2-26 刀具长度补偿

如果实际使用的刀具长度长于编程时的刀具长度,仍取 3,这时程序段 N02 应当为“N02 G44 D01 Z-22;”。程序指令刀具向编程终点坐标正方向移动一个 e 值(为 3)的位置,即使刀具的位移减少 3 个单位,以达到补偿刀具长度长于编程时长度的目的。另外,使用该程序加工首批、首件零件时,如果发现加工零件的尺寸有误差(如深 15 的孔深有误差),而且是因为刀具的安装偏离编程位置引起的,则可以将偏置值置于寄存器 D 中,无须调整刀具的安装位置便可以消除工件的这一尺寸误差。

3. 暂停指令 G04

G04 指令可使刀具短时间(如几秒钟)暂停(延迟),进行无进给的光整加工,用于车槽、铣平面、钻孔、锪孔等场合,以获得圆整而光滑的表面。

程序段格式为

G04　X ___;

或 G04　P ___;

其中:X 或 P 为地址符,后面紧跟的数字一般表示停留时间,视具体机床数控系统而定。有时,规定 X 后面的数字为带小数点的数,单位为 s;P 后面的数字为整数,单位为 ms。G04 为非模态指令,仅在本程序段有效。G04 的程序段里不能有其他指令。

例如:暂停 1.8s 的程序为

G04 X1.8;

或 G04 P1800;

课后习题

2-1　数控机床包括哪几部分?简述各部分的主要功能。

2-2　数控编程的基本步骤是什么?

2-3　如何确定数控机床的 X 轴、Y 轴、Z 轴及其方向?

2-4　刀具长度和半径补偿的作用是什么?

第3章　数控车削加工基础及应用

第3章
数字资源

3.1　数控车削编程

数控车床是目前使用最广泛的数控机床之一，主要用来加工回转体零件，能对轴类和盘类零件自动地进行内外圆柱面、圆锥面、球面、圆柱螺纹、圆锥螺纹等工序的切削加工，并能进行切槽、钻、扩、铰孔等工序的加工。车削中心可在一次装夹中完成更多的加工工序，提高加工精度和生产效率，特别适合于复杂形状回转类零件的加工。

3.1.1　数控车床的分类及编程特点

1. 数控车床的分类

数控车床品种、规格繁多，按照不同的分类标准，有不同的分类方法。

1）按数控车床主轴的配置形式分类

（1）卧式数控车床：主轴轴线处于水平位置的数控车床。

（2）立式数控车床：主轴轴线处于竖直位置的数控车床。

2）按数控系统控制的轴数分类

（1）两轴控制的数控车床：机床上只有一个回转刀架，可实现两坐标轴控制。

（2）四轴控制的数控车床：机床上有两个独立的回转刀架，可实现四坐标轴控制。

3）按加工零件的基本类型分类

（1）卡盘式数控车床：数控车床未设置尾座，适合于车削盘类零件。

（2）顶尖式数控车床：数控车床设有普通尾座或数控尾座，适合于车削较长的轴类零件及直径不太大的盘、轴类零件。

4）按数控系统的功能分类

（1）普通数控车床：根据车削加工要求在结构上进行专门设计并配备通用数控系统的数控车床，数控系统功能强，自动化程度和加工精度也比较高，适用于一般回转类零件的车削加工。这种数控车床可同时控制两个坐标轴，即 X 轴和 Z 轴。

（2）经济型数控车床：采用步进电动机和单片机对普通车床的进给系统进行改造后形成的简易型数控车床，成本较低，但自动化程度和功能都比较差，车削加工精度也不高，适用于要求不高的回转类零件的车削加工。

（3）车削加工中心：在普通数控车床的基础上，增加了 C 轴和动力头，还可以配置刀库，可控制 X、Z 和 C 三个坐标轴，联动控制轴可以是 X、Z 轴，X、C 轴或 Z、C 轴。由于增加了 C 轴和铣削动力头，这种数控车床的加工功能大大增强，除可以进行一般车削外，还可以进行径向和轴向铣削、曲面铣削，中心线不在零件回转中心的孔和径向孔的钻削等加工。

2. 数控车床及车削中心的编程特点

（1）数控车床上的工件毛坯大多为圆棒料，加工余量较大，一个表面往往需要进行多次反复的加工，如果对每个加工循环都编写若干个程序段，就会增加编程的工作量。为了简化加工程序，一般情况下，数控车床的数控装置中都有车外圆、车端面和车螺纹等不同形式的循环功能。

(2) 数控车床的数控装置中都有刀具补偿功能。在加工过程中，对刀具位置的变化、刀具几何形状的变化及刀尖圆弧半径的变化，都无须更改加工程序，只要将变化的尺寸或圆弧半径输入存储器中，刀具便能自动进行补偿。

(3) 数控车床的编程有直径、半径两种方法。所谓直径编程是指 X 轴上的有关尺寸为直径值，半径编程是指 X 轴上的有关尺寸为半径值。数控车床出厂时一般设定为直径编程。如果需用半径编程，则要改变数控装置中的相关参数，使数控装置处于半径编程状态。本章以后，若非特殊说明，各例均为直径编程，如采用 FANUC 数控装置的数控车床用的就是直径编程。

(4) 在一个程序段中，根据零件图上标注的尺寸，可以采用绝对值编程，增量值编程或两者混合编程。大多数数控车床用 X、Z 表示绝对坐标，用 U、W 表示增量坐标，而不用 G90 或 G91 表示。

3. 数控车床的坐标系

在编制零件的加工程序时，必须把零件放在一个坐标系中，只有这样才能描述零件的轨迹，编制出合格的程序。数控车床的编程坐标系如图 3-1 所示，由于数控车床是回转类工件的加工机床，故一般只有两个坐标轴，即 X_P 轴和 Z_P 轴，其中纵向为 Z_P 轴方向，正方向是刀架远离卡盘而指向尾座的方向，径向为 X_P 轴方向，与 Z_P 轴相垂直，正方向为刀架远离主轴轴线的方向。编程原点 O_P 一般取在工件端面与中心线的交点处。

4. 数控车床参考点和换刀点的确定

数控车床的机床原点处于主轴旋转中心与卡盘后端面的交点。因此，数控车床的机床原点和机床参考点是不重合的，通常数控车床上的机床参考点是在离机床原点最远的极限点附近，位置由 Z 向和 X 向的机械挡块或者电气装置来限定。通常所说的“回零”，也就是回参考点的操作，如图 3-2 所示。

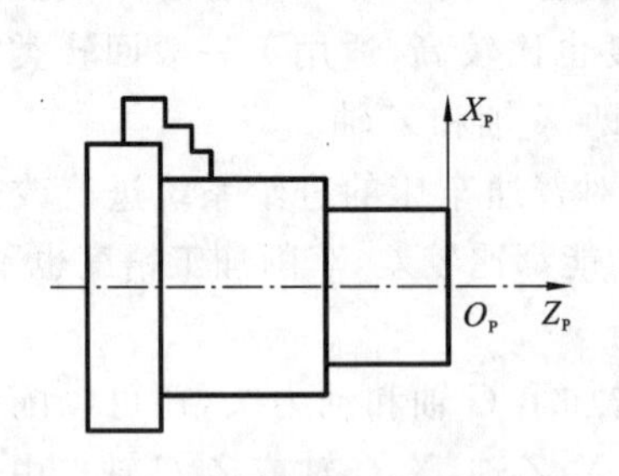

图 3-1 数控车床的编程坐标系

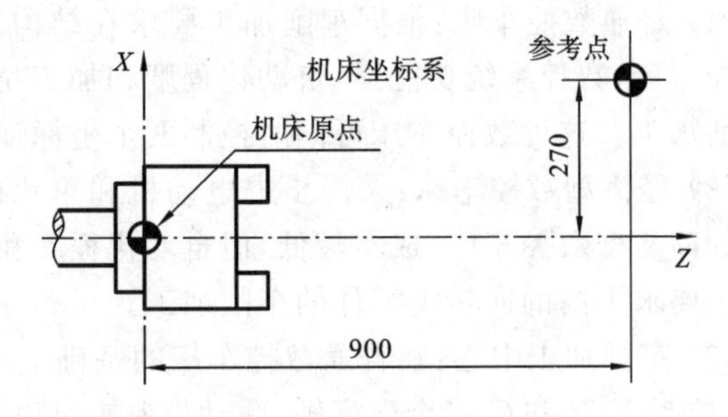

图 3-2 数控车床的参考点

数控车床的换刀点是指刀架转位换刀时的位置，可以是在数控车床上任意的一点。为了防止在换(转)刀时碰撞到被加工零件，换刀点应设置在被加工零件的外面，以刀架转位时不碰工件及其他部件为准，并留有一定的安全区，其设定值可用实际测量方法或计算确定。

3.1.2 数控车床的常用编程指令

目前数控装置的种类较多，数控车床可配置不同的数控装置。虽然不同的数控装置功能和具体指令会有所不同，但编程的基本原理和方法是相同的。下面以 FANUC 系列数控装置为例，介绍一些数控车床的特色指令。

1. 主轴转速功能设定指令 G50、G96、G97

主轴转速功能有恒线速度控制和恒转速控制两种指令方式，并可限制主轴的最高转速。

1）最高转速限制指令 G50

指令格式为

G50 S___

S 后面的数字表示的是最高转速，单位为 r/min。该指令可防止主轴转速过高，离心力太大会产生危险及影响机床寿命。

例如：G50 S2000；表示最高转速限制为 2000 r/min。

另外，G50 还可用于加工坐标系的设置，指令格式为

G50 X___ Z___

其使用方法与 G92 类似。图 3-3 所示为一车削阶梯轴外表面的加工实例，具体加工程序为

```
O0031;
N001 G50 X100.0 Z52.7;
N002 S800 M03;
N003 G00 X6.0 Z2.0;
N004 G01 Z-20.0 F1.3;
N005 G02 X14.0 Z-24.0 R4.0;
N006 G01 W-8.0;
N007 G03 X20.0 W-3.0 R3.0;
N008 G01 W-37.0;
N009 G02 U20.0 W-10.0 R10.0;
NO10 G01 W-20.0;
NO11 G03 X52.0 W-6.0 R6.0;
N012 G02 U10.0 W-5.0 R5.0;
N013 G00 X100.0 Z52.7;
N014 M05;
N015 M02;
```

2）恒线速度控制指令 G96

指令格式为

G96 S___

S 后面的数字表示的是恒定的线速度，单位为 m/min。该指令用于车削端面或工件直径变化较大的场合。采用此功能，可保证当工件直径变化时，主轴的线速度不变，从而保证切削速度不变，提高了加工质量。

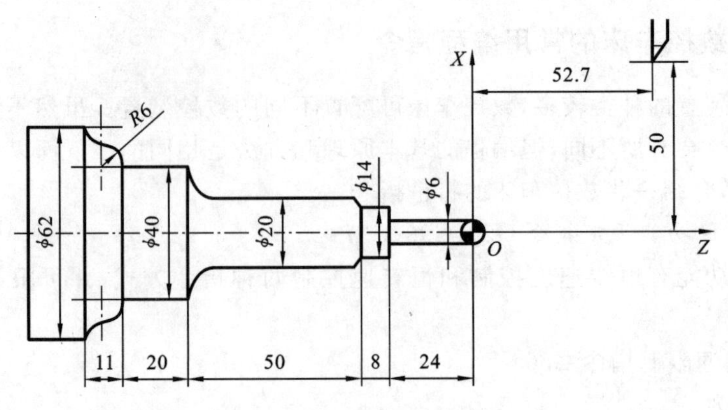

图 3-3 车削加工实例

例如:G96 S180 表示切削点线速度为 180 m/min。

3) 恒转速控制指令 G97

指令格式为

G97 S ___

S 后面的数字表示的是转速,单位为 r/min。该指令用于车削螺纹或工件直径变化较小的场合。采用此功能,可设定主轴转速并取消恒线速度控制。

例如:G97 S3000 表示恒线速度控制取消后主轴转速为 3000 r/min。

2. T 功能指令

T 功能指令用于选择加工所用刀具。

指令格式为

T ___

T 后面通常有两位数字,表示所选择的刀具号码。但也有 T 后面用四位数字,前两位是刀具号,后两位是刀具长度补偿号,也是刀尖圆弧半径补偿号。

例如:T0303 表示选用 3 号刀具及 3 号刀具长度补偿值和刀尖圆弧半径补偿值。刀具号和刀具补偿号不必相同,但为了方便通常使它们一致。

T0300 表示取消刀具补偿。

3. 常用数控车床的一些固定循环指令

1) 简单固定循环指令

(1) 内径、外径车削循环指令 G90。该指令适用于零件的内、外圆柱面(圆锥面)上毛坯余量较大的场合,或直接由棒料车削零件时进行精车前的粗车,以去除大部分毛坯余量。

① 直线车削循环。

指令格式为

G90 X(U)___ Z(W)___ F ___

G90 直线车削的轨迹如图 3-4 所示,由 4 个步骤组成。刀具从定位点 A 开始沿 $ABCDA$ 的方向运动,其中 $X(U)$、$Z(W)$ 给出点 C 的位置。图中 1(R)表示第一步是快速运动,2(F)表示第二步按进给速度切削,3(F)表示第三步按进给速度退刀,4(R)表示第四步是以快速运动复位。用一个循环,以一段程序指令完成四段动作,使程序简单化。

② 锥体车削循环。

指令格式为

G90 X(U)___ Z(W)___ I(R)___ F ___

$I(R)$的值按下式计算：

$$I(R)=\frac{D_1-D_2}{2}$$

式中：D_1为圆锥起点直径；D_2为圆锥终点直径；$I(R)$为锥体两端的半径之差（$I(R)=0$时为直线车削）。

G90锥体车削的轨迹如图3-5所示，刀具从定位点A开始沿$ABCDA$的方向运动，其中$X(U)$、$Z(W)$给出点C的位置，$I(R)$值的正负由点B和点C的X坐标值之间的关系确定，图中点B的X坐标值比点C的X坐标值小，所以$I(R)$应取负值。

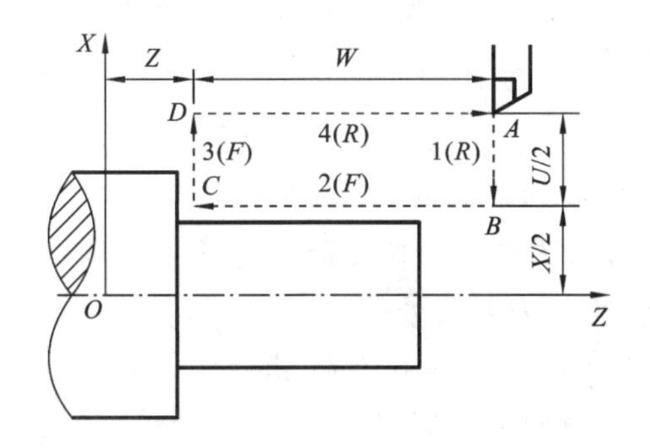

图3-4 G90直线车削循环

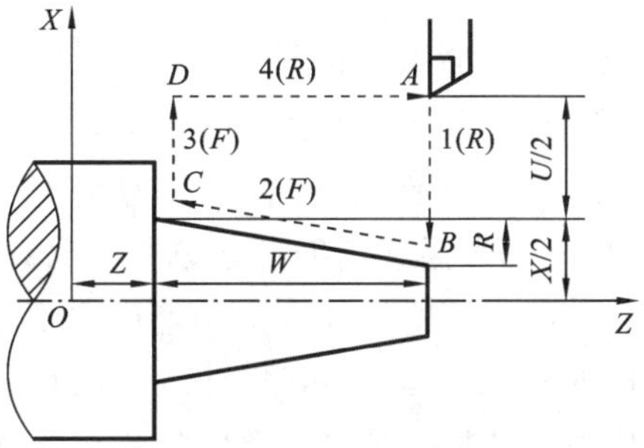

图3-5 G90锥体车削循环

（2）端面车削循环指令G94。该指令适用于零件的端面上毛坯余量较大时进行精车前的粗车，以去除大部分毛坯余量。

① 端面车削循环。

指令格式为

G94 X(U)___ Z(W)___ F ___

G94端面车削的轨迹如图3-6所示，由4个步骤组成。刀具从循环起点开始，其中$X(U)$、$Z(W)$给出终点的位置。图中1(R)表示第一步是快速运动，2(F)表示第二步按进给速度切削，3(F)表示第三步按进给速度退刀，4(R)表示第四步是以快速运动复位。

② 带锥度的端面车削循环。

指令格式为

G94 X(U)___ Z(W)___ I(R)___ F ___

G94带锥度的端面车削的轨迹如图3-7所示，刀具从循环起点开始，其中$X(U)$、$Z(W)$给出终点的位置，$I(R)$值的正负由点B和点C的X坐标值之间的关系确定，图中点B的X坐标值比点C的X坐标值小，所以$I(R)$应取负值。

2）复合固定循环指令

（1）外径、内径粗车循环指令G71。该指令只需指定精加工路线，系统会自动给出粗加工路线，适用于工件形状复杂、车削量较大、毛坯为圆棒料的零件，如图3-8所示。

指令格式为

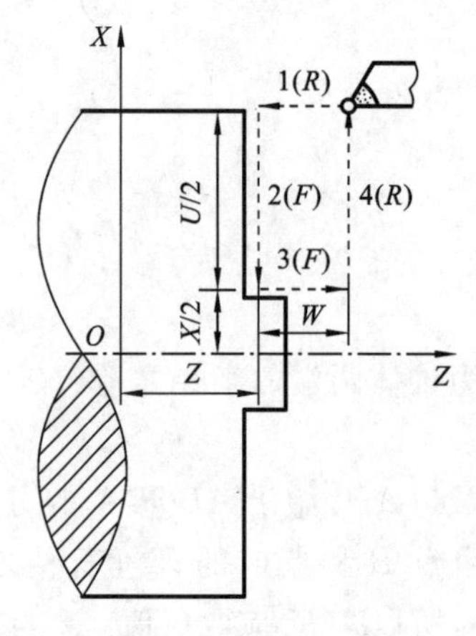

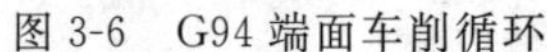
图 3-6 G94 端面车削循环

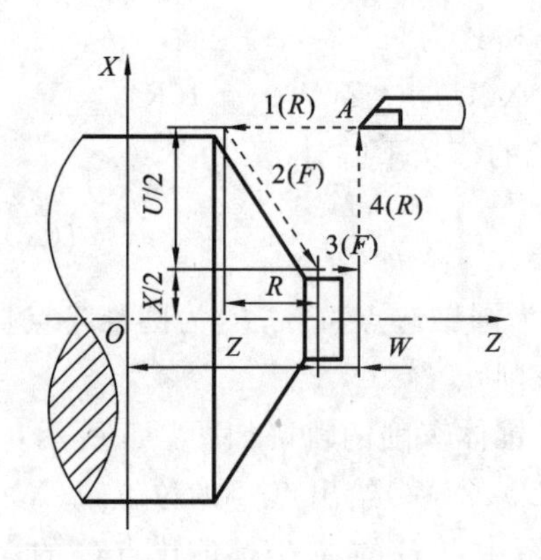

图 3-7 G94 带锥度的端面车削循环

G71 U(Δd) R(e)

G71 P(ns) Q(nf) U(Δu) W(ΔW) F(f) S(s)T(t)

其中:Δd 为吃刀量(半径值,无正负符号);e 为每次切削退刀量;ns 为开始切削循环之单节号码;nf 为最后切削循环之单节号码;Δu 为 X 轴方向之精切预留量(直径值);Δw 为 Z 轴方向之精切预留量;f 为进给速度;s 为主轴转速;t 为刀具号码。

F、S、T 功能写在 ns 和 nf 之间的程序段均无效,只有写在 G71 指令中才有效。G71 指令中最后的加工是以包含的指令单元减去预留量而依序切削。

(2) 端面粗车循环指令 G72。该指令的执行过程除了其切削进程平行于 X 轴之外,其他的与 G71 相同,如图 3-9 所示。

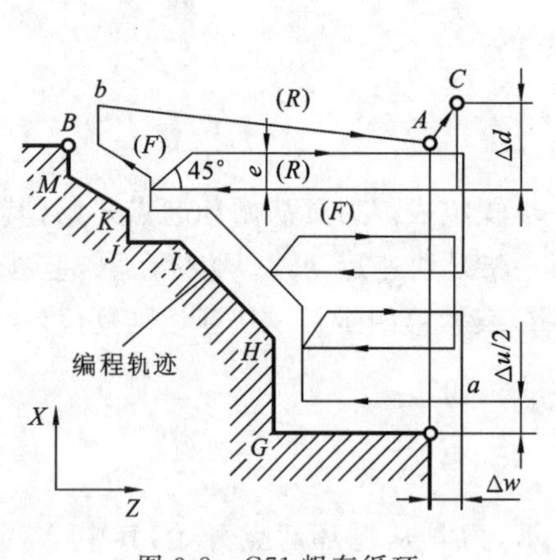

图 3-8 G71 粗车循环

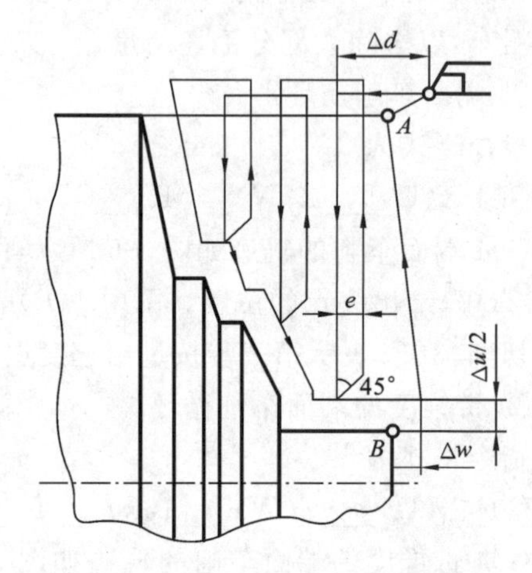

图 3-9 G72 端面粗车循环

指令格式为

G72 W(Δd) R(e)

G72 P(ns) Q(nf) U(Δu) W(ΔW) F(f) S(s) T(t)

(3) 成形车削循环 G73。该指令只需指定精加工路线,系统会自动给出粗加工路线,适用于车削已由铸造、锻造等方式加工成形的工件,如图 3-10 所示。

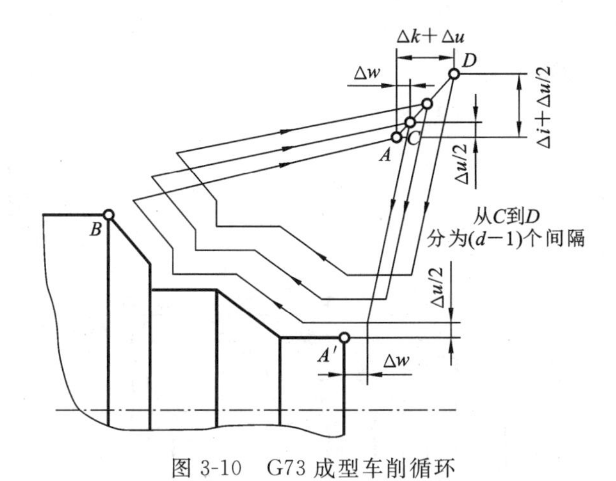

图 3-10　G73 成型车削循环

指令格式为

G73 U(Δi) W(Δk) R (d)

G73 P(ns) Q(nf) U(Δu) W(ΔW) F(f) S(s) T(t)

其中:Δi 为 X 轴方向总退刀量,半径值;Δk 为 Z 轴方向总退刀量;d 为循环次数;ns 为指定精加工路线的第一个程序段的段号;nf 为指定精加工路线的最后一个程序段的段号;Δu 为 X 轴方向上的精加工余量,直径值;Δw 为 Z 轴方向上的精加工余量。

粗车过程中在程序段号 ns～nf 之间的任何 F、S、T 功能均被忽略,只有 G73 指令中指定的 F、S、T 功能才有效。

(4) 外径、内径精车循环指令 G70。

指令格式为

G70 P(ns) Q(nf)

其中:ns 为精车程序第一个程序段的顺序号;nf 为精车程序最后一个程序段的顺序号。

在 G71、G72、G73 切削循环之后必须使用 G70 指令执行精车削,以获得所需要的尺寸。F、S、T 功能写在 ns 和 nf 之间的程序段在 G70 指令中有效。G70 指令执行后,刀具会回到 G71、G72、G73 开始的切削点。

使用 G70、G71 指令编程的加工实例如图 3-11 所示,加工程序为

```
O0001;                                  程序名
N010 G50 X200 Z220;                     坐标系设定
N020 M04 S800 T0300;                    主轴旋转
N030 G00 X160 Z180 M08;                 快速到达点(160,180)
N040 G71 U7 R0.2;                       吃刀量为 7 mm,退刀量为 0.2 mm
N050 G71 P050 Q110 U4 W2 F0. 2 S500;    粗车循环,从程序段 N060 到 N120
N060 G00 X40 S800;
N070 G01 W-40 F0.1;
N080 X60 W-30;
N090 W-20;
N100 X100 W-10;
N110 W-20;
N120 X140 W-20;
```

```
N130 G70 P050 Q110;                    精车循环
N140 G00 X200 Z220 M09;
N150 M30;
```

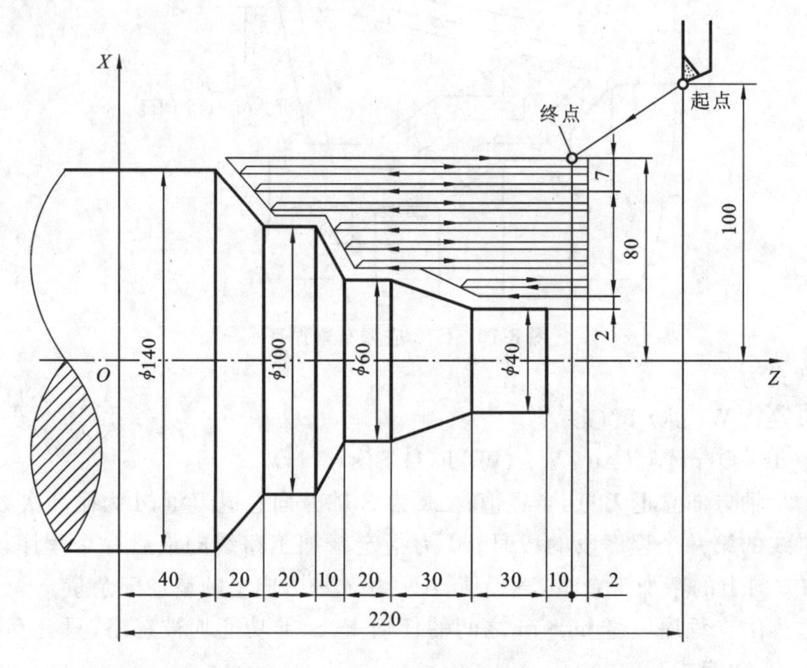

图 3-11　粗、精车削实例

3.1.3　数控车床的刀具补偿

全功能的数控车床基本上都具有刀具补偿功能。刀具补偿又分为刀具位置补偿和刀尖半径补偿。刀具功能指令(TXXXX)中后两位数字所表示的刀具补偿号从 01 开始，00 表示取消刀补，编程时一般习惯于设定刀具号和刀具补偿号相同。

1. 刀具位置补偿

在机床坐标系中，显示器上显示的 X、Z 坐标值是刀架左侧中心相对机床原点的距离；在工件坐标系中，X、Z 坐标值是车刀刀尖(刀位点)相对工件原点的距离，而且机床在运行加工程序时，数控系统控制刀尖的运动轨迹。这就需要进行刀具位置补偿。

刀具位置补偿包括刀具几何尺寸补偿和刀具磨损补偿，前者用于补偿刀具形状或刀具附件位置上的偏差，后者用于补偿刀具的磨损。

在实际加工工件时，使用一把刀具一般不能满足工件的加工要求，通常要使用多把刀具进行加工。作为基准刀的 1 号刀刀尖点的进给轨迹如图 3-12 所示(图中各刀具无刀位偏差)。其他刀具的刀尖点相对于基准刀刀尖点的偏移量(即刀位偏差)如图 3-13 所示(图中各刀具有刀位偏差)。在程序里使用 M06 指令使刀架转动，实现换刀，T 指令则使非基准刀刀尖点从偏离位置移动到基准刀刀尖点的位置(点 A)，然后再按编程轨迹进给，如图 3-13 的实线所示。

2. 刀尖半径补偿

数控车床编程时可以将车刀刀尖看作一个点，按照工件的实际轮廓编制加工程序。

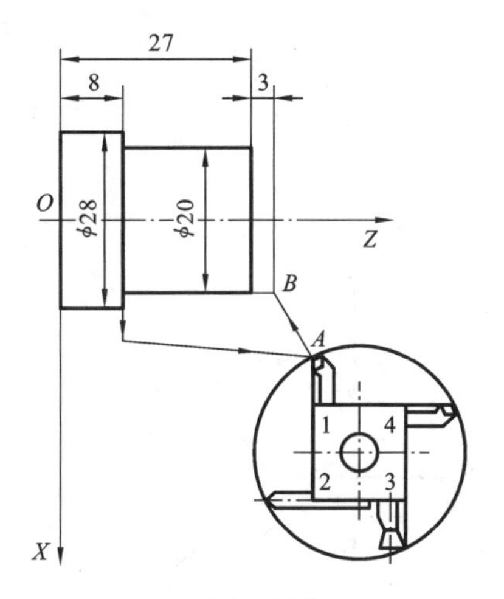

图 3-12　基准刀

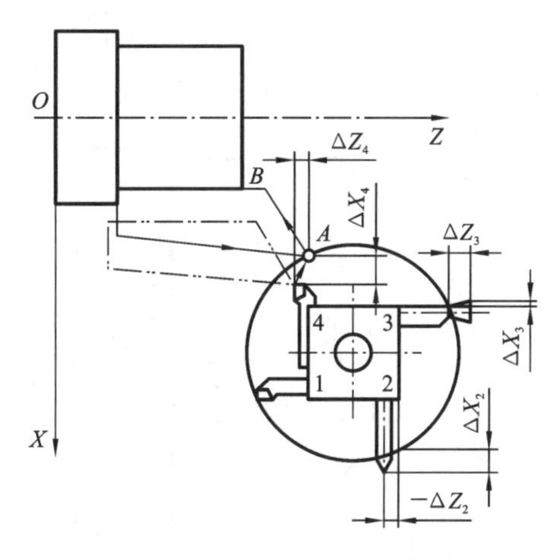

图 3-13　刀具位置补偿

但实际上,为保证刀尖有足够的强度和提高刀具寿命,车刀的刀尖均为半径不大的圆弧。一般粗加工所使用车刀的圆弧半径 R 为 0.8 mm;精加工所使用车刀的圆弧半径 R 为0.4 mm 或 0.2 mm。以假想刀尖点 P 来编程时,数控系统控制点 P 的运动轨迹如图 3-14 所示。而切削时,实际起作用的切削刃是刀尖圆弧的各切点。切削工件右端面时,车刀圆弧的切点 A 与假想刀尖点 P 的 Z 坐标值相同;车削外圆柱面时,车刀圆弧的切点 B 与点 P 的 X 坐标值相同,因此,切削出的工件轮廓没有形状误差和尺寸误差。

当切削圆锥面和圆弧面时,刀具运动过程中与工件接触的各切点轨迹为图 3-14 所示的无刀具补偿时的轨迹。该轨迹与工件的编程轨迹之间存在着切削误差(阴影部分),直接影响工件的加工精度,而且刀尖圆弧半径越大,切削误差越大。可见,对刀尖圆弧半径进行补偿是十分必要的。当程序中采用刀尖半径补偿时,切削出的工件轮廓与编程轨迹是一致的。

对于采用刀尖半径补偿的加工程序,在工件加工之前,要把刀尖半径补偿的有关数据输入刀补存储器中,以便执行加工程序时,数控系统对刀尖圆弧半径所引起的误差自动进行补偿。

为使系统能正确计算出刀具中心的实际运动轨迹,除要给出刀尖圆弧半径 R 以外,还要给出刀具的理想刀尖位置。数控车削使用的刀具有很多种,不同类型的车刀的刀尖圆弧所处的位置不同,如图 3-15 所示。点 A 为假想的刀尖点,刀尖方位参数共有 8 个(1～8),当使用刀尖圆弧中心编程时,可以选用 0 或 9。图 3-15(a)为刀架前置的数控车床假想刀尖的位置,图 3-15(b)为刀架后置的数控车床假想刀尖的位置。

3. 子程序的应用

在编制车削中心的加工程序时,经常会遇到需要在加工端面上均分的孔和圆弧槽或在圆周上均分的径向孔等,对于零件上几处相同的几何形状,编程时为了简化加工程序,通常要使用子程序。具体的方法是将加工相同几何形状的重复程序段,按规定的格式编写成子程序,并存储在数控系统的子程序存储器中。主程序在执行过程中,如果需要某一子程序,可以通过子程序调用指令调用该子程序,子程序执行完后返回主程序,继续执行后面的程序段。

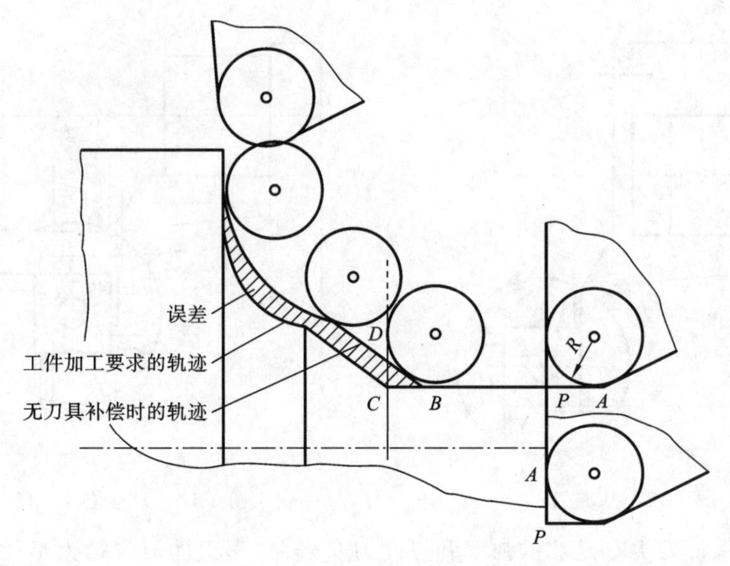

图 3-14 刀尖圆弧半径切削时的轨迹

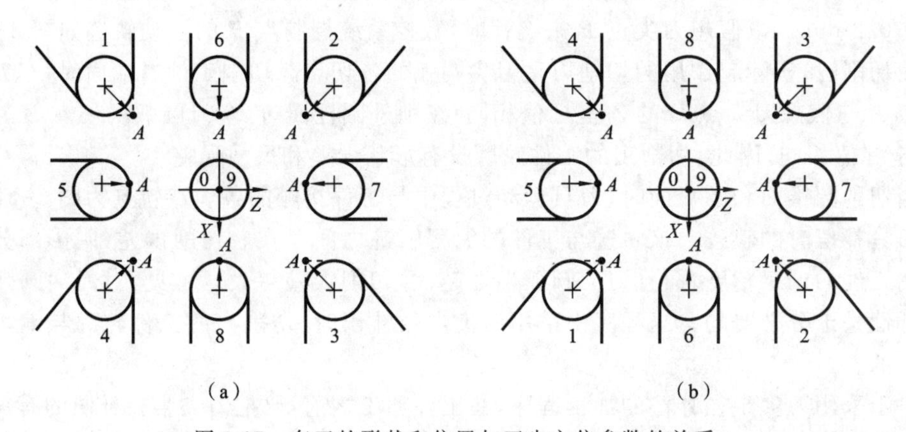

图 3-15 车刀的形状和位置与刀尖方位参数的关系

(a) 刀架前置；(b) 刀架后置

1) 子程序的组成格式

OXXXX;子程序号

N_…;子程序的加工内容

…

N_…;

N_M99;子程序结束指令

说明：

① 子程序必须在主程序结束指令后建立；

② 子程序的作用如同一个固定循环,供主程序调用。

2) 子程序的调用

子程序是从主程序或上一级的子程序中调出并执行的。调用子程序的格式为

M98PXXXXX;

或 M98　P___ L___；

第一种格式中的 M98 是调用子程序的指令，地址 P 后面的第一位数字表示重复调用子程序的次数，后四位数字为子程序号。如果只调用一次子程序，P 后面的第一位数字可以省略不写。第二种格式中的 M98 是调用子程序的指令，地址 P 后边的数字为子程序的号码，L 后边的数字为子程序调用的次数。当 L 被省略时，表示子程序被调用一次。

在使用子程序时，不但可以从主程序中调用子程序，而且可以从子程序中调用其他子程序，这称为子程序的嵌套。注意：子程序的嵌套不是无限次的，一般多用二重嵌套。子程序的嵌套及执行顺序如图 3-16 所示。

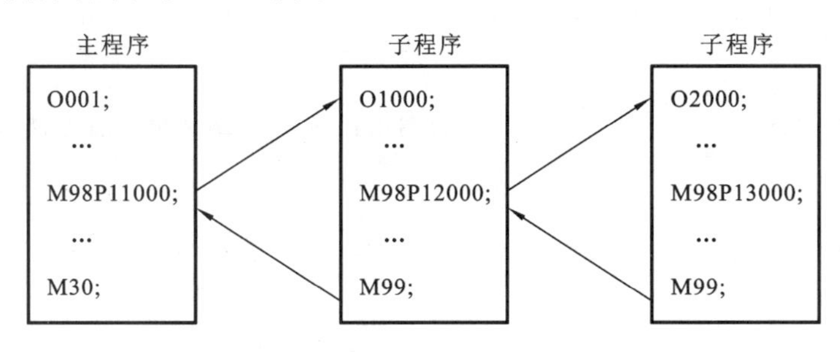

图 3-16　子程序的嵌套

3）子程序使用时的注意事项

（1）主程序中的模态 G 代码可被子程序中同一组的其他 G 代码所更改。如主程序中的 G90 被子程序中同一组的 G91 更改，从子程序返回时主程序也变为 G91 状态了。

（2）最好不要在刀具补偿状态下的主程序中调用子程序，否则很容易出现过切等错误。

（3）子程序与主程序编程时的区别是子程序结束时的代码用“M99”，主程序结束时的代码用“M30”或“M02”。子程序不能单独运行。

使用子程序编程的加工实例如图 3-17 所示。

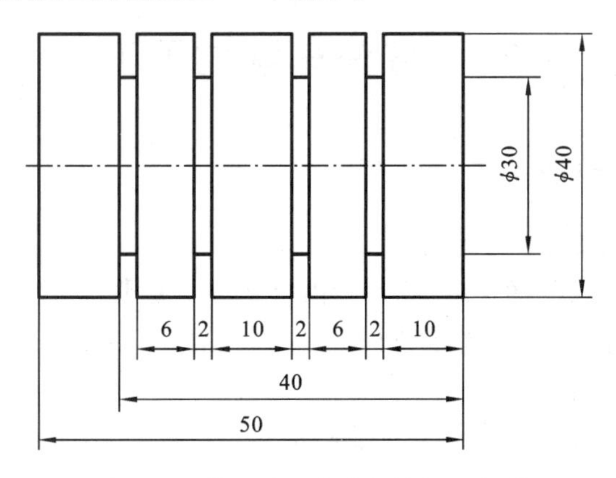

图 3-17　使用子程序编程的加工实例

图示零件的毛坯直径为 ϕ42 mm，长度为 77 mm，01 号刀为外圆车刀（刀尖圆弧半径为 0.8 mm），03 号刀为车槽刀（刀尖圆弧半径为 0.2 mm），其宽度为 2 mm。加工到所要求的尺寸后切断工件。

加工程序为

```
O0033;
N02 G50 X150. 0 Z100.0;              设定工件坐标系
N04 S800 M03 T0101;                  主轴正转,转速 800 r/min,调 01 号刀
N06 G00 X45. 0 Z0 M08;               快进至车端面的起始点,切削液开
N08 G01 X-1. 6 F0.2;                 车削右端面,进给速度 0.2 mm/r
N10 G00 Z2.0;                        Z 向退刀
N12 X40. 0;                          X 向退刀
N16 G01 X-55. 0;                     车 40 外圆
N18 G00 X150. 0 Z100. 0 T0100;       返回换刀点
N20 T0303;                           调 03 号刀
N22 G00 X42.0 Z0;
N24 M98 P22501;                      调用程序号为 2501 的子程序两次,切 4 处 φ30×
                                     2 槽
N26 G00 W-12.0;
N28 G01 X-0. 4;                      车断工件(刀尖圆弧半径为 0.2 mm)
N30 G00 X150. 0Z100. 0 T0300 M09;    返回换刀点,切削液关
N32 M05;                             主轴停转
N34 M30;                             程序结束
O2501;                               子程序号
N10 G00 W-12.0;
N11 G01 U-12. 0 F0. 15;              从右侧起车削第一个槽
N12 G04 X2. 0;                       在槽底停留 2 s
N13 G00 U12. 0;                      退出车槽刀
N14 W-8.0;
N15 G01 U-12.0;                      车削第二个槽
N16 G04 X2.0;
N17 G00 U12.0;
N18 M99;                             子程序结束
```

3.2 数控车削加工工艺

3.2.1 数控车削加工工艺主要内容

(1) 选择适合在数控车床上加工的零件。

(2) 分析被加工零件的图样,明确加工内容及技术要求。

(3) 确定零件的加工方案,制定数控加工工艺路线。如划分工序、安排加工顺序、处理和衔接非数控加工工序等。

(4) 加工工序的设计。如零件的定位基准选取、装夹方案的确定、工步划分、刀具选择和切削用量的确定等。

(5) 数控加工程序的调整。如选取对刀点和换刀点、确定刀具补偿及确定加工路线等。

3.2.2 数控车削装夹操作

在数控机床加工前,应预先确定工件在机床上的位置,并固定好,以接受加工或检测。

将工件在机床上或夹具中定位、夹紧的过程，称为装夹。工件的装夹包含了两个方面的内容：一是定位，确定工件在机床上或夹具中正确位置的过程；二是夹紧，工件定位后将其固定，使其在加工过程中保持定位位置不变的操作。

1. 数控车削装夹特点

(1) 车床夹具和数控车削夹具要求。

在车床上用于装夹工件的装置称为车床夹具。夹具是用来定位、夹紧被加工工件，并带动工件一起随主轴旋转。车床夹具可分为通用夹具和专用夹具两大类。

车床通用夹具有三爪卡盘、四爪卡盘、弹簧套和通用心轴等。专用夹具是专门为加工某一特定工件的某一工序而设计的夹具，专用夹具的定位精度较高，成本也较高。

为满足数控加工的特点，数控车削加工要求夹具应具有较高的定位精度和刚性，结构简单、通用性强，便于在机床上安装夹具及迅速装卸工件，实现生产自动化。

(2) 数控车床工件设计基准与加工定位基准。

适合车削的工件结构一般为回转体结构，回转面直径方向设计基准是回转面中心轴线，轴向设计基准设置在工件的某一端面或几何中心处。数控车床加工轴套类及轮类零件的加工定位基准面一般是工件外圆表面、内圆表面、中心孔、端面。

在车削加工中，较短轴类零件的定位方式通常采用一端圆柱面固定，即用三爪卡盘、四爪卡盘或弹簧套固定工件的圆柱表面。此定位方式对工件的悬伸长度有一定限制，工件悬伸过长会使工件在切削过程中产生变形，还会增大加工误差。

对于切削长度较长的轴类零件可以采用一夹一顶，或采用两顶尖定位。在装夹方式允许的条件下，零件的轴向定位面应尽量选择几何精度较高的端面。

2. 典型卡盘夹具及装夹

在数控车床加工中，大多数情况会使用工件或毛坯的外圆来定位。以下几种夹具就是靠圆周来定位的夹具。

1) 三爪卡盘

(1) 三爪卡盘的特点。

三爪卡盘如图 3-18 所示，是最常用的车床通用夹具。三爪卡盘是由一个大锥齿轮、三个小锥齿轮、三个卡爪组成。三个小锥齿轮和大锥齿轮啮合，大锥齿轮的背面有平面螺纹结构，三个卡爪等分安装在平面螺纹上。当用扳手扳动小锥齿轮时，大锥齿轮便转动，

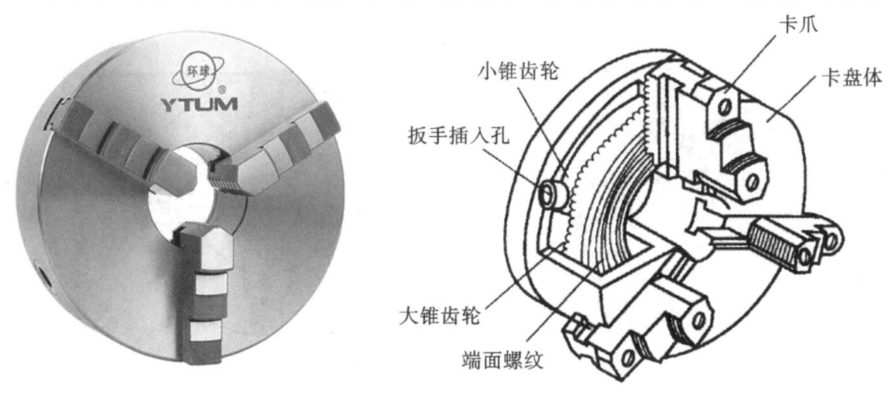

图 3-18　三爪卡盘

它背面的平面螺纹就使三个卡爪同时向中心靠近或退出。因为平面矩形螺纹的螺距相等，所以三爪的运动距离相等，有自动定心的作用。

三爪卡盘最大的优点是可以自动定心，夹持范围大，装夹速度快。不过，三爪卡盘的同轴度存在误差，不适于同轴度要求高的工件二次装夹。

为了防止车削时因工件变形和振动而影响加工质量，工件在三爪自定心卡盘中装夹时，其悬伸长度不宜过长。例如：工件直径≤30 mm，其工件悬伸长度不应大于直径的 3 倍；工件直径>30 mm，工件悬伸长度不应大于直径的 4 倍。同时，合适的工件悬伸长度也可避免工件被车刀顶弯、顶落而造成打刀事故。

(2) 卡爪。

CNC 车床有两种常用的标准卡盘卡爪，即硬卡爪和软卡爪，如图 3-19 所示。

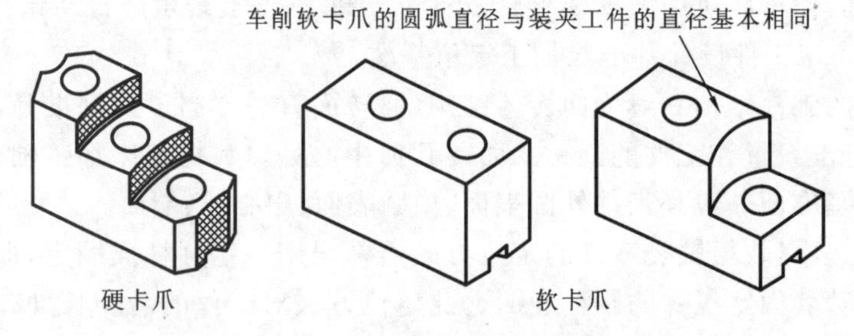

图 3-19 三爪卡盘的硬卡爪和软卡爪

当卡爪夹持在未加工面上，如铸件或粗糙棒料表面，需要大的夹紧力时，使用硬卡爪；通常为保证刚度和耐磨性，要对硬卡爪进行热处理，以获得较高硬度。

当需要减小两个或多个零件直径跳动偏差，以及已加工表面没有夹痕时，则应使用软卡爪。软卡爪通常用低碳钢制造，在使用前，为配合被夹持工件，要对软卡爪进行通孔加工。

软卡爪装夹的最大特点是工件虽经多次装夹仍能保持一定的位置精度，大大缩短了工件的装夹校正时间。

2) 可调卡爪式四爪卡盘

可调卡爪式四爪卡盘如图 3-20 所示。手动旋转基体卡座上的 4 个卡爪螺杆，使其径向移动，以夹紧零件。加工前，要把工件加工面中心对中到卡盘(主轴)中心。由于装夹后不能自动定心，因此需要用更多的时间来对正和夹紧零件。

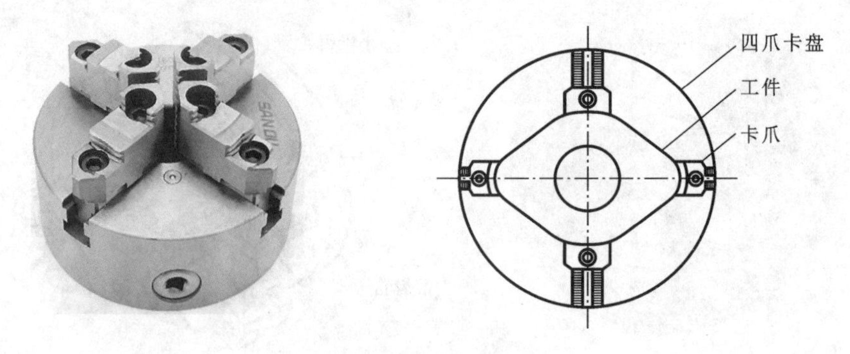

图 3-20 可调卡爪式四爪卡盘

可调卡爪式四爪卡盘适合装夹形状比较复杂的非回转体，一般用于定位、夹紧不同心或结构不对称的零件表面。

3）弹簧卡盘

弹簧卡盘定心精度高，装夹工件快捷方便，常用于精加工的外圆表面定位。它特别适用于尺寸精度较高，表面质量较好的冷拔圆棒料的夹持。它夹持工件的内孔是规定的标准系列，并非任意直径的工件都可以进行夹持。弹簧卡盘的示意图如图 3-21 所示。

4）液压式卡盘

常见的三爪卡盘有机械式和液压式两种。液压式卡盘，能自动松开夹紧，动作灵敏，装夹迅速、方便，能实现较大夹紧力，能提高生产率和减轻劳动强度，但夹持范围变化小，尺寸变化大时需重新调整卡爪位置。图 3-22 所示为液压式三爪卡盘。

图 3-21　弹簧卡盘

图 3-22　液压式三爪卡盘

自动化程度高的数控车床经常使用液压自定心卡盘，特别适用于批量加工。

液压式卡盘夹紧力的大小可通过调整液压系统的油压控制，以适应棒料、盘类零件和薄壁套筒零件的装夹。

3. 轴类零件中心孔定心装夹

中心孔定位夹具在两顶尖间安装工件。对于尺寸较大或加工工序较多的轴类零件，为保证每次装夹时的装夹精度，可用两顶尖装夹。两顶尖定位的优点是定心正确可靠，安装方便，主要用于精度要求较高的零件加工。

(1) 中心孔。

中心孔是轴类零件在顶尖上安装的常用定位基准。中心孔的形状应正确，表面粗糙度应适当。

中心孔的 60°锥孔与顶尖上的 60°锥面相配合，要保证锥孔与顶尖锥面配合贴切，并可存储少量润滑油（黄油）。

中心孔有 A、B、R 三种类型，常用的中心孔有 A 型和 B 型。

A 型中心孔只有 60°锥孔。对于精度要求一般、不需要重复使用中心孔的轴类零件，可选用 A 型中心孔，如图 3-23 所示。

B 型中心孔外端的 120°锥面又称保护锥面，用以保护 60°锥孔的外缘不被碰坏。对于精度要求高、工序较多、需多次使用中心孔的轴类零件，应选用B型中心孔，如图3-24所示。

A型和B型中心孔，分别用相应的中心钻在车床或专用机床上加工。加工中心孔之前应先将轴的端面车平，防止中心钻折断。

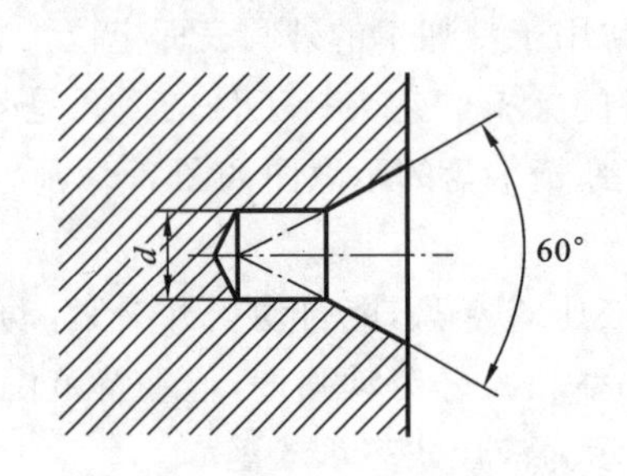

图3-23　A型中心孔形状尺寸

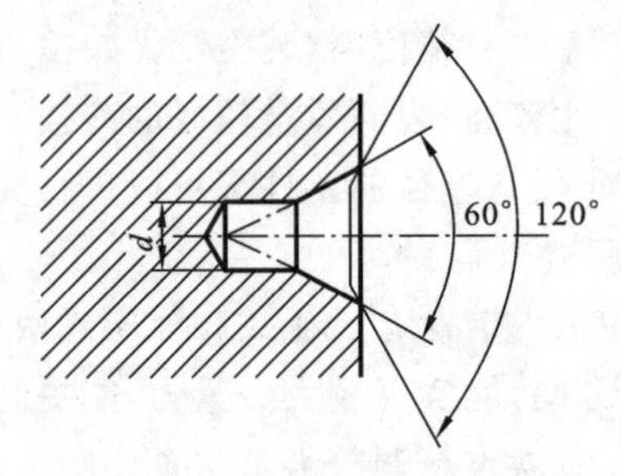

图3-24　B型中心孔形状尺寸

（2）顶尖。

工件装在主轴顶尖和尾座顶尖之间，顶尖作用是对工件定心，并承受工件的重量和切削力。

常用顶尖一般可分为普通顶尖（死顶尖）和回转顶尖（活顶尖）两种。普通顶尖刚性好，定心准确，但与工件中心孔之间因产生滑动摩擦而发热过多，容易将中心孔或顶尖"烧坏"，因此，若尾架采用普通顶尖，则轴的右中心孔应涂上黄油，以减小摩擦，普通顶尖适用于低速加工且精度要求较高的工件。

回转顶尖将顶尖与工件中心孔之间的滑动摩擦改为顶尖内部轴承的滚动摩擦，能在很高的转速下正常地工作；但回转顶尖存在一定的装配积累误差，以及当滚动轴承磨损后，会使顶尖产生径向摆动，从而降低加工精度，故一般用于轴的粗车或半精车。常见的各种顶尖如图3-25所示。

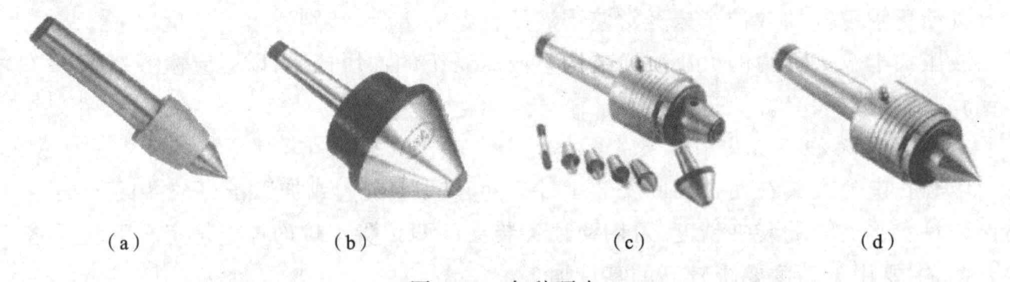

(a)　(b)　(c)　(d)

图3-25　各种顶尖

(a) 普通顶尖；(b) 伞形顶尖；(c) 可替换顶尖；(d) 可注油回转顶尖

如果车床两顶尖轴线不重合（前后方向），车削的工件将成为圆锥体。因此，必须横向调节车床的尾座，使两顶尖轴线重合。尾座套筒在不与车刀干涉的前提下，伸出量应尽量短，以增加刚性和减小振动。两顶尖中心孔的配合应该松紧适当。

3.2.3　数控车削刀具选择

刀具的选择是数控车削加工工艺设计的重要内容之一。数控车削加工对刀具的要求比普通车削的高，不仅要求刀具刚性好、耐用度高，还要求安装调整方便。根据刀头与刀体的连接形式，车刀主要分为焊接式与机械夹紧（机夹）式可转位车刀两大类。

1. 常用数控车刀的种类和用途

常用数控车刀的种类和用途如图 3-26 所示。

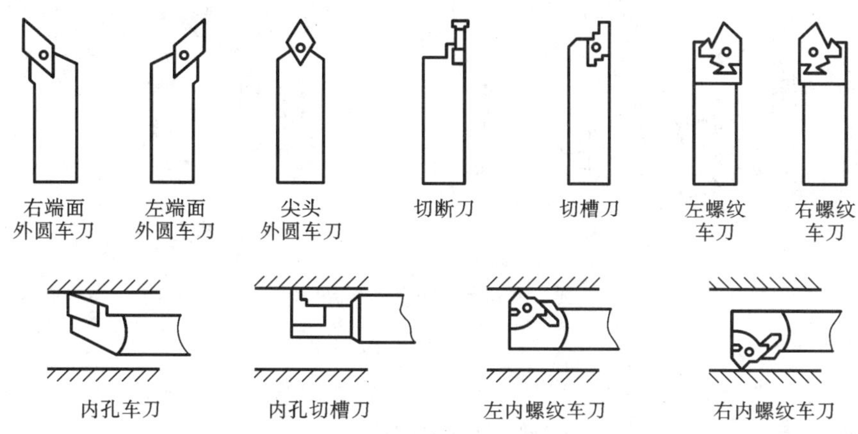

图 3-26　常用数控车刀的种类和用途

2. 机夹可转位车刀的选择

数控车床一般使用标准的机夹可转位车刀(见图 3-27)。选择刀具时,主要根据被加工零件的表面形状、切削方法、刀具寿命等因素决定。

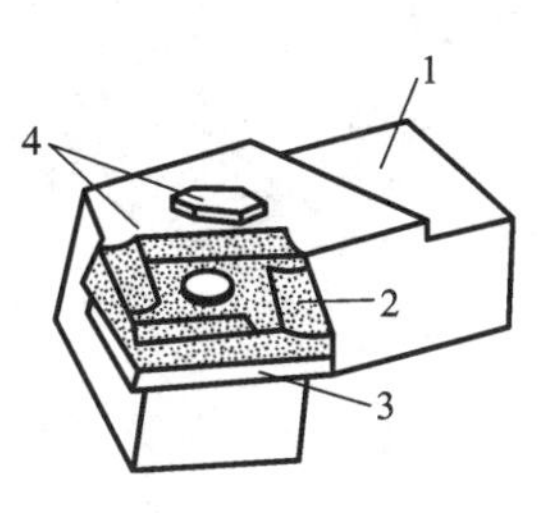

图 3-27　可转位车刀

1—刀杆;2—刀片;3—刀垫;4—夹紧元件

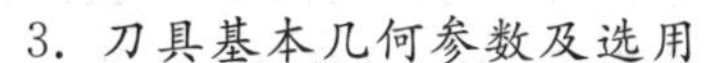

3. 刀具基本几何参数及选用

1) 车刀的几何形状

金属切削加工所用的刀具种类繁多、形状各异,但是它们切削的部分在几何特征上都有相同之处。外圆车刀的切削部分可作为其他各类刀具切削部分的基本形态,其他各类刀具就其切削部分而言,都可以看成外圆车刀切削部分的演变。因此,通常以外圆车刀切削部分为例来确定刀具几何参数的有关定义。

外圆车刀切削部分包括:

① 前刀面　刀具上切屑流过的表面。

② 后刀面　刀具上与工件过渡表面相对的表面。

③ 副后刀面　刀具上与工件已加工表面相对的表面。

④ 主切削刃　前刀面与后刀面相交而得到的刃边(或棱边),用于切出工件上的过渡表面,完成主要的金属切除工作。

⑤ 副切削刃　前刀面与副后刀面相交而得到的刃边,它配合主切削刃完成切削工作,最终形成工件已加工表面。

外圆车刀切削部分的名称和刀具几何角度如图 3-28 所示。

2) 正交平面参考系

刀具切削部分的几何角度是在刀具静止参考系中定义的(即刀具设计、制造、刃磨和测量时几何参数的参考系)。下面介绍刀具静止参考系中常用的正交平面参考系。

正交平面参考系如图 3-29 所示。

(1) 基面 P_r。

通过切削刃选定点垂直于主运动方向的平面。对车刀,其基面平行于刀具的底面。

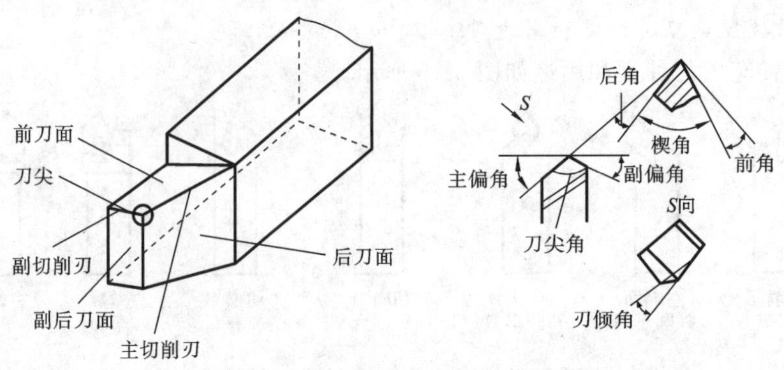

图 3-28 外圆车刀切削部分的名称和刀具几何角度

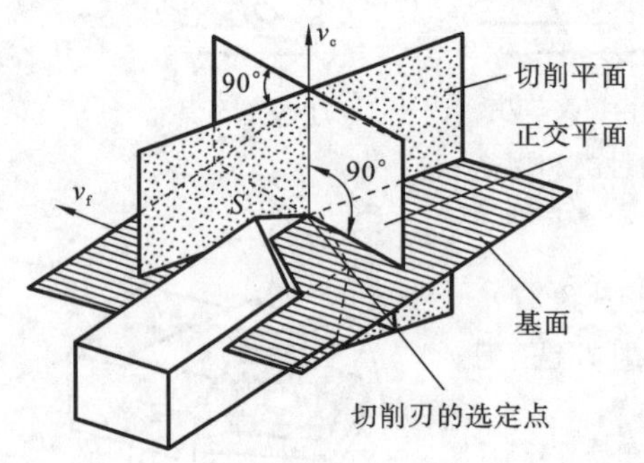

图 3-29 正交平面参考系

(2) 切削平面 P_s。

通过切削刃选定点与主切削刃相切并垂直于基面的平面。

(3) 正交平面 P_o。

通过切削刃选定点并同时垂直于基面和切削平面的平面。

3) 车刀主要几何参数规定

选择刀具切削部分的合理几何参数,就是指在保证加工质量的前提下,能满足提高生产率和降低生产成本的几何参数。合理选择刀具的几何参数是保证加工质量、提高效率、降低成本的有效途径。表 3-1 为几个主要角度的定义和作用。

表 3-1 几个主要角度的定义和作用

名　称	定　义	作　用
前角	前刀面与基面间的夹角	减小切削变形和刀屑间的摩擦。影响切削力、刀具寿命、切削刃强度,使刃口锋利,利于切下切屑
后角	后刀面与切削平面间的夹角	减少刀具后刀面和过渡表面间的摩擦。调整刀具刃口的锋利程度和强度
主偏角	主切削平面与工作平面间的夹角	适应系统刚度和零件外形的需要;改变刀具散热情况,影响刀具寿命
副偏角	副切削平面与工作平面间的夹角	减小副切削刃与工件间的摩擦,影响工件表面粗糙度和刀具散热情况
刃倾角	主切削刃与基面间的夹角	能改变切屑流出的方向,影响刀具强度和刃口锋利性

4) 前角、后角的选用

前角增大,使刃口锋利,利于切下切屑,能减少切削变形和摩擦,降低切削力、切削温度,减少刀具磨损,改善加工质量等。但前角过大,会导致刀具强度降低、散热体积减小、刀具耐用度下降,容易造成崩刃。减小前角,可提高刀具强度,增大切屑变形,且易断屑。

前角值不能太小也不能太大,应有一个合理的参数值。前角的选择方法可从表 3-2 列出的几个方面考虑。

表 3-2 前角的选择方法

项目		方法
工件材料	强度、硬度	工件材料的强度和硬度越大，产生的切削力越大，切削热越多，宜增强刀具强度，防止崩刃和磨损，应采用小前角；反之，前角应大些
	塑性	切削塑性材料时，为减小切削变形，降低切削温度，应选用大的前角
	脆性	切削脆性材料时，切削变形小，形成的崩碎切屑容易引起冲击振动。为保证刀具具有足够的强度，防止崩刃，应选用较小的前角
刀具材料	强度、韧度	刀具材料的抗弯强度和冲击韧度较低时，应选用较小的前角
加工性质	粗加工	粗加工时切削力大，切削热多，应选用较小的前角提高刀具强度和散热体积
	精加工	精加工时，对切削刃的强度要求较低，为使切削刃锋利、减小切削变形和获得较高的表面质量，前角应较大些
系统刚性、机床功率		工艺系统刚性差和机床功率较小时，宜选用较大的前角，以减小切削力和振动

后角的主要功用是减小刀具后面与工件表面间的摩擦，减轻刀具磨损。后角减小使后刀面与工件表面间的摩擦加剧，刀具磨损加大，工件冷硬程度增加，加工表面质量差。

后角增大使摩擦减小，刀具磨损减少，提高了刃口锋利程度。但后角过大会减小刀刃强度和散热能力。

粗加工时以确保刀具强度为主，后角可取较小值；当工艺系统刚性差，易产生振动时，为增强刀具对振动的阻尼作用，宜选用较小的后角。精加工时以保证加工表面质量为主，后角可取较大值。

5）主偏角、副偏角选用

调整主偏角可改变总切削力的作用方向，适应系统刚度。若主偏角增大，则背向力（总切削力吃刀方向上的切削分力）减小，可减小振动和加工变形。若主偏角减小，则刀尖角增大，刀具强度提高，散热性能变好，刀具耐用度提高，还可降低已加工表面残留面积的高度，提高表面质量。

副偏角的功用主要是减小副切削刃和已加工表面的摩擦。主、副偏角减小，同时刀尖角增大，可以显著减小残留面积高度，降低表面粗糙度值，使散热条件好转，从而提高刀具耐用度。但副偏角过小，会增加副后刀面与工件表面之间的摩擦，并使径向力增大，易引起振动。同时还应考虑主、副切削刃干涉轮廓的问题。

6）刃倾角选用

刃倾角表示刀刃相对基面的倾斜程度，刃倾角主要影响切屑流向和刀尖强度。切削刃刀尖端倾斜向上，刃倾角为正值，切削开始时刀尖与工件先接触，切屑流向待加工表面，可避免缠绕和划伤已加工表面，对精加工和半精加工有利。切削刃刀尖端倾斜向下，刃倾角为负值，切削开始时刀尖后接触工件，切屑流向已加工表面；在粗加工开始，尤其是断续切削时，可避免刀尖受冲击，起保护刀尖的作用，并可改善刀具散热条件。

4. 刀具材料选择

刀具材料是指刀具切削部分的材料。金属切削时，刀具切削部分直接和工件及切屑相接触，承受着很大的切削压力和冲击，并受到工件及切屑的剧烈摩擦，产生很高的切削温度,这也就是说刀具切削部分是在高温、高压及剧烈摩擦的恶劣条件下工作的。

1) 刀具材料具备的基本性能

(1) 高硬度。

刀具材料的硬度必须高于被加工工件材料的硬度,否则在高温高压下,就不能保持刀具锋利的几何形状,这是刀具材料应具备的最基本的性能。高速钢的硬度为 63～70 HRC。硬质合金的硬度为 89～93 HRA。

HRC 和 HRA 都属于洛氏硬度,HRA 硬度一般用于高值范围(大于 70)。HRC 硬度值的有效范围是 20～70。60～65 HRC 的硬度相当于 81～83.6 HRA 和 687～830 HV(维氏硬度)。

(2) 足够的强度和韧度。

刀具切削部分的材料在切削时要承受很大的切削力和冲击力。例如,车削 45 钢时,当背吃刀量 $a_p=4$ mm,进给量 $f=0.5$ mm/r 时,刀片要承受约 4000 N 的切削力。因此,刀具材料必须要有足够的强度和韧度。一般用刀具材料的抗弯强度 σ_b(单位为 Pa,即 N/m^2)表示其强度大小,用冲击韧度 α_k(单位为 J/m^2)表示其韧度大小,它反映刀具材料抗脆性断裂和抗崩刃的能力。

(3) 高的耐磨性和耐热性。

刀具材料的耐磨性是指抵抗磨损的能力。一般来说,刀具材料硬度越高,耐磨性也越好。刀具材料的耐磨性还和金相组织有关,金相组织中的碳化物越多,颗粒越细,分布越均匀,其耐磨性也就越高。

刀具材料的耐磨性和耐热性也有着密切的关系。耐热性通常用它在高温下保持较高硬度的性能来衡量,即高温硬度,或称“红硬性”。高温硬度越高,表示耐热性越好,刀具材料在高温时抗塑变的能力和耐磨损的能力也就越强。耐热性差的刀具材料在高温下由于硬度显著下降会很快发生磨损乃至发生塑性变形,丧失切削能力。

(4) 良好的导热性。

刀具材料的导热性用热导率(单位为 W/(m·K))来表示。热导率大,表示导热性好,切削时产生的热量就容易传导出去,从而降低切削部分的温度,减轻刀具磨损。对于导热性好的刀具材料,其耐热冲击和抗热龟裂的性能也都能增强,这种性能对采用脆性刀具材料进行断续切削,特别是在加工导热性能差的巨件时显得非常重要。

(5) 良好的工艺性。

为了便于制造,要求刀具材料有较好的可加工性,包括锻压、焊接、切削加工、热处理和可磨性等。

(6) 较好的经济性。

经济性是评价新型刀具材料的重要指标之一,也是正确选用刀具材料、降低产品成本的主要依据之一。刀具材料的选用应结合我国资源状况,以降低刀具的制造成本。

(7) 较高的抗黏结性和化学稳定性。

刀具的抗黏结性是指工件与刀具材料分子间在高温高压作用下,抵抗互相吸附而产生黏结的能力。刀具的化学稳定性指刀具材料在高温下,不易与周围介质发生化学反应的能力。刀具材料应具备较高的抗黏结性和化学稳定性。

在金属切削领域中,金属切削机床的发展和刀具材料的开发是相辅相成的关系。刀具材料的发展在一定程度上推动着金属切削加工技术的进步。刀具材料从碳素工具钢到今天硬质合金和超硬材料(陶瓷、立方氮化硼、聚晶金刚石等),都是随着机床主轴转速的提高、功率的增大、主轴精度的提高、机床刚性的增加而逐步发展的。同时,新的工程材料不断出现,也对切削刀具材料的发展起到了促进作用。

目前金属切削工艺中应用的刀具主要包括高速钢刀具、硬质合金刀具、陶瓷刀具、立方氮化硼刀具和聚晶金刚石刀具。在数控机床上普遍应用的是高速钢刀具、硬质合金刀具和涂层硬质合金刀具。

2) 高速钢

高速钢是一种含有 W(钨)、Mo(钼)、Cr(铬)、V(钒)等元素的合金工具钢。它是综合性能比较好的一种刀具材料,热处理后硬度可达 62～66 HRC,抗弯强度约为 3.3 GPa,耐热性为 600℃左右,可以承受较大的切削力和冲击力。并且,高速钢还具有热处理变形小、能锻造、易磨出较锋利的刃口等优点,特别适用于制造各种小型及形状复杂的刀具,如成形车刀、各种钻头、铣刀、拉刀、齿轮刀具和螺纹刀具等。高速钢已从单纯的 W 系发展到 WMo 系、WMoAl 系、WMoCo 系,其中 WMoAl 系是我国独创的品种。同时,由于高速钢刀具热处理技术的进步以及成形金属切削工艺的发展,高速钢刀具的红硬性、耐磨性和表面涂层质量都得到了很大提高和改善。因此,高速钢仍是数控机床选用的刀具材料之一。

高速钢的品种繁多,按切削性能可分为普通高速钢和高性能高速钢;按化学成分可分为钨系、钨钼系和钼系高速钢;按制造工艺不同,又可分为熔炼高速钢和粉末冶金高速钢等。

(1) 普通高速钢。

这类高速钢应用最为广泛,约占高速钢总量的 70%。碳的质量分数为 0.7%～0.9%,按钨、钼质量分数的不同,分为钨系、钨钼系等。

① W18Cr4V 高速钢。W18Cr4V 高速钢(简称 W18,又称 18-4-1)属于钨系高速钢。它具有较好的综合性能,刃磨工艺性好,热处理控制比较容易。缺点是碳化物分布不均匀,热塑性较差,不宜制作大截面的刀具。因钨价高,国内使用逐渐减少,国外也已很少采用。

② W6Mo5Cr4V2 高速钢。W6Mo5Cr4V2 高速钢(简称 M2,又称 6-5-4-2)属于钨钼系高速钢,这是国内外普遍应用的钢种。由于用 1%的钼可以代替 2%的钨,钼的加入还可以使钢中的合金元素减少,从而降低碳化物的数量及其分布的不均匀性,有利于提高热塑性、抗弯强度和韧度。W6Mo5Cr4V2 的高温塑性及韧性胜过 W18Cr4V 的,可用于制造热轧刀具,如扭槽麻花钻等。其主要缺点是淬火温度范围窄,脱碳和过热敏感性大。

③ W9Mo3Cr4V 高速钢。W9Mo3Cr4V 高速钢是根据我国资源状况研制的钢种,属于含钨量较多、含钼量较少的钨钼系高速钢。W9Mo3Cr4V 抗弯强度和韧度均高于 W6Mo5Cr4V2 的,具有较好的硬度和热塑性。由于 W9Mo3Cr4V 含钒量少,磨削加工性能也比 W6Mo5Cr4V2 的好,可用于制造各种刀具(锯条、钻头、拉刀、铣刀、齿轮刀具等)。加工各种钢材时,刀具寿命相较于 W18Cr4V 和 W6Mo5Cr4V2 的有一定的提高。

(2) 高性能高速钢。

高性能高速钢是在普通高速钢的基础上,用调整其基本化学成分和添加一些其他合金元素(如 V、Co、Al、Si、Nb 等)的办法,着重提高其耐热性和耐磨性而衍生出来的钢种。它主要用来加工不锈钢、耐热钢、高温合金和超高强度钢等难加工材料。常见的钢有低钴型高速钢 W12Mo3Cr4V3Co5Si、含铝超硬高速钢 W6Mo5Cr4V2Al,W10Mo4Cr4V3Al 等。高性能高速钢的硬度为 67～69 HRC,可制造用于出口的钻头、铰刀、铣刀等。

(3) 粉末冶金高速钢。

粉末冶金高速钢避免了因熔炼高速钢而产生的碳化物偏析，其强度和韧度相比于熔炼钢有很大提高，可用于制造超高强度钢、不锈钢、钛合金等难加工材料的刀具，也可用于制造大型拉刀和齿轮刀具等，特别适用于切削时受冲击载荷的刀具。

3）硬质合金

硬质合金是用高硬度、难熔的金属化合物（WC、TiC、TaC、NbC 等）微米数量级的粉末与 Co、Mo、Ni 等金属黏结剂烧结而成的粉末冶金制品。常用的黏结剂是 Co，碳化钛基硬质合金的黏结剂则是 Mo、Ni。硬质合金高温碳化物的含量超过高速钢的，具有硬度高（大于 89 HRA）、熔点高、化学稳定性好和热稳定性好等特点，切削效率是高速钢刀具的 5～10 倍，但硬质合金韧性差、脆性大，承受冲击和振动的能力低。目前，硬质合金仍是主要的刀具材料。

（1）钨钴类硬质合金。

钨钴类硬质合金代号为 YG。常用的牌号有 YG3、YG3X、YG6、YG6X、YG8、YGBC 等。数字代表 Co 的质量分数，X 代表细颗粒，C 代表粗颗粒。此类硬质合金强度好，硬度和耐磨性较差，主要用于加工铸铁及非铁金属。Co 含量越高，韧性越好，适合粗加工，而 Co 含量少者，常用于精加工。

（2）钨钛钴类硬质合金。

钨钛钴类硬质合金代号为 YT。常用的牌号有 YTS、YT14、YT15、YT30 等。数字代表 TiC（碳化钛）的含量。此类硬质合金的硬度、耐磨性、耐热性都有明显提高。但其韧度、抗冲击振动性能差，主要用于加工钢料。TiC 含量多，Co 含量少，耐磨性好，适合精加工。TiC 含量少，Co 含量多，承受冲击性能好，适合粗加工。

（3）通用硬质合金。

通用硬质合金代号为 YW。这种硬质合金是在上述两类硬质合金的基础上，添加某些碳化物使其性能提高的产物。如在钨钴类硬质合金（YG）中添加 TaC（碳化钽）或 NbC（碳化铌），可细化晶粒，提高其硬度和耐磨性，而韧性不变，还可以提高合金的高温硬度、高温强度和抗氧化能力，如 YG6A、YGBN、YG8P3 等。在钨钛钴类硬质合金（YT）中添加某些合金可提高抗弯强度、冲击韧度、耐热性、耐磨性及高温强度和抗氧化能力等，既可用于加工钢料，又可用于加工铸铁和非铁金属，被称为通用合金。

（4）碳化钛基硬质合金。

碳化钛基硬质合金代号为 YN，又称金属陶瓷。碳化钛基硬质合金的主要特点是硬度高达 90～95 HRA，有较好的耐磨性，抗月牙洼磨损的能力强，有较好的耐热性与抗氧化能力，在 1000～1300 ℃高温下仍能进行切削，切削速度可达 300～400 m/min。适合高速精加工合金钢、淬火钢等。该硬质合金的缺点是抗塑性变形性能差，抗崩刃性能差。

除以上硬质合金外，还有超细晶粒硬质合金，如 YS2、YMo51、YG610、YG643 等。

需要说明的是：根据有关标准，硬质合金分为 P、M、K 三类。P、M、K 后面的阿拉伯数字表示其性能和加工时承受载荷的情况或加工条件。数字越小，硬度越高，韧性越差。

P 类相当于钨钛钴类，主要成分为 WC、TiC 和 Co，代号为 YT，用蓝色作标志。

K 类相当于钨钴类，主要成分为 WC 和 Co，代号为 YG，用红色作标志。

M 类相当于钨钛钽钴类通用合金，主要成分为 WC、TiC、TaC（NbC）和 Co，代号为

YW,用黄色作标志。

超细晶粒硬质合金,诸如 YS2,YMo51,YG610,YG643 等,一般可以认为其从属于 K 类。

4) 陶瓷

近几年来,陶瓷刀具在品种和使用领域方面都有较大的发展。一方面,高硬度难加工材料不断增多,迫切需要解决刀具寿命问题。另一方面,钨资源日渐缺乏,钨矿的品质越来越低,而硬质合金刀具材料中要大量使用钨,这在一定程度上也促进了陶瓷刀具的发展。

陶瓷刀具是以 Al_2O_3(氧化铝)或以 Si_3N_4(氮化硅)为基体再添加少量的金属,在高温下烧结而成的一种刀具。其硬度可达 91～95 HRA,耐磨性比硬质合金的高十几倍,适用于加工冷硬铸铁和淬火钢。陶瓷刀具具有良好的抗黏结性能,它与多种金属的亲和力小,化学稳定性好,即使在熔化时与钢也不发生化合反应。

陶瓷刀具最大的缺点是脆性大、抗弯强度和冲击韧度低、热导率小。近几十年来,人们在改善陶瓷材料的性能方面做了很大努力。主要措施是:提高原材料的纯度,采用亚微细颗粒、喷雾制粒,采用真空加热、热压法(HP)、热等静压法(HIP)等工艺;加入碳化物、氮化物、硼化物、纯金属等,以提高陶瓷刀具性能。

5) 立方氮化硼

立方氮化硼(CBN)是以六方氮化硼(俗称白石墨)为原料,利用超高温高压技术转化而成的材料。它是 20 世纪 70 年代发展起来的新型刀具材料,晶体结构与金刚石的类似。立方氮化硼刀片具有很好的"红硬性",可以高速切削高温合金,切削速度要比硬质合金的高 3～5 倍,1300 ℃高温下能够轻快锋利地切削,性能无比卓越,使用寿命是硬质合金的 20～200 倍。使用立方氮化硼刀具可加工以前只能用磨削方法加工的特种钢材,获得很高的尺寸精度和极好的表面粗糙度,实现以车代磨。它有优良的化学稳定性,适合加工钢铁类材料。虽然它的导热性比金刚石的差,但比其他材料的高得多,抗弯强度和断裂性介于硬质合金和陶瓷的之间,所以立方氮化硼材料非常适合制造数控机床用刀具。

6) 金刚石

金刚石刀具有天然金刚石、人造聚晶金刚石和复合金钢石刀片 3 类。金刚石有极高的硬度、良好的导热性及小的摩擦系数。金刚石刀具有优秀的耐用度(比硬质合金刀具寿命高几十倍以上),稳定的加工尺寸精度,以及良好的工件表面粗糙度(车削非铁金属时 Ra 可达 0.06 μm 以上),并可在纳米级稳定切削。金刚石刀具超精密加工广泛应用于激光扫描器和高速摄影机的扫描棱镜、特种光学零件、电视、录像机、照相机零件、计算机磁盘、电子工业的硅片等领域。除少数超精密加工及特殊用途外,工业中多使用人造聚晶金刚石(PCD)作为刀具材料或磨具材料。

5. 数控可转位车刀

1) 可转位刀片的型号及表示方法

硬质合金可转位刀片的国家标准采用了 ISO 标准。产品型号的表示方法、品种规格、尺寸系列、制造公差以及测量方法等都和 ISO 标准相同。另外,为适应我国的国情,在 ISO 标准规定的 9 个号位之后,加一短横线,再用一个字母和一位数字表示刀片断屑槽形式和宽度。因此,我国可转位刀片的型号,共用 10 个号位的内容来表示主要参数的特征。按照规定，任何一个型号刀片都必须用前 7 个号位，后 3 个号位在必要时才使用。但对于车刀片，第 10 号位属于标准要求标注的部分。不论有无第 8、9 两个号位，第 10 号位都必须用短横线“—”与前面的号位隔开，并且其字母不得使用第 8、9 两个号位已使用过的(E，F，T，S，R，L，N)字母。第 8、9 两个号位如果只使用其中一位，则写在第 8 号位上，中间不需空格。

可转位刀片型号表示方法如图 3-30 所示。10 个号位表示的内容如表 3-3 所示。

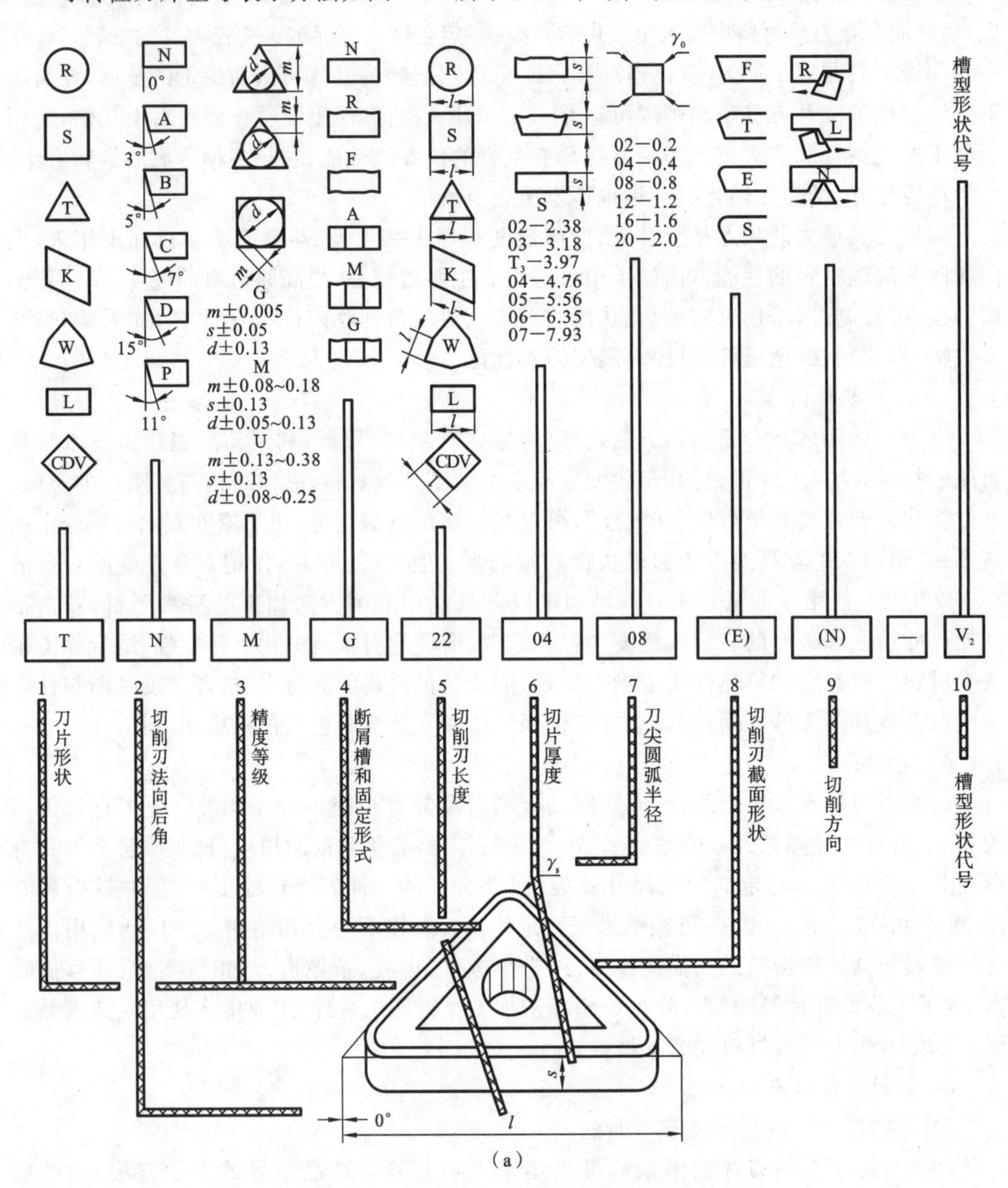

图 3-30 可转位刀片型号表示方法

(a) 车削刀片等共性规则示意图；(b) 可转刀位铣刀片表示规则示意图

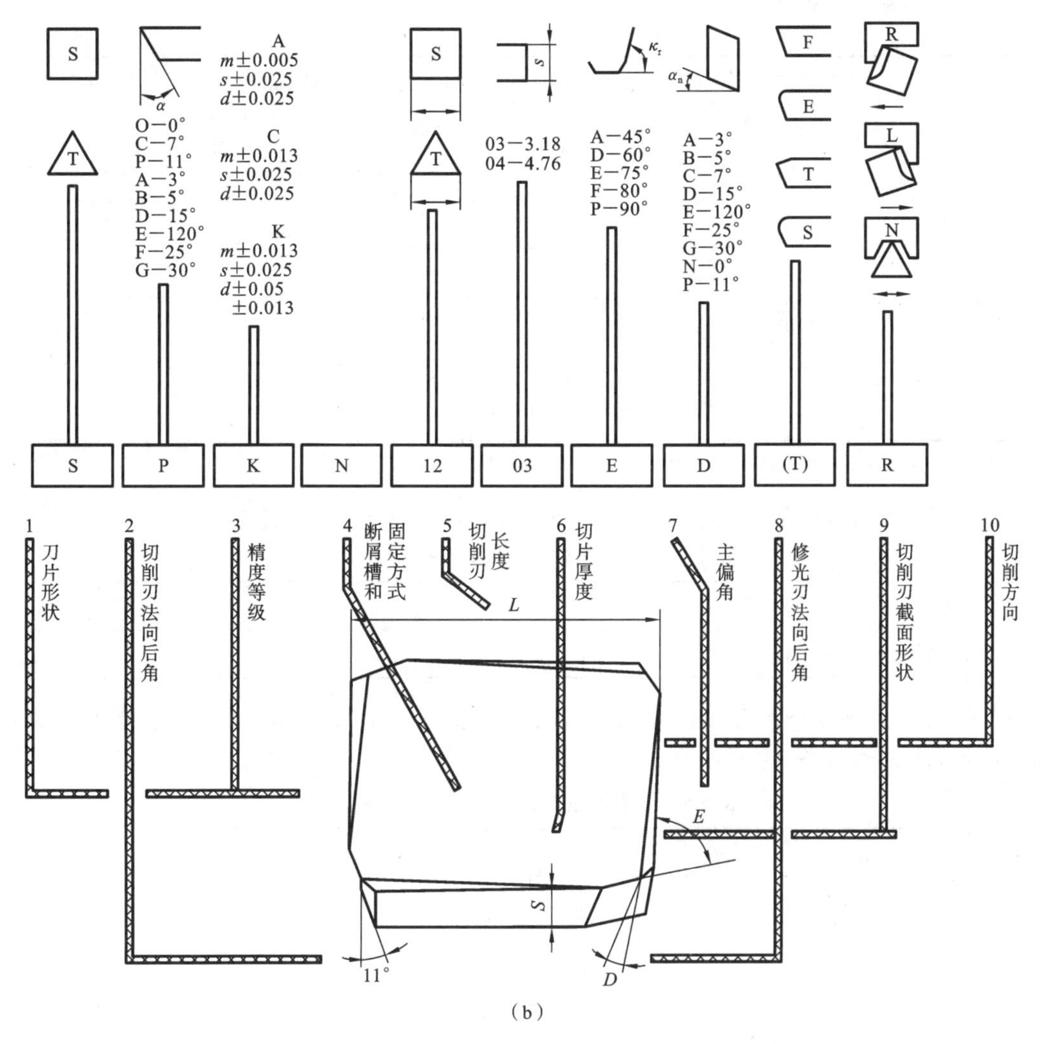

续图 3-30

表 3-3 可转位刀片的型号格式举例

号 位	特定字母	1	2	3	4	5	6	7	8	9	10
车削用刀片型号		T	N	M	G	22	04	08	E	N	—V2

刀片型号格式说明如下：

1—刀片形状：用一个字母表示，不同字母所代表的含义见表 3-4。

表 3-4 可转位刀片形状代号含义

代号	形状说明	刀尖角 ε_r/(°)	代号	形状说明	刀尖角 ε_r/(°)
H	正六边形	120	W	等边不等角六边形	80[①]
O	正八边形	135			
P	正五边形	108	L	矩形	90

续表

代号	形状说明	刀尖角 ε_r/(°)	代号	形状说明	刀尖角 ε_r/(°)
S	正方形	90	A	平行四边形	85①
T	正三角形	60	B		82①
C	菱形	80①	K		55①
D		55①	R	圆形	
E		75①	G	六角形	100
M		86①			
V		35①			

注:①表示所示的角度是较小的角度。

2—刀片法后角:用一个字母表示,不同字母所代表的角度见表 3-5。

表 3-5　刀片法后角

代号	A	B	C	D	E	F	G	N	P	O
刀片法后角/(°)	3	5	7	15	20	25	30	0	11	其他

3—刀片的极限偏差等级:用一个字母表示,主要尺寸(d,s,m)的极限偏差等级代号及其对应的允许偏差见表 3-6。

表 3-6　极限偏差等级代号对应的允许偏差

代号	精密级(允许偏差/mm)			代号	普通级(允许偏差/mm)		
	m	s	d		m	s	d
A	±0.005	±0.025	±0.025	J	±0.005	±0.025	±0.05～±0.15
F	±0.005	±0.025	±0.013	K	±0.013	±0.025	±0.05～±0.15
C	±0.013	±0.025	±0.025	L	±0.025	±0.025	±0.05～±0.15
H	±0.013	±0.025	±0.013	M	±0.08～±0.20	±0.13	±0.05～±0.15
E	±0.025	±0.025	±0.025	N	±0.08～±0.20	±0.025	±0.05～±0.15
G	0.025	±0.130	±0.025	U	±0.13～±0.38	±0.13	±0.08～±0.25

4—刀片有无断屑槽和中心固定孔:由于可转位刀片是用机械夹固的方法将刀片夹紧在可转位刀具上的,因此,通常按刀片在刀杆或刀体上的安装方法不同,将可转位刀片分为无孔可转位刀片、圆孔可转位刀片和沉孔可转位刀片。刀片有无断屑槽和中心固定孔,用一个字母表示,其各种情况如图 3-31 所示。

5—刀片边长位数:取刀片理论边长的整数部分作代号。例如,边长为 16.5 mm 的刀片代号为 16。若舍去小数部分后只剩一位数字,则在该数字前加“0”,例如,边长为 9.525 mm 的刀片代号为 09。

6—刀片厚度:取舍去小数值的刀片厚度作代号。若舍去小数部分后只剩一位数字,则在该数字前加“0”;当刀片厚度的整数值相同,小数部分值不同时,则将小数部分值大的

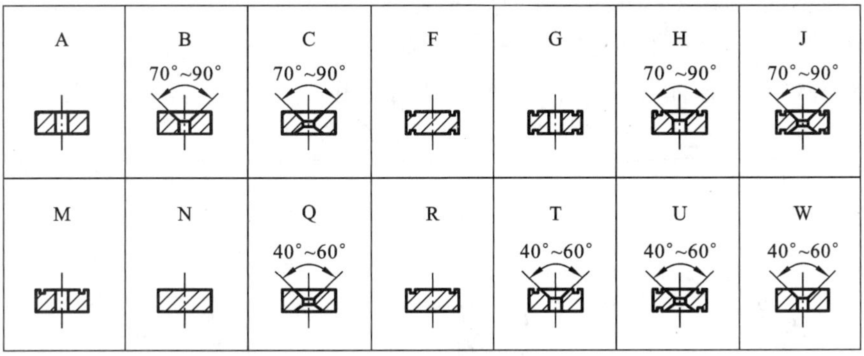

A	B	C	F	G	H	J
	70°~90°	70°~90°			70°~90°	70°~90°
M	N	Q	R	T	U	W
		40°~60°		40°~60°	40°~60°	40°~60°

图 3-31　可转位铣刀片有无断屑槽和中心固定孔的各种情况

刀片代号用“T”代替“0”，如刀片厚度分别为 3.18 mm 和 3.97 mm 时，则前者代号为“03”，后者代号“T3”。

7—对于车削刀片，表示转角形状或尖圆角半径，刀片刀尖转角为圆角时，用放大 10 倍的刀尖圆弧半径作代号。

8—对于车削刀片，表示切削刀截面形状，用一个字母表示切削刃形状。F 表示尖锐切削刃；E 表示倒圆切削刃；T 表示倒棱切削刃；S 表示倒棱又倒圆切削刃。

9—对于车削刀片，表示切削方向，用一个字母表示。R 表示右切，L 表示左切，N 表示左右切。

10—对于车削刀片，表示切屑槽形及槽宽，用一个字母和一个数字表示刀片断屑槽形及槽宽。

2）可转位刀具的型号及表示方法

ISO 标准和我国标准规定了可转位车刀型号的含义。下面以外圆可转位车刀为例说明可转位车刀型号的表示方法。

P	W	L	N	R	25	25	M	08	
1	2	3	4	5	6	7	8	9	10

10 个号位具体内容说明如下：

第 1 位字母 P，表示刀片的夹紧方式（见表 3-7）。

表 3-7　刀片的夹紧方式

C	M	P	S	W
压板压紧	复合压紧	杠杆压紧	螺钉压紧	楔块压紧
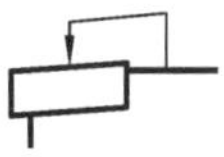	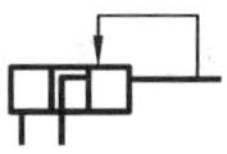	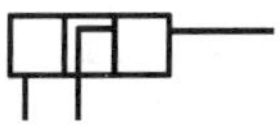		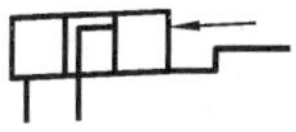

第 2 位字母 W，表示可转位刀片的形状（见表 3-4）。

第 3 位字母 L，表示可转位车刀的主偏角。

第 4 位字母 N，表示可转位刀片的后角（见表 3-5）。

第 5 位字母 R，表示可转位车刀的切削方向。

第 6 位数字 25，表示可转位车刀刀尖对刀杆底基面的高度尺寸（见表 3-8）。

表 3-8　刀尖高、刀体宽、车刀长　　（单位：mm）

6—刀尖高度	7—刀体宽度	8—车刀的刀长
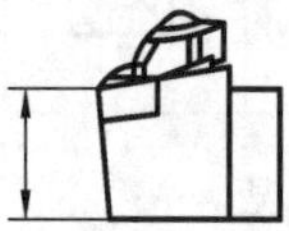	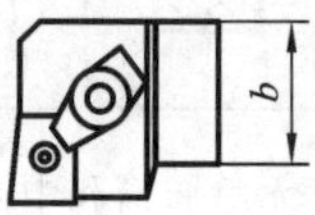 b	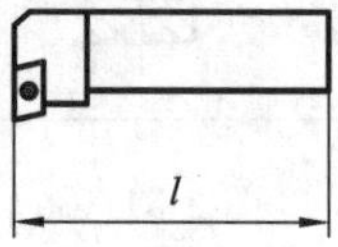 l H——100； K——125； M——150； P——170； Q——180； R——200； S——250

第 7 位数字表示可转位车刀的刀体宽度（见表 3-8）。

第 8 位数字表示可转位车刀的刀长（见表 3-8）。

第 9 位数字表示可转位车刀的刃长。

第 10 位为精度级别，不加“Q”表示普通级，加“Q”表示精密级。

6. 数控车削切削用量的选择

选择切削用量的目的是在保证加工质量和刀具耐用度的前提下，使切削时间最短，生产效率最高，成本最低。切削用量包括背吃刀量（切削深度 a_p）、进给量 f 和主轴转速 n（切削速度）。

1）背吃刀量（切削深度）a_p 的确定

零件上已加工表面与待加工表面之间的垂直距离称为背吃刀量。

背吃刀量主要根据车床、夹具、刀具、零件的刚度等因素决定。粗加工时，在条件允许的情况下，尽可能选择大的背吃刀量，以减少走刀次数，提高生产率；精加工时，通常选择较小的背吃刀量（但并不是越小越好），以保证加工精度及表面粗糙度。

2）进给量 f 的确定

进给量是切削用量中的一个重要参数。粗加工时，进给量在保证刀杆、刀具、车床、零件刚度等条件的前提下，尽可能选择大的进给量；精加工时，进给量主要受表面粗糙度的限制，当表面粗糙度要求较高时，应选择较小的进给量。

3）主轴转速 n（切削速度）的确定

在保证刀具的耐用度及切削负荷不超过机床额定功率的情况下选定切削速度粗加工时，背吃刀量和进给量均较大，故选择较小的切削速度；精加工时，则选择较大的切削速度，主轴转速要根据允许的切削速度来选择。由切削速度计算主轴转速的公式如下：

$$v=\frac{n\pi d}{1000}$$

式中：d——待加工零件直径，mm；

n——主轴转速,r/min;

v——切削速度,m/min。

切削用量的参数可通过查阅机床说明书、切削用量手册,并结合实际经验来确定,表3-9是参考切削用量手册并结合学生实习的特点而确定的切削用量选择参考表。

表3-9 切削用量选择参考表

零件材料及毛坯尺寸	加工内容	被吃刀量/mm	进给量	主轴转速/(r/min)	刀具材料
45钢,直径ϕ20~ϕ60坯料,内孔直径ϕ13~ϕ20	粗加工	1~2.5	0.15~0.4 mm/r (45~320 mm/min)	300~800	硬质合金YT类
	精加工	0.5	0.08~0.2 mm/r (48~200 mm/min)	600~1000	
	切槽、切断(刀刃宽度3~5 mm)	常为切刀的刃宽	0.05~0.1 mm/r (15~50 mm/min)	300~500	
	钻中心孔		0.1~0.2 mm/r (30~160 mm/min)	300~800	高速钢
	钻孔		0.05~0.2 mm/r (15~100 mm/min)	300~500	高速钢

注:进给量单位是mm/r或mm/min,其可由公式$f_m=f_r \times s$实现相互转换,FANUC系统常用每转进给量,华中系统常用每分钟进给量。

3.2.4 划分工序及拟定加工顺序

1. 工序划分的原则

在数控车床上加工零件,常用的工序划分原则有以下两种。

(1) 保持精度原则。工序一般要求尽可能地集中,粗、精加工通常会在一次装夹中全部完成。为减少热变形和切削力变形对工件的形状、位置精度、尺寸精度和表面粗糙度的影响,则应将粗、精加工分开进行。

(2) 提高生产效率原则。为减少换刀次数,节省换刀时间,提高生产效率,应将需要用同一把刀加工的加工部位都完成后,再换另一把刀来加工其他部位,同时应尽量减少空行程。

2. 确定加工顺序

制定加工顺序一般遵循下列原则。

(1) 先粗后精:按照粗车—半精车—精车的顺序进行,逐步提高加工精度。

(2) 先近后远:离对刀点近的部位先加工,离对刀点远的部位后加工,以便缩短刀具移动距离,减少空行程时间。此外先近后远车削还有利于保持坯件或半成品的刚性,改善其切削条件。

(3) 内外交叉:对既有内表面又有外表面的零件,应先进行内外表面的粗加工,后进行内外表面的精加工。

(4) 基面先行:用作精基准的表面应优先加工出来,这是因为定位基准的表面越精确，装夹误差越小。例如，轴类零件加工时，总是先加工中心孔，再以中心孔为精基准加工外圆表面和端面。

3.3 CK7150B 数控车床的操作

不同数控车床的操作不尽相同，本节以新瑞长城机床厂型号为 CK7150B 的机床（采用 FANUC Series Oi_ Mate-TD 系统）为例，介绍数控车床的操作面板和基本操作方法等。

3.3.1 机床系统面板

MDI 操作面板是实现数控系统人机对话、信息输入的主要部件。通过 MDI 面板可以直接进行加工程序录入、图形模拟并将参数设定值等信息输入数控系统存储器中。FANUC Series Oi_ Mate-TD 系统数控车床的 MDI 面板如图 3-32 所示。表 3-10 为系统面板上按键的功能简介。

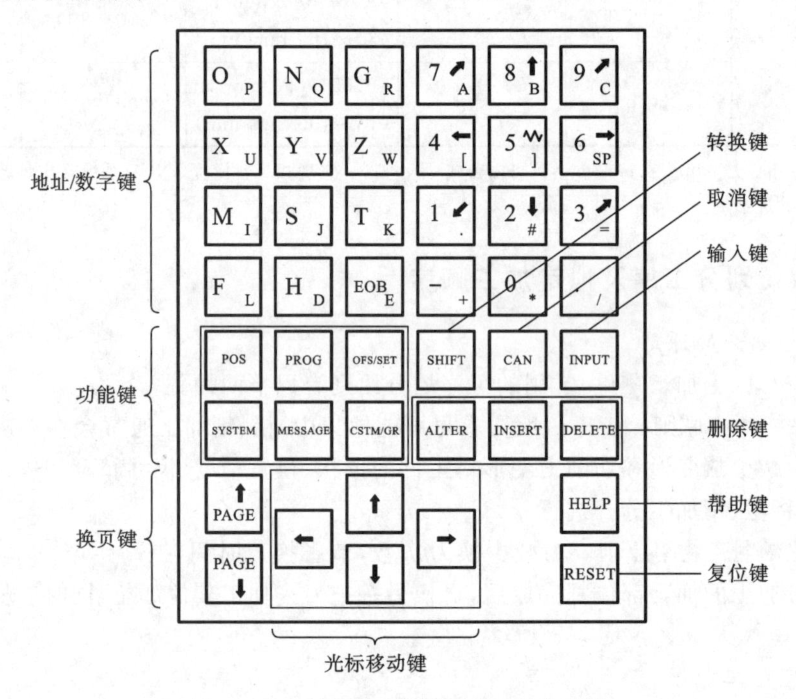

图 3-32 FANUC Oi 系统 MDI 操作面板

表 3-10 系统面板上按键的功能

按　键	功能说明
	位置显示页面，位置显示有 3 种方式

续表

按　键	功能说明
PROG	数控程序显示与编辑页面。在编辑方式下，编辑和显示内存中的程序；在 MDI 方式下，输入和显示 MDI 数据
OFS/SET	参数输入页面，按第一次进入坐标系设置页面，按第二次进入刀具补偿参数页面
SHIFT	转换键
CAN	修改键。消除输入域内的数据
INPUT	输入键。把输入域内的数据输入参数页面或输入一个外部的数控程序
SYSTEM	系统参数页面
MESSAGE	信息页面，如“报警”
CSTM/GR	图形参数设置页面
ALTER	替代键。用输入的数据替代光标所在处的数据
INSERT	插入键。把输入域之中的数据插入当前光标之后的位置
DELETE	删除键。删除光标所在处的数据，也可删除一个数控程序或者删除全部数控程序

续表

按　键	功能说明
↑ PAGE	向上翻页
PAGE ↓	向下翻页
← ↑ ↓ →	向上、向下、向左、向右移动光标
HELP	系统帮助页面
RESET	复位键。可以使 CNC 复位或者解除报警

3.3.2　机床控制面板

新瑞长城机床厂型号为 CK7150B 的数控车床的控制面板如图 3-33 所示。表 3-11 为控制面板上主要按钮的功能简介。

图 3-33　CK7150B 数控车床的控制面板

表 3-11 控制面板上主要按钮的功能简介

按　钮	功能说明
ON	电源开
OFF	电源关
SBK	单段执行
DNC	DNC 通信
PELAX	限位释放
//	复位
	循环停止
	循环启动
CW	主轴正转
STOP	主轴停止
CCW	主轴反转
CHIP	跳步
COOL	冷却液开关
TOOL	换刀启动

按　键	功能说明
	紧急停止
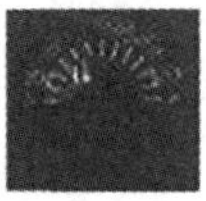	主动能选择。用于选择所需的工作模式，如编辑、MDI、手动、自动、返回参考点操作等，还可进行手轮倍率的选择
	进给倍率调节。用于调节进给速度，调节范围为 0%～120%
	手轮，用于控制轴的移动。先选择轴向（X 轴或 Z 轴），再转动手轮，手轮顺时针转，相应的轴往正方向移动，手轮逆时针转，相应的轴往负方向移动

3.3.3 数控车床的基本操作

1）机床开机（先强电再弱电）

（1）打开主控电源；

（2）将电器柜上的旋钮开关旋至“ON”位置；

（3）开启系统电源开关；

（4）以顺时针方向转动紧急停止开关；

（5）按液压按钮解除主轴锁定报警。

2）返回参考点（或返回零点）

开机后首先就是要使机床回参考点，一般又叫回零。有些系统回参考点后坐标显示(0,0)，但并不是所有的系统都是显示(0,0)，此坐标数值由生产厂家设定。

（1）将主功能旋钮右旋到底至机床回零状态，此时屏幕左下角出现 REF；

（2）按“POS”（位置）键；

（3）按“综合”软键；

（4）注意观察屏幕上显示的机械坐标，手动按住“X＋”直至 X 坐标值变为 0，同样按住“Z＋”直至 Z 坐标变为 0；

(5) 回零点时应注意,必须先回 X 轴,再回 Z 轴,否则刀架可能与尾座发生碰撞。

3) 手动进给

进给运动可分为连续进给和点动进给。两者的区别是:在手动模式下,按下坐标进给键,进给部件连续移动,直到松开坐标进给键为止;在点动状态下,每按一次坐标进给键,进给部件只移动一个预先设定的距离。

(1) 将主功能旋钮旋至手动状态,屏幕左下角出现 JOG;

(2) 调节进给速度倍率旋钮;

(3) 按“+X”、“-X”键(或“+Z”、“-Z”键),即可正负向移动相应轴。

4) 主轴操作

在手动模式下,可设置主轴转速,启动主轴正、反转和停止,冷却液开、关等。

(1) 按“CW”或“CCW”键,即可使主轴正、反向旋转;

(2) 按“STOP”键,即可使主轴停转。

5) 程序输入

(1) 将主功能旋钮左旋到底至编辑状态;

(2) 按“PROG”(程序)键;

(3) 输入程序号如 O0010,按“INSERT”(插入)键,按“EOB”(end of block,行结束标记)键输入分号,再按“INSERT”(插入)键;

(4) 程序内容的输入,如输入一行程序,按“EOB 键输入分号,再按“INSERT”(插入)键,即输入了一行;

(5) “SHIFT”(转换)键应用,在 MDI 操作面板上,有些键具有两个功能,如输入“M98P0080;”时,为了输入字母 P,应该先按“SHIFT”(转换)键,再按对应的字母键。

6) 程序的修改

(1) 在某行后面增加一行:将光标移至该行末尾分号处,输入一行程序,按“INSERT”(插入)键;

(2) 删除某个字符:将光标移至该字符,按“DELETE”键;删除一行:将光标移至该行行首,多次按“DELETE”键将该行内容逐个删除;

(3) 输错内容后修改:如输入 6037,按一次“CAN”(取消)键则从右至左删除,变成 G03;另外,若输入“G01 X10. Z20. ;”后发现应该将 Z20 改为 Z30,可将光标移至 Z20 处,输入“Z30”,再按“ALTER”(替换)键即可。

7) 删除程序

(1) 将主功能旋钮左旋到底至编辑状态;

(2) 按“PROG”(程序)键;

(3) 按“程式”软键;

(4) 输入程序号,如 O0090;

(5) 按“DELETE”(删除)键。

8) 刀具补偿值输入

根据刀具的实际参数和位置,将刀尖圆弧半径补偿值和刀具几何磨损补偿值输入与程序对应的存储位置。如果试切加工后发现工件尺寸不符合要求,可根据零件实测尺寸进行刀偏量的修改。例如测得工件外圆直径偏大 0.5 mm，可进入刀补参数设置界面，将该刀具的 X 方向补正量改小 0.25 mm。刀具补偿值设置步骤如下：

(1) 按"OFS/SET"(偏置/设置)键；

(2) 按光标键"←""↑""→""↓"，选择刀具参数地址；

(3) 输入刀补参数；

(4) 按"INPUT"(输入)键。

9) 图形模拟

(1) 将主功能旋钮左旋到底至编辑状态；

(2) 按"PROG"(程序)键；

(3) 输入程序号，如 O0020，按光标键"↑"或"↓"；

(4) 将主功能旋钮旋至自动运行状态，屏幕左下角出现 MEM；

(5) 将机床锁定；

(6) 按"CSTM/GR"键；

(7) 按屏幕下方"加工图"软键；

(8) 按"DRN"键；

(9) 按"循环启动"按钮。

10) 工件的装夹

数控车床的夹具主要有卡盘和尾座。在工件安装时，若零件长度不是很长，可直接选用三爪自定心长盘装夹；若零件长度较长，可在工件右端面打中心孔，用顶尖顶紧，使用尾座时应注意其位置、套筒行程和夹紧力的大小。

11) 刀具的装夹

根据零件加工需求选择好合适的刀片和刀杆后，首先将刀片安装在刀杆上，再将刀杆依次安装到回转刀架上，安装刀具应注意以下几点：

(1) 安装前保证刀杆及刀片定位面清洁，无损伤；

(2) 将刀杆安装在刀架上时，应保证刀杆方向正确；

(3) 安装刀具时需注意使刀尖等高于主轴的回转中心。

12) 对刀操作

对刀的目的是确定程序原点在机床坐标系中的位置，对刀点可以设在零件上、夹具上或机床上，对刀时应使对刀点与刀位点重合。数控车床常用的对刀方法有 3 种：外径刀的试切对刀、机械对刀仪对刀(接触式)、光学对刀仪对刀(非接触式)。

(1) 外径刀的试切对刀。

① Z 向对刀，如图 3-34(a)所示。先用外径刀将工件端面(基准面)车削出来。车削端面后，刀具可以沿 X 轴方向移动远离工件，但不可 Z 轴方向移动。Z 轴对刀输入"Z0"，测量；

② X 向对刀，如图 3-34(b)所示。车削任一外径后，使刀具 Z 向移动远离工件，待主轴停止转动后，测量刚刚车削出来的外径尺寸。例如，测量值为 ϕ50.78 mm，则 X 轴对刀输入：X50.78，测量。

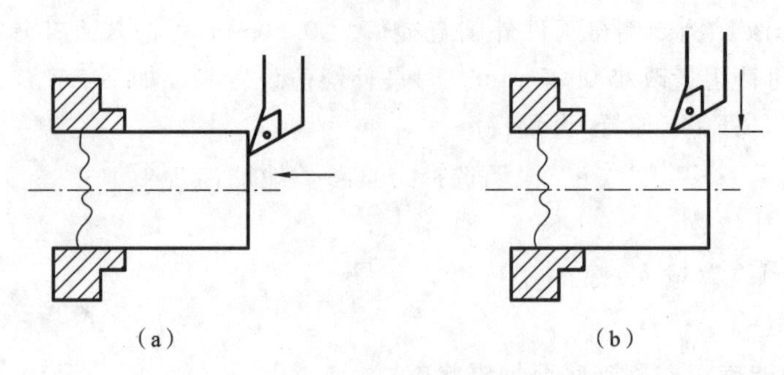

图 3-34 外径刀的试切对刀

(a) Z 向对刀；(b) X 向对刀

(2) 机械对刀仪对刀。

数控车床上机械对刀仪对刀是通过刀尖检测系统实现的，刀尖以设定的速度向接触式传感器接近，当刀尖与传感器接触并发出信号时，数控系统立即记下该瞬间的坐标值，并自动修正刀具补偿值。

(3) 光学对刀仪对刀。

光学对刀仪对刀的实质是测量出刀具假想刀尖到刀具参考点之间在 X 向和 Z 向的长度。利用机外对刀仪可将刀具预先在机床外校对好，以便装上机床就可以使用，大大节省辅助时间。其操作方法是将刀具随同刀架座一起紧固在光学检测对刀仪的刀具台安装座上，摇动 X 向和 Z 向进给手柄，使移动部件载着投影放大镜沿着两个方向移动，直到刀尖与放大镜中的十字线交点重合为止，这时通过 X 和 Z 向的微型读数器分别读出 X 和 Z 向的长度值，即该刀具的对刀长度。

13) 自动加工

(1) 将主功能旋钮右旋到底至机床回零状态，此时屏幕左下角出现 REF；

(2) 按“POS”(位置)键；

(3) 按屏幕下方“综合”软键；

(4) 注意屏幕上显示的机械坐标，手动按住“X＋”直至 X 坐标值变为 0，同样按住“Z＋”直至 Z 坐标值变为 0；

(5) 将主功能旋钮调至编辑或自动状态；

(6) 按“PROG”(程序)键；

(7) 输入程序号，如 O0070，按光标键“↑”或“↓”；

(8) 切换至 MEM 状态，按“循环启动”键执行。

14) 零件的测量

工件加工结束应该用相应的测量工具进行检测，检查是否达到加工要求。数控车削加工中常用的量具有以下几种。

(1) 游标卡尺是最常用的通用量具，可用于测量工件内外尺寸、宽度、厚度、深度和孔距等。

(2) 外径千分尺是利用螺旋副测微原理制成的量具，主要用于各种外尺寸和形位偏差的测量。

(3) 内径千分尺主要用于测量内径,也可用于测量槽宽和两个内端面之间的距离。

(4) 万能游标角度尺主要用于各种锥面的测量,精度较低。

(5) 车削表面粗糙度工艺样板以其工作面粗糙度为标准,将被测工件表面与之比较,从而大致判断工件加工表面的粗糙度等级。

(6) 螺纹检测量具有以下几种。

① 螺纹千分尺:可用来检测螺纹中径。

② 三针:也可用来检测螺纹中径,比螺纹千分尺精度更高。

③ 螺纹环规:可用来检验外螺纹合格与否,根据不同精度选用不同等级的环规。

④ 螺纹塞规:可用来检验内螺纹合格与否,根据不同精度选用不同等级的塞规。

⑤ 工具显微镜:可检测螺纹的各参数,并可测得各参数的具体数值。

15) 紧急停止

在机床运行过程中,遇到危险情况,将急停按钮"EMERGENCY Stop"按下,机床立即停止运动,将按钮"EMERGENCY Stop"右旋解锁,按"RESET"键复位。

16) 机床关机(先弱电再强电)

(1) 按下急停按钮;

(2) 关闭系统电源;

(3) 将电气开关旋至"OFF"挡;

(4) 关闭主控电源。

3.3.4 数控车床零件加工步骤

(1) 根据零件图,进行工艺分析,合理地选择切削用量。

(2) 确定工件坐标原点,进行程序编制。

(3) 检查各项安全及技术措施是否已做好,确认后接通电源,开机。

(4) 进行机床返回参考点操作,确立机床坐标系。

(5) 输入所需加工的程序。

(6) 所输入的程序进行刀具路径模拟加工,检查程序是否有问题,若发现问题及时修改程序。

(7) 装夹工件。

(8) 选择加工所需的刀具,并进行安装。

(9) 远离卡盘预置坐标值,空车试运行。

(10) 对刀操作,设立工件坐标系。

(11) 运行程序,进行零件加工。

(12) 测量零件,若有误差,修改刀补参数,再进行加工。

(13) 零件加工合格后,取下工件。

(14) 关机,关电源。

3.3.5 数控车床安全操作规范

(1) 机床的开关机顺序,一定要按照机床说明书的规定操作。

(2) 未了解机床性能及未得到指导教师的许可，不准擅自开动机床。

(3) 主轴启动开始切削前，一定要关好防护罩门，程序正常运行中严禁开启防护罩门。

(4) 严禁工件未夹紧就启动主轴。

(5) 严禁刀具未加以固定就转换刀位。

(6) 刀架换刀时，刀架与工件要有足够的旋转距离，避免刀具撞上工件、卡盘和尾座等。

(7) 严禁用手去接触工作中的工件、刀具及其他加工部分，也不要将身体靠在机床上。

(8) 机床在正常运行时不许打开电气柜的门。

(9) 在每次电源接通后，必须先完成各轴的返回参考点操作，再进入其他运行方式，以确保各轴坐标的正确性。

(10) 加工程序必须经过严格检验方可进行操作运行，不可任意修改加工程序。

(11) 程序加工未结束时，操作者不准远离机床。

(12) 加工过程中，如出现异常危机情况，可按下“急停”按钮，以确保人身和设备的安全，并向指导教师报告。

(13) 操作要文明，机床导轨及工作台上不得乱放工具、量具及工件等。

(14) 零件加工结束后，必须擦净机床，加油、整理好场地，关机及关掉电源。

(15) 严禁数控车床移作他用。

课后习题

3-1 已知毛坯棒料直径为 $\phi 60$ mm，根据所学知识编程车削加工图 3-35 所示零件。

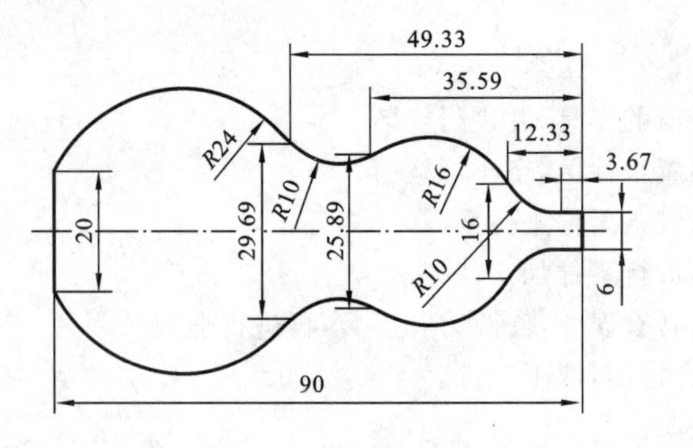

图 3-35 习题 3-1 图

3-2 已知毛坯尺寸 $\phi 30 \times 100$ mm，根据所学知识编程车削加工图 3-36 所示零件。

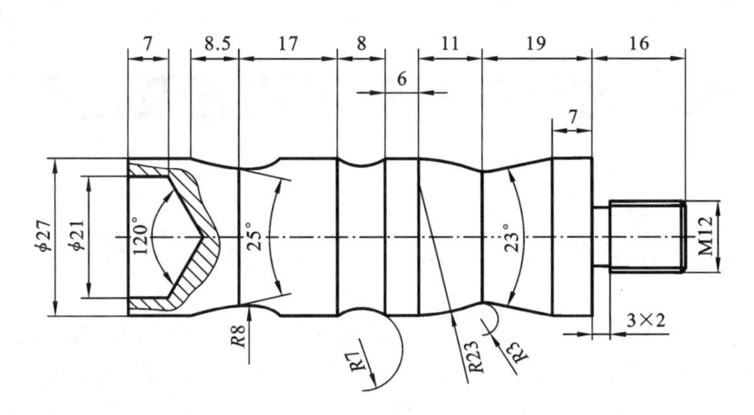

图 3-36 习题 3-2 图

第4章　数控铣削加工基础及应用

第4章
数字资源

4.1　数控铣床和加工中心编程

数控铣床和加工中心在结构、工艺和编程等方面有许多相似之处。特别是全功能型数控铣床与加工中心相比,区别主要在于数控铣床没有自动刀具交换装置及刀库,只能用手动方式换刀,而加工中心具备自动刀具交换装置及刀库,故可将使用的刀具预先存放于刀库内,需要时再通过换刀指令,由自动刀具交换装置自动换刀。数控铣床和加工中心都能够进行铣削、钻削、镗削及攻螺纹等加工。加工中心的编程除增加了自动换刀的功能指令外,其他和数控铣床编程基本相同。

4.1.1　数控铣床和加工中心的分类及编程特点

1. 数控铣床的分类

数控铣床主要用于加工平面和曲面轮廓的零件,还可以加工复杂型面的零件,如凸轮、样板、模具、螺旋槽等;同时也可以对零件进行钻、扩、铰、锪和镗孔加工。

数控铣床的类型主要有以下几种。

(1) 数控立式铣床。这类数控铣床一般用于加工盘、套、板类零件,工件一次装夹后,可对其上表面进行铣、钻、扩、锪、攻螺纹等以及侧面的轮廓加工。

(2) 数控卧式铣床。这类数控铣床一般都带有回转工作台,工件一次装夹后可完成除安装面和顶面以外的其余四个面的各种工序加工,适用于箱体类零件加工。

(3) 万能数控铣床。这类数控铣床主轴可以旋转90°或工作台带着工件旋转90°,一次装夹后,可以完成对工件五个表面的加工。

(4) 龙门式数控铣床。这类数控铣床主轴可以在龙门架的横向与竖直方向溜板上运动,而龙门架则沿床身做纵向运动,适用于大型零件的加工。

2. 加工中心的分类

1) 按主轴加工时的空间位置分类

(1) 卧式加工中心。它是指主轴轴线水平设置的加工中心。卧式加工中心一般具有3～5个运动坐标轴,常见的是三个直线运动坐标轴和一个回转运动坐标轴(回转工作台)。它能在工件一次装夹后,完成除安装面和顶面以外的其余四个面的加工,最适合加工箱体类零件。它与立式加工中心相比,结构复杂,占地面积大,质量大,价格高。

(2) 立式加工中心。立式加工中心主轴的轴线为竖直设置,其结构多为固定立柱式,工作台为十字滑台,适合加工盘类零件,一般具有三个直线运动坐标轴,并可在工作台上安置一个水平轴的数控转台(第四轴)来加工螺旋类零件。立式加工中心结构简单,占地面积小,价格低,配备各种附件后,可进行大部分零件的加工。

(3) 大型龙门式加工中心。这种加工中心主轴多为竖直设置,主要用于大型或形状复杂的工件的加工，比如在航空、航天工业中及大型汽轮机上的某些零件的加工都需要用这类多坐标龙门式加工中心。

(4) 五面体加工中心。这种加工中心具有立式和卧式加工中心的功能，在工件一次装夹后，能完成除安装面外的所有五个面的加工，这种加工方式可以使工件的形状误差降到最低，省去二次装夹工作，从而提高生产效率，降低加工成本。

2) 按工艺用途分类

(1) 镗铣加工中心。它分为立式镗铣加工中心、卧式镗铣加工中心和龙门镗铣加工中心。其加工工艺以镗铣为主，用于箱体、壳体以及各种复杂零件特殊曲线和曲面轮廓的多工序加工，适合多品种小批量生产。

(2) 复合加工中心。它主要指五面复合加工，主轴头可自动回转，进行立、卧式加工。

3) 按特殊功能分类

(1) 单工作台、双工作台加工中心。

(2) 单轴、双轴、三轴及可换主轴箱的加工中心。

(3) 立式转塔加工中心和卧式转塔加工中心。

(4) 刀库加主轴换刀加工中心。

(5) 刀库机械手加主轴换刀加工中心。

(6) 刀库加机械手加双主轴转塔加工中心。

3. 数控铣床和加工中心的编程特点

(1) 使用固定循环指令，可进行钻孔、扩孔、锪孔、铰孔和镗孔等加工，提高编程工作效率。

(2) 使用刀具半径补偿指令，可按零件的实际轮廓编程，简化编程和数值计算。通过改变刀具半径补偿值，可用同一程序实现对工件的粗、精加工。

(3) 使用刀具长度补偿指令，可补偿由于刀具磨损、更换新刀或刀具安装误差引起的刀具长度方向的尺寸变化，而不必重新编程。

(4) 使用用户宏程序，可加工一些形状相似的系列零件或非圆曲线。

(5) 增加数控回转工作台，能实现四轴以上的联动加工，加工出形状较为复杂的工件。

(6) 使用子程序，可在工件上加工多个形状相同的结构。

(7) 使用简化编程指令，可实现镜像、缩放、旋转的功能。

4. 数控铣床的坐标系

数控铣床的加工是由程序控制完成的，所以坐标系的确定与使用非常重要。数控铣床的坐标系有机床坐标系、编程坐标系和工件坐标系。

(1) 机床坐标系：机床坐标系是数控铣床的基本坐标系，其坐标和运动方向视铣床的种类和结构而定。机床坐标系是数控铣床生产厂家事先确定的，可以在机床使用说明书中查到。

(2) 编程坐标系：编程坐标系是编程时使用的坐标系。编程原点应尽量选择在零件的设计基准或工艺基准上，编程坐标系中各轴的方向应该与所使用的数控机床相应的坐标轴方向一致。

(3) 工件坐标系:工件坐标系是机床进行加工时使用的坐标系,它应该与编程坐标系一致。

4.1.2 数控铣床和加工中心的常用编程指令

同数控车床一样,数控铣床和加工中心的编程指令也随控制系统的不同而不同,但一些常用的指令,如某些准备功能指令、辅助功能指令,还是符合 ISO 标准的。本节对一些特色编程指令进行介绍,使大家可以了解这些指令的规定、用法,还可以利用这些指令进行实际编程。

1. 镜像功能指令 G51.1、G50.1

指令格式为

G51.1X ___ Y ___ Z ___

M98 P ___

G50.1 X ___ Y ___ Z ___

图 4-1 所示的镜像功能程序为

```
O0037;                              主程序
N10 G91 G17 M03;
N20 M98 P1000;                      加工①
N30 G51.1 X0;                       Y 轴镜像,镜像位置为 X= 0
N40 M98 P1000;                      加工②
N50 G51.1 X0 Y0;                    X 轴、Y 轴镜像,镜像位置为(0,0)
N60 M98 P1000;                      加工③
N70 G20.1 X0;                       取消 Y 轴镜像
N80 G51.1 Y0;                       X 轴镜像
N90 M98 P1000                       加工④
N100 G50.1 Y0;                      取消镜像
N110 M05;
N120 M30;
```

子程序(①的加工程序)为

```
O1000;
N200 G41 G00 X10.0 Y4.0 D01;
N210 Y1.0;
N220 Z-98.0;
N230 G01 Z-7.0 F100;
N240 Y25.0;
N250 X10.0;
N260 G03 X10.0 Y-10.0 I10.0;
N270 G01 Y-10.0;
N280 X-25. 0;
N290 G00 2105.0;
N300 G40 X-5.0 Y-10.0;
N310 M99;
```

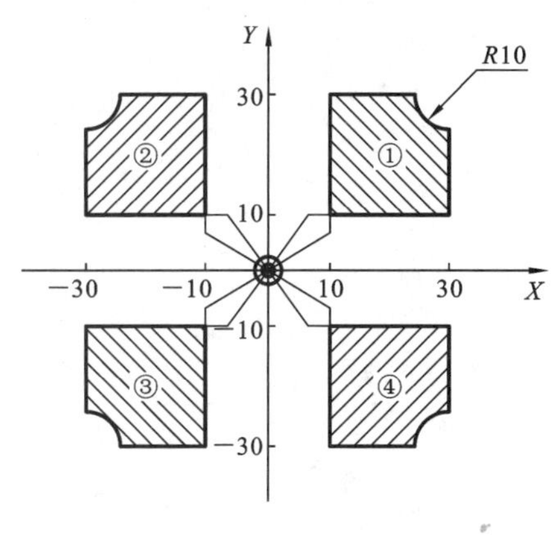

图 4-1　镜像功能

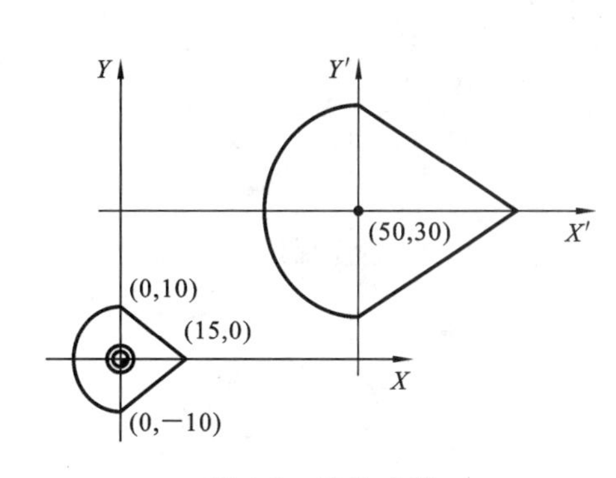

图 4-2　缩放功能

2. 缩放功能指令 G50、G51

指令格式为

G51 X ___ Y ___ Z ___ P ___

M98 P ___

G50

该指令以给定点(X, Y, Z)为缩放中心，将图形放大到原始图形的 P 倍；如省略(X, Y,Z)，则以程序原点为缩放中心。

图 4-2 所示的缩放功能程序为(起刀点为(X0，Y−10))

```
O0038;                        主程序
N100  G92 X-50 Y-30;
N110  G51 P2;                 以程序原点为缩放中心，将图放大一倍
N120  M98 P0100;
N130  G50;                    取消缩放
N140  M30;
O0100;                        子程序
N10  G00 G90 X0 Y-10 F100;
N20  G02 X0 Y10 I0 J10;
N30  G01 X15 Y0;
N40  G01 X0 Y-10;
N50  M99;                     子程序返回
```

3. 图形旋转指令 G68、G69

指令格式为

G68 X ___ Y ___ R ___

G69

该指令以给定点(X, Y)为旋转中心，将图形旋转一个角度 R，单位为度(°)；如果省略(X,Y)，则以程序原点为旋转中心。

图 4-3 所示的旋转变换功能程序为(起刀点为(X0，Y0))

```
O0039;                  主程序
N100 G90
N110 G68
```

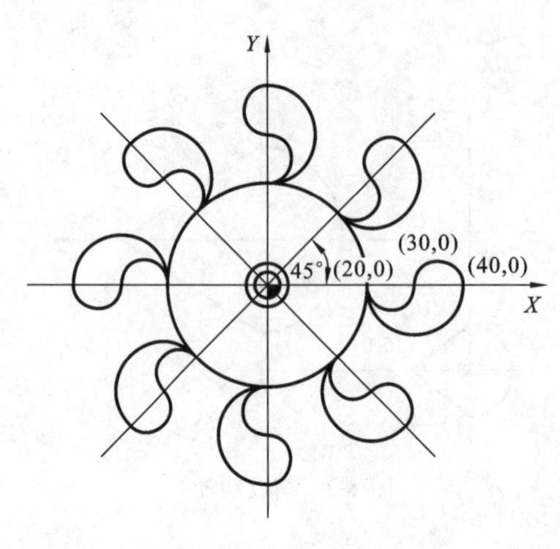

图 4-3　旋转变换功能

```
N120 M98
G00 X0 Y0;
R45;
P0200;
……
旋转加工八次
N250 G68 R45;
N260 M98 P0200;
N270 G69;
N280 M30;
O0200;                子程序
N10 G91 G17;
N20 G01 X20 Y0 F250;
N30 G03 X20 Y0 R10;
N40 G02 X-10 Y0 R5;
N50 G02 X-10 Y0 R5;
N60 G00 X-20 Y0;
N70 M99;
```

在有刀具补偿的情况下，应先进行坐标旋转，再进行刀具半径补偿、刀具长度补偿。在有缩放功能的情况下，应先缩放，再旋转。

在有些数控机床中，缩放、镜像和旋转功能是通过参数设定来实现的，不需要在程序中用指令代码来实现。这种处理方法从表面上看，好像避免了编程的麻烦，事实上，它远不如程序指令实现来得灵活。要想在这类机床上实现上述几个例子的加工效果，虽然可以不用编写子程序，但需要多次修改参数设定值后，重复运行程序，并且程序编写时在起点位置的安排上必须恰当。由于无法一次调试完成，因此出错的可能性较大。

4. 自动返回参考点的指令 G28

指令格式为

G28 X___ Y___ Z___

(1) 该指令使刀具以点位方式经中间点快速返回到参考点，中间点的位置由该指令后面的 X,Y,Z 坐标值所决定，其坐标值可以用绝对值，也可以用增量值，这主要取决于是 G90 方式还是 G91 方式。设置中间点是为了防止刀具返回参考点时与工件或夹具发生干涉。一般地，该指令用于整个加工程序结束后使工件移出加工区，以便卸下加工完毕的零件和装夹待加工的工件。

(2) 为了安全起见，原则上应在执行该指令前取消各种刀具补偿。

(3) G28 程序段不仅记忆了移动指令坐标值，还记忆了中间点的坐标值。换句话说，对于在使用 G28 的程序段中没有被指令的轴，以前 G28 中的坐标值就作为那个轴的中间点坐标值。例如：

程序	说明
N10 X20.0 Y54.0;	
N20 G28 X40.0 Y25.0;	中间点坐标值(40.0,25.0)
N30 G28 Z35.0;	中间点坐标值(40.0,25.0,35.0)

5. 从参考点自动返回指令 G29

指令格式为

G29 X ___ Y ___ Z ___

(1) 执行这条指令,可以使刀具从参考点出发,经过一个中间点到达由这个指令后面 X,Y,Z 坐标值所指示的位置。中间点的坐标由 G28 或 G30 指令确定。一般地,该指令用在 G28 或 G30 之后,让指令轴位于参考点或第二参考点。

指令中 X,Y,Z 是到达点的坐标,由 G90/G91 状态决定是绝对值还是增量值,若为增量值,则是指到达点相对于 G28 中间点的增量值。

(2) 在选择 G28 或 G30 之后,这条指令不是必需的,使用 G00 定位有时可能更为方便。

如图 4-4 所示,加工后刀具已定位到点 A,取点 B 为中间点,点 C 为执行 G29 时应到达的点,则程序为

```
N040 G91 G28 X100 Y100;
N050 M06;
N060 G29 X300 Y-170;
```

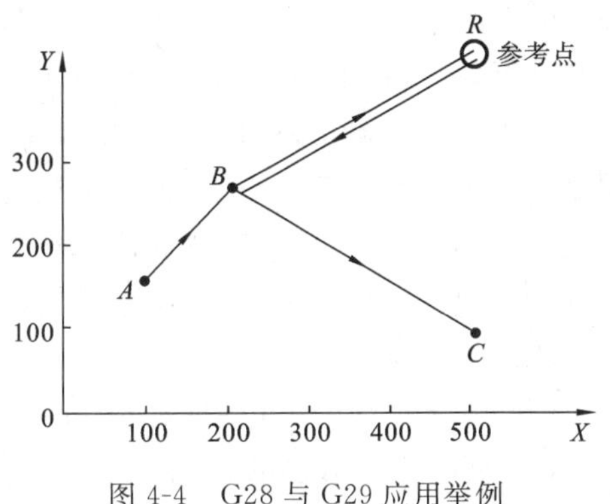

图 4-4 G28 与 G29 应用举例

执行此程序时,刀具首先从点 A 出发,以快速点定位的方式由点 B 到达参考点,换刀后执行 G29 指令,刀具从参考点先运动到点 B 再到达点 C,点 B 至点 C 的增量坐标为“X300 Y－170”。

6. 返回第二参考点指令 G30

指令格式为

G30 X ___ Y ___ Z ___

该指令的使用和执行都和 G28 的非常相似,唯一不同的就是 G28 使指令轴返回机床参考点,而 G30 使指令轴返回第二参考点。执行 G30 指令后,和 G28 指令相似,可以使用 G29 指令让指令轴从第二参考点自动返回。

第二参考点也是机床上的固定点,它和机床参考点之间的距离由参数给定,第二参考点指令一般在机床中主要用于刀具交换,因为机床的 Z 轴换刀点为 Z 轴的第二参考点,也就是说,刀具交换之前必须先执行 G30 指令。

7. 参考点返回检查指令 G27

指令格式为

G27 X ___ Y ___ Z ___

该指令可以检验刀具是否能够定位到参考点上,指令中 X,Y,Z 分别代表参考点在工件坐标系中的坐标值。执行该指令后,如果刀具可以定位到参考点上,则相应轴的参考点指示灯就点亮。在刀具补偿方式中使用该指令,刀具到达的位置将是加上补偿量的位置,此时刀具将不能到达参考点,因而指示灯也不亮,因此执行该指令前,应先取消刀具补偿。

加工中心的编程和数控铣床编程的不同之处主要在于:增加了用 M06、M19 和 TXX 进行自动换刀的功能指令。其他指令基本上没有太大的区别。

(1) 加工中心的自动换刀指令有以下几种。

自动换刀指令 M06。本指令将驱动机械手进行换刀动作，但并不包括刀库转动的选刀动作。

主轴准停指令 M19。本指令将使主轴定向停止，确保主轴停止的方位和装刀标记方位一致。

选刀指令 TXX。本指令驱动刀库电动机带动刀库转动，实施选刀动作。T 指令后面的两位数字，是将要更换的刀具地址号，本功能是数控铣床所不具备的。

对于不采用机械手换刀的立、卧式加工中心而言，它们在进行换刀动作时，先取下主轴上的刀具，再进行刀库转位的选刀动作，再换上新的刀具。其选刀动作和换刀动作无法分开进行，故编程上一般用"TXX M06"的形式。

对于采用机械手换刀的加工中心来说，合理地安排选刀和换刀的指令，是其加工编程的要点。不同的加工中心，其换刀程序是不同的，通常选刀和换刀分开进行。换刀完毕启动主轴后，方可执行后面的程序段。选刀时间可与机床加工时间重合起来，即利用切削时间进行选刀。多数加工中心都规定了换刀点位置。主轴只有运动到这个位置，机械手或刀库才能执行换刀动作。一般立式加工中心规定的换刀点位置在机床 Z 轴零点处，卧式加工中心规定的换刀点位置在机床 Y 轴零点处。

(2) 两种换刀方法的区别。

① T01　M06。

该条指令是先执行选刀指令 T01，再执行换刀指令 M06。它先让刀库转动，将 T01 号刀具送到换刀位置上后，再由机械手实施换刀动作。换刀以后，主轴上装夹的就是 T01 号刀具，而刀库中目前换刀位置上安放的则是刚换下的旧刀具。执行完"T01 M06"后，刀库即保持当前刀具安放位置不动。

② M06　T01。

该条指令是先执行换刀指令 M06，再执行选刀指令 T01。它先指令机械手实施换刀动作，将主轴上原有的刀具和目前刀库中当前换刀位置上已有的刀具(上一次选刀 TXX 指令所选好的刀具)进行互换，再转动刀库将 T01 号刀具送到换刀位置上，为下一次换刀做准备。换刀前后，主轴上装夹的都不是 T01 号刀具。执行完"M06 T01"后，刀库中目前换刀位置上安放的则是 T01 号刀具，它是为下一个 M06 换刀指令预先选好的刀具。

(3) 加工中心换刀动作编程安排时的注意事项。

① 换刀动作必须在主轴停转的条件下进行，且必须实现主轴准停即定向停止(用 M19 指令)。

② 换刀点的位置应根据所用机床的要求安排，有的机床要求必须将换刀位置安排在参考点处，或至少应让 Z 轴返回参考点，这时就要使用 G28 指令。有的机床则允许用参数设定第二参考点作为换刀位置，这时可在换刀程序前安排 G30 指令。无论如何，换刀点的位置应远离工件及夹具，保证有足够的换刀空间。

③ 为了节省自动换刀时间，提高加工效率，应将选刀动作与机床加工动作在时间上重合起来。比如，可将选刀动作指令安排在换刀前的回参考点的移动过程中，如果返回参考点所用的时间小于选刀动作时间，则应将选刀动作安排在换刀前的耗时较长的加工程

序段中。

④ 若换刀位置在参考点处，换刀完成后，可使用G29指令返回到下一道工序的加工起始位置。

⑤ 换刀完毕后，不要忘记安排重新启动主轴的指令，否则加工将无法继续进行。

8. 孔加工固定循环

孔加工固定循环指令按一定顺序进行钻、镗、攻螺纹等孔加工。若主平面为*XY*平面(G17状态)，则进给方向为*Z*向。常用孔加工固定循环指令如表4-1所示。

表4-1 孔加工固定循环指令

指　　令	*Z*向进给	孔底动作	退刀速度	用　　途
G73	间歇进给	—	快速进给	高速深孔钻
G74	切削进给	进给暂停→主轴反转	切削进给	攻左旋螺纹
G76	切削进给	主轴定向停转	快速进给	精镗
G80	—	—	—	撤销循环
G81	切削进给	—	快速进给	定点钻孔
G82	切削进给	进给暂停	快速进给	锪钻
G83	间歇进给	—	快速进给	深孔钻
G84	切削进给	进给暂停→主轴正转	切削进给	攻螺纹
G85	切削进给	—	切削进给	镗孔
G86	切削进给	主轴停转	快速进给	镗孔
G87	切削进给	主轴正转	快速进给	反镗
G88	切削进给	进给暂停→主轴停转	手动进给	镗孔
G89	切削进给	进给暂停	切削进给	镗孔

孔加工固定循环包含6个基本动作，如图4-5所示。

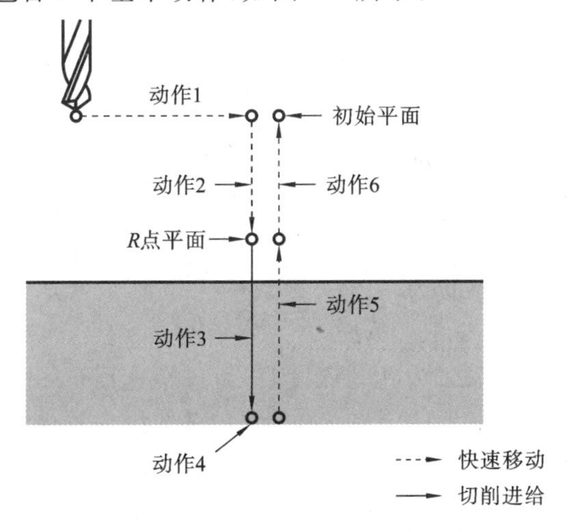

图4-5 钻孔固定循环的动作顺序

动作 1:刀具定位。

动作 2:快速进给至切削开始点平面位置(*R* 点平面)。

动作 3:孔加工(钻、镗、攻螺纹等)。

动作 4:孔底动作。

动作 5:退回到 *R* 点平面。

动作 6:快速退刀返回初始平面位置。

孔加工固定循环的格式为

(G90 或 G91) (G98 或 G99)GΔΔX Y Z R P F K

说明:

(1) X,Y:孔的平面位置坐标。

(2) Z:在 G90 状态下,Z 值为孔底的绝对坐标;在 G91 状态下,Z 值为切削开始点(*R* 点)到孔底的距离(见图 4-6)。

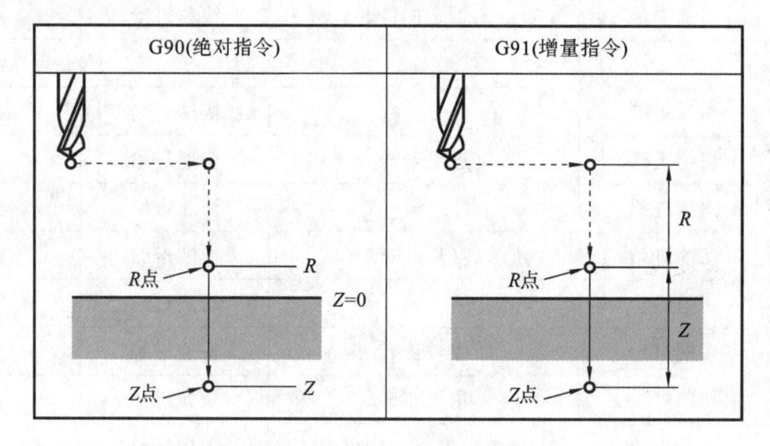

图 4-6 绝对指令和增量指令

(3) R:在 G90 状态下,R 值为切削开始点的绝对坐标;在 G91 状态下,R 值为初始点到切削开始点(*R* 点)的距离(见图 4-6)。

(4) P:孔底进给暂停时间。

(5) F:进给速度。

(6) K:循环重复执行次数。

(7) 若刀具长度补偿有效,则将在刀具快速进给至 *R* 点的过程中建立刀补。

下面简单介绍几个常用指令。

1) 钻孔循环指令 G81

G81 钻孔加工循环指令格式为

G81GΔΔX ___ Y ___ Z ___ R ___ F ___

说明:X 和 Y 为孔的位置、Z 为孔的深度,F 为进给速度(mm/min),R 为参考平面的高度。GΔΔ 可以是 G98 和 G99,G98 和 G99 两个模态指令控制孔加工循环结束后刀具是返回初始平面还是参考平面。G98 代表返回初始平面,为缺省方式;G99 代表返回参考平面。编程时可以采用绝对坐标 G90 和相对坐标 G91 编程,建议尽量采用绝对坐标编程。

G81 动作过程(见图 4-7)如下:

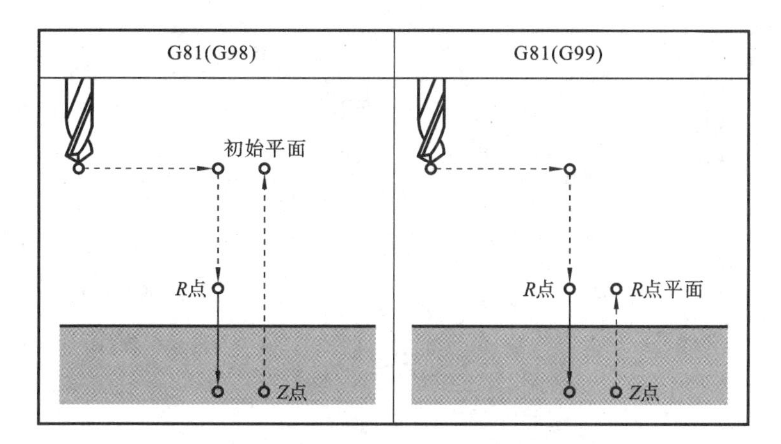

图 4-7　G81 动作过程

(1) 钻头快速定位到孔加工循环起始点(X,Y);

(2) 钻头沿 Z 方向快速运动到参考平面 R;

(3) 钻孔加工;

(4) 钻头快速退回到参考平面 R 或快速退回到初始平面。

该指令一般用于加工孔深小于 5 倍直径的孔。

2) 钻孔循环指令 G82

G82 钻孔加工循环指令格式为

G82GΔΔX ___ Y ___ Z ___ R ___ P ___ F ___

说明:在指令中,P 为钻头在孔底的暂停时间,单位为 ms(毫秒),其余各参数的意义同 G81。

该指令在孔底增加进给暂停动作,即当钻头加工到孔底位置时,刀具不做进给运动,并保持旋转状态,使孔底更光滑。G82 一般用于扩孔和沉头孔加工。

G82 动作过程(见图 4-8)如下:

(1) 钻头快速定位到孔加工循环起始点(X,Y);

(2) 钻头沿 Z 方向快速运动到参考平面 R;

(3) 钻孔加工;

(4) 钻头在孔底暂停进给;

(5) 钻头快速退回到参考平面 R 或快速退回到初始平面。

3) 高速深孔钻循环指令 G73

对于孔深大于 5 倍直径孔的加工,由于是深孔加工,不利于排屑,故采用间段进给(分多次进给),每次进给深度为 Q,最后一次进给深度不大于 Q,退刀量为 d(由系统内部设定),直到孔底为止。

G73 高速深孔钻循环指令格式为

G73GΔΔX ___ Y ___ Z ___ R ___ Q ___ F ___

说明:在指令中,Q 为每次进给深度,其余各参数的意义同 G81。

G73 动作过程(见图 4-9)如下:

(1) 钻头快速定位到孔加工循环起始点(X,Y);

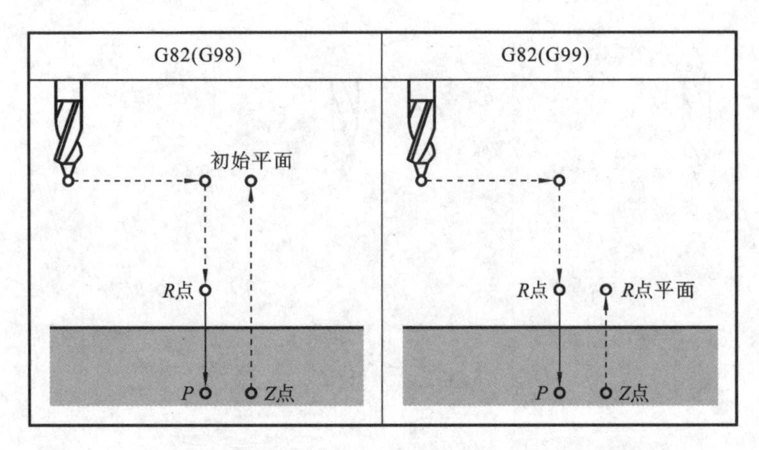

图 4-8 G82 动作过程

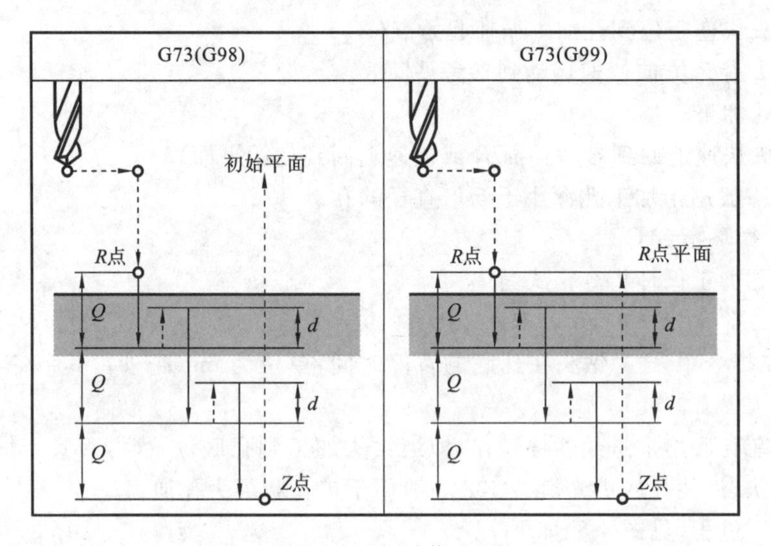

图 4-9 G73 动作过程

(2) 钻头沿 Z 方向快速运动到参考平面 R；

(3) 钻孔加工，进给深度为 Q；

(4) 退刀，退刀量为 d；

(5) 重复步骤(3)、(4)，直至要求的加工深度；

(6) 钻头快速退回到参考平面 R 或快速退回到初始平面。

4) 攻螺纹循环指令 G84

G84 螺纹加工循环指令格式为

G84G△△X ___ Y ___ Z ___ R ___ F ___

说明：攻螺纹过程要求主轴转速 S 与进给速度 F 成严格的比例关系，因此，编程时要求根据主轴转速计算进给速度，进给速度 F＝主轴转速×螺纹螺距，其余各参数的意义同 G81。

使用 G84 攻螺纹进给时主轴正转，退出时主轴反转。与钻孔加工不同的是攻螺纹结束后的返回过程不是快速运动，而是以进给速度反转退出。

该指令执行前，甚至可以不启动主轴，当执行该指令时，数控系统将自动启动主轴正转。

G84 动作过程（见图 4-10）如下：

（1）主轴正转，丝锥快速定位到螺纹加工循环起始点（X，Y）；

（2）丝锥沿 Z 方向快速运动到参考平面 R；

（3）攻丝加工；

（4）主轴反转，丝锥以进给速度反转退回到参考平面 R；

（5）当使用 G98 指令时，丝锥快速退回到初始平面。

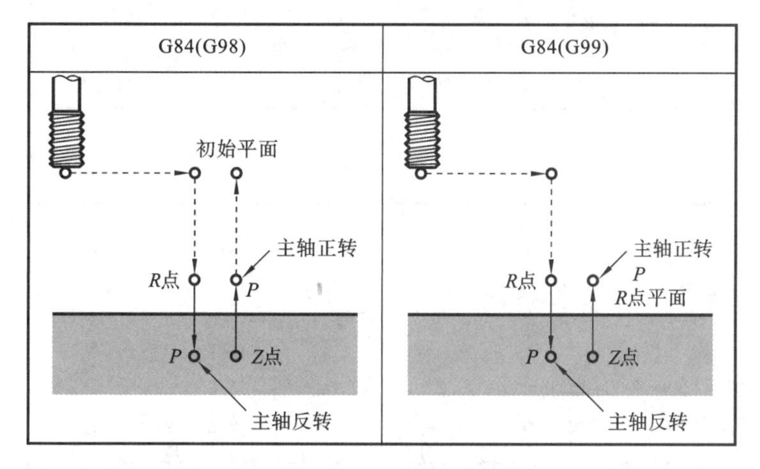

图 4-10　G84 动作过程

5）左旋攻螺纹循环指令 G74

G74 螺纹加工循环指令格式为

G74G△△X ___ Y ___ Z ___ R ___ F ___

说明：与 G84 的区别在于 G74 攻螺纹：进给时主轴反转，退出时主轴正转。各参数的意义同 G84。

G74 动作过程（见图 4-11）如下：

（1）主轴反转，丝锥快速定位到螺纹加工循环起始点（X，Y）；

（2）丝锥沿 Z 方向快速运动到参考平面 R；

（3）攻丝加工；

（4）主轴正转，丝锥以进给速度正转退回到参考平面 R；

（5）当使用 G98 指令时，丝锥快速退回到初始平面。

6）镗孔加工循环指令 G85

G85 镗孔加工循环指令格式为

G85G△△X ___ Y ___ Z ___ R ___ F ___

说明：各参数的意义同 G81。

G85 动作过程（见图 4-12）如下：

（1）镗刀快速定位到镗孔加工循环起始点（X，Y）；

（2）镗刀沿 Z 方向快速运动到参考平面 R；

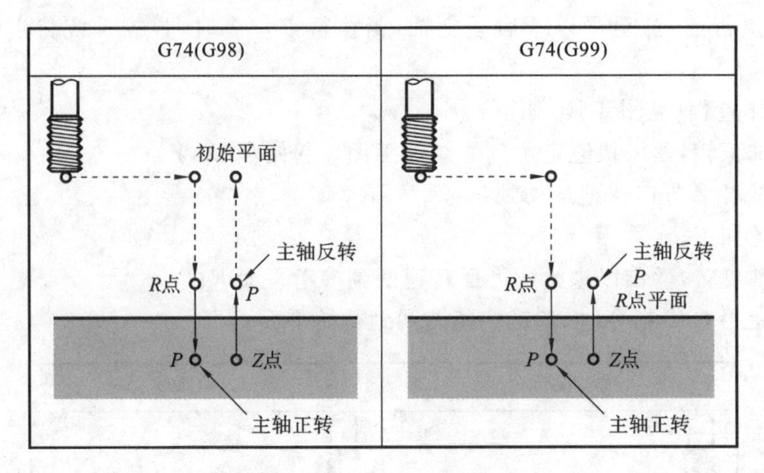

图 4-11　G74 动作过程

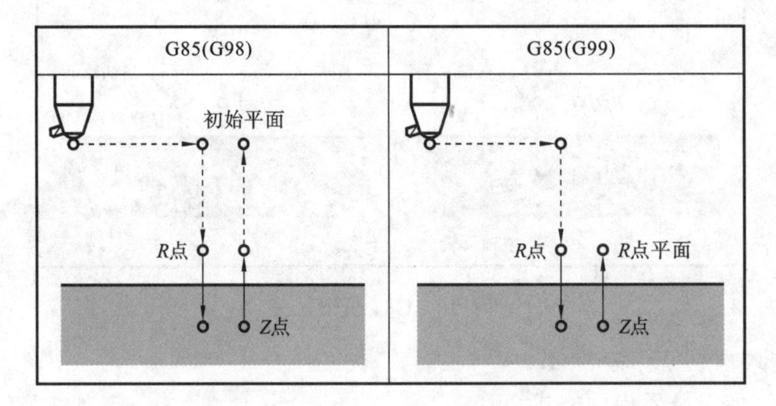

图 4-12　G85 动作过程

(3) 镗孔加工；

(4) 镗刀以进给速度退回到参考平面 R 或初始平面。

7) 镗孔加工循环指令 G86

G86 镗孔加工循环指令格式为

G86GΔΔX ___ Y ___ Z ___ R ___ F ___

说明：与 G85 的区别是镗刀到达孔底位置后，主轴停止，并快速退出。各参数的意义同 G85。

G86 动作过程(见图 4-13)如下：

(1) 镗刀快速定位到镗孔加工循环起始点(X,Y)；

(2) 镗刀沿 Z 方向快速运动到参考平面 R；

(3) 镗孔加工；

(4) 主轴停，镗刀快速退回到参考平面 R 或初始平面。

8) 镗孔加工循环指令 G89

G89 镗孔加工循环指令格式为

G89GΔΔX ___ Y ___ Z ___ R ___ P ___ F ___

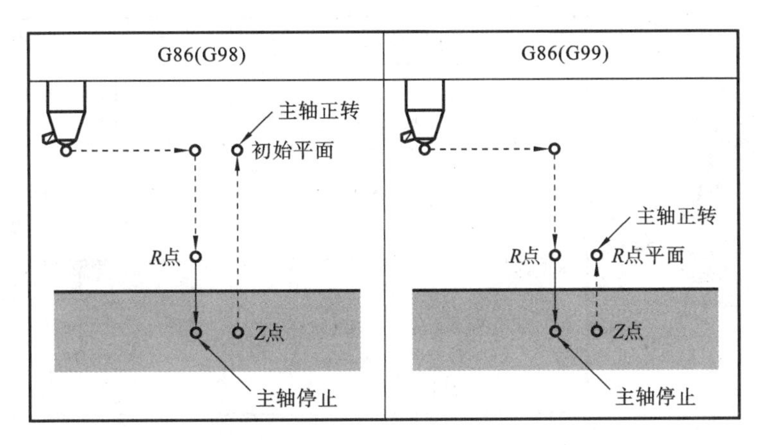

图 4-13　G86 动作过程

说明：与 G85 的区别是镗刀到达孔底位置后，进给暂停。P 为暂停时间(ms)，其余参数的意义同 G85。

G89 动作过程(见图 4-14)如下：

(1) 镗刀快速定位到镗孔加工循环起始点(X,Y)；

(2) 镗刀沿 Z 方向快速运动到参考平面 R；

(3) 镗孔加工；

(4) 进给暂停；

(5) 镗刀以进给速度退回到参考平面 R 或初始平面。

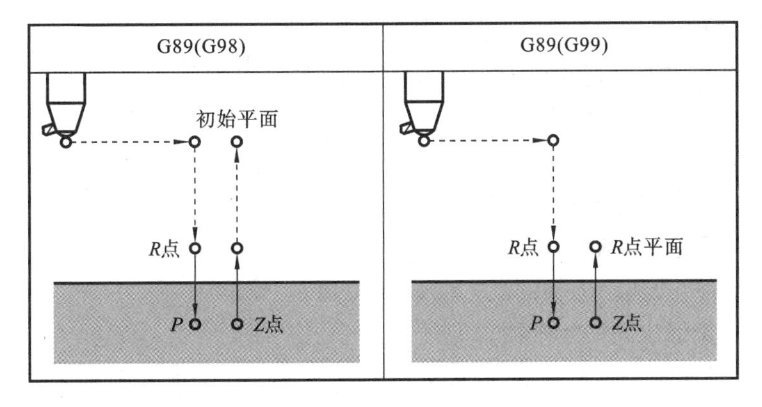

图 4-14　G89 动作过程

9) 精镗循环指令 G76

G76 精镗循环指令格式为

G76G△△X ___ Y ___ Z ___ R ___ P ___ Q ___ F ___

说明：与 G85 的区别是 G76 在孔底会进给暂停、主轴准停(定向停止)、刀具沿刀尖的反向偏移 Q 值，然后快速退出。这样能保证刀具不划伤孔的表面。P 为暂停时间(ms)，Q 为偏移值，其余各参数的意义同 G85。

G76 动作过程(见图 4-15)如下：

(1) 镗刀快速定位到镗孔加工循环起始点(X,Y)；

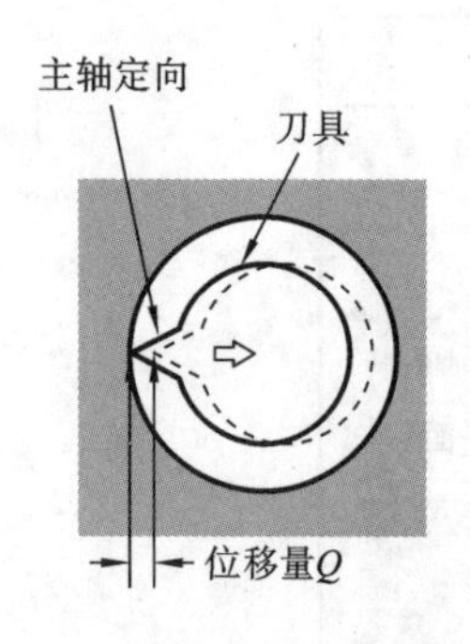

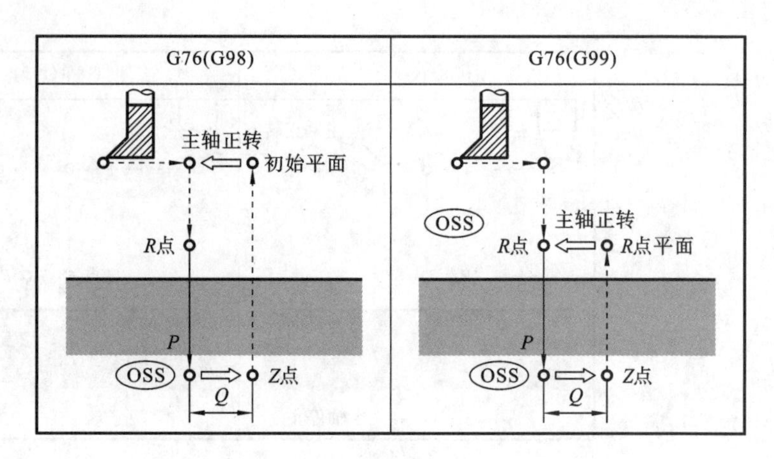

图 4-15　G76 动作过程(OSS 表示主轴定向)

(2) 镗刀沿 Z 方向快速运动到参考平面 R；

(3) 镗孔加工；

(4) 进给暂停、主轴准停、刀具沿刀尖的反向偏移；

(5) 镗刀快速退出到参考平面 R 或初始平面。

10) 背镗循环指令 G87

G87 背镗循环指令格式为

G87G△△X ___ Y ___ Z ___ R ___ Q ___ F ___

说明:各参数的意义同 G76。

G87 动作过程(见图 4-16)如下:

(1) 镗刀快速定位到镗孔加工循环起始点(X,Y)；

(2) 主轴准停、刀具沿刀尖的反方向偏移；

(3) 快速运动到孔底位置；

(4) 刀尖正方向偏移回加工位置,主轴正转；

(5) 刀具向上进给,到参考平面 R；

(6) 主轴准停,刀具沿刀尖的反方向偏移 Q 值；

(7) 镗刀快速退出到初始平面；

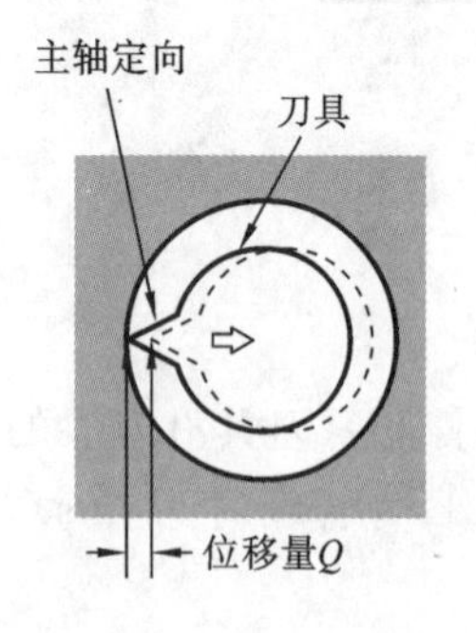

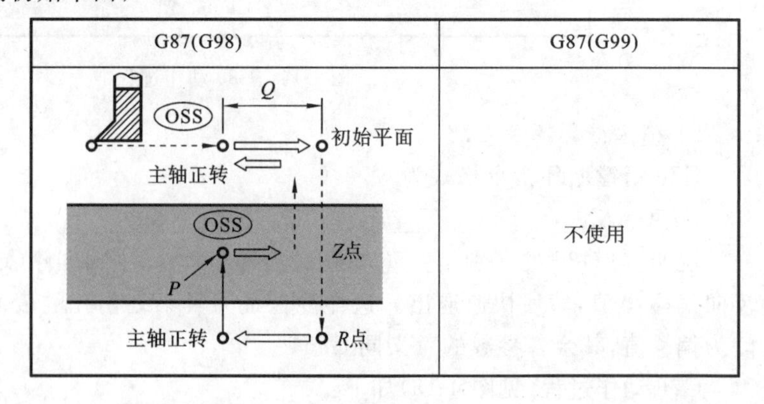

图 4-16　G87 动作过程(OSS 表示主轴定向)

(8) 沿刀尖正方向偏移。

11) 取消孔加工循环指令 G80

略。

4.2 数控铣削加工工艺

零件的工艺性分析关系到零件加工的成败,因此数控铣削加工的工艺性分析是编程前的重要准备工作。数控铣削加工工艺制定得合理与否,直接影响零件加工的质量、生产率和生产成本。

4.2.1 数控铣削加工工艺性分析

1. 数控铣削加工的内容

数控铣削加工有着自己的特点和适用对象,若要充分发挥数控铣床的优势和关键作用,就必须正确选择数控铣床类型、数控加工对象与工序内容。

适宜采用数控铣削加工的内容有:

(1) 工件上的曲线轮廓,直线、圆弧、螺纹或螺旋曲线,特别是由数学表达式给出的非圆曲线与列表曲线等曲线轮廓。

(2) 已给出数学模型的空间曲线或曲面。

(3) 形状虽然简单,但尺寸繁多、检测困难的部位。

(4) 用普通机床加工时难以观察、控制及检测的内腔、箱体内部等。

(5) 有严格尺寸要求的孔或平面。

(6) 能够在一次装夹中加工出来的简单表面或形状。

(7) 采用数控铣削加工能有效提高生产率、减轻劳动强度的一般加工内容。

2. 零件图样的工艺性分析

对于某些零件而言,并非全部加工工艺过程都适合在数控机床上完成,往往是其中的一部分适合数控加工,为此需要对零件图样进行仔细的工艺分析,选择那些最适合、最需要进行数控加工的内容和工序。

(1) 零件图样尺寸的正确标注。

由于加工程序是以准确的坐标点来编制的,因此,各图形几何要素间的相互关系(如相切、相交、垂直和平行等)应明确,各种几何要素的条件要充分,应无引起矛盾的多余尺寸或影响工序安排的封闭尺寸等。

(2) 保证获得要求的加工精度。

虽然数控机床精度很高,但对一些特殊情况,例如过薄的底板与肋板,因为加工时产生的切削拉力及薄板的弹性退让极易产生切削面的振动,使薄板厚度尺寸公差难以保证,其表面粗糙度值也将提高。

(3) 尽量统一零件轮廓内圆弧的有关尺寸。

内槽圆角的大小决定着刀具直径的大小,因而内槽圆角半径不应过小。零件工艺性的好坏与被加工轮廓的高低、转接圆弧半径的大小等有关。如果工件的被加工轮廓高度低，转接圆弧半径也大，可以采用较大直径的铣刀来加工，加工其底板面时，走刀次数也相应减少，表面加工质量也会好一些，因此工艺性较好；反之，数控铣削工艺性较差。

在一个零件上的这种内圆弧半径在数值上的一致性问题对数控铣削的工艺性显得相当重要。一般来说，即使不能寻求完全统一，也要力求将数值相近的圆弧半径分组靠拢，达到局部统一，以尽量减少铣刀规格与换刀次数，避免因频繁换刀增加工件加工面上的接刀阶差而降低表面质量。

(4) 保证基准统一的原则。

有些工件需要在铣削完一面后再重新安装铣削另一面，由于数控铣削时不能使用通用铣床加工时常用的试切方法来接刀，往往会因为工件的重新安装而接不好刀。这时，最好采用统一基准定位，因此零件上应有合适的孔作为定位基准孔。如果零件上没有基准孔，也可以专门设置工艺孔作为定位基准。

(5) 分析零件的变形情况。

数控铣削工件在加工时的变形，不仅影响加工质量，而且当变形较大时，加工不能继续进行下去。这时就应当考虑采取一些必要的工艺措施进行预防，如对钢件进行调质处理，对铸铝件进行退火处理，对不能用热处理方法解决的，也可考虑粗、精加工及对称去余量等常规方法。此外，还要分析加工后的变形问题，以及采取什么工艺措施来解决。

3. 零件毛坯的工艺性分析

对零件进行铣削加工时，由于加工过程的自动化，因此余量的大小、如何定位装夹等问题在设计毛坯时就要仔细考虑好。否则，如果毛坯不适合数控铣削，加工将很难进行下去。在一般情况下，主要将以下几个方面作为毛坯工艺性分析的要点：

(1) 毛坯应有充分、稳定的加工余量。

(2) 分析毛坯在装夹定位方面的适应性。

(3) 分析毛坯的余量大小及均匀性。

4.2.2 数控铣削加工方法的合理选择

数控铣削加工方法的选择原则是保证加工表面的加工精度和表面粗糙度的要求。下面列举了一些常用加工方法的选择方法。

(1) 平面加工方法的选择：主要采用端铣刀和立铣刀加工。当零件表面粗糙度要求较高时，采用顺铣；当零件表层有硬化皮时，采用逆铣。

(2) 平面轮廓加工方法的选择：通常采用三坐标数控铣床进行两轴半坐标加工，切向进刀、切向退刀。

(3) 固定斜角平面加工方法的选择：斜垫板垫平后加工或机床主轴摆角加工。

(4) 变斜角面加工方法的选择：对曲率变化较小的变斜角面，选用 X,Y,Z 和 A 四轴联动加工；对曲率变化较大的变斜角面，最好用 X,Y,Z,A 和 B(或 C 转轴)五轴联动加工；采用三坐标数控铣床两坐标联动，利用球头铣刀和鼓形铣刀，以直线或圆弧插补方式进行分层铣削加工，加工后的残留面积用钳修方法清除。

(5) 曲面轮廓加工方法的选择：立体曲面的加工应根据曲面形状、刀具形状以及精度要求采用不同的铣削加工方法。

4.2.3 数控铣削装夹操作

1. 工件的定位

在数控铣床上加工工件时，定位安装的基本原则与普通机床相同，也要合理选择定位基准和夹紧方案。为了提高数控铣床的效率，在确定定位基准和夹紧方案时，需要注意以下三个方面：

(1) 尽量使设计、工艺与编程计算的基准统一。

(2) 尽量减少装夹次数，尽可能在一次装夹定位后，加工出全部待加工表面。

(3) 避免采用占机人工调整式加工方案，以充分发挥数控铣床的效能。

2. 装夹方式的合理选择

数控铣削加工时一般不要求很复杂的夹具，只要求有简单的定位、夹紧机构就可以了。在选用夹具时，通常需要考虑产品的生产批量、生产效率、质量保证和经济性等。在选择装夹方式时，可以参照下面三个原则：

(1) 在生产量小或研制时，应广泛采用万能组合夹具，只有在组合夹具无法解决工件装夹时才可放弃。

(2) 小批或成批生产时可考虑采用专用夹具，但应尽量简单。

(3) 在生产批量较大时可考虑采用多工位夹具和气动、液压夹具。

3. 铣床夹具

在铣床与加工中心加工中小型工件时，一般都采用平口虎钳来装夹；对中型和大型工件，则很多采用压板来装夹。在成批大量生产时，应采用专用夹具来装夹。当然还有利用分度头和回转工作台(简称转台)等来装夹的。不论用哪种夹具和哪种方法，其共同目的是使工件装夹稳固；不产生工件变形和损坏已加工好的表面，以免影响加工质量、发生损坏刀具与机床的事故和人身事故等。

1) 用平口虎钳装夹工件

平口虎钳又称机用虎钳(俗称虎钳)，具有较大的通用性和经济性，适用于尺寸较小的方形工件的装夹。数控铣床常用平口虎钳如图 4-17 所示，常采用机械螺旋式、液压式或气动式夹紧力方式。

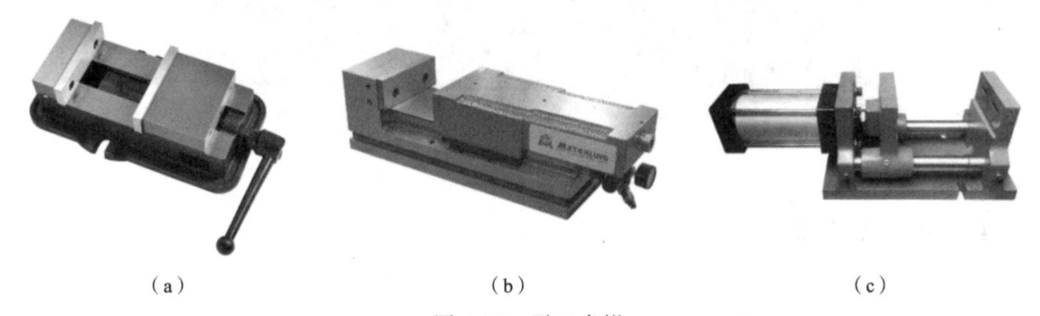

(a) (b) (c)

图 4-17 平口虎钳

(a) 机械螺旋式通用平口虎钳；(b) 液压式平口虎钳；(c) 气动式精密平口虎钳

把平口虎钳装到工作台上时，钳口与主轴的方向应根据工件长度来决定，对于长的工件，钳口应与主轴垂直，在立式铣床上应与进给方向一致。对于短的工件，钳口与进给方向垂直较好。在粗铣和半精铣时，希望使铣削力指向固定钳口，因为固定钳口比较牢固。在铣平面时，对钳口与主轴的平行度和垂直度的要求不高，一般目测就可以。在铣削沟槽等工件时，则要求有较高的平行度或垂直度，应利用百分表将钳口固定侧拉正（与 X/Y 轴保持平行）。

2）用压板装夹工件

用压板装夹工件是铣床上常用的一种方法，尤其在卧式铣床上用端铣刀铣削时用得最多。在铣床上用压板安装工件时，所用的工具比较简单，主要有压板、垫铁、T 形螺栓（或 T 形螺母）及螺母等（见图 4-18），为了满足安装不同形状工件的需要，压板的形状也做成很多种。使用压板时应注意以下几点。

（1）压板的位置要安排得适当，要压在工件刚性最好的地方，夹紧力的大小也应适当，不然刚性差的工件易产生变形。

（2）垫铁必须正确地放在压板下，高度要与工件相同或略高于工件，否则会降低压紧效果。

（3）压板螺栓必须尽量靠近工件，并且螺栓到工件的距离应小于螺栓到垫铁的距离，这样就能增大压紧力。

（4）螺栓要拧紧，否则会因压力不够而使工件移动，以致损坏工件、机床和刀具。

（5）在工件的光洁表面与压板之间，必须安置垫片（如铜片），这样可以避免光洁表面因受压而损伤。

（6）铣床的工作台面上，不能拖拉粗糙的铸件、锻件毛坯，以免将台面划伤。

图 4-18　压板工装

4.2.4　数控铣削常用刀具及合理选用

1. 铣刀的分类

数控铣削加工具有高速、高效的特点，与传统铣床切削加工相比较，数控铣床对切削加工刀具的要求更高。数控铣床上经常使用的刀具有下面几种。

（1）盘铣刀：一般采用在盘状刀体上机夹刀片或刀头组成，常用于端铣较大的平面。

（2）端铣刀：端铣刀是数控铣加工中最常用的一种铣刀，广泛用于加工平面类零件。

端铣刀除用其端刃铣削外，也常用其侧刃铣削，有时端刃、侧刃同时进行铣削，端铣刀也可称为圆柱铣刀。

(3) 成型铣刀：成型铣刀一般都是为特定的工件或加工内容专门设计制造的，适用于加工平面类零件的特定形状(如角度面、凹槽面等)，也适用于特形孔或台。

(4) 球头铣刀：适用于加工空间曲面零件，有时也用于平面类零件较大的转接凹圆弧的补充加工。

(5) 鼓形铣刀：主要用于对变斜角类零件的变斜角面的近似加工。

2. 铣刀的合理选用

铣削刀具的刚性、强度、耐用度和安装调整方法都会直接影响切削加工的工作效率；刀具的本身精度、尺寸稳定性都会直接影响工件的加工精度及表面的加工质量，合理选用切削刀具也是数控加工工艺中的重要内容之一。

铣削刀具的选择是在数控编程的人机交互状态下进行的。应根据机床的加工能力、工件材料的性能、加工工序、切削用量以及其他相关因素正确选用刀具及刀柄。刀具选择总的原则是：安装调整方便、刚性好、耐用度和精度高。在满足加工要求的前提下，尽量选择较短的刀柄，以提高刀具加工的刚性。

在实际生产中，被加工零件的几何形状是选择刀具类型的主要依据。下面列举了一些常用刀具的选择方法：

(1) 加工曲面类零件时，为了保证刀具切削刃与加工轮廓在切削点相切，避免刀刃与工件轮廓发生干涉，一般采用球头刀。粗加工用两刃铣刀，半精加工和精加工用四刃铣刀。

(2) 铣削较大平面时，为了提高生产效率和提高加工表面粗糙度，一般采用刀片镶嵌式盘形铣刀。

(3) 铣削小平面或台阶面时，一般采用通用铣刀。

(4) 铣键槽时，为了保证槽的尺寸精度、一般用两刃键槽铣刀。

(5) 孔加工时，可采用钻头、镗刀等孔加工类刀具。

4.2.5 数控铣削加工切削用量的合理选用

在编制加工程序时，编程人员必须确定每道工序的切削用量，并以指令的形式写入程序中。切削用量包括切削速度、背吃刀量或侧吃刀量及进给速度等。对于不同的加工方法，需要选用不同的切削用量。切削用量的选择原则是：保证零件加工精度和表面粗糙度，充分发挥刀具切削性能，保证合理的刀具耐用度并充分发挥机床的性能，最大限度地提高生产率，降低成本。

1) 切削深度

切削深度主要根据机床、夹具、刀具和工件的刚度来决定。在刚度允许的情况下，应以最少的进给次数切除加工余量，最好一次切净余量，以便提高生产率。在数控机床上，精加工余量可小于普通机床，一般取 0.2～0.5 mm。

2) 切削宽度

切削宽度一般与刀具直径 D 成正比，与切削深度成反比。经济型数控机床的加工过程中，切削宽度一般取值为 $0.6D \sim 0.9D$。

3) 切削速度

提高切削速度也是提高生产率的一个措施，切削速度与刀具耐用度的关系比较密切。随着切削速度的增大，刀具耐用度急剧下降，所以切削速度的选择主要取决于刀具耐用度。另外，切削速度与加工材料也有很大关系。

4) 主轴转速

主轴转速一般根据切削速度来选定，其计算公式为

$$n = 1000v/(\pi D)$$

式中：n——主轴转速(r/min)；

v——切削速度(m/min)；

D——工件或刀具直径(mm)。

计算的主轴转速，最后要根据机床说明书选取机床具备的或较接近的转速。

5) 进给速度

进给速度是数控机床切削用量中的重要参数，主要根据零件的加工精度和表面粗糙度要求以及刀具、工件的材料性质选取。

确定进给速度的基本原则如下：

(1) 当工件的质量要求能够得到保证时，为提高生产效率，可选择较高的进给速度。一般在 100～200 mm/min 范围内选取。

(2) 在切断、加工深孔或用高速钢刀具加工时，宜选择较低的进给速度，一般在20～50 mm/min 范围内选取。

(3) 当加工精度、表面粗糙度要求高时，进给速度应选小些，一般在 20～50 mm/min 范围内选取。

(4) 刀具空行程时，特别是远距离“回零”时，可以选择该机床数控系统给定的最高进给速度。

4.3 V850 数控加工中心的操作

不同数控铣床的操作不尽相同，本节以大河机床厂型号为 V850 的机床(采用 FANUC Series Oi_ Mate-MD 系统)为例，介绍数控车床的操作面板和基本操作方法等。

4.3.1 机床系统面板

MDI 操作面板是实现数控系统人机对话、信息输入的主要部件。通过 MDI 面板可以直接进行加工程序录入、图形模拟并将参数设定值等信息输入数控系统存储器中。FANUC Series Oi_ Mate-MD 系统数控车床的 MDI 操作面板如图 4-19 所示。

4.3.2 加工中心的基本操作

1) 机床开机

(1) 将电源打开；

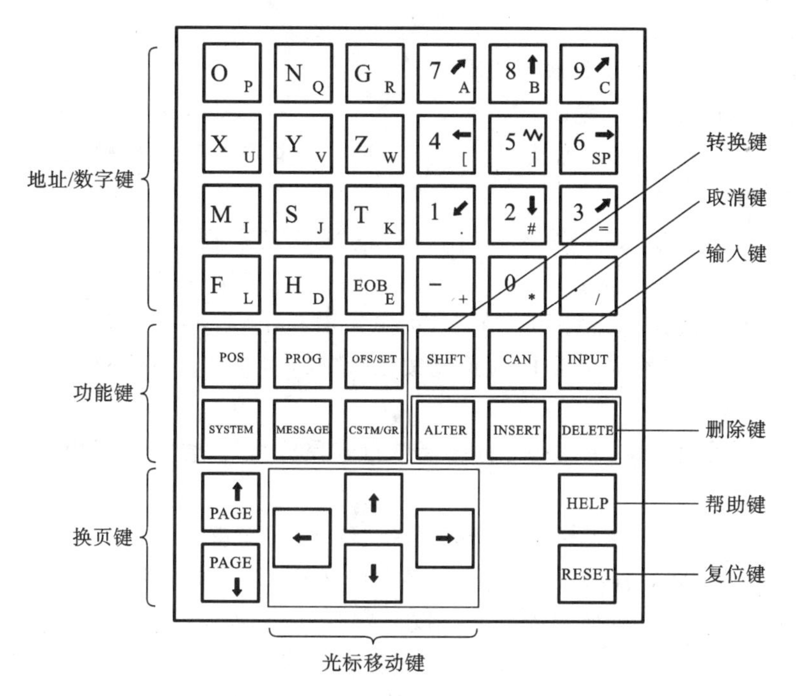

图 4-19 MDI 操作面板

(2) 按“ON”键；

(3) 将机床解锁。

2) 机床关机

(1) 关上机床安全门；

(2) 按“OFF”键；

(3) 将电源关掉。

3) 紧急停止

在机床运行过程中，遇到危险情况，将急停按钮“EMERGENCY Stop”按下，机床立即停止运动，将按钮“EMERGENCY Stop”右旋则解锁，按“RESET”键复位。

4) 返回参考点(或返回零点)

(1) 将主功能旋钮右旋到底至机床回零状态，此时屏幕左下角出现“REF”；

(2) 按“POS”(位置)键；

(3) 按“综合”软键；

(4) 注意屏幕上显示的机械坐标，手动按住“X+”使 X 坐标值变为 0，同样分别按住“Y+”“Z+”使 Y,Z 坐标均变为 0。

5) 手动进给

(1) 将主功能旋钮旋至手动状态，屏幕左下角出现“JOG”；

(2) 调节进给速度倍率旋钮；

(3) 按“+X”或“-X”键(或“+Y”“-Y”;“+Z”“-Z”键)，即可正向或负向移动相应轴；

(4) 按“CW”或“CCW”键，即可正或反向旋转主轴。按“STOP”键，即可停转主轴。

6）程序输入

（1）将主功能旋钮左旋到底至编辑状态；

（2）按“PROG（程序）”键；

（3）输入程序号如O0010，按“INSERT（插入）”键，按“EOB”键输入分号，再按“INSERT（插入）”键；

（4）程序内容的输入，如输入一行程序，按“EOB”键输入分号，再按“INSERT（插入）”键，即输入了一行；

（5）“SHIFT（转换）”键应用。在MDI操作面板上，有些键具有两个功能，如输入“M98P0080；”时，为了输入字母P，应该先按“SHIFT（转换）”键，再按对应的字母键。

7）程序的修改

（1）在某行后面增加一行：将光标移至该行末尾分号处，输入一行程序，按“INSERT（插入）”键。

（2）删除某个字符：将光标移至该字符，按“DELETE”键。

（3）删除一行：将光标移至该行行首，多次按“DELETE”键，将该行内容逐个删除。

（4）输错内容后修改：如输入G037，按一次“CAN（取消）”键则从右至左删除，变成G03；另外，若输入“G01 X10. Y20.；”后发现应该将“Y20”改为“Y30”，可将光标移至“Y20”处，输入“Y30”，再按“ALTER（替换）”键即可。

8）删除程序

（1）将主功能旋钮左旋到底至编辑状态；

（2）按“PROG（程序）“键；

（3）按“程式”软键；

（4）输入程序号，如O0090；

（5）按“DELETE（删除）”键。

9）刀具补偿值输入

（1）按“OFS/SET（偏置/设置）”键；

（2）按光标键“↑”“↓”“←”“→”，选择刀具参数地址；

（3）输入刀补参数；

（4）按“INPUT（输入）”键。

10）图形模拟

（1）将主功能旋钮左旋到底至编辑状态；

（2）按“PROG（程序）”键；

（3）输入程序号，如O0020，按光标键“↑”或“↓”；

（4）将主功能旋钮旋至自动运行状态，屏幕左下角出现MEM；

（5）按“DRN”键；

（6）按“MSTLOCK”键；

（7）将机床锁定；

（8）按“CSTM/GR”键；

（9）按屏幕下方“加工图”软键；

(10) 按循环启动按钮。

11) 自动加工

(1) 将主功能旋钮右旋到底至机床回零状态，此时屏幕左下角出现“REF”；

(2) 按“POS(位置)”键；

(3) 按屏幕下方“综合”软键；

(4) 注意屏幕上显示的机械坐标，手动按住“X＋”使 X 坐标值变为 0，同样分别按住“Y＋”“Z＋”使 Y，Z 坐标值均变为 0；

(5) 将主功能旋钮旋至编辑或自动状态；

(6) 按“PROG(程序)”键；

(7) 输入程序号，如 O0070，按光标键“↑”或“↓”；

(8) 切换至 MEM 状态，按循环启动键执行。

4.3.3 数控铣床安全操作规范

(1) 启动机床前，检查各部分是否正确连接，各柜门是否关闭。

(2) 穿工作服、防油劳保鞋，长头发的操作人员应该将头发盘起或戴安全帽。

(3) 不能用湿手触摸开关接头处，以防短路。

(4) 在装夹工件或刀具时，机床要停机。

(5) 加工前应该检查工件装夹是否牢靠，刀具和工件及夹具运动时是否碰撞。

(6) 工件试切前，应对程序、刀具、夹具等进行认真检查。

(7) 输入刀补值后，应对刀补号、正负号、小数点等进行核对。

(8) 不要戴手套操作机床开关，以免产生误操作。

(9) 程序修改后，应对修改部分认真检查。

(10) 加工时，不能用手或刷子清理铁屑，加工完停机后，用刷子清扫。

(11) 加工中发现异常，应及时按下红色急停按钮。

(12) 机床出现报警，应及时排除。

(13) 机床加工时，不要打开机床防护门。

(14) 加工完毕，应先停机，再清扫机床。

4.4 MJA600 数控精雕机操作

由于现代自动化技术的迅速发展，计算机数控雕刻机应运而生，为现代雕刻加工行业提供了很多便利。数控雕刻机是集雕、刻、铣、削为一体的多功能数控机床，既可作为通用雕刻设备进行雕刻加工、雕刻工艺实验等研究，也可作为开放式数控设备平台使用。作为机电一体化的典型设备，数控雕刻机是机电一体化技术、数控技术、运动控制技术、机械加工工艺等相关专业领域的理想教学实验设备。

4.4.1 精雕机简介

精雕机是数控机床的一种。精雕机可对金属或非金属板材，管材进行切割打孔，特别适合不锈钢板、铁板、硅片、陶瓷片、钛合金、环氧、A3 钢、金刚石等材料的切割加工。该设备运行稳定可靠、加工质量好、效率高、操作简单维护方便。精雕机是使用小刀具、大功率和高速主轴电动机的数控铣床。国外并没有精雕机的概念，加工模具时，他们以加工中心铣削为主，但加工中心有它的不足，特别是在用小刀具加工小型模具时会显得力不从心，并且成本很高。国内开始的时候只有数控雕刻机的概念，雕刻机的优势在雕，如果加工材料硬度比较大也会显得力不从心。精雕机的出现可以说填补了两者之间的空白。精雕机既可以雕刻，也可铣削，是一种高效高精的数控机床。精雕机在雕刻机的基础上加大了主轴、伺服电动机功率，床身承受力，同时保持主轴的高速运转，更重要的是精度很高。精雕机一般多用龙门式架构，龙门式架构又分为栋梁式和定梁式，目前精雕机以定梁式居多。

从指标数据上讲，精雕机最常见的主轴最高转速为 24000 r/min，主轴功率一般在 10 千瓦以内；切削量适合精加工。由于精雕机比较轻巧，它的移动速度和进给速度比加工中心要快，特别是配备直线电动机的高速机移动速度最高可达到 120 m/min，精雕机的最大的工作台面积为 700 cm×620 cm，最小的为 450 cm×450 cm。从应用对象上讲，精雕机用于完成较小铣削量或小型模具的精加工，适合铜、石墨等的加工。精雕机既可以做产品，也可以做模具。

4.4.2 精雕机的分类及应用范围

按加工机理分类，精雕机可分为激光精雕机、机械精雕机和数控精雕机。

激光精雕机主要用于雕刻广告制版，可以用亚克力、胶皮、双色板等材料做成印刷制版、水晶字等；另外激光精雕机还可以雕刻工艺品，可以在大理石、竹或双色板等材料上雕刻各种精致美丽的图案和文字，可制作成工艺品。

机械精雕机广泛用于加工木材、石材、亚克力、双色板等一些非金属的字体切割和雕刻，还有一些简单的金属模具制造等。

数控精雕机在许多行业中得到广泛应用，尤其在广告、家具木门加工、模具加工、石材雕刻、艺术玻璃雕刻等领域，极大地推动了这些行业的发展。而且随着各种新型装饰品材料的不断出现，用于雕刻的材料越来越多，使得精雕机的应用范围不断扩大。

4.4.3 精雕机的特点

精雕机体现的是一种自动化以及机械化的生产模式。从加工原理上讲，它是一种钻铣组合加工设备，通过精雕软件中设计好的任意图案、字体、三维路径进行加工。精雕机秉承了传统雕刻机精细轻巧、灵活自如的操作特点，同时利用了计算机数字自动化技术，并将二者有机地结合在一起，成为一种先进的雕刻设备。

精雕机是利用小刀具对工件进行雕刻加工，主要适合加工文字、图案、小型精密工艺品、精细浮雕等。精雕机雕刻出来的产品尺寸精度高、外观精美。

1）主轴精度高转速快

精雕机雕刻对象的特点是图形复杂、细节丰富、造型奇特、成品精细，要实现这样的加工要求，则必须使用小尺寸的刀具作为基本加工刀具。使用精密高速主轴电动机是小刀具高速雕刻的基本保证。高速精密主轴电动机的高转速、高精度、低噪声、低震动、高速恒功率等特点，能确保小刀具获得较高的切削线速度、保持较高的旋转精度、产生足够的高速切削力、较少震动和跳动断刀。

2）浮雕技术进一步扩大

随着雕刻应用范围的不断扩大，雕刻技术已逐步渗透产品设计和产品加工领域中，这就要求雕刻设计工具必须具有一定的曲面造型功能，使得曲面造型雕刻在工业领域中得到发展。

3）轻型精密的机床结构

CNC 雕刻适合于小工件、小加工量并能满足一定加工精度要求的轻型加工，所以雕刻机的整体结构较为精巧，具有较强的刚性和齐全的配置。尤其是精雕的模具机系列，为了适应在模具加工领域的应用，在导轨、防护、冷却等多个部件和结构上均进行了特殊设计和处理。

4）高速平稳的控制系统

雕刻机的控制系统采用了高精度控制单元，机床运动高速平稳，分辨率高，保证了工件的加工精度。

4.4.4 机床的原理及组成

1. 精雕机的工作原理

精雕机的工作原理是通过计算机内配置的专用雕刻软件进行设计排版并由计算机把设计排版的信息自动传送至雕刻机控制器中，再由控制器把这些信息转化成驱动步进电机或伺服电机的带有功率的信号〔脉冲串〕，控制雕刻机主机生成 X、Y、Z 轴的雕刻走刀路径。精雕机上的高速旋转雕刻头切削固定于主机工作台上的加工材料，即可雕刻出在计算机中设计的各种平面或立体的浮雕图形及文字，实现雕刻自动化作业。简单来说，精雕机的组成部分包括图形输入、数据处理及加工过程自动控制三部分。

精雕机由控制计算机、控制卡、控制柜、机床及水泵、油泵等组成。控制卡是整个控制系统的核心。控制计算机和控制卡组成精雕机的控制部分，主要用来开启控制柜，发出机床各进给轴的指令信号、主轴电机的转速信号及主轴电机的启停，同时检测机床的状态。

精雕机各轴的伺服驱动器、主轴的变频驱动器构成精雕机的驱动部分，主要用来执行精雕控制系统的指令和命令，控制部分和精雕部分统一构成精雕机的控制系统。一般地，控制系统有开环、半闭环和全闭环几种方式。精雕机的控制系统有开环(步进)和半闭环(伺服)两种方式。

2. 精雕机的组成

精雕机主要由硬件设施和软件设施组成：硬件设施包括机床床身、电控柜、制冷机；软件设施主要为精雕软件。

1）机床床身

机床床身(见图 4-20)主要包括工作台、对刀仪、主轴(见图 4-21)、机床照明、自动换刀刀库(见图 4-22)。

精细加工主轴的特点是低噪声、高转速、高精度，适合加工特别精细的工件，如印章、

图 4-20　机床床身

(a)

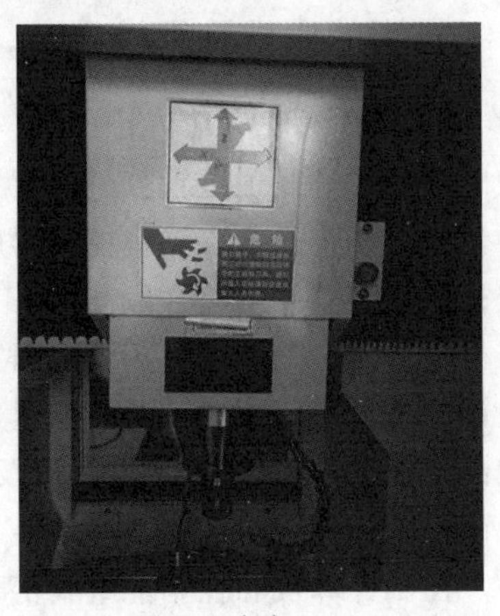

(b)

图 4-21　工作台、对刀仪和主轴

(a) 工作台、对刀仪;(b) 主轴

铭牌、胸牌礼品等。此类电动机通常为高速变频电动机,功率较小,一般在 800W 以下。最高转速可达 20000 r/min。

对刀仪的核心部件是由一个高精度的开关(测头),一个高硬度、高耐磨的硬质合金四面体(对刀探针)和一个信号传输接口器组成。四面体探针用于与刀具进行接触,并通过安装在其下的挠性支杆,把力传至高精度开关;开关所发出的通、断信号,通过信号传输接口器,传输到数控系统中进行刀具方向识别、运算、补偿、存取等。数控机床的工作原理决定:当机床返回各自运动轴的机械参考点后,建立起来的是机床坐标系。

精雕机刀库内可以安装 12 把刀具,主轴在完成上一步加工后可以按照程序编号自行换刀。

图 4-22 自动换刀刀库

2）电控柜

电控柜由操作面板（见图 4-23）、手轮（见图 4-24）、报警器等组成。

图 4-23 机床操作面板

图 4-24 手轮

3）制冷机

制冷机是调节主轴温度变化的设备，是保障主轴稳定运转的主要设备。按冷却介质分，制冷机可分为油冷式和水冷式，如图 4-25 所示。

4.4.5 操作概要

1）精雕机的坐标系

精雕机的坐标系采用左手直角坐标系（用左手的四指指向 X 轴的正方向，收拢四指 90 度时指尖指向 Y 轴正方向，此时大拇指指向的是 Z 轴正方向，这样的直角坐标系被称为左手直角坐标系），其基本为 X、Y、Z 直角坐标，相对于每个坐标轴的旋转运动坐标为 A、B、C，如图 4-26 所示。

2）坐标原点

每一台精雕机都有一个基准位置，称为设备原点或机床原点，是在制造机床时设置的

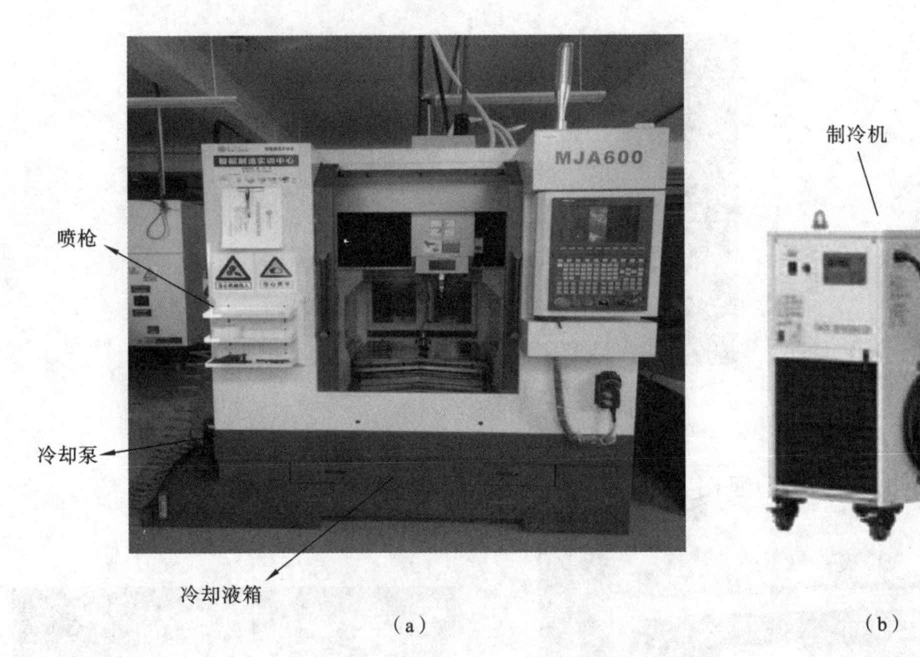

喷枪
冷却泵
冷却液箱
MJA600
制冷机

(a)　　　　　　　　　　(b)

图 4-25　制冷机

Y+
B+
A+
X+
C+
Z+

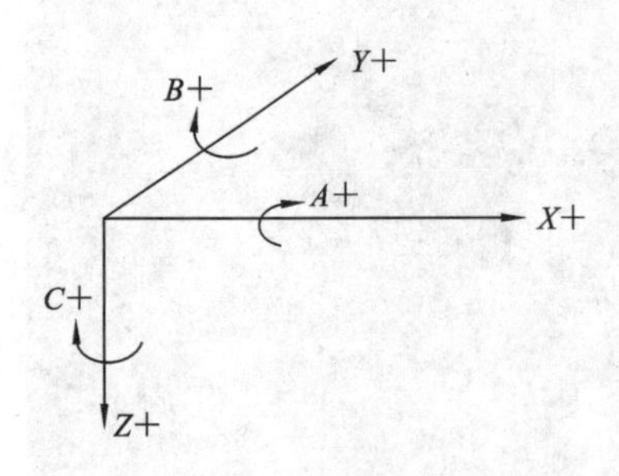

图 4-26　坐标系

一个机械位置。精雕机的机床原点设在各个轴的负方向的最大位置处(带自动换刀库的机床除外),如图 4-27 所示。

编程人员在编制控制程序过程中,定义工件上的几何基准点,称为工件原点,有时也称为程序原点。

3) 路径文件

路径文件是指可供数控系统识别的,用来控制精雕机自动运行的加工文件。

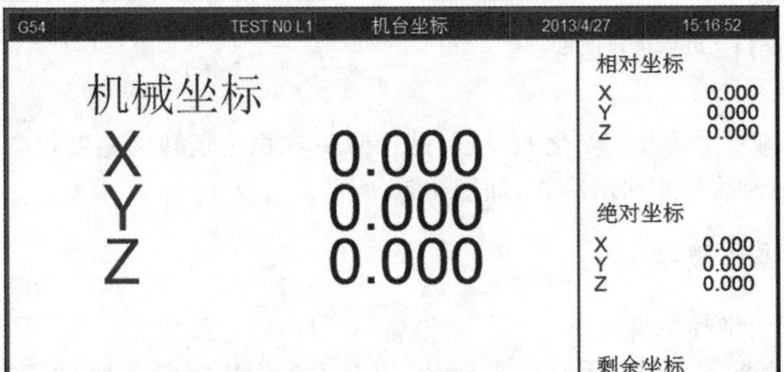

G54
TEST N0 L1
机台坐标
2013/4/27
15:16:52
机械坐标
X 0.000
Y 0.000
Z 0.000
相对坐标
X 0.000
Y 0.000
Z 0.000
绝对坐标
X 0.000
Y 0.000
Z 0.000
剩余坐标
X 0.000
Y 0.000
Z 0.000
F 1000.000 mm/min 100 %
0.0 mm/min (实际)
S 0 RPM 0 %
0 RPM (实际)
加工时间 0 : 0 : 0
工件数 0 T 0
●就绪
未选择
警报

图 4-27　机械坐标

4）精雕机加工步骤

程序输入：精雕软件编程→F2 程序编辑→F8 档案管理→F2 拷贝档案→F4 档案传输→F1 档案输入→F5 载入执行加工→F3 偏置/设定→F1 工件坐标系→F3 自动对刀→F1 机械坐标教导→F2 相对坐标教导→F3 辅助坐标教导→手动分中→F4 增量输入→启动加工，点击偏置/设定→工件坐标系来进入工件坐标系设定界面，如图 4-28 所示。

外部坐标偏移		G54P1(G54)		G54P2(G55)	
X	0.000	X	67.916	X	17.500
Y	0.000	Y	51.666	Y	0.000
Z	0.000	Z	0.000	Z	0.000
A	0.000	A	0.000	A	0.000
手轮偏置		**G54P3(G56)**		**G54P4(G57)**	
X	0.000	X	92.083	X	28.500
Y	0.000	Y	33.000	Y	76.000
Z	0.000	Z	0.000	Z	0.000
A	0.000	A	0.000	A	0.000

机械坐标	
X	0.000
Y	0.000
Z	0.000
A	0.000
相对坐标	
X	0.000
Y	0.000
Z	0.000
A	0.000
辅助点坐标	
X	0.000
Y	0.000
Z	0.000

图 4-28　工件坐标系设定界面

（1）用翻页键移动黄色游标至欲输入的坐标系位置。

（2）可直接填入目标数值。

（3）可利用“机械坐标教导”自动填入目前的机械坐标。

（4）可利用“相对坐标教导”自动填入目前的相对坐标。

（5）可利用“辅助坐标教导”自动填入目前的辅助点坐标。

（6）在资料输入列输入增加的数值后，按“机械增量教导”，系统会将机械坐标与输入的数值相加后自动填入工件坐标。

（7）在资料输入列输入增加的数值后，按“增量输入”，系统会将输入的数值累加进工件坐标。

多刀多工件自动对刀操作方式如图 4-29 所示。

手动四点分中如图 4-30 所示。

4.4.6　软件程序编辑示例

根据图 4-31 进行数控编程，生成合理的刀具路径，对刀具路径进行模拟检查，在精雕机上加工出相应的作品。

材料为亚克力板，毛坯大小为 100 mm×100 mm×8 mm，加工尺寸为 70 mm×70 mm，字体高度为 1 mm，字体大小由字数多少确定。

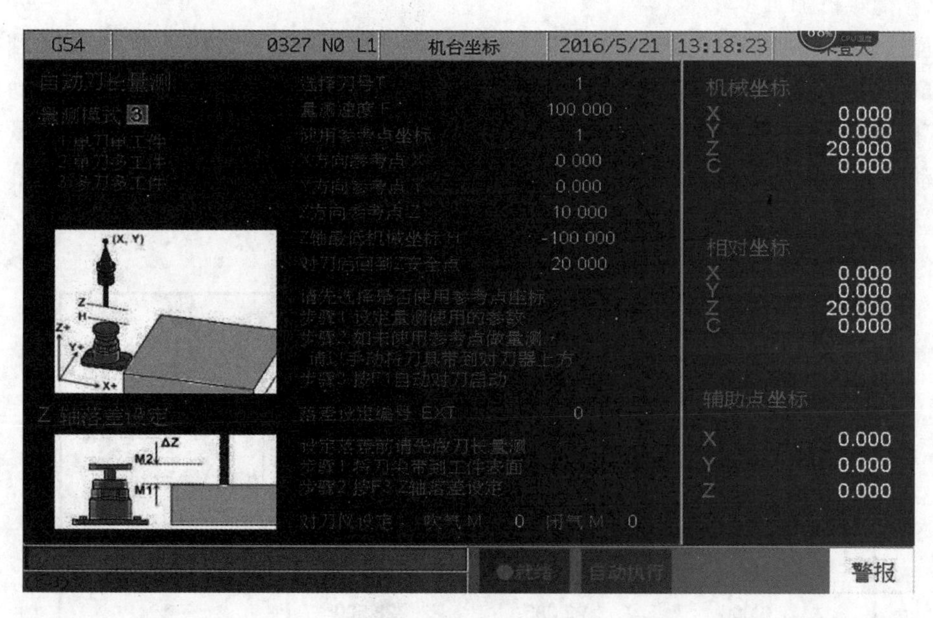

图 4-29 自动对刀操作

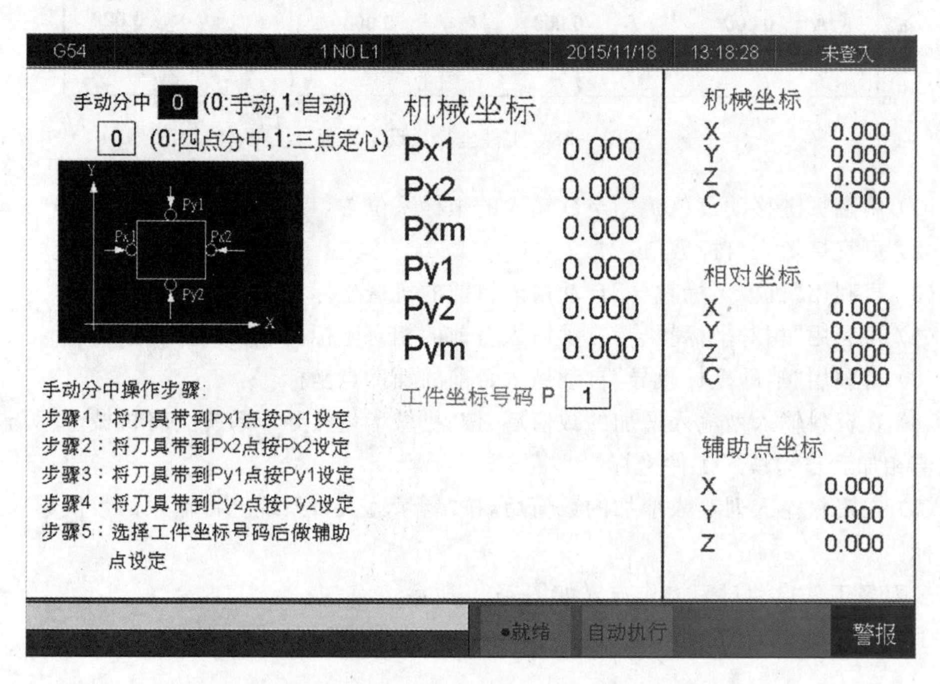

图 4-30 手动对刀操作

打开软件对话框，编辑图形尺寸及字体大小排列顺序。点击曲线绘制→矩形→编辑→文字编辑→字体设置，如图 4-32 所示。

点击变换→并入 3D 环境→图形居中，如图 4-33 所示。

加工对话框→刀具平面(右击)→路径导向→区域加工，如图 4-34 所示。

图 4-31 加工工艺

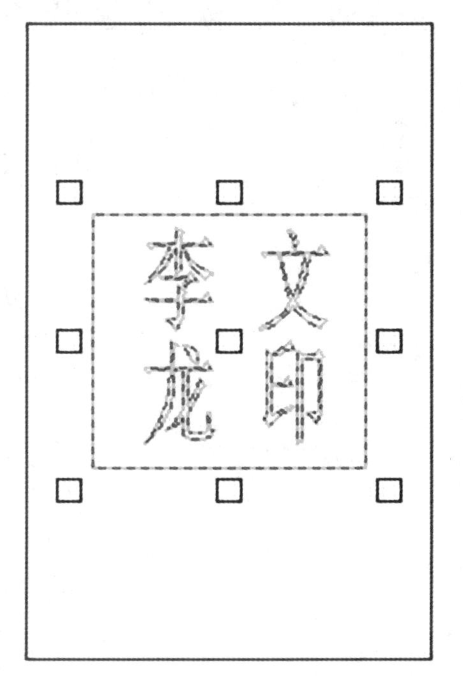

图 4-32 图形编辑

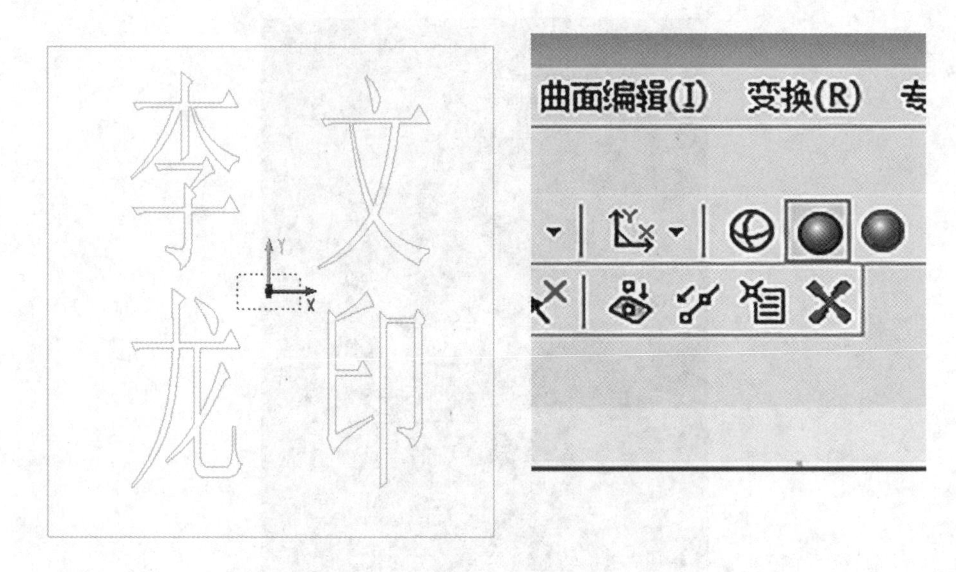

图 4-33　图形居中

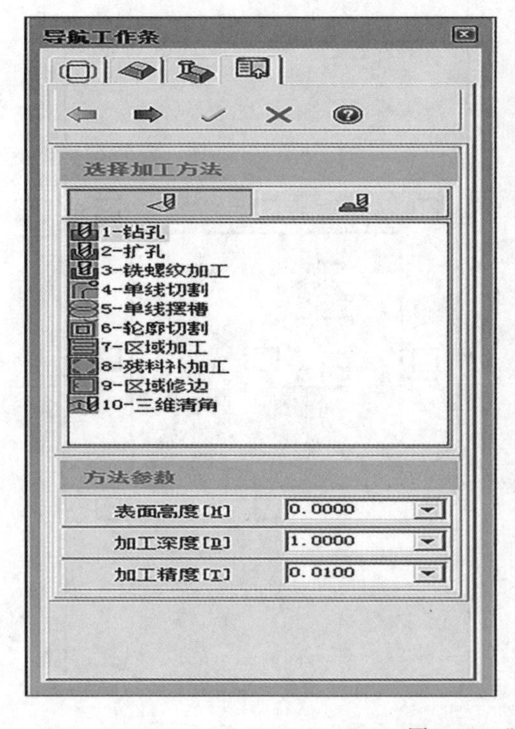

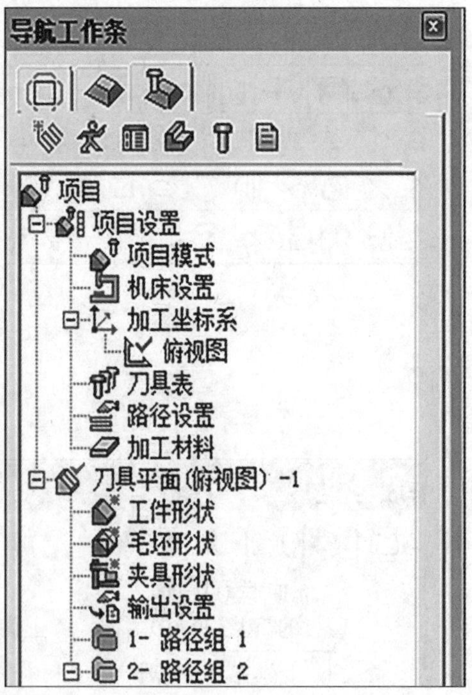

图 4-34　路径导向

刀具路径参数设置(依次设置合理的参数)如图 4-35 至图 4-42 所示。

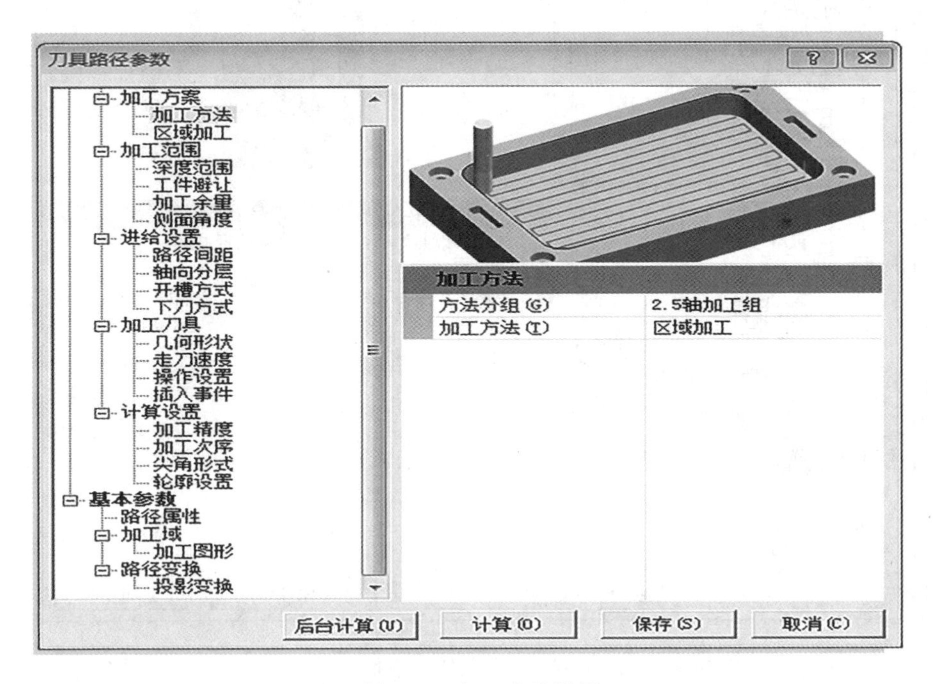

图 4-35　加工方法设置

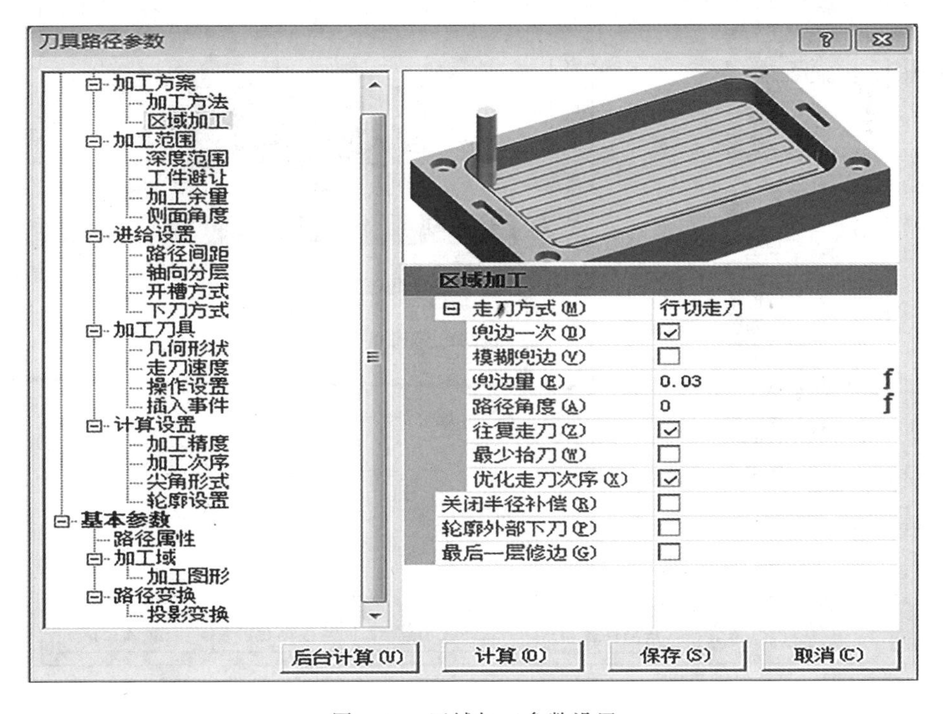

图 4-36　区域加工参数设置

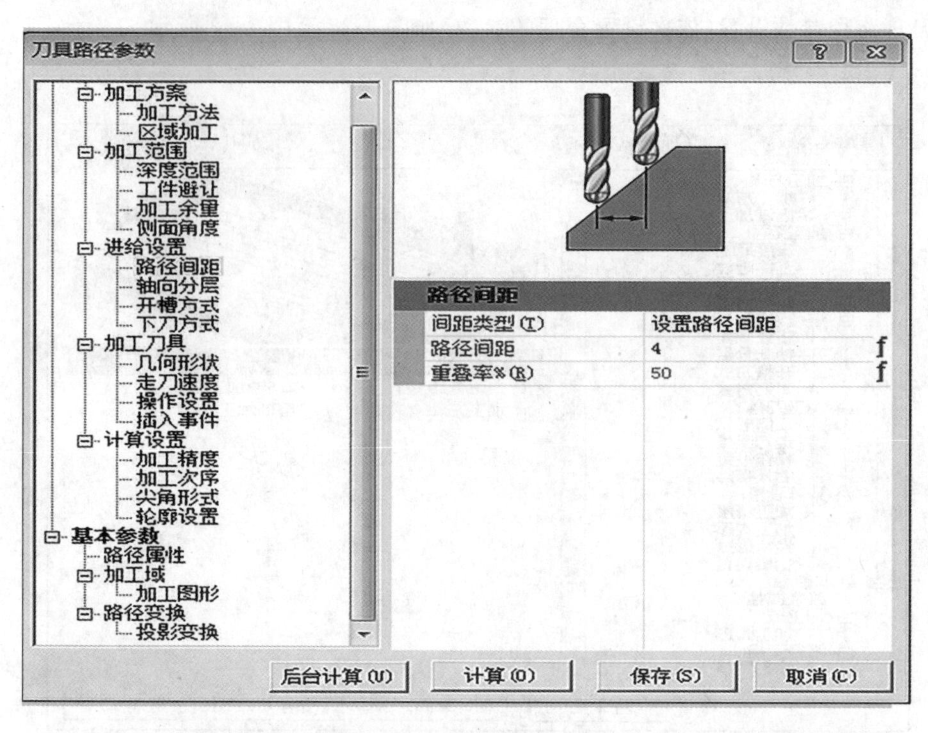

图 4-37 路径间距参数设置

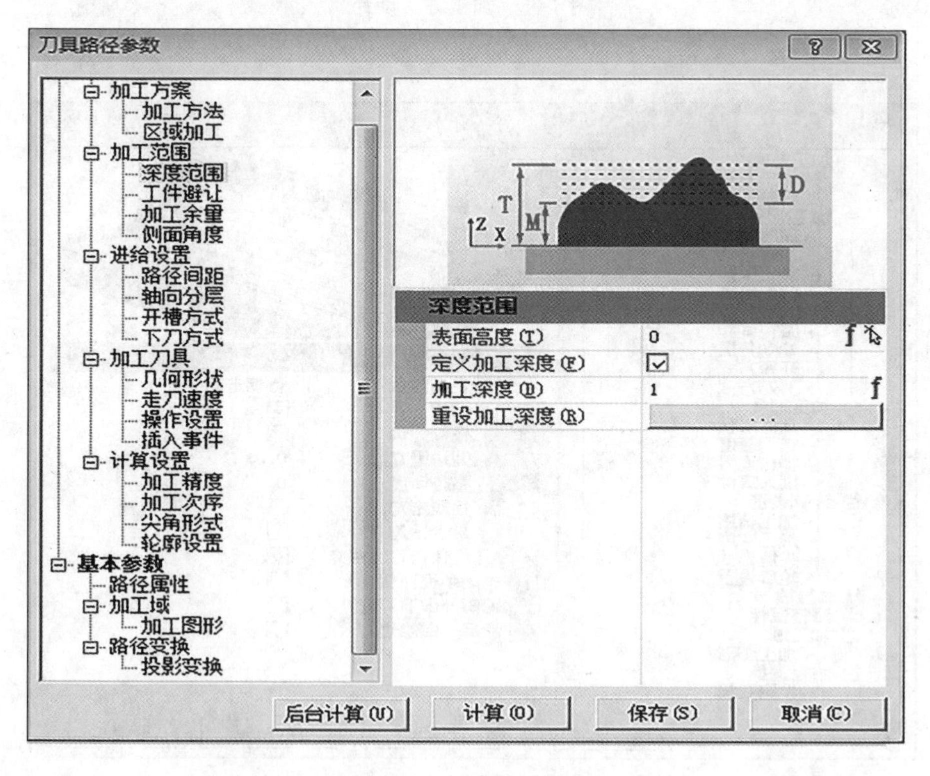

图 4-38 深度范围设置

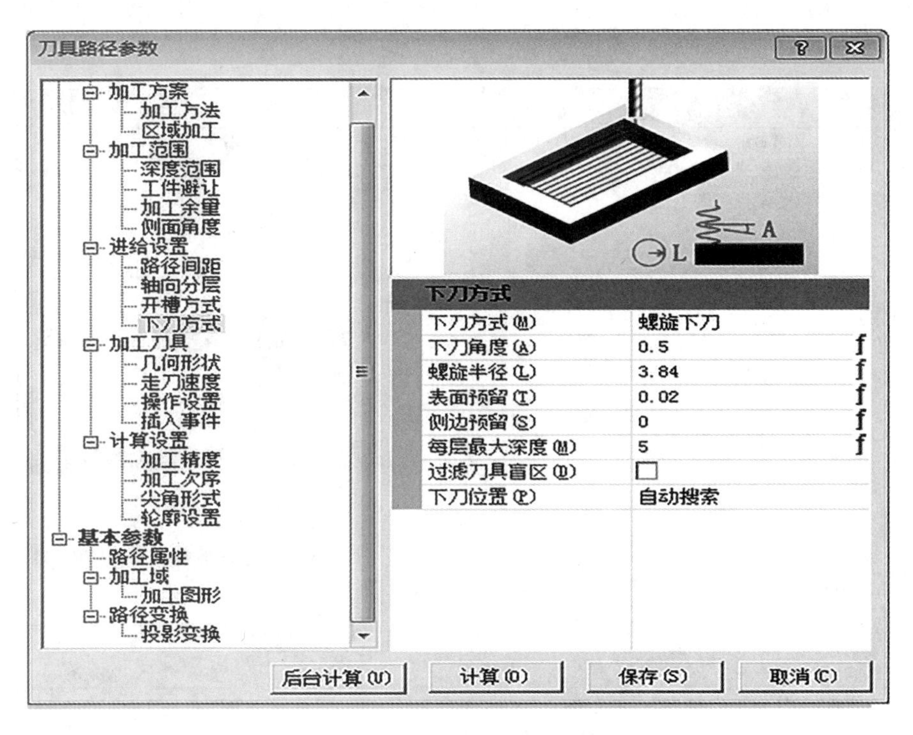

图 4-39　下刀方式参数设置

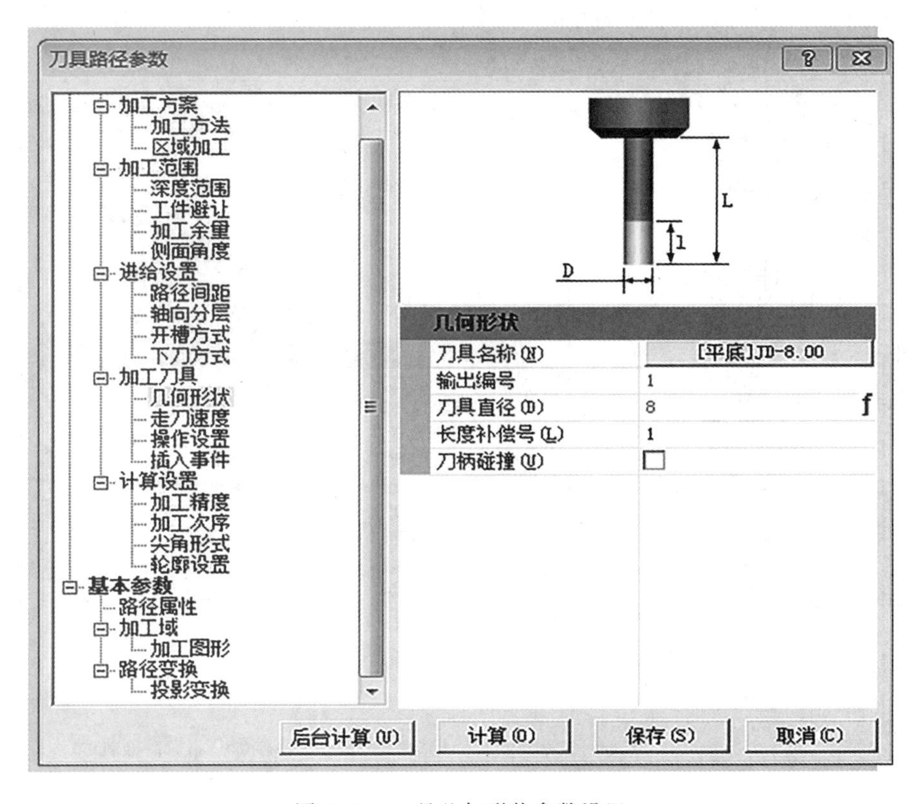

图 4-40　刀具几何形状参数设置

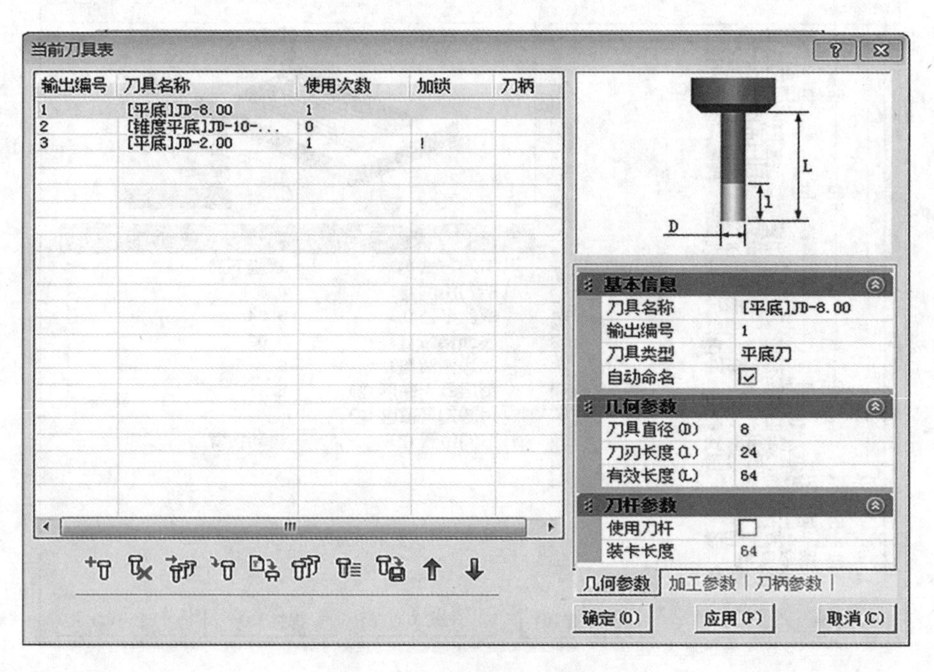

图 4-41 刀具基本信息设置

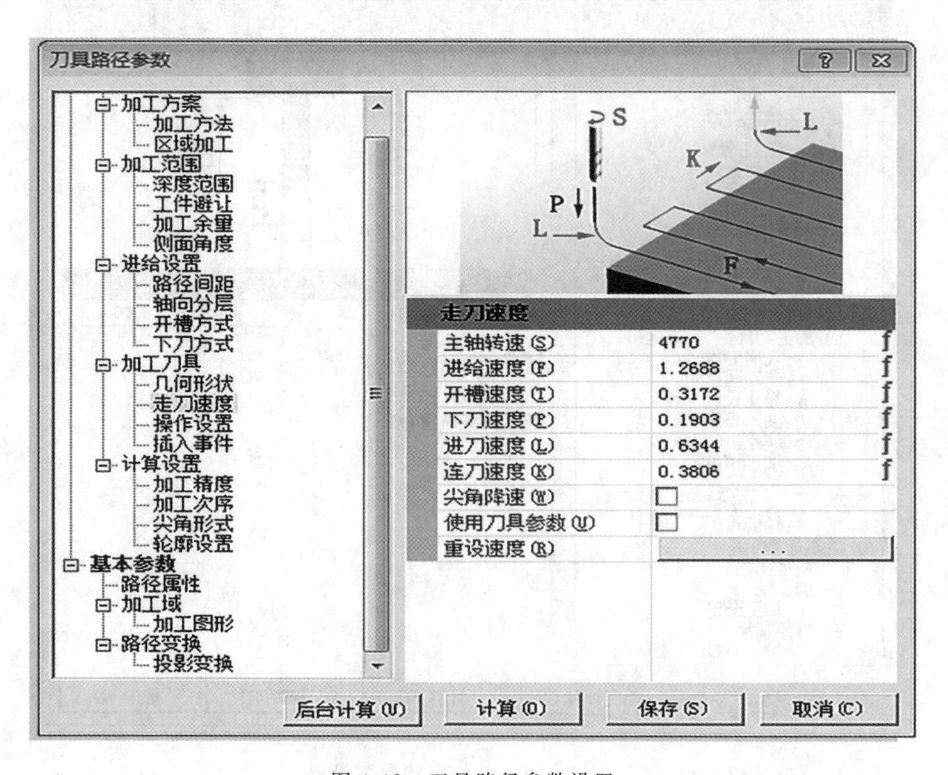

图 4-42 刀具路径参数设置

点击计算,生成刀具路径,如图 4-43 所示。

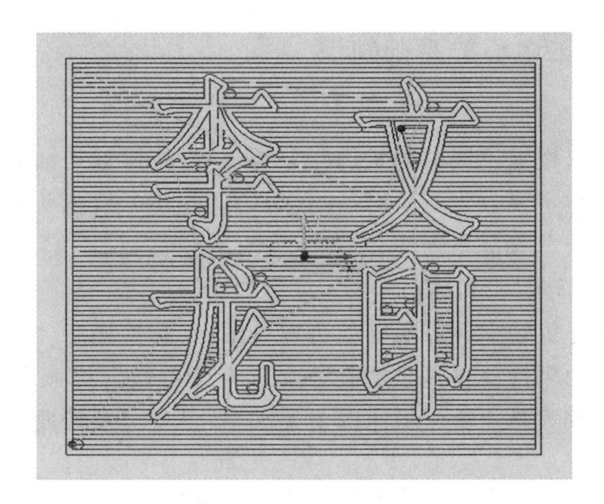

图 4-43 生成刀具路径

刀具平面(右击)→输出路径→导入精雕机设备加工,如图 4-44 所示。

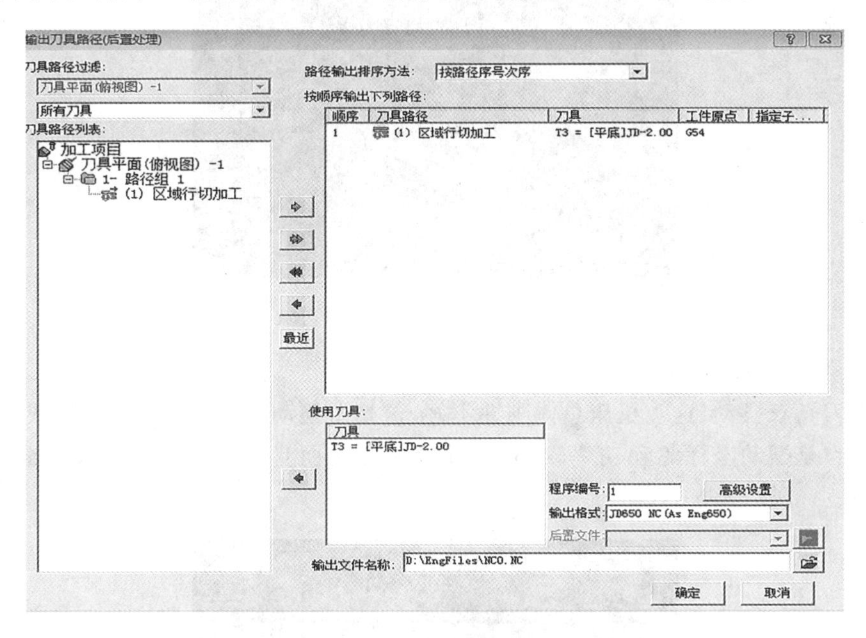

图 4-44 输出路径

4.5 五轴加工中心编程与应用

五轴数控机床系统是解决叶轮、叶片、船用螺旋桨、重型发电机转子、汽轮机转子、大型柴油机曲轴等加工的重要手段。由于五轴加工中心系统价格昂贵,加之程序制作较难,使五轴系统难以“平民”化应用,但近年来,随着计算机辅助设计(CAD)、计算机辅助制造(CAM)系统取得了突破性发展,我国多家数控企业纷纷推出五轴加工中心,打破了国外的技术封锁，大大降低了其成本，从而使五轴加工中心应用越来越广泛。

4.5.1 五轴加工中心的基础知识

1. *五轴加工中心的分类*

五轴数控机床可以根据不同的方式进行分类，一般按照运动轴配置的不同，五坐标联动数控机床按轴的类型主要分为三种：双转台型(TTTRR)、双摆头型(RRTTT)、转台-摆头型(RTTTR)，其性能分别如下所述。

(1) 五坐标联动双转台型机床。

这类机床的优点是旋转坐标有足够的行程范围，工艺性能好。机床总体刚性较好，因为转台的刚性比摆头的刚性高得多。加装独立式刀库及换刀机械手可以变为加工中心。但转台坐标驱动功率较大是双转台机床的主要缺陷，且坐标系转换关系较复杂，如图4-45所示。

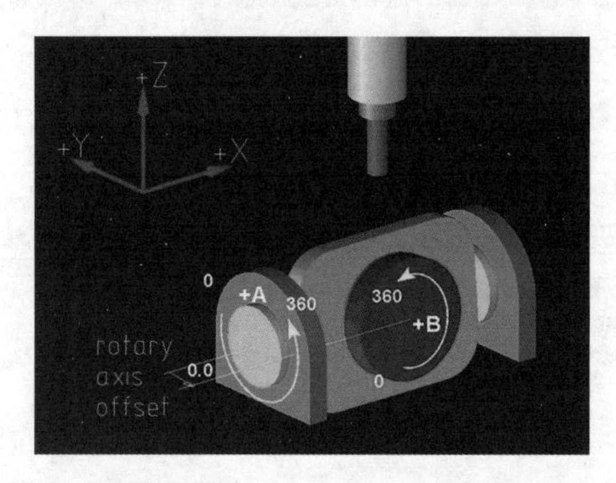

图 4-45 双转台型机床(TTTRR)

(2) 五坐标联动双摆头型机床。

由于刀具双摆动，这类机床总体刚性不好，这是由摆动坐标的刚性较低造成的。这类机床的优点是摆动坐标驱动功率较小，工件装卡方便而且机床坐标转换关系简单，如图4-46所示。

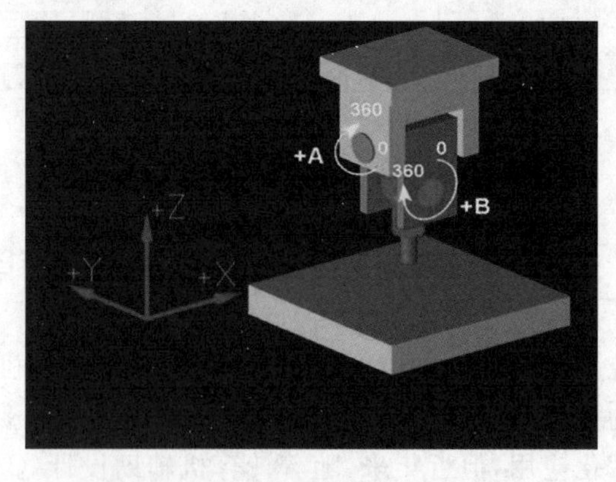

图 4-46 双摆头型机床(RRTTT)

(3) 五坐标联动一转台一摆头机床。

一转台一摆头式机床性能则介于上述两者之间,如图 4-47 所示。

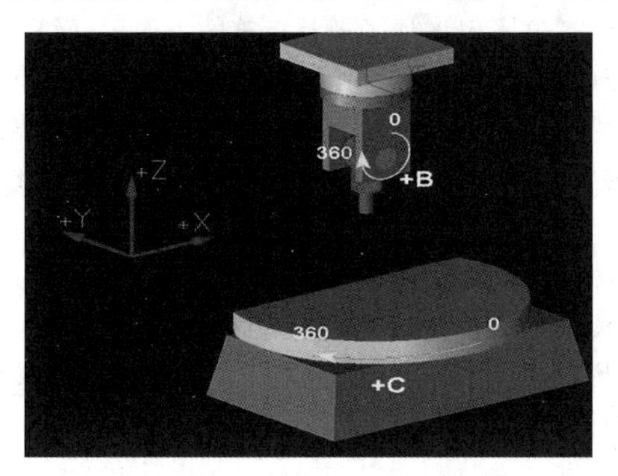

图 4-47 转台-摆头机床(RTTTR)

2. 五轴机床加工的特点

1) 五轴加工的优点

(1) 它可以加工一般三轴数控机床所不能加工或很难一次装夹完成加工的连续、平滑的自由曲面。如航空发动机和汽轮机的叶片、舰艇用的螺旋推进器以及许许多多具有特殊曲面和复杂型腔、孔位的壳体模具等。比如,用普通三轴数控机床加工时,由于其刀具相对于工件的位置角在加工过程不能变,加工某复杂自由曲面时,就有可能产生干涉或欠加工;而用五轴联动机床加工时,则由于刀具/工件的位置角在加工过程中随时可以调整,就可以避免刀具/工件的干涉,并能一次装夹完成全部加工。

(2) 它可以提高空间自由曲面的加工精度、质量和效率。例如,用三轴机床加工复杂曲面时,多采用球头铣刀,球头铣刀以点接触成形,切削效率低,而且刀具/工件位置角在加工过程中不能调整,既难保证用球头铣刀上的最佳切削点进行切削,而且也可能出现切削点落在球头刀上线速度等于零的旋转中心线上的情况。

(3) 符合工件一次装夹便可完成全部或大部分加工的机床发展方向。如有些复杂曲面和斜孔、斜面等,如果用传统机床或三轴数控机床来加工,必须用多台机床,经过多次定位安装才能完成。这样不仅设备投资大,占用生产面积多,生产加工周期长,而且精度、质量还难以保证。若用五轴机床则能实现工件一次装夹完成全部或大部分加工。

2) 五轴加工的难点

早在 20 世纪 60 年代,国外航空工业为了加工一些具有连续平滑而复杂的自由曲面大件时,就已开始采用五轴加工的方法和机床,但一直没能在更多的行业中获得广泛应用,只是近几年来才有了较快的发展。究其原因,主要是五轴加工存在着很多难点。

(1) 编程复杂、难度大。因为五轴加工不同于三轴,它除了 3 个直线运动外,还有 2 个旋转运动参与,其所形成的合成运动的空间轨迹非常复杂和抽象。例如,为了加工出所需的空间自由曲面,往往需通过多次坐标变换和复杂的空间几何运算;同时还要考虑各轴运动的协调性,避免干涉、冲撞以及插补运动要适时适量等,以保证所要求的加工精度和表面质量，编程难度大。

(2) 对数控及伺服控制系统要求高。由于五轴加工需要 J 个轴协调运动，而且合成运动中有旋转运动的加入，这不仅增加了插补运算的工作量，而且旋转运动的微小误差有可能被放大从而大大影响加工的精度，因此数控系统要有较高的运算速度和精度。另外，五轴加工机床的机械配置有刀具旋转方式、工件旋转方式和两者的混合方式，数控系统也必须满足不同配置的要求。所有这些要求，无疑都将增加数控系统结构的复杂性和开发的难度。

(3) 五轴机床的机械结构设计也比三轴机床更复杂和困难。因为机床要增加两个旋转轴坐标，就必须采用能倾斜和转动的工作台或能转动和摆动的主轴头部件。增加的这两个部件，既要求其结构紧凑，又要具有足够大的力矩和运动的灵敏性及精度，这显然比设计和制造普通三轴加工机床难多了。

4.5.2 MAZAK 五轴数控加工中心介绍

本节主要以型号 VARIAXIS j-500/5X 机床为例进行介绍，如图 4-48 所示。机床最大加工工件尺寸直径为 500 mm，高度为 350 mm；X、Y、Z 轴行程分别为 350 mm、550 mm、510 mm；A 轴行程为－120°～＋30°，C 轴行程为－360°。

图 4-48 五轴加工中心

1. 机床主要用途

VARIAXIS j-500 是工序集中型高性能的立式多面加工中心，是 Yamazaki Mazak 小型加工中心中具有代表性的 VARIAXIS 产品中的新系列，专门用于加工需要分度的小型工件。而 VARIAXIS j-500/5X 搭载了 VARIAXIS j-500 的五轴联动控制(选配)，是一款新型的工序集中型高性能的五轴同步控制立式加工中心。所配备的多铣面加工功能，可以一次性完成所有的加工处理，加工各种少量和适量的工件。通过紧凑的机床配置，这款以易于操作为主要特点的新研发的立式加工中心实现了卓越的经济效应和高产率，这一系列将成为五轴控制加工中心的最佳推荐型号。

2. 机床特点

1) 高生产能力

VARIAXIS j-500 是配备倾斜旋转工作台的分度型加工中心，提升了多面加工中心的生产率。VARIAXIS j-500/5X 配备五轴联动控制的加工中心，改进了复杂形状加工件的生产效率。X、Y 和 Z 轴的快速进给速度为 30 m/min，主轴加速/减速时间对各动作可达到 0～3000 r/min 为 0.24 秒，0～12000 r/min 为 1.9 秒的高速。对于要求频繁换刀的生产，这些高速特点非常有效，从而使空切削时间大大缩短。

加工中心主轴具有优异的性价比，可以完成钢质工件、铸件工件和铝质工件粗加工中的重负荷运行以及精加工中的高精度运行。采用最大转速为 12000 r/min，输出功率为 11/7.5 kW 的 AC 主轴驱动电动机可以实现这些运行。贯通主轴切削液可以实现高速精密孔加工。在攻丝过程中，即使在较高的主轴转速范围内仍可同步进行攻丝。

机床配备了 500 mm×400 mm 宽的攻丝工作台，以增加作为多面加工中心使用的简单性。关于旋转轴(A 轴和 C 轴)，通过采用滚子凸轮机构，实现了适合高速加工的 30 m/min 的快速进给速度。这些特点实现了工艺集成和改进生产率。

作为选项，可采用尺寸为 500 mm×400 mm 带 T 型槽的工作台和尺寸为 300 mm 带螺孔的工作台以便于接近主轴。

对于直线轴(X 轴、Y 轴和 Z 轴)，采用了低惯性伺服电动机和高速滚珠丝杠，从而实现了 30 m/min 的快速进给速度和高加速度。即便是短距离定位，也能缩短定位时间。

2) 保证高精度的机床结构

在此型号的设计阶段就已经采用了 FEM 分析。移动立柱结构成功地抑制了涉及高加速度/减速度运行期间的振动并长期保持了始终如一的高精度。对于 X 轴、Y 轴和 Z 轴导轨，采用的滚子导轨具有高刚性，可确保机床高速、高精度运行。

3) 优异的机床可操纵性

采用的人体工程学设计机床，使得操作者控制机床所用的操作盘、作业门和其他装置均处于最佳操作性和工作方便性的配置。绝对位置检测功能使机床在接通电源后不要求零点返回功能。

4) 丰富的无人运行功能

标准刀库可容纳 18 把刀具，还有容纳 30 把刀具的选配刀库。

5) 环境友好性

所有轴的导轨均采用油脂润滑，大大减少了润滑油的消耗量，这样就抑制了润滑油造成的切削液变质现象并降低了切削液处理的频率。LED 灯用作工作照明灯，减少了能耗。

4.5.3 MAZAK 五轴数控加工中心的基本操作

1. 机床开机(先强电再弱电)

(1) 打开工厂侧的电源(刷卡上电)，如图 4-49 所示。

(2) 将电气控制柜上的主电源断路器置于位置“ON”。

图 4-49 五轴加工中心刷卡上电

(3) 按下控制面板上的接通电源按钮，启动NC装置。

2. 返回零点

1) 第一种返回零点方式

(1) 按下机械操作盘上的HOME键，在位置画面上，检查X轴、Y轴、Z轴、A轴和C轴的坐标值。

(2) 若为负值坐标时，持续按机械操作盘上$+X$，$+Y$，$+Z$，$+A$，$+C$轴的移动键，若为正值坐标时，持续按$-X$，$-Y$，$-Z$，$-A$，$-C$轴的移动键，直到轴到达零点位置。完成零点复位时，位置画面上该轴的零点复位指示灯由灰色变成红色，如图 4-50 所示。

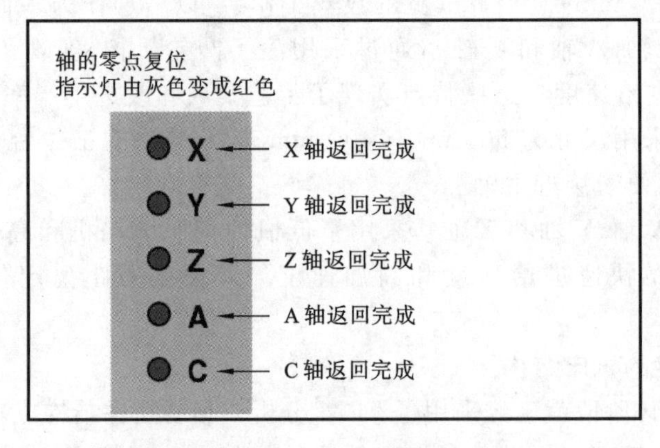

图 4-50 回零点显示

(3) 回原点时最好先回Z轴，再回其余轴，这样可以避免在回零过程中碰撞工作台上的工件。

2) 第二种返回零点方式

按机械操作盘上的HOME键，然后长按操作盘上的一键返回零点按键，直到轴到达零点位置。完成零点复位时，位置画面上该轴的零点复位指示灯由灰色变成红色。

3. 手动运转

手动运转指对机械一个一个地给指示，以控制机械的运转。补充：自动运转是指机械自动执行存储在数控装置中的指令。

按图 4-51 中任意一个键，如果所按下的键变为绿色(有效)，那么选择手动运转模式成功。

4. 主轴动作

1) 主轴启动

(1) 切换为手动运转模式。

(2) 用机械操作盘上的△/▽键调整转速。

从零到最高转速，能够以 10 r/min 为等级进行调整。

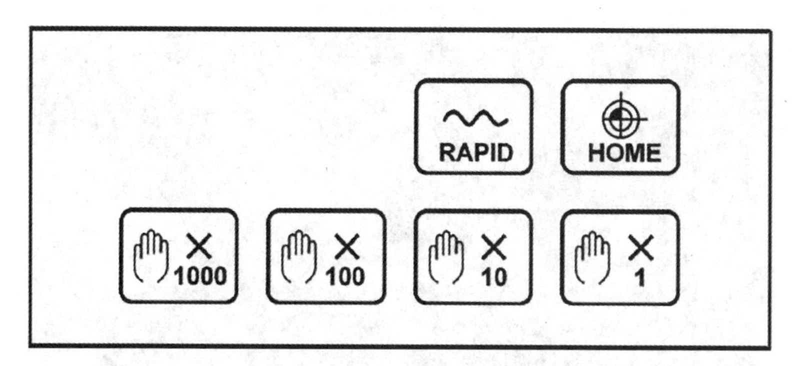

图 4-51　手动运转模式选择键

① 按[△]键，转速增大。

② 按[▽]键，转速减小。

(3) 按[I]键主轴开始旋转。旋转中[I]键变为白色(有效)。

2）主轴停止

按机械操作盘上的[○]键，主轴停止旋转。

3）主轴微动

(1) 切换为手动运转模式。

(2) 显示位置画面后，按机械操作盘上的[MF1]键的同时触摸"主轴微动"开关。

4）主轴旋转方向的切换

用机械操作盘上的[○]键选择旋转方向。白色灯亮为反转；橙色灯亮为正转。

5. 进给操作

(1) 按机械操作盘上的[RAPID]键，快速进给模式被选择。

(2) 调整快速进给速度。

通过快速进给倍率开关(见图 4-52)，可以在 R0 到 100 范围内调整快速进给速度。快速进给倍率为 100%、50%、25%、10%、R2%、R1%、R0%。

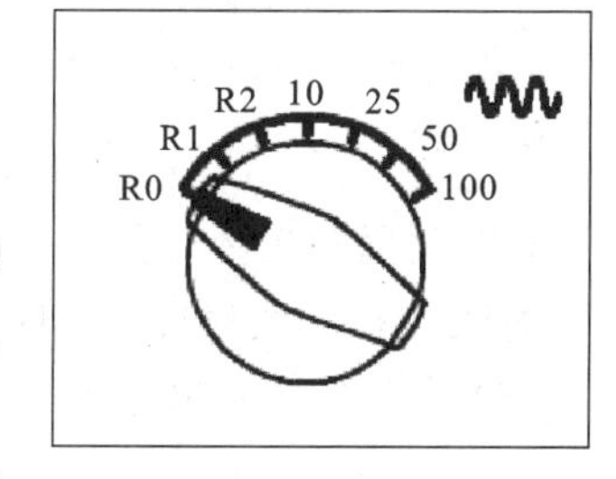

图 4-52　快速进给倍率开关

数值 R2%，R1%和 R0%的设置可以用参数改变。为了确保安全，手动运转时的快速进给速度的最大速度限制为 50%。因此通过快速进给倍率开关选择 100%时，实际倍率为 50%，但是，自动运转时的倍率为 100%。

(3) 按轴移动键(见图 4-53)，使各轴移动到目的位置。

按下轴移动键时，该轴移动；松开轴移动键时，轴便停止移动。各轴的位置被显示于位置画面上。

6. 切削进给

(1) 选择机械操作盘上的[×1000]/[×100]/[×10]/[×1]键中的任意一个。

(2) 调整进给速度。

用切削进给倍率开关(见图 4-54)，能够以 20 个挡位调整进给速度。

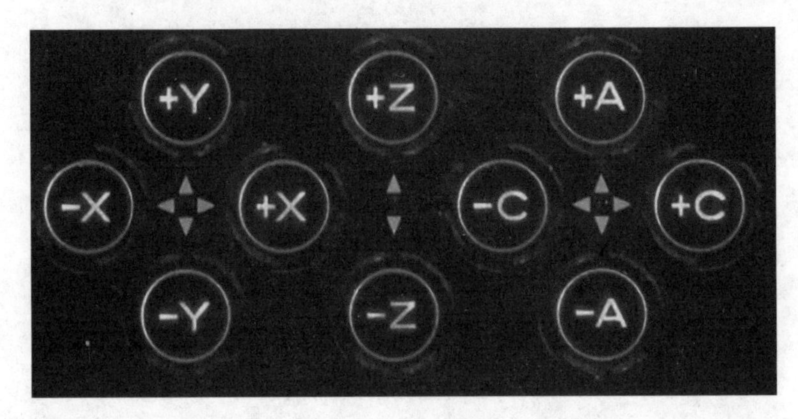

图 4-53　各轴移动键

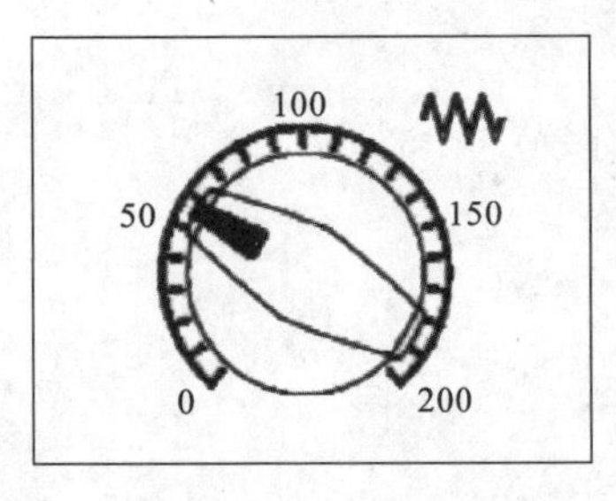

图 4-54　切削进给倍率操作开关

（3）按轴移动键，使各轴移动到目的位置。

按下轴移动键时，该轴移动；松开该键时，轴便停止移动。各轴的位置被显示于位置画面上。

7. 手动脉冲进给

（1）选择机械操作盘上的[×1000]/[×100]/[×10]/[×1]键中的任意一个，设定进给倍率。

手动脉冲进给倍率有 4 种，通过选择其中之一，可以决定手动脉冲旋钮每一刻度的移动量。

[×1]：每一刻度的移动量为 0.0001 mm（*A*，*C* 轴为 0.0001°）。

[×10]：每一刻度的移动量为 0.001 mm（*A*，*C* 轴为 0.001°）。

[×100]：每一刻度的移动量为 0.01 mm（A，C 轴为 0.01°）。

[×1000]：每一刻度的移动量为 0.1 mm（*A*，*C* 轴为 0.1°）。

（2）利用轴选择开关（见图 4-55）选择要移动的轴。

将轴选择开关对准"OFF"以外的位置。

（3）向左或右旋转手动脉冲旋钮，如图 4-56 所示。

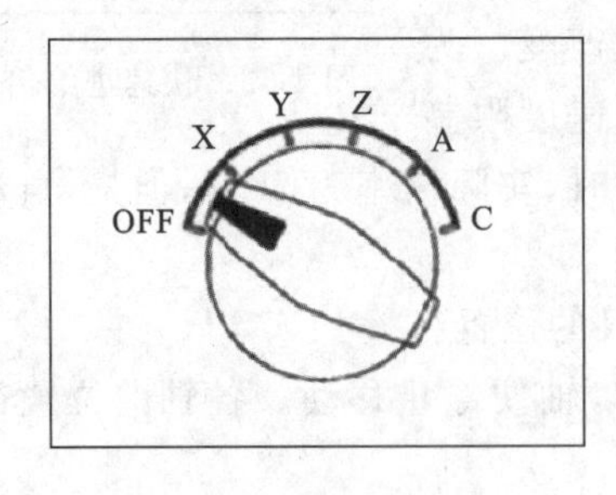

图 4-55　轴选择开关

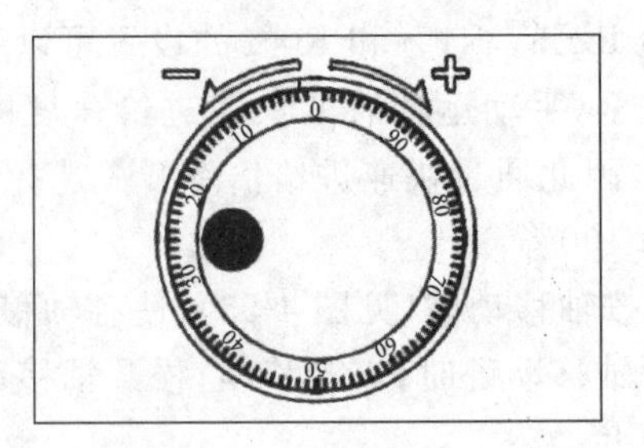

图 4-56　手动脉冲旋钮

脉冲旋钮向右旋转时，轴向正方向移动；向左旋转时，轴向负方向移动。手动脉冲旋钮的旋转速度影响着轴的速度。各轴的位置显示于位置画面上。

（4）操作结束后，必须将轴选择开关对准"OFF"。

8．数据的输入

(1) 将U盘插入机械操作盘的接口上。

(2) 触摸“数据输入/出”→“USB”→“目录选择”菜单，选择程序在U盘中存放的文件夹。

(3) 触摸“数据全选择”→“NC←USB输入”→“启动”，即可把U盘中该文件夹下的程序输入数控装置的标准区域中用于加工。

(4) 如果所要输入的程序太大，建议将程序输入数控装置的磁盘运转区域，该操作为在触摸“数据输入/出”→“USB”→“目录选择”菜单后，触摸“磁盘运转范围”，然后依照步骤(1)～(3)执行即可。

9．刀具指定分度功能

(1) 按刀库操作盘(见图4-57)上的[手动插入]键，置刀库为手动插入状态。

(2) 用刀具编号输入键，如18键，输入所分度刀具编号。

(3) 按[分度]键。

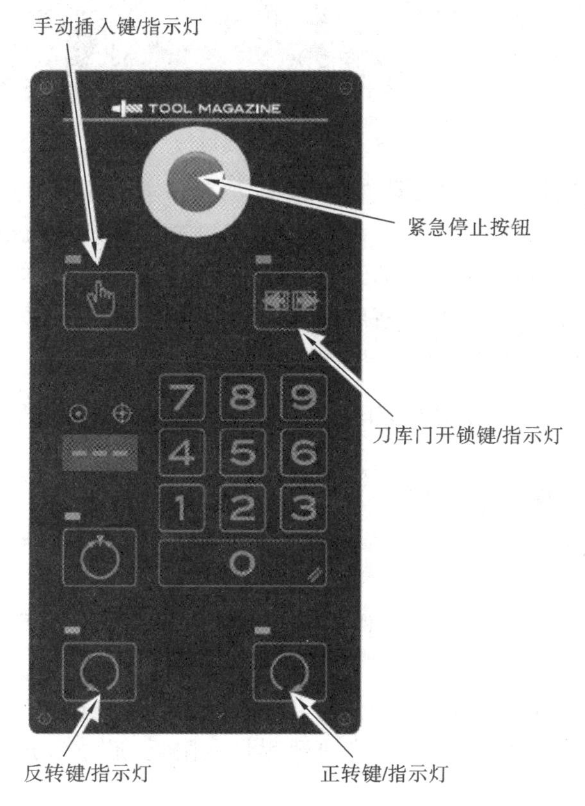

图4-57 刀库操作盘

10．更换刀库中的刀具

(1) 按刀库操作盘上的[手动插入]键(请确认指示灯亮)。

(2) 通过刀具指定分度功能，将交换刀具的刀夹移动至刀具装卸装置的位置。用[反转]键或[正转]键旋转刀库，将刀库转动到要更换刀具的刀夹抵达刀具装卸装置的位置后，松开手。另外,刀具应平衡地安装在刀库中。

(3) 按[键]键,确认指示灯亮后打开刀库。

(4) 沿着水平方向,将刀具拉出。

(5) 将刀具上键槽位置指向插入方向,沿着水平方向插入刀具。

(6) 关上刀库门。

(7) 作业结束后,按[键]键(请确认指示灯灭)。

注意:刀库旋转中打开刀库门后,显示报警"233 刀库门联锁"。关闭刀库门后,按机械操作盘上的[RESET]键解除报警。

11. 刀具交换

(1) 按[MDI]键,显示 MDI 视窗,如图 4-58 所示。

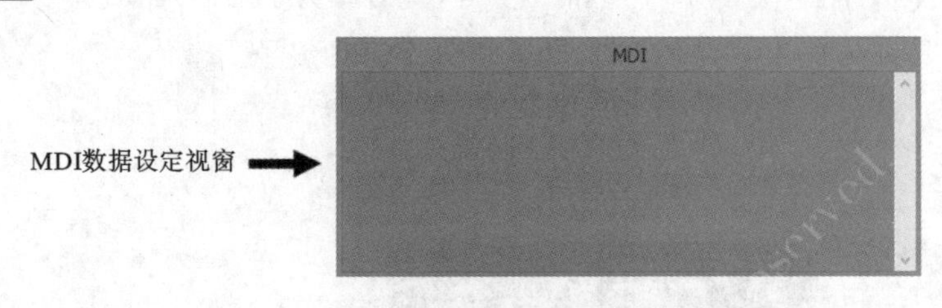

图 4-58 MDI 视窗

(2) 触摸"刀具交换"菜单,"刀具交换"菜单功能有效,并显示信息框"刀具编号?"。

(3) 输入主轴上要安装刀具的刀袋号。MDI 视窗中显示"Txxx T0 M6","刀具选择"菜单功能无效。"xxx"表示设定的刀袋号,"T0"表示下一个刀具号。在 MDI 运转模式下,下一个刀具号为"T0"。例如:将收放在 12 号刀袋内的刀具安装到主轴上时,应依次触摸[1][2][键]。MDI 视窗中显示"T012 T0 M6"。

(4) 按[键]键,按键灯亮,步骤(3)中指定的刀具被安装到主轴上。

12. 对刀操作

(1) 首先将 18 号触摸式传感器交换到主轴上;触摸"设定信息"菜单,然后在显示屏左侧点击一下,在显示的菜单中触摸"坐标系设定模型"菜单,显示测量画面,如图 4-59 所示。

(2) 在测量画面找到写入数据栏,在下括号中点击,选择需要设置的基本坐标(G54~G59)。

(3) 通过菜单选择测量方式(圆测量、面测量、1 点测量、2 点测量)。

(4) 用手动操作将触摸式传感器移动到测量点附近,通过缓进给模式接触,重复下一点。

(5) 触摸"复制测量结果"菜单,显示下列菜单。

测量结果 1-X	测量结果 1-Y	测量结果 1-Z	测量结果 1-θ	测量结果 2-X	测量结果 2-Y	测量结果 2-Z	测量结果 2-θ

(6) 选择要复制的测量结果相对应的菜单触摸键[键]。

(7) 触摸"写入"菜单,将设定在写入数据注册栏中的数据写入指定的坐标系中,可进

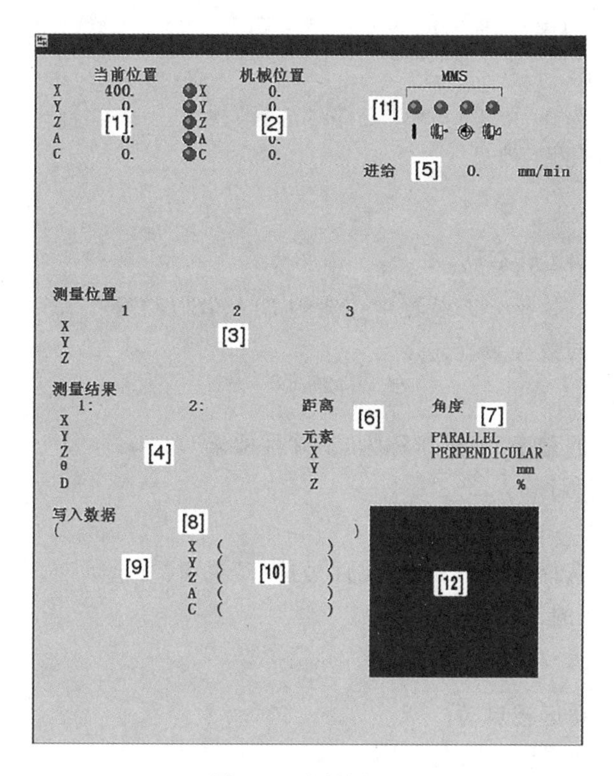

图 4-59 测量画面

行复数选择。

13. 新建 MAZATROL 程序或 EIA/ISO 程序

依次触摸“程序”→“工件号选择”菜单，弹出“输入工件号名称”视窗，在弹出的视窗中输入工件号名称，触摸“是”确定，然后触摸要新建的程序“EIA/ISO”或“MAZATROL”菜单即可。

14. 自动运转的种类

(1) 存储(MEMORY)运转模式。

存储运转模式是执行数控装置中存储的注册程序的运转模式。按[MEMORY]键即可选择该模式。

(2) 磁带(TAPE)运转模式。

磁带运转模式是边读入边执行外部装置中存储的 EIA/ISO 程序的运转模式。按[TAPE]键即可选择该模式。

(3) MDI 模式。

MDI 模式是使机床执行非程序数据的模式。按[MDI]键即可选择该模式。

15. 自动运转

1) 存储运转模式(执行数控装置中注册的程序)

(1) 按[MEMORY]键。

(2) 指定要执行的程序(本操作称为“工件号检索”)。

按以下步骤指定程序。

① 调出位置画面。

② 触摸“工件号选择”菜单，显示“工件号选择”视窗。

③ 设定执行程序的工件号。

(3) 按RESET键。

(4) 按键，自动运转启动。

2) 磁带运转模式(执行外部装置中存储的EIA/ISO程序)

(1) 将外部装置与数控装置连接。

(2) 按TAPE键。

(3) 指定要执行的程序(本操作称为“工件号检索”)。

按以下步骤指定程序。

① 调出位置画面。

② 触摸“工件号选择”菜单，显示“工件号选择”视窗。

③ 设定执行程序的工件号。

(4) 按RESET键。

(5) 按键，自动运转启动。

16. 紧急停止

在机床运行过程中，遇到危险情况，将急停按钮“EMERGENCY Stop”按下，机床立即停止运动，将按钮“EMERGENCY Stop”右旋可解锁，按“RESET”键复位。

17. 机床关机(先弱电再强电)

(1) 确认机械的全部动作完成(程序运转、外部输出/入等)。

(2) 触摸数控画面左上的按钮后，显示主画面。

(3) 触摸数控画面左下的按钮。

(4) 触摸显示的按钮。

(5) 显示确认对话框，触摸“OK”按钮。

(6) 待画面显示全部消失，操作盘上部的商标指示灯熄灭，将控制盘上的主电源断路器设于“OFF”位置。

注意：商标指示灯未熄灭，关闭主电源断路器，则无法保证正常的数控功能。商标指示灯熄灭最长需要1分钟左右。

(7) 关闭工厂侧电源(刷卡下电)。

4.5.4 MAZAK五轴数控加工中心的编程

MAZAK数控机床有两种编程方式，一种是基于MAZATROL SmoothX系统的MAZATROL语言的编程。MAZATROL编程方式是一种绘图式的编程方式，采用人机对话和多种帮助说明画面，并根据系统内的专家数据库自动决定切削参数和刀具路径，使得编程简单、易学、方便、快捷。与其他编程方法相比，大大缩短了编程时间。一种是常用的 EIA/ISO 编程方式(选用),即我们常用的 G 代码编程。MAZATROL 语言编程方式一般用于三轴点、线、面加工,而 EIA/ISO 编程方式多用于多轴曲面加工。下面就两种编程方式进行简单介绍。

1. MAZATROL 语言编程

一个工件加工的 MAZATROL 程序原则上包括以下主要单元,可根据需要设定有关单元。

(1) 通用单元。

该单元是程序开头必须设定的单元。

在该单元设定诸如材料、初始点、加工个数等程序全体的通用数据。

(2) 基本坐标单元。

在该单元设定机械坐标系中工件原点的坐标值(基础坐标)。

(3) 加工单元。

在该单元设定有关加工方法和加工形状的数据。加工单元有下列 4 种类型。

① 点加工单元,C 轴点加工单元。

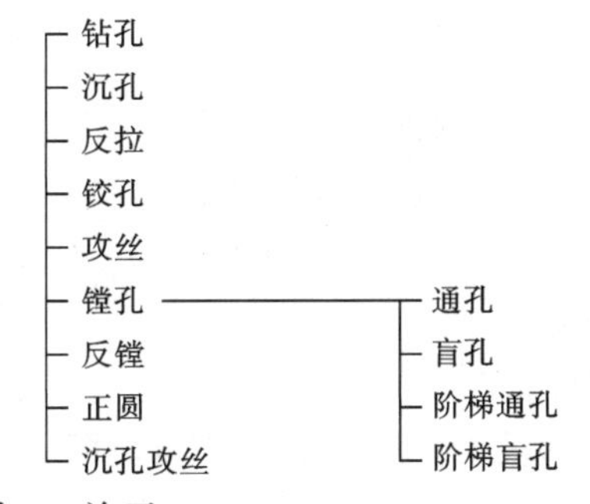

② 线加工单元,C 轴线加工单元。

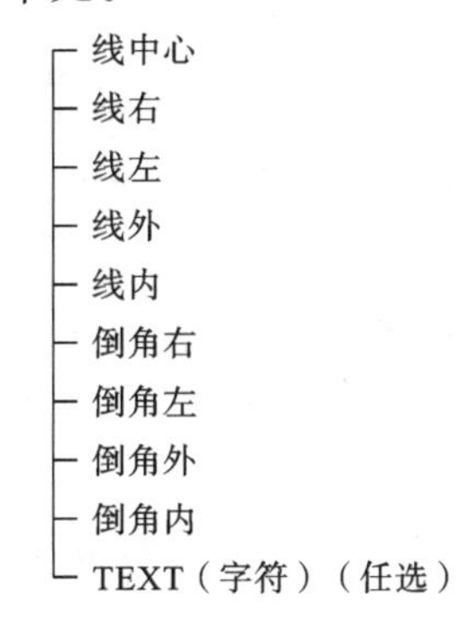

③ 面加工、C 轴面加工单元。

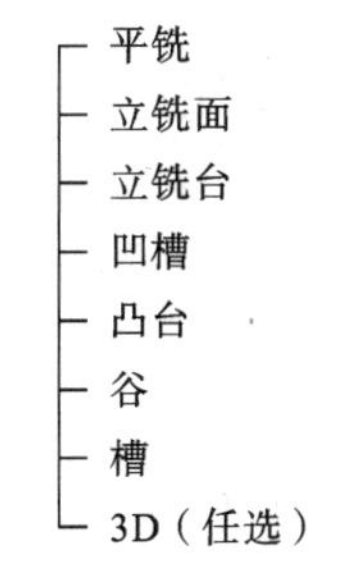

④ 车削加工单元(注意)。

- 棒
- 仿形
- 角
- 端面
- 螺纹
- 槽
- 铣刀车削（任选）

而且,在加工单元中必须设定以下 2 个序列的数据:

刀具序列,设定与刀具名称和刀具动作内容相关的数据。

形状序列,设定与加工尺寸相关的数据。

注意:在没有车削功能的机床上,不显示车削加工单元的菜单,不能指定车削加工单元。

(4) 结束单元。

该单元是程序最后必须设定的单元。

(5) 辅助坐标单元。

在该单元设定辅助坐标系(OFFSET)。

(6) 特殊单元。

在该单元设定加工动作之外的数据。

特殊单元包括以下 7 个单元。根据机床的规格,有的不能使用标有星号(*)的单元,即使编入程序也不动作。

M 代码单元,输出 M 代码。

子程序单元,调出子程序。

基本坐标移位单元,用于移动工件原点的(基本)坐标。

托盘交换单元(*),变换托盘。

分度单元(*),设定分度工作台的角度。

工序结束单元,用于区分相同刀具优先加工功能工序的有效范围。

工作台选择单元(*),设定分度单元/基本坐标单元/基本坐标移位单元的旋转轴。

(7) 单动单元。

编制相当于 EIA/ISO 程序的程序时,在该单元设定使用的 G 代码和 M 代码等。通过该单元数据,可以执行细微的动作或非加工动作。

(8) 坐标测量单元。

在该单元自动测量基本坐标(FRM)。但是,根据机床的规格,有的不能使用坐标测量单元,即使编入程序也不动作。

(9) 材料形状单元。

只用通用单元对铸件或锻件的形状不能进行定义。在加工这种成形材料时,在通用单元之后选择材料形状单元,用以设定材料的形状。

(10) 注释单元。

可在程序内输入注释内容。

下面以直径 $\phi80$ 的碳钢材料,圆柱面形状为例,说明通用单元(见图 4-60)、基本坐标单元、特殊单元(分度)的设置方法及点加工(见图 4-61)、线加工(见图 4-62)、面加工(见

图 4-63)时的单元设置方法。

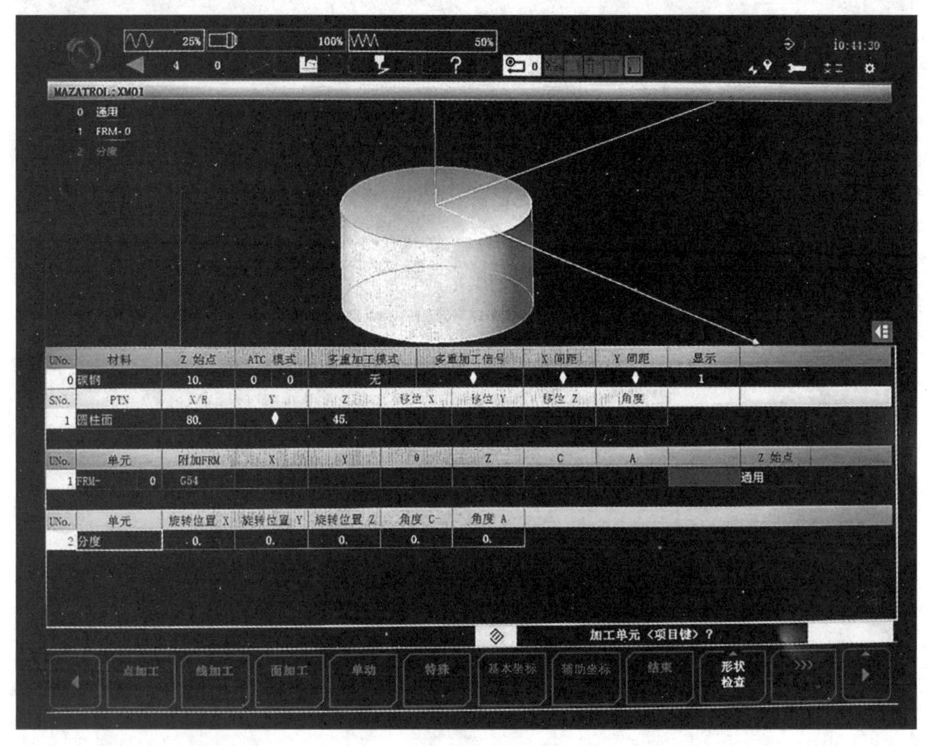

图 4-60　通用单元设置

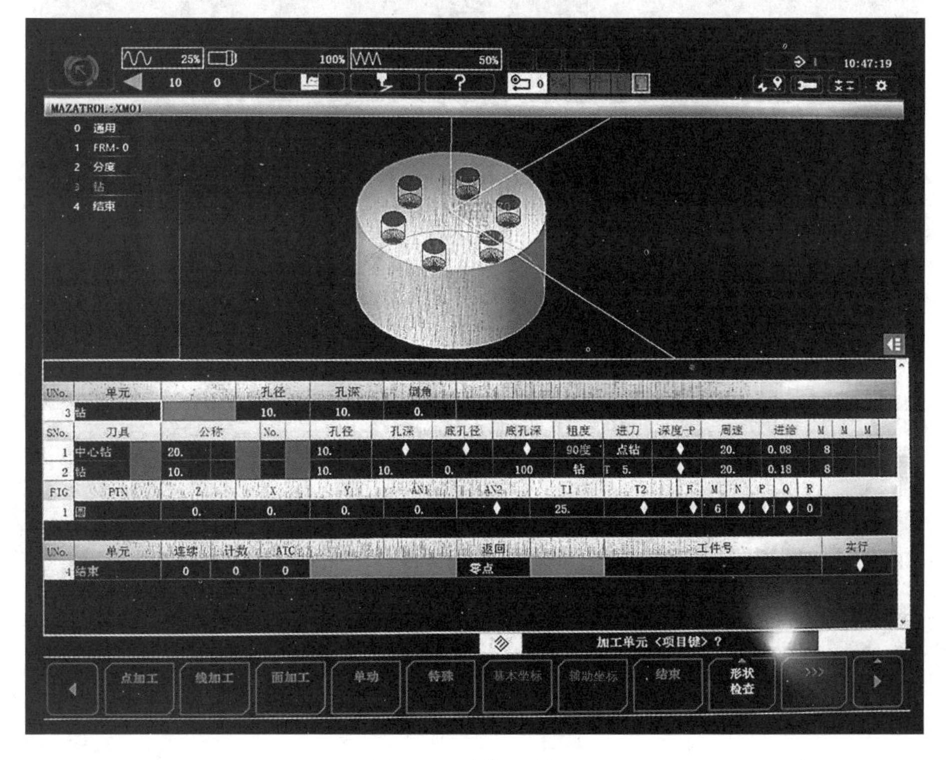

图 4-61　点加工设置

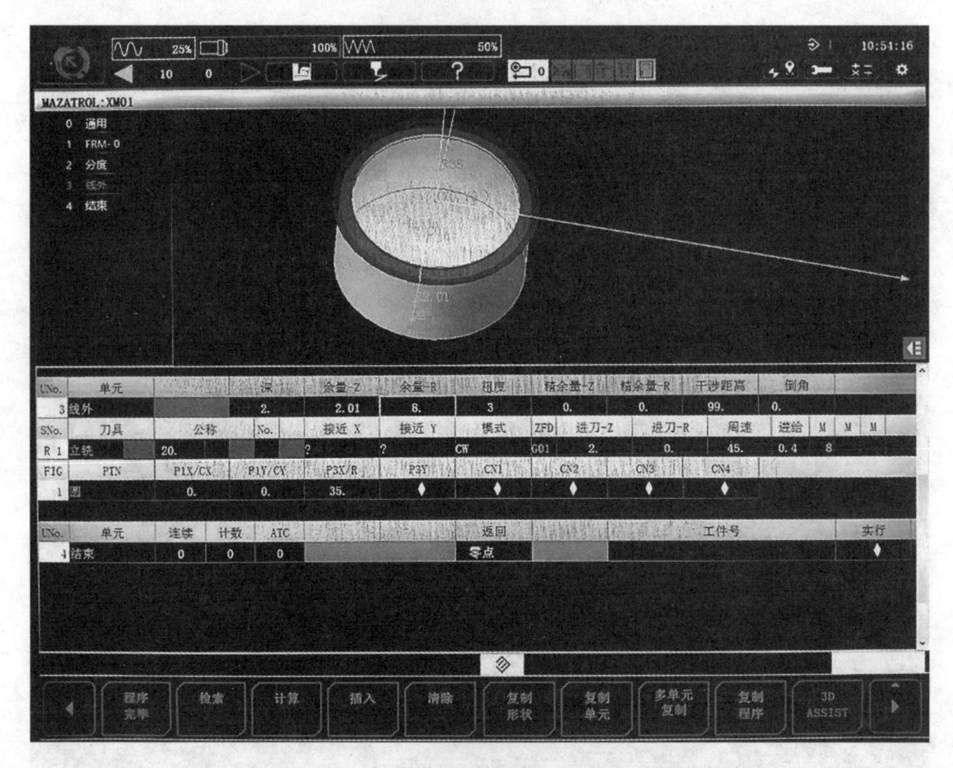

图 4-62　线加工设置

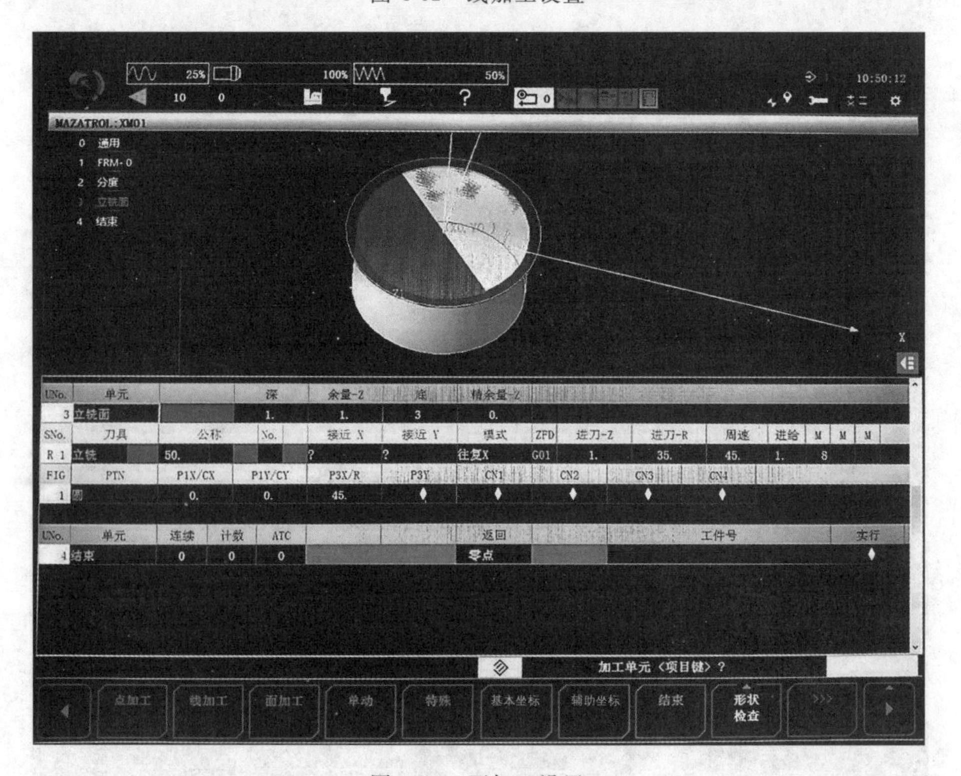

图 4-63　面加工设置

2. 数控程序代码

数控程序代码通常指的就是 G 代码编程，MAZATROL SmoothX 系统机床的程序代码基本上和 FANUC 系统程序代码相同，此处不再赘述，具体编程指令请参考 4.1 节数控铣床和加工中心编程。

4.5.5 大力神杯五轴铣削加工应用

1. 任务

根据如图 4-64 所示的大力神杯 3D 图形进行数控编程，利用 UG 软件加工模块生成合理的刀具路径，然后，对刀具路径进行模拟检查。最后，在五轴加工机床上将其加工出来。

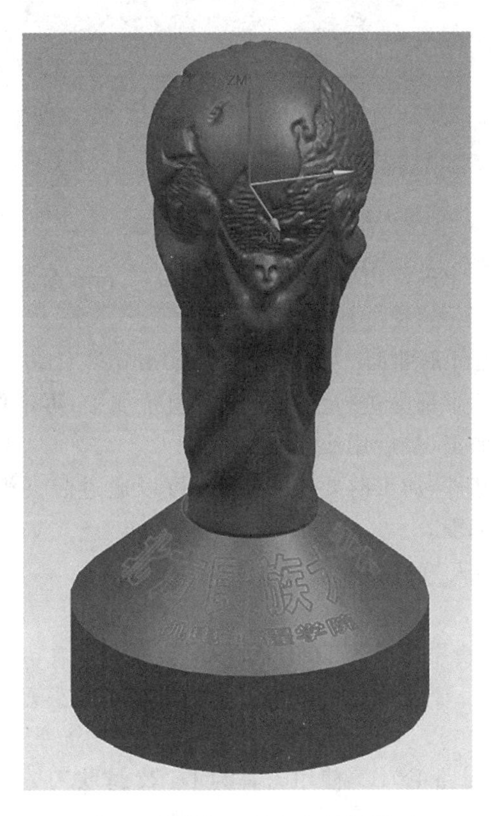

图 4-64 待加工的大力神杯模型

2. 工艺分析

(1) 图纸分析。

打开图形文件，零件工程图纸如图 4-65 所示，该零件材料为橡胶，外围表面粗糙度为 $Ra6.3$ μm，由于该零件是工艺品，所以该零件的全部尺寸的公差为±0.05 mm。

(2) 加工工艺。

① 开料：毛坯大小为 ϕ105 mm×240 mm 的棒料，比图纸尺寸多留出一些材料。这些多留出的材料分两部分：一为用于机床加工时的装夹位；二为顶部加工留出余量。

② 铣削：先铣一端面及外圆，然后掉头，铣削外圆及其他端面，尺寸保证为 ϕ100 mm

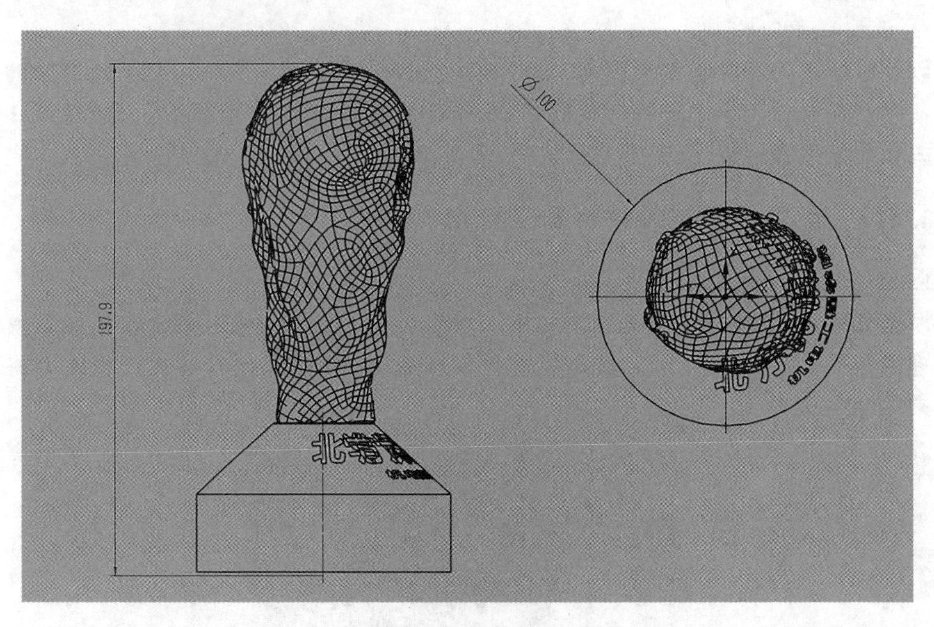

图 4-65　零件工程图纸

×240 mm，其中比图纸尺寸多留出的部分，顶部留 0.5 mm 余量，198.4 mm 为需要加工的有效型面，其余 41.6 mm 的长度部分为夹持位。

③ 五轴数控铣：加工外形曲面。夹持位为 ϕ100 mm×41.6 mm 的圆柱，采取三爪卡盘进行装夹。先对左右两半部分进行型腔铣定位粗铣加工，再定位进行半精加工，接着进行变轴曲面轮廓铣的精加工，最后用小刀具刻字。

本例是细长杆结构零件，加工时要防止变形，可以通过装夹牢靠、减少开粗及半精加工的切削量等工艺方法实现。

④ 切割：切除多余的夹持料。

(3) 数控铣加工程序。

① 开粗刀路 K01A，使用刀具为 D20 平底刀，余量为 0.5 mm，层深为 2 mm。

② 外形曲面半精加工刀路 K01B，使用刀具为 D8R4 球头刀，余量为 0.2 mm，步距为 0.15 mm。

③ 外形曲面精加工刀路 K01C，使用刀具为 D4R2 球头刀，余量为 0 mm，步距按残余高度 0.01 mm。

④ 刻字刀路 K03D，使用刀具为 D1R0.5 球头刀，余量为 0。

3. 编程准备

在加工条中选【开始】→【加工】，进入加工模块 加工(R)... 。如果是初次进入加工模块时，系统会弹出【加工环境】对话框，选择 mill_multi-axis 多轴铣削模板。为了简化操作，本例已经进行了设置，要点如下。

(1) 在 几何视图 里，创建加工坐标系、安全高度、毛坯体。

本例加工坐标系暂时用建模时的坐标系，安全距离为“20”，其余参数设置如图 4-66 所示。

工序导航器 - 几何

名称	刀轨
GEOMETRY	
未用项	
MCS_MILL	
WORKPIECE	

图 4-66　设置加工坐标系

(2) 定义毛坯几何体。

在毛坯几何体 WORKPIECE 的【指定部件】栏里选取所有面,【指定毛坯】采用 包容圆柱体 创建,如图 4-67 所示。

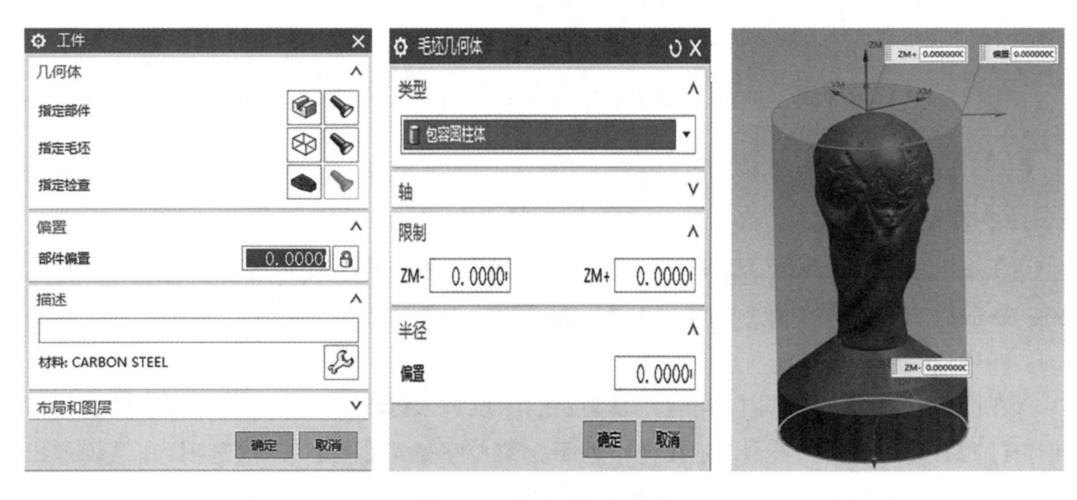

图 4-67　定义毛坯集合体

(3) 创建刀具。

在 机床视图 里,创建加工所用刀具,结果如图 4-68 所示。

工序导航器 - 机床

名称	刀轨	刀具
GENERIC_MACHINE		
未用项		
D20		
D10		
D8R4		
D1		
D4R2		

图 4-68　创建加工所用刀具

（4）创建空白程序组。

在 程序顺序视图 里，通过复制现有的程序组然后修改名称的方法来创建，结果如图 4-69 所示。

工序导航器 - 程序顺序

名称	换刀	刀
NC_PROGRAM		
未用项		
K01A		
K01B		
K01C		
K01D		

图 4-69　创建空白程序组

4. 创建开粗刀路

创建两个不同轴线方向的三轴型腔铣操作：① 轴线方向为＋X 的型腔铣；② 轴线方向为－X 的型腔铣操作。

（1）创建轴线方向为＋X 的型腔铣。

① 设置工序参数。

在主工具栏里单击 创建工序 按钮，系统弹出【创建工序】对话框，在【类型】中选 mill_contour ，【工序子类型】选【型腔铣】按钮 ，【位置】中的参数按图 4-70 所示设置。

② 设置刀轴方向。

在图 4-70 所示对话框中单击【确认】按钮，系统进入【型腔铣】对话框，在【刀轴】栏里，单击【轴】右侧的下三角符号 ，在弹出的下拉菜单里选取【指定矢量】选项，在系统弹出的【指定矢量】栏的右侧单击下三角符号 ，在弹出的下拉菜单里选取正＋X 轴方向 XC 选项，如图 4-71 所示。

③ 设置切削模式。

在图 4-72 所示的【型腔铣】对话框里，设置【切削模式】为 跟随周边 。

图 4-70　设置工序参数

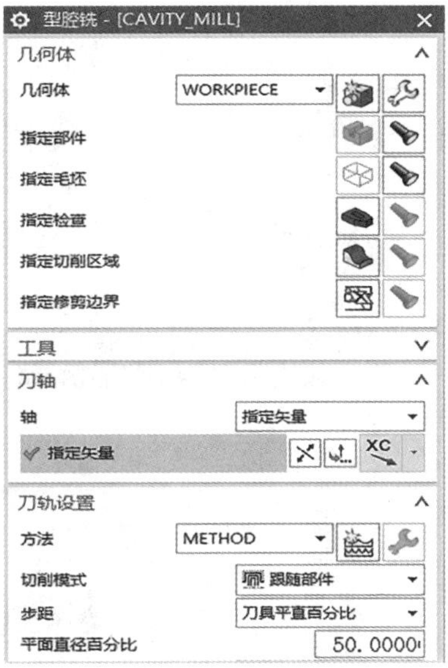

图 4-71　定义刀轴

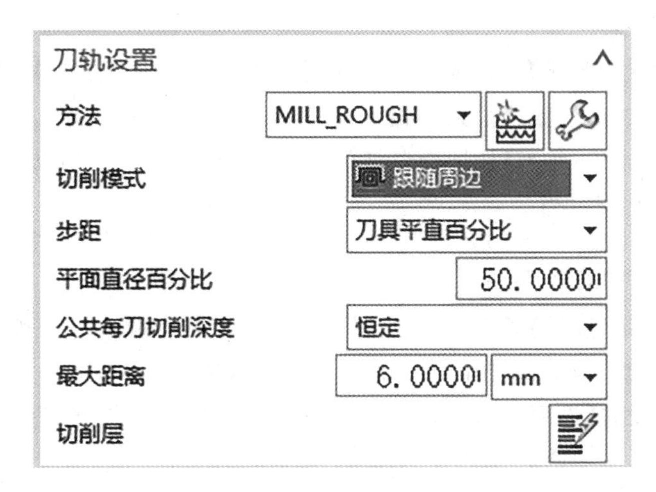

图 4-72　定义切削模式参数

④ 设置切削层参数。

在图 4-72 所示的【型腔铣】对话框里单击【切削层】按钮，系统弹出【切削层】对话框，设置【范围类型】为 用户定义 ，设置层深【最大距离】为“1”，按回车键，系统自动选取了【范围定义】栏，输入【范围深度】为“60”，单击【确认】按钮，如图 4-73 所示。

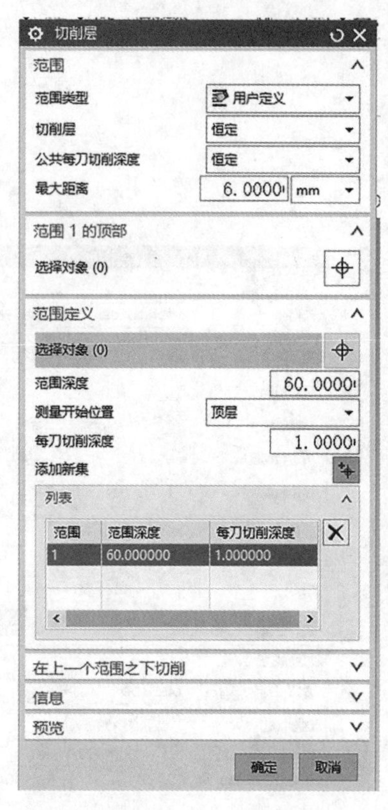

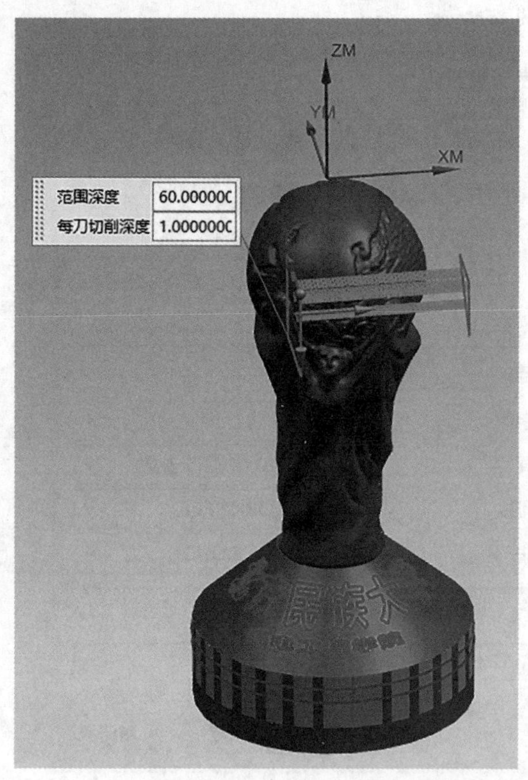

图 4-73　定义切削层参数

⑤ 设置切削参数。

在系统返回的【型腔铣】对话框里单击【切削参数】按钮，系统弹出【切削参数】对话框，选取【策略】选项卡，设置【刀路方向】为“向内”，如图 4-74(a)所示。

在【余量】选项卡中，选取【使底面余量和侧面余量一致】复选框，设置【部件侧面余量】为“0.5”，如图 4-74(b)所示。

在【拐角】选项卡中，设置【光顺】为“所有刀路”，半径为“0.5”，如图 4-74(c)所示。

⑥ 设置非切削移动参数。

在系统返回的【型腔铣】对话框里单击【非切削移动】按钮，系统弹出【非切削移动】对话框，选取【进刀】选项卡，在【封闭区域】栏里，设置【进刀类型】为“与开放区域相同”，在【开放区域】栏里，设置【进刀类型】为“线性”，如图 4-75 所示，【长度】为刀具直径的 50%，选取【修剪至最小安全距离】复选框。单击【确定】按钮。

⑦ 设置进给率和转速参数。

在【型腔铣】对话框里单击【进给率和速度】按钮，系统弹出【进给率和速度】对话框，设置【主轴速度(rpm)】为“3000”，【进给率】中的【切削】为“1500”，单击【计算】按钮，如图 4-76 所示，然后单击【确定】按钮。

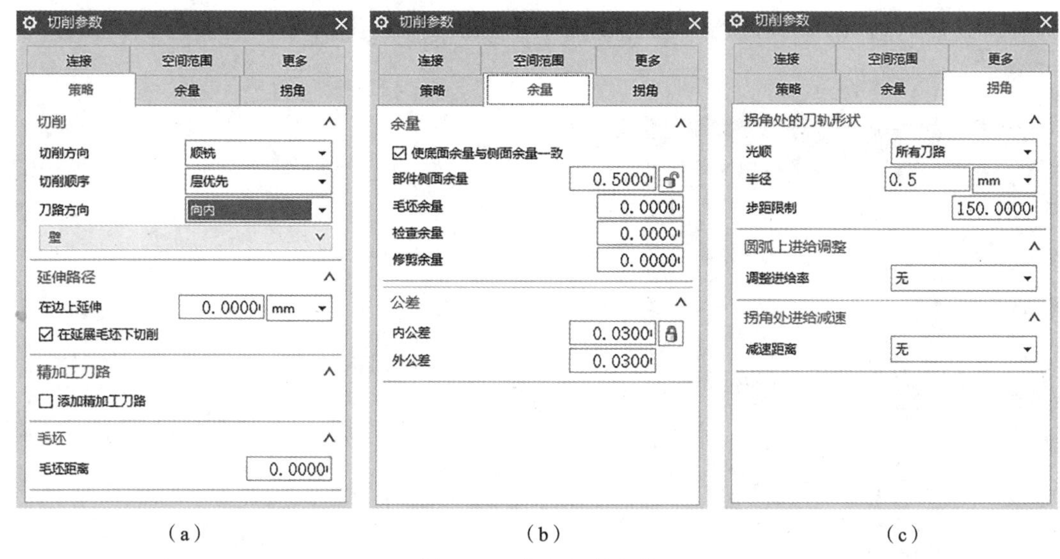

(a)　　　　(b)　　　　(c)

图 4-74　定义切削参数

图 4-75　定义进刀参数

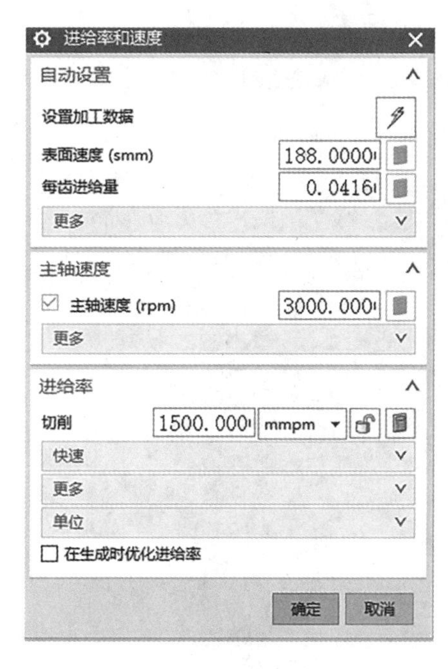

图 4-76　设置进给率和速度参数

⑧ 生成刀路。

在系统返回到的【型腔铣】对话框里单击【生成】按钮，系统计算出刀路，如图 4-77 所示，然后单击【确定】按钮。

(2) 创建轴线方向为－X 的型腔铣。

方法：复制刀路修改参数。

① 复制刀路。

在导航里右击刚生成的刀路 CAVITY_MILL，在弹出的快捷菜单里选取 复制，再次右击鼠标，在弹出的快捷菜单里选取 粘贴 ，在导航器里出现了新刀路。如图 4-78 所示。

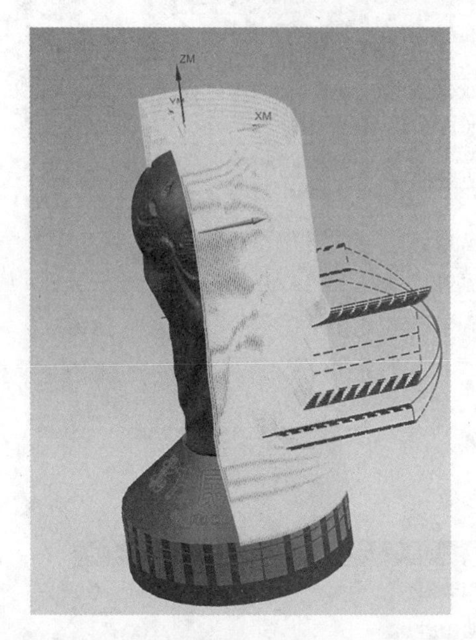

图 4-77　生成＋X 方向的开粗刀路

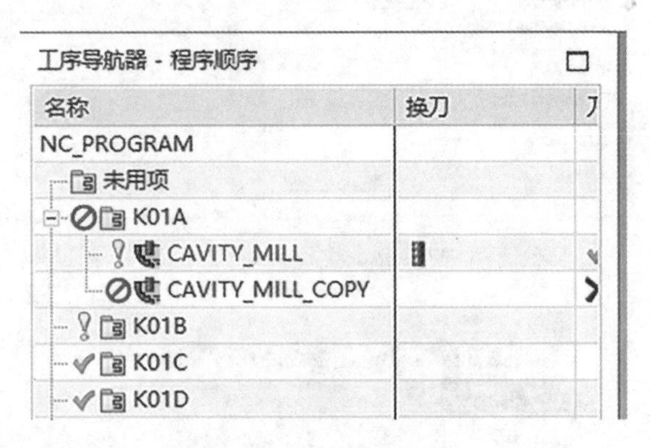

图 4-78　复制新刀路

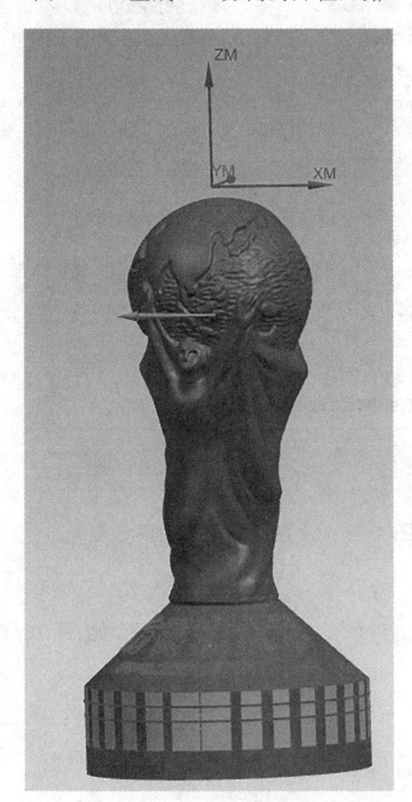

图 4-79　修改刀轴方向

② 修改刀轴方向。

双击刚生成的刀路，系统弹出【型腔铣】对话框，在【刀轴】栏里单击【指定矢量】的【反向】按钮。这时图形显示刀轴方向发生了变化，如图 4-79 所示。

③ 修改切削层深度。

在【型腔铣】对话框里单击【切削层】按钮，系统弹出【切削层】对话框，修改【范围深度】为“62”，如图 4-80 所示，单击【确定】按钮。

④ 生成刀路。

在系统返回到的【型腔铣】对话框里，单击【生成】按钮，系统计算出刀路，如图 4-81 所示，单击【确定】按钮。

5. 创建外形曲面半精加工刀路

方法：采取变轴曲面轮廓铣。

① 设置工序参数。

在操作导航器中选取程序组 K01B，右击鼠标在弹出的快捷菜单里选【插入】→【工序】命令，系统进入【创建工序】对话框，在【类型】中选 mill_multi-axis ，【工序子类型】中选【 VARIABLE_CONTOUR（可变轮廓铣）】按

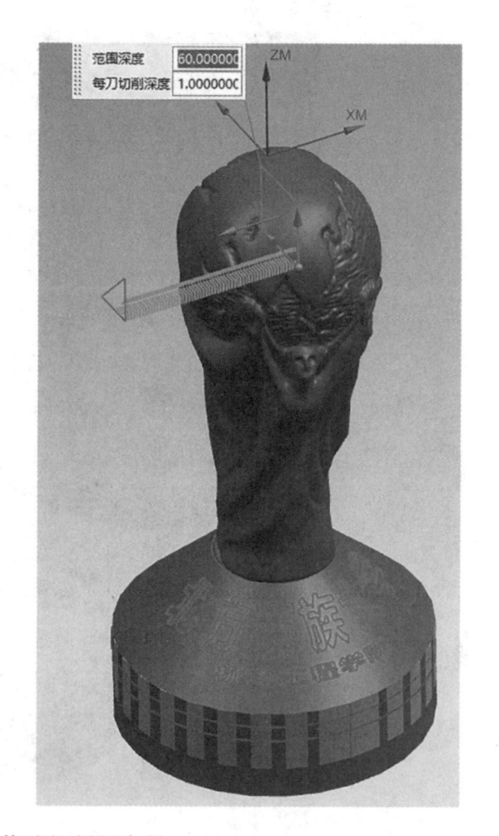

图 4-80　修改切削层参数

钮，【位置】中的参数按图 4-82 所示设置。

② 设置驱动方法。

在图 4-82 所示的对话框里单击【确定】按钮，系统弹出【可变轮廓铣】对话框，在【驱动方法】栏里单击【方法】右侧的下三角符号，在弹出的下拉菜单里选取【曲面】选项，在系统弹出的【驱动方法】警告信息框里单击【确定】按钮，系统弹出【曲面区域驱动方法】对话框，如图 4-83 所示。

在【曲面区域驱动方法】对话框里，单击【指定驱动几何体】按钮，选取曲面，在系统弹出的【驱动几何体】对话框里单击【确定】按钮，系统又返回到【曲面区域驱动方法】对话框里，初步设置驱动参数，设置【切削模式】为 螺旋，步距为“数量”，【步距数】为“200”，如图 4-84 所示。

在【曲面区域驱动方法】对话框里，单击【切削方向】按钮，在图形上选取如图 4-85 所示的箭头作为切削方向。

在【曲面区域驱动方法】对话框里，单击【材料方向】按钮，调整箭头使之朝外，如图 4-86 所示，单击【确定】按钮。

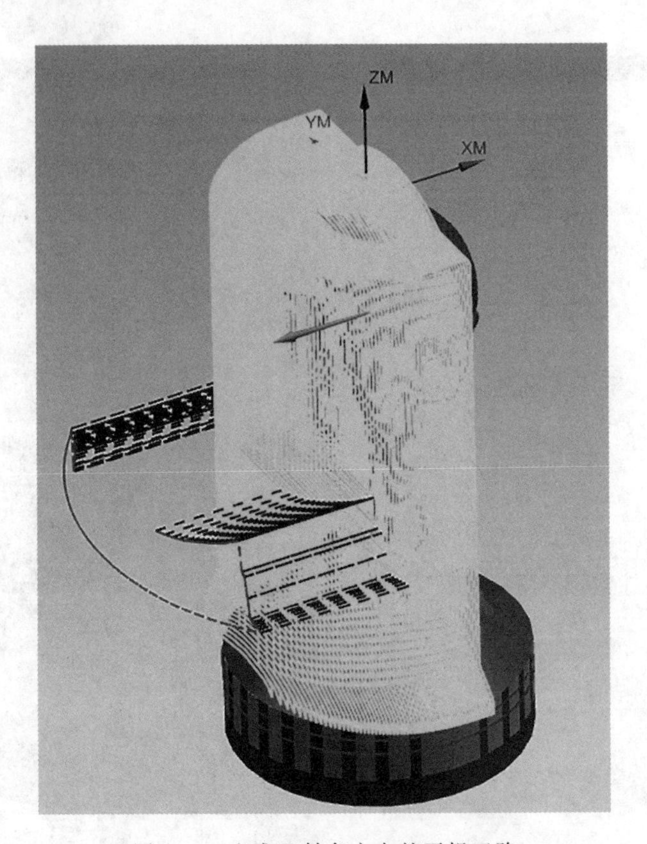

图 4-81　生成 X 轴负方向的开粗刀路

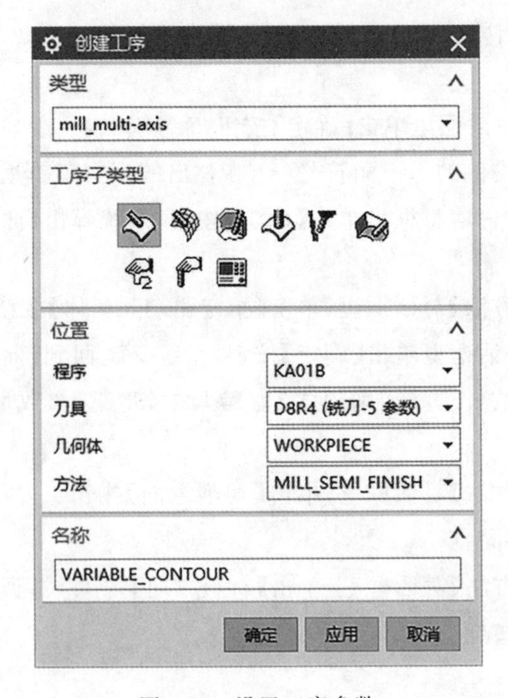

图 4-82　设置工序参数

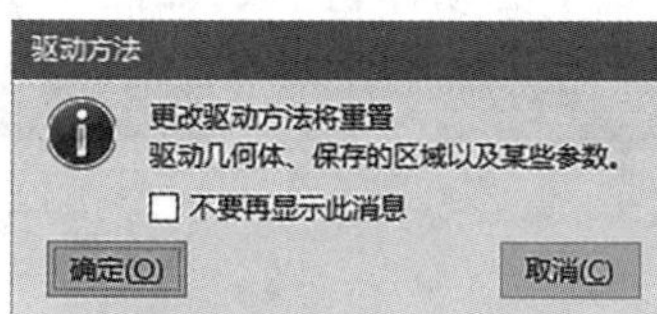

图 4-83 设置驱动

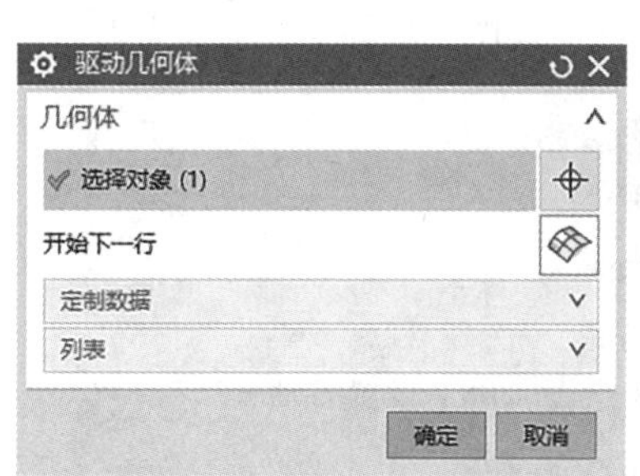

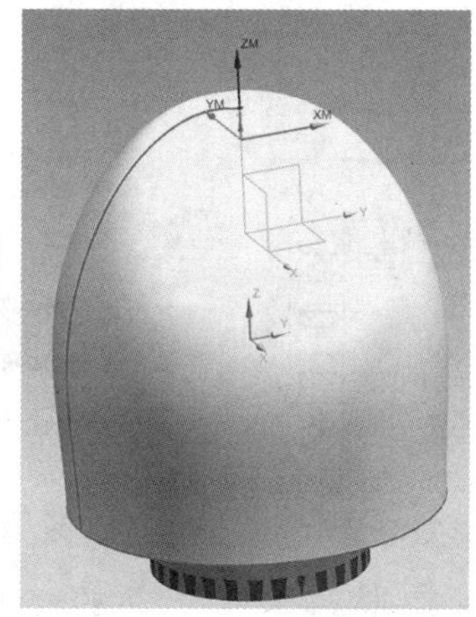

图 4-84 初步设置驱动参数

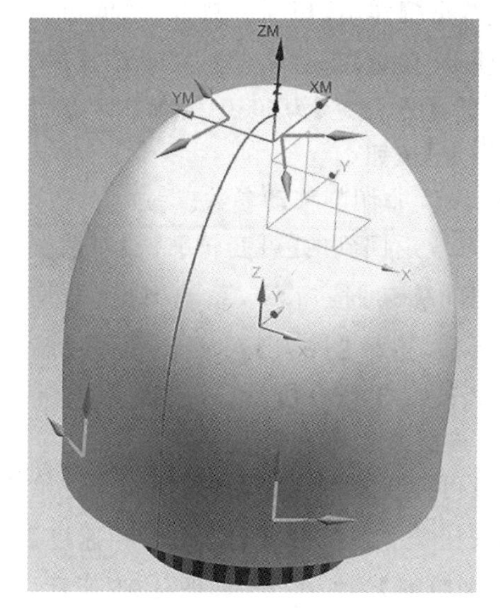

图 4-85 指定切削方向

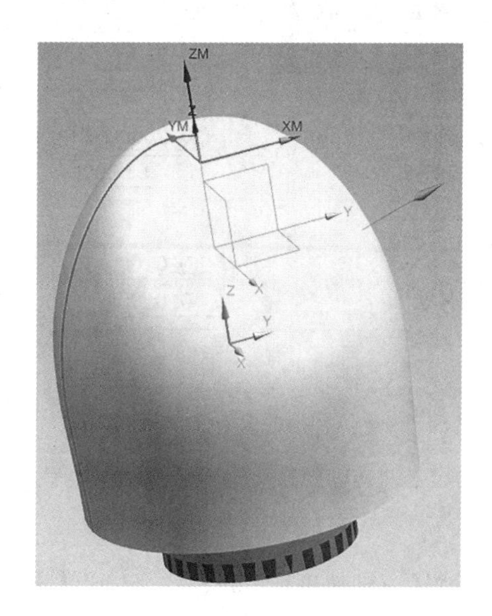

图 4-86 调整材料方向

③ 设置投影矢量。

在系统返回到的【可变轮廓铣】对话框中，展开【矢量投影】栏，单击【矢量】右侧的下三角，在弹出的下拉菜单选取【垂直于驱动体】选项，如图 4-87 所示。

④ 设置刀轴。

在系统返回到的【可变轮廓铣】对话框中，展开【刀轴】栏，单击【轴】右侧的下三角符号，在弹出的下拉菜单选取【垂直于驱动体】选项，如图 4-88 所示。

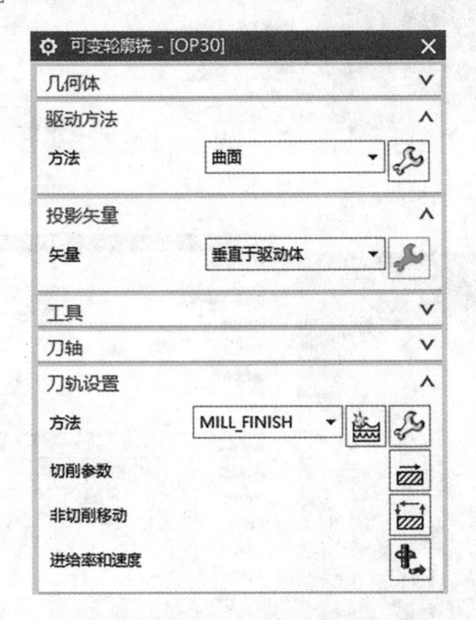

图 4-87 设置投影矢量

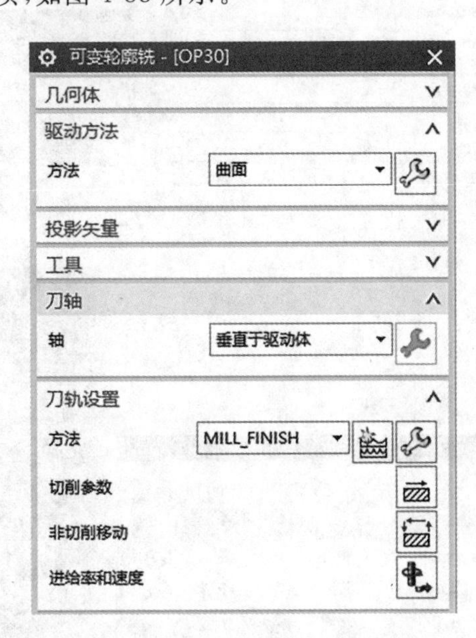

图 4-88 设置刀轴

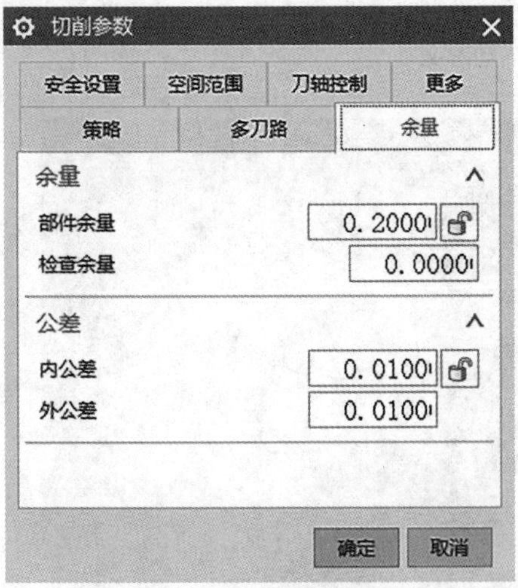

图 4-89 设置切削参数

⑤ 设置切削参数。

在【可变轮廓铣】对话框里单击【切削参数】按钮，系统弹出【切削参数】对话框，选取【余量】选项卡，设置【部件余量】为“0.2”，【内公差】为“0.01”，【外公差】为“0.01”，如图 4-89 所示，单击【确定】按钮。

⑥ 设置非切削移动参数。

在系统返回到的【可变轮廓铣】对话框中单击【非切削移动】按钮，系统弹出【非切削移动】对话框，选取【进刀】选项卡，设置【圆弧角度】为 45°，如图 4-90 所示。

⑦ 设置进给率和转速参数。

在【可变轮廓铣】对话框中单击【进给率和速度】按钮，系统弹出【进给率和速度】对话框，设置【主轴速度(rpm)】为“4500”，【进给率】的【切削】为“1500”，如图 4-91 所示，单击【确定】按钮。

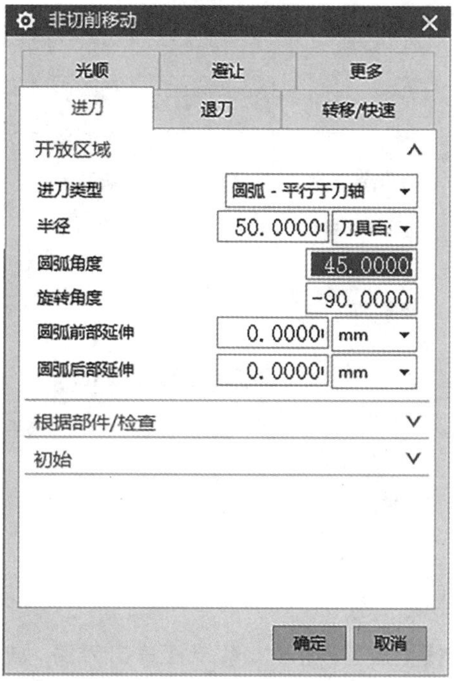

非切削移动
光顺
避让
更多
进刀
退刀
转移/快速
开放区域
进刀类型
圆弧 - 平行于刀轴
半径
50.0000
刀具百
圆弧角度
45.0000
旋转角度
-90.0000
圆弧前部延伸
0.0000
mm
圆弧后部延伸
0.0000
mm
根据部件/检查
初始
确定
取消

图 4-90　设置非切削参数

进给率和速度
自动设置
设置加工数据
表面速度 (smm)
113.0000
每齿进给量
0.1666
更多
主轴速度
主轴速度 (rpm)
4500.000
更多
进给率
切削
1500.000
mmpm
快速
更多
单位
在生成时优化进给率
确定
取消

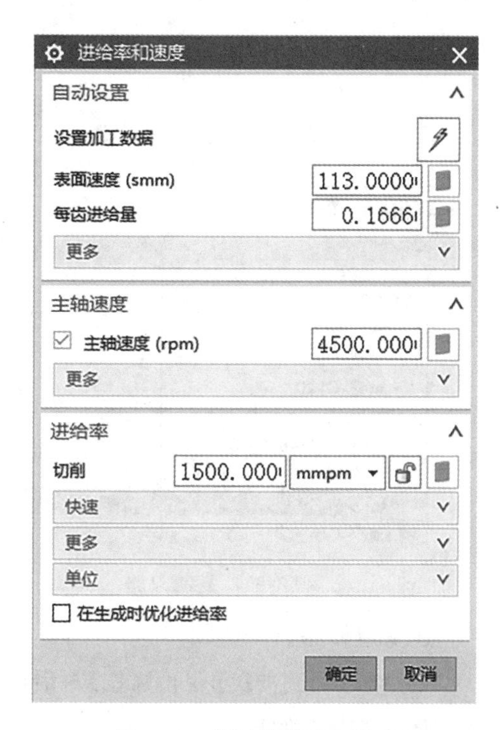

图 4-91　设置进给率和转速

⑧ 生成刀路。

在系统返回到的【可变轮廓铣】对话框里，单击【生成】按钮，系统计算出刀路，如图 4-92 所示，单击【确定】按钮。

ZM
YM
XM

图 4-92　生成粗加工刀路

6. 创建外形曲面精加工刀路

方法：复制刀路然后修改参数得到新的刀路。

① 复制刀路。

在导航里右击 K01B 中生成的刀路，在弹出的快捷菜单里选取 复制，再选取 K01C 程序组，右击鼠标，在弹出的快捷菜单里选取 内部粘贴，于是在 K01C 中生成了新刀路，如图 4-93 所示。

② 设置工具。

双击刚复制的刀路，系统弹出【可变轮廓铣】对话框，在【工具栏】中单击【刀具】右侧的下三角符号，在弹出的下拉菜单里选取【D4R2】选项，如图 4-94 所示。

③ 设置驱动方法。

在【驱动方法】栏，单击【方法】的【编辑】按钮，系统弹出【曲面区域驱动方法】对话框，步距为“残余高度”，【最大残余高度】为“0.01”，如图 4-95 所示。

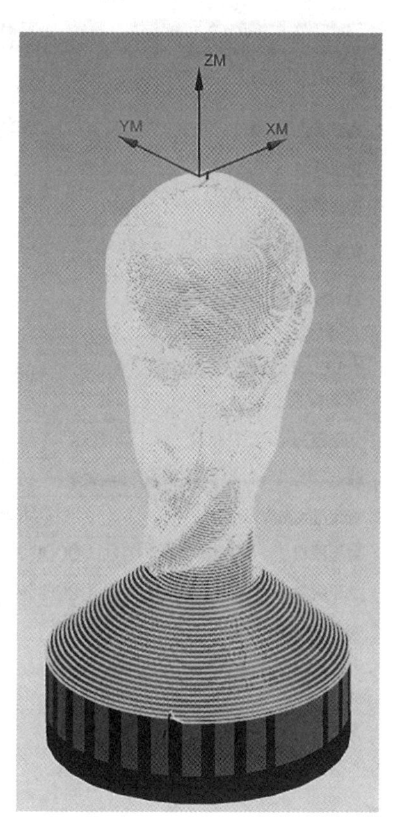

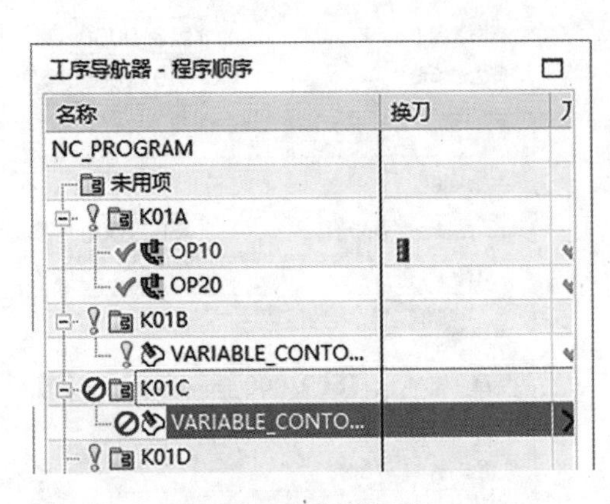

图 4-93　复制刀路

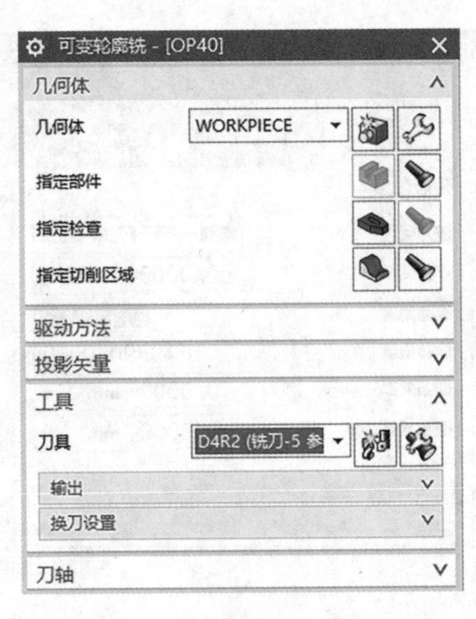

图 4-94　修改刀具参数

④ 生成刀路。

在系统返回到的【可变轮廓铣】对话框里，单击【生成】按钮，系统计算出刀路，如图 4-96 所示，单击【确定】按钮。

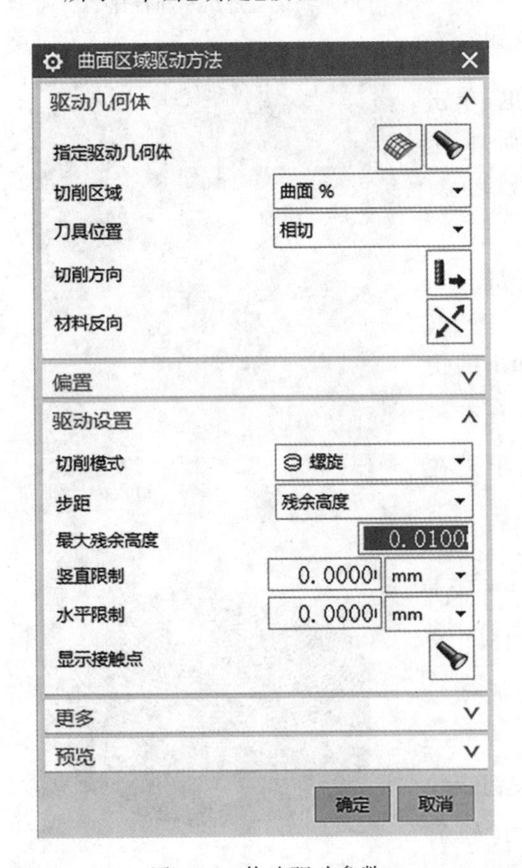

图 4-95　修改驱动参数

图 4-96　生成曲面精加工刀路

7. 创建刻字精加工刀路

方法：创建一个多轴曲面加工刀路，采用曲线驱动，复制曲面轮廓铣刀路，然后修改参数。

① 复制刀路。

在导航里右击 K01C 中生成的刀路，在弹出的快捷菜单里选取 复制，再选取 K01D 程序组，右击鼠标，在弹出的快捷菜单里选取 内部粘贴，于是在 K01D 中生成了新刀路，如图 4-97 所示。

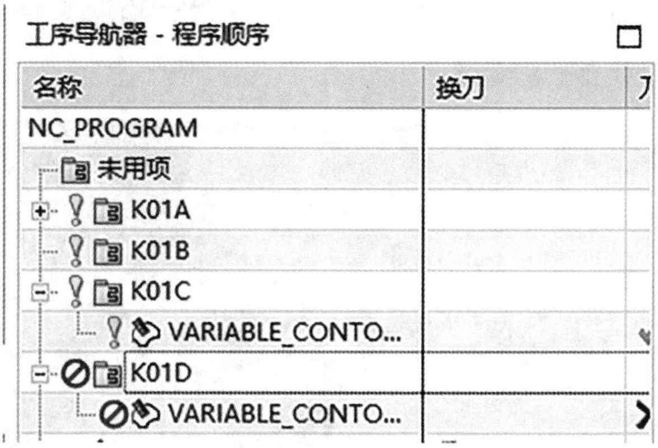

图 4-97 复制刀路

② 修改驱动方法。

双击刚复制的刀路，在系统弹出的【可变轮廓铣】对话框里，设置【驱动方法】为 曲线/点，在系统弹出的【驱动方法】警告信息框里单击【确定】按钮，系统弹出【曲线/点驱动方法】对话框，展开【列表】栏，在图形上选取“北方民族大学机电工程学院”文字，如图 4-98 所示，单击【确定】按钮。注意：每一个独立的笔画线条选取完成以后，就单击鼠标中键，选下一个封闭线条。

③ 设置投影矢量。

在【可变轮廓铣】对话框里，展开【投影矢量】栏，设置【矢量】为 朝向直线，随后系统弹出【朝向直线】对话框，设置【指定矢量】为 ZC↑，再点击【指定点】按钮，在系统弹出的【点】对话框里，检查 XC、YC、ZC 均为 0，单击【确定】按钮，如图 4-99 所示。

④ 修改刀具及刀轴参数。

在【可变轮廓铣】对话框里，展开【刀具】栏，修改【刀具】为 D1 (铣刀-5 参数)。

展开【刀轴】栏，修改【轴】为 远离直线，随后系统弹出【远离直线】对话框，设置【指定矢量】为 ZC↑，再点击【指定点】按钮，在系统弹出的【点】对话框里，检查 XC、YC、ZC 均为 0，单击【确定】按钮，如图 4-100 所示。

⑤ 设置切削参数。

在【可变轮廓铣】对话框里单击【切削参数】按钮，系统弹出【切削参数】对话框，选取【余量】选项卡，设置【部件余量】为“－0.2”，【内公差】为“0.03”，【外公差】为“0.03”，单

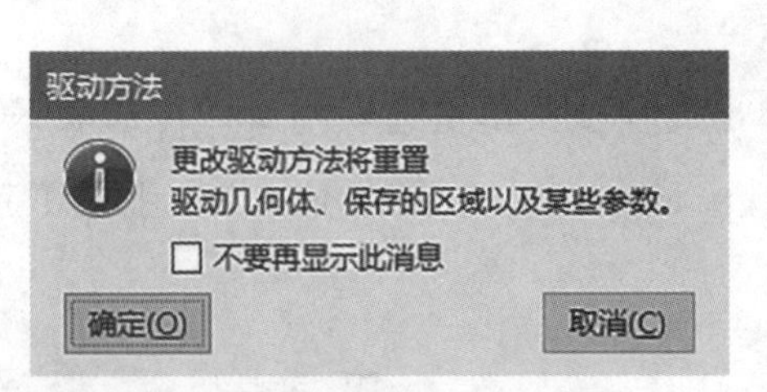

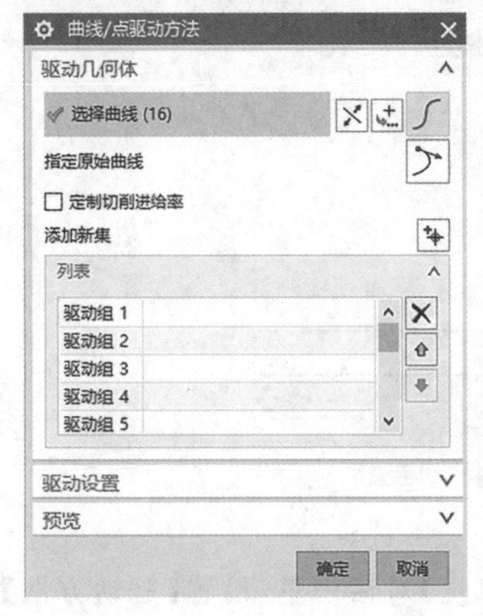

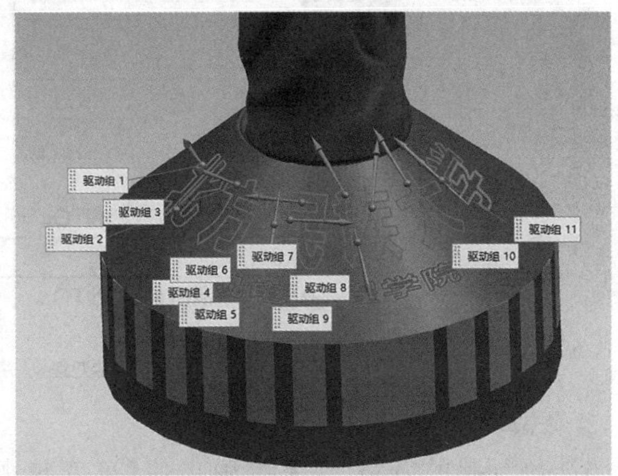

图 4-98　选取图形上的文字

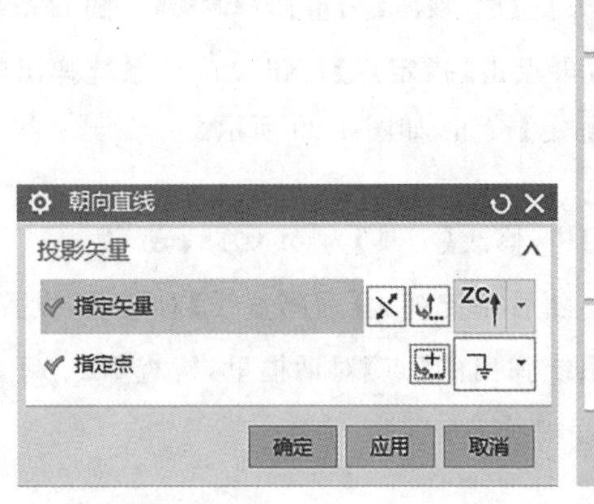

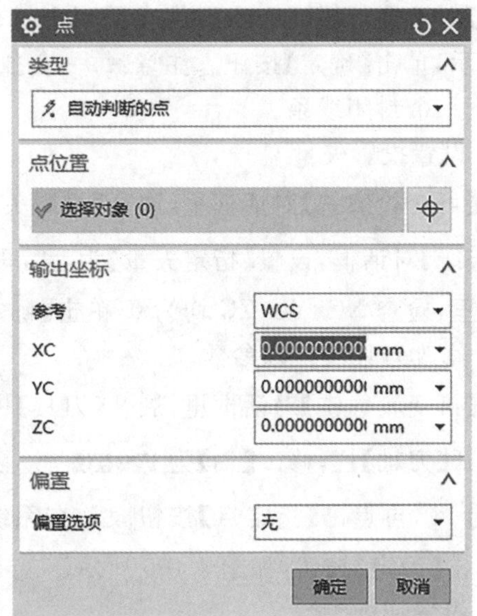

图 4-99　定义朝向的直线

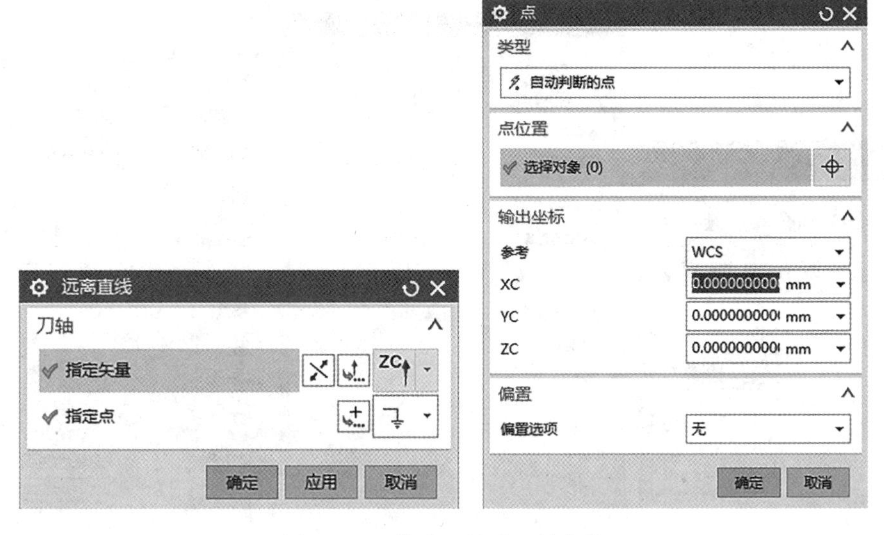

图 4-100　修改刀具及刀轴参数

击【确定】按钮，如图 4-101 所示。

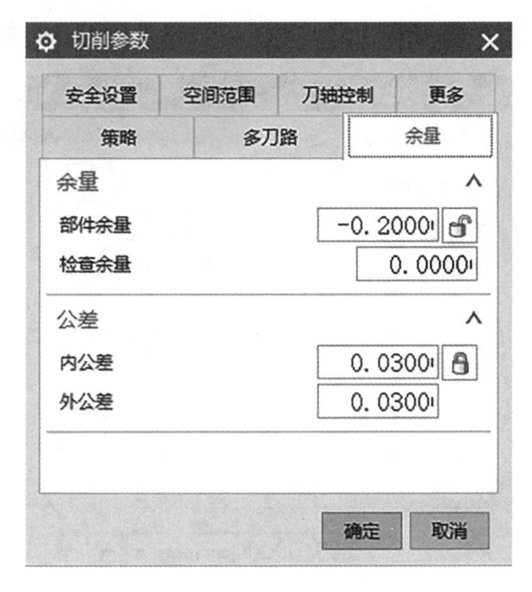

图 4-101　设置切削参数

⑥ 设置非切削移动参数。

在系统弹出的【可变轮廓铣】对话框里单击【非切削移动】按钮，系统弹出【非切削移动】对话框，选取【进刀】选项卡，设置【开放区域】的进刀类型为“无”。

在【转移/快速】选项卡中，设置【区域距离】为“0.2”，在【公共安全设置】选项卡中，设置【安全设置选项】为“包容圆柱体”，【安全距离】为“3”。在【区域内】选项卡中，【移刀类型】为“与区域之间相同”，单击【确定】按钮，如图 4-102 所示。

⑦ 设置进给率和转速参数。

在【可变轮廓铣】对话框中单击【进给率和速度】按钮，系统弹出【进给率和速度】对

图 4-102　设置非切削移动参数

话框，修改【进给率】选项卡中的【切削】为“500”，单击【确定】按钮，如图 4-103 所示。

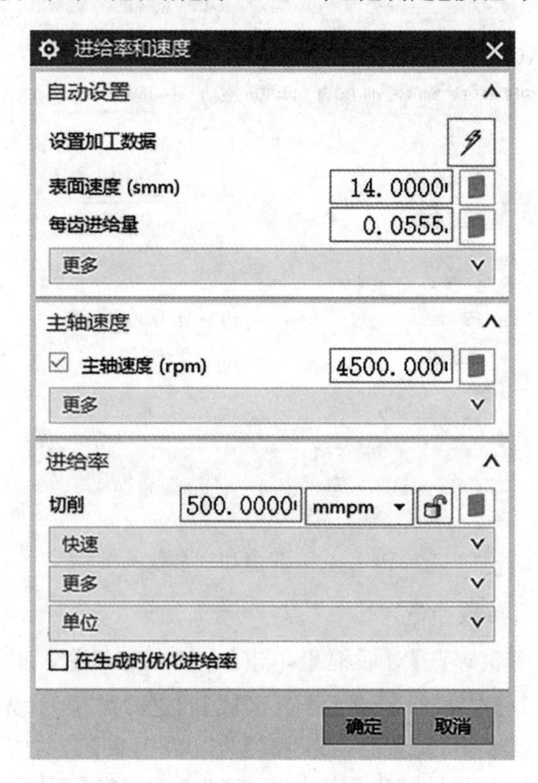

图 4-103　设置进给和转速

⑧ 生成刀路。

在系统返回到的【可变轮廓铣】对话框中，单击【生成】按钮，系统计算出刀路，单击

【确定】按钮，如图 4-104 所示。

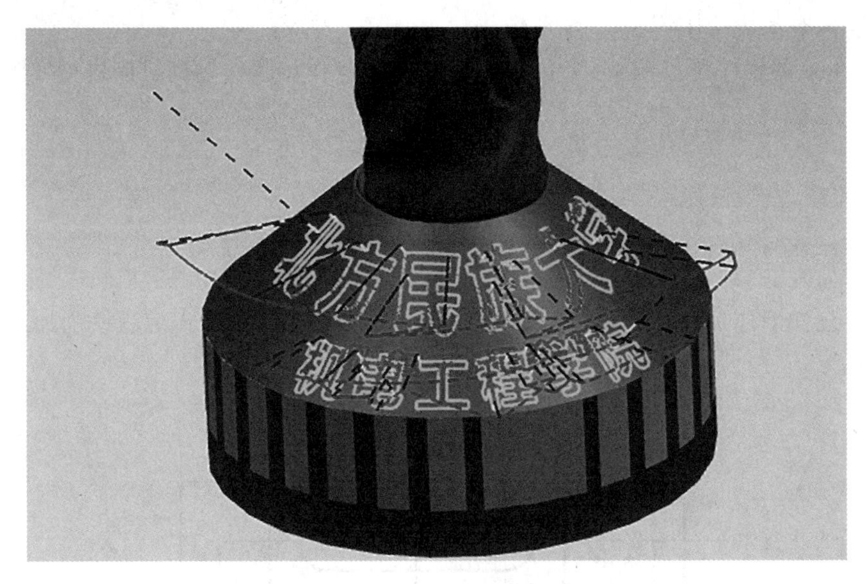

图 4-104　生成刻字刀路

8. 后处理

本项目将在 XYZAC 双转台型机床进行加工。

在导航器里，切换到【程序顺序视图】，选取第 1 个程序组 K01A，在主工具栏里单击按钮后处理，系统弹出【后处理】对话框，选取后处理器 Fanuc_TT_AC_MM，在【文件名】栏里输入“D:\K01A”，单击【应用】按钮，如图 4-105 所示。

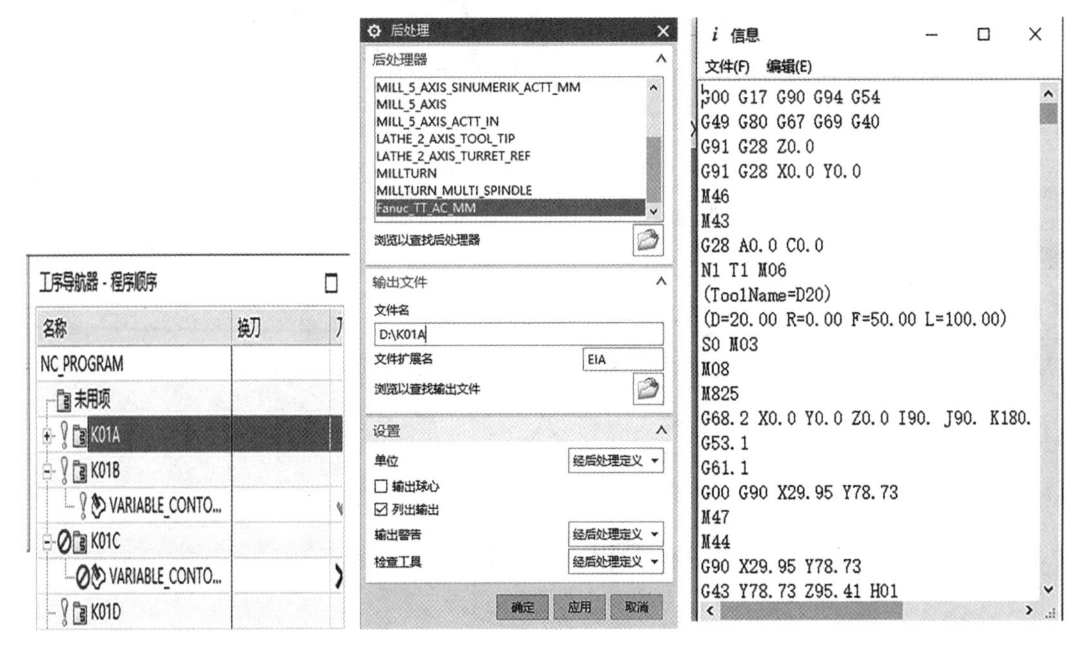

图 4-105　后处理

在导航器里选取 K01B,输入文件名为“D:\K01B”。同理,对其他程序组进行后处理。

9. 实际加工

将所生成的程序拷贝到 U 盘中,然后根据机床操作步骤传输到机床进行实际加工。

课后习题

4-1　已知毛坯尺寸为 80 mm×80 mm×10 mm,根据所学知识编程铣削加工图4-106所示零件。

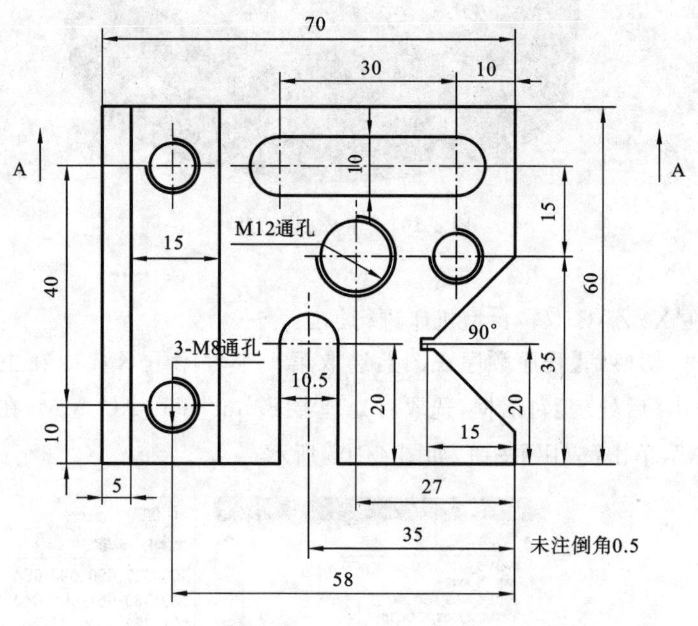

图 4-106　习题 4-1 图

4-2　已知毛坯棒料直径为 ϕ90 mm,利用所学精雕技术自动编程雕刻图 4-107 所示印章。

图 4-107　习题 4-2 图

4-3 根据所给叶轮模型，利用 UG 编程在五轴加工中心加工图 4-108 所示零件。

图 4-108 习题 4-3 图

第 5 章　电加工技术基础及应用

第 5 章
数字资源

5.1　电火花加工基础

5.1.1　概述

电火花加工这种加工方式是利用浸没在加工工作液中的两个电极间发生脉冲放电时所产生的电蚀作用来蚀除工件上导电材料的一种特种加工方法,又可称为放电加工或电蚀加工。

苏联学者拉扎连科夫妇在 1943 年研究并发明了电火花加工这种加工方式,之后随着相关技术的进步,尤其是脉冲电源和控制系统的不断更新改进,从而得以迅速地发展了起来。最初加工所使用的脉冲电源是较为简单的电阻-电容回路,在 20 世纪 50 年代初发展出了电阻-电感-电容回路,同时又开发并采用了脉冲发电机之类的长脉冲电源,使得材料蚀除的效率大为提高,从而降低了工具电极的相对损耗。之后又开发出了大功率电子管、闸流管等高频脉冲电源产品,这样就提高了在同等表面粗糙度条件下所能获得的生产效率。到了 20 世纪 60 年代中期,又发展出了晶体管和可控硅脉冲电源,进一步提高了能源利用效率和降低了工具电极损耗,并且扩大了粗、精加工的可调范围。20 世纪 70 年代又出现了高低压复合脉冲、多回路脉冲、等幅脉冲和可调波形脉冲等形式的电源,促使表面粗糙度、加工精度和降低工具电极损耗等指标又得到了进一步提高。控制系统从最初的只能简单地保持放电间隙、控制工具电极的进退,发展到利用计算机对电参数和非电参数等各种要素进行适时的自动控制。

在我国相关的国标中规定,电火花成型机床型号用 D71 加上机床工作台面宽度的 1/10 来进行标识。以 D7132 为例,D 表示电加工成型机床(若该机床为数控电加工机床,则在 D 后加 K,即 DK);71 表示电火花成型机床:32 表示机床工作台的宽度为 320 mm。

总体来看,电火花加工机床的型号没有采用统一的命名标准,均由各个生产企业自行按照自己的规范来确定。例如:日本沙迪克(Sodick)公司生产的有 A3R、A10R,瑞士夏米尔(Charmilles)技术公司生产的有 ROBO FORM20/30/35,中国台湾乔懋机电工业股份有限公司生产的有 JM322/430,北京迪蒙恒达公司生产的有 HD-400。

按其大小,电火花加工机床可分为小型(D7125 以下)、中型(D7125～D7163)和大型(D7163 以上) 三个规格。

按控制系统数控自动化程度又可分为非数控、单轴数控和三轴数控三种形式。伴随着科学技术的长足进步,国外目前已经开始大批生产并应用三坐标数控电火花机床,及带有工具电极库、能根据加工程序自动更换电极的电火花加工中心。我国也紧跟国际发展趋势,主要的电加工机床厂商现在也已开始研制、生产三坐标数控电火花加工机床。

5.1.2 电火花加工原理

电火花加工，又称为放电加工（简称 EDM），是一种直接利用电能和热能进行加工的工艺。它与金属切削加工的原理完全不同，在加工过程中，使工具和工件之间不断产生脉冲性的火花放电，靠放电时产生的局部、瞬时的高温将金属腐蚀下来。这种利用火花放电时产生的电腐蚀现象对金属材料进行加工的方法叫电火花加工。

在电火花加工中，工具电极和工件分别接脉冲电源的两极，并且要浸入工作液中，或者把工作液充入放电间隙内。通过控制系统的间隙自动控制模块控制工具电极向工件做进给运动，当两个电极间的间隙达到特定的距离时，两个电极上所施加的脉冲电压会将工作液击穿，从而产生火花放电。

如图 5-1 所示，工件与工具分别与脉冲电源的两个输出端相连接。机床的自动进给调节系统能够使工具和工件间经常保持特定的放电间隙，当两极之间加上脉冲电压后，就会在当前的条件下在某一间隙最小处或绝缘强度最弱处击穿电加工介质，从而在该局部点上产生火花放电现象，瞬间产生的高温会熔化工具和工件表面的局部，甚至气化，从而将金属腐蚀下来，达到按要求改变材料的形状和尺寸的加工工艺。这一过程大致分为以下几个阶段，如图 5-2 所示。

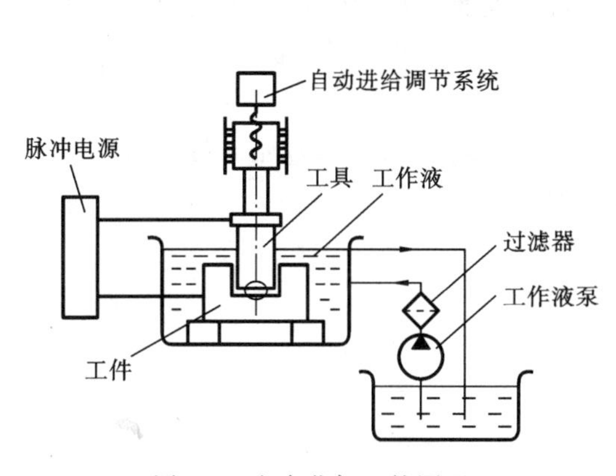

图 5-1 电火花加工的原理

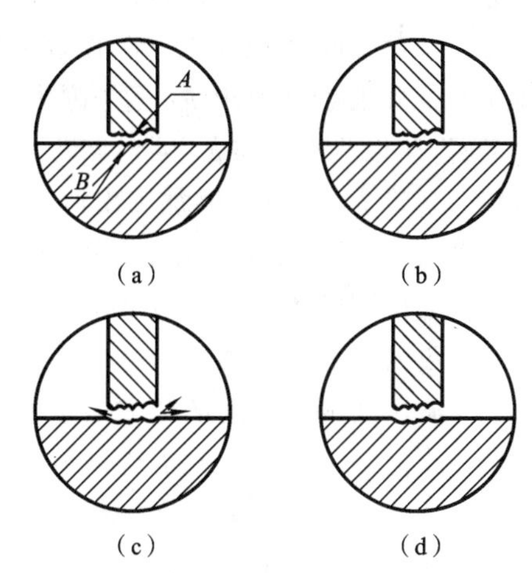

图 5-2 电火花加工四个阶段

(a) 电离、放电；(b) 热膨胀；(c) 抛出金属；(d) 消电离

1. 电离、放电

工具电极与工件电极缓慢靠近，极间的电场强度越来越大，由于两电极的微观表面是凹凸不平的，因此在两极间距离最近的 A、B 两点初电场强度最大，如图 5-2(a)所示。液体介质在强大的电场作用下，形成了带负电的粒子和带正电的粒子，电场越大带电粒子就越多，最终导致液体介质电离、击穿，形成放电通道。

2. 热膨胀

形成放电通道后，通道间带负电的粒子在电场的加速作用下奔向正极，带正电的粒子在电场作用下奔向负极，这一过程中粒子间相互撞击，通道瞬间达到很高的温度使工作液变为气体，然后热量向四周扩散，使两电极表面的金属材料开始熔化直至沸腾气化。工作液和金属气化后体积急剧膨胀，具有爆炸性，如图 5-2(b)所示。

3. 抛出金属

正负电极间产生的电火花现象使放电通道产生高温高压。通道中心的压力最高，工作液和金属气化后不断向外膨胀，形成内外瞬间压力差，高压力处的熔融金属液体和蒸气被排挤，抛出放电通道，大部分被抛出到工作液中，如图 5-2(c)所示。

4. 消电离

电火花放电过程中产生的电蚀产物来不及排除和扩散，产生的热量不能及时传出，会使该处介质局部过热。局部过热的工作液高温分解、积碳，使得加工无法继续进行，并烧坏电极。因此为了保证电火花加工过程的正常进行，在两次放电之间必须有足够的时间间隔充分排除电蚀产物，恢复放电通道的绝缘性，使工作液介质消电离，如图 5-2(d)所示。

脉冲放电经历电离、放电，热膨胀，抛出金属，消电离四个阶段后会经过一个脉冲间隔时间，之后第二个脉冲电压又会加载到两个电极上，在当前电极间距离相对最近或绝缘强度最弱处再次击穿放电，又会电蚀出一个小凹坑。这样持续下去，整个加工表面将形成无数小凹坑。这个放电循环过程每秒钟会重复几千次乃至上万次，在工件表面形成许许多多非常小的凹坑，这种过程就称为电蚀现象。随着工具电极不断地进给，工具电极的轮廓及相关尺寸就被精确地加工在工件表面上，从而达到成型加工的目的。尽管每个脉冲放电周期所蚀除的金属量很少，但是因为每秒有成千上万次脉冲放电发生，累积就能蚀除较多的金属，所以具有一定的生产效率。只需要改变工具电极的形状或工具电极与工件之间的相对运动方式，就能够加工出所需要的各种复杂的型面。

由电火花加工的基本原理可知，如果要实现电火花加工，应具备如下条件：

(1) 工具电极和工件电极之间必须维持合理的距离。

(2) 两电极之间必须充入介质。

(3) 输送到两电极间的脉冲能量密度应足够大。

(4) 放电必须是短时间的脉冲放电。

(5) 脉冲放电需重复多次进行。

(6) 脉冲放电后的电蚀产物能及时排放至放电间隙之外。

通常用导电性良好、熔点较高、易加工的耐电蚀材料来作为工具电极，如铜、石墨、铜钨合金和钼等。尽管在加工过程中工具电极也有一定损耗，但损耗远小于工件上金属的蚀除量，可忽略不计。

充当放电介质的工作液，在加工过程中还要起冷却、排屑等关键作用。工作液常用黏度较低、闪点较高、性能稳定的液体介质，例如煤油、去离子水和乳化液等。

5.1.3 电火花加工机床的组成

电火花加工机床主要由以下几个部分组成：机床本体，脉冲电源，自动进给调节系统，工作液循环过滤系统，数控系统等。

1) 机床本体

机床本体通常主要是由床身、立柱、主轴头及附件、工作台等几个部分组成的，是用来实现工件和工具电极的装夹、固定和运动的机械系统。床身、立柱、坐标工作台是电火花机床的主体结构，起支承、定位和便于加工操作的作用。电火花加工时的加工作用力非常小，所以对机床机械系统的强度没有很高的要求，主要是从避免变形和保证精度角度出发，要求结构设计有必要的刚度指标。

2) 脉冲电源

脉冲电源是用来把工频正弦交流电流转变成符合要求的频率较高的单向脉冲电流，进而向工件和工具电极间的加工间隙提供蚀除金属所需要的放电能量。脉冲电源的性能直接关系到电火花加工的加工速度、表面质量、加工精度、工具电极损耗等主要工艺指标。

脉冲电源的输入一般为 380 V、50 Hz 的工频交流电，输出一般要满足以下的要求：

(1) 要具有足够的脉冲放电能量，否则不能使工件金属发生气化。

(2) 火花放电必须是脉冲性放电，这样才能使放电产生的热量来不及扩散到其他部分，以便有效地蚀除金属、提高加工成型性和加工精度。

(3) 脉冲波形要是单向的，才能充分利用极性效应，并提高加工速度和降低工具电极的损耗。

(4) 脉冲波形的主要参数(峰值电流、脉冲宽度、脉冲间歇等)要有较宽的调节范围，以满足粗、中 、精等不同加工阶段的加工要求。

(5) 要有适当的脉冲间隔时间来使放电介质有足够的时间恢复绝缘性能并冲去金属颗粒。

3) 自动进给调节系统

自动进给调节系统很重要，它的性能会直接影响到加工稳定性和加工效果。电火花成型加工的自动进给调节系统，主要包含伺服进给系统和参数控制系统这两个部分。伺服进给系统主要是控制放电间隙的大小，参数控制系统则主要控制加工中的各种参数(如放电电流、脉冲宽度、脉冲间隔等)，以便获得所需的加工工艺指标等。

4) 工作液循环过滤系统

电火花加工中产生的蚀除物，一小部分物质会以气态形式抛出，其余大部分物质是以直径为几微米的球状固体微粒形态分散地悬浮在工作液中。随着电火花放电循环次数的增加，即放电加工的进行，充斥在电极和工件之间的加工液中的蚀除产物越来越多，部分会黏附在电极和工件的表面上。聚集的蚀除产物会引起电极与工件之间形成二次放电，这样就会破坏电火花加工进程的稳定性，降低加工速度，并且会影响加工精度和表面质量。为了改善这种状况，一种办法是让电极产生振动，以加强加工中的排屑作用，另一种办法则是加强工作液的强迫循环过滤效果，进而改善放电间隙的状态。

工作液强迫循环过滤主要是由工作液循环过滤系统来完成的，这个系统包括工作液泵、容器、过滤器及管道等部分，能够强迫工作液进行循环。该系统能实现冲油和抽油功能。如图 5-3 所示的工作液循环系统油路图，其工作过程如下：储油箱中的工作液经粗过滤油器 1，经单向阀 2 吸入油泵 3，高压油经过精过滤器 7 注入机床工作液槽，溢流安全阀 5 确保控制系统的压力不超过 400 kPa，通过快速进油控制 11 快速进油。油箱注满后，调节冲油选择阀 10，通过压力调节阀 8 控制工作液的循环方式和压力。当阀 10 设定在冲油位置时 ，补油和冲油油路都处于关断状态，这时油杯中油的压力由阀 8 控制；当阀 10

设定在抽油位置时，补油和抽油两个油路都为通路，这时高压工作液快速穿过射流抽吸管9并产生负压，从而实现抽油过程。

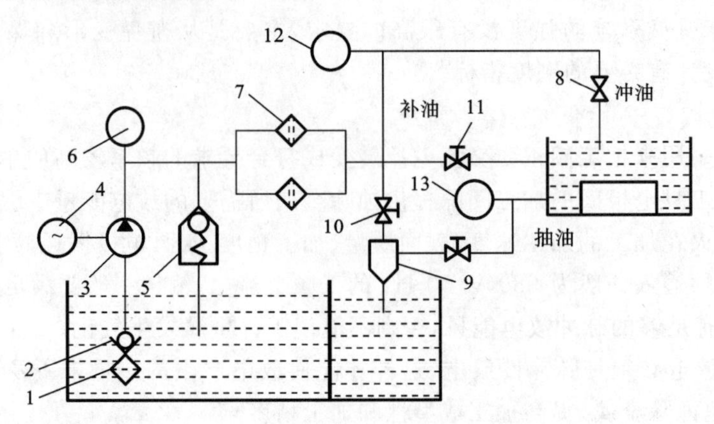

图 5-3　工作液循环系统油路图

1—粗过滤器；2—单向阀；3—油泵；4—电极；5—安全阀；6—压力表；7—精过滤器；8—压力调节阀；9—射流抽吸管；10—冲油选择阀；11—快速进油控制阀；12—冲油压力表；13—抽油压力表

5）数控系统

（1）数控电火花机床的类型。

从数控坐标轴的数目来看，目前常见的电火花数控加工机床有三轴数控电火花机床、四轴三联动数控电火花机床、四轴联动或五轴联动甚至六轴联动电火花机床。

三轴数控电火花机床的主轴 Z 坐标轴和工作台上的 X、Y 两个坐标轴都是可数控的。从数控插补功能来看，这种类型的电火花机床又可以进一步分为三轴两联动机床和三轴三联动机床。所谓三轴两联动是指 X、Y、Z 三个轴中，只有两个轴（如 X、Y 轴）能够进行插补运算和联动，加工中电极只能在平面内走斜线或圆弧轨迹（电极在 Z 轴方向只能做伺服进给运动，但不能做插补运动）。三轴三联动系统的电极则可以在三维空间进行 X、Y、Z 三个方向的插补联动（例如可以走空间螺旋线）。

（2）数控电火花机床的数控系统。

数控电火花机床之所以能实现工具电极和工件之间的多种相对运动，可以用来加工多种较复杂的型腔，与其数控系统的作用密不可分 。目前，市场上绝大部分电火花数控机床采用的是在国际上通用的 ISO 代码进行编程、程序控制加工等。并且很多厂家已经为设备安装了定制操作系统，在定制操作系统上可以进行更为简单的编辑设定就可以生成所需要的加工程序，操作方便性大为增加。

5.2　电火花加工工艺

电火花加工涉及的工艺参数可以分为电参数和非电参数两大类。电参数主要是关于脉冲的参数，例如有加工极性、脉宽、脉间、峰值电压、峰值电流，等等。非电参数主要是关于冲油或抽油的方式、压力、流量、抬刀高度、频率、平动方式、平动量的大小，等等。它们之间相互影响、相互关联，对参数的选择设定增加了一定的难度。

通过实践摸索总结，为了能够更快速准确地选择电火花加工相关的参数，技术人员根据工具电极与工件的材料、工具极性、脉宽、峰值电流等主要参数对表面粗糙度、放电间隙、蚀除速度和电极损耗率等四个主要工艺指标的影响程度数据，整理汇总大量数据后做成了工艺曲线图表，在生产加工中工人可以按照该表来选择和设定电火花加工的相关参数。

电火花加工模具或某种零件时，通常工件材料是确定的，如碳钢、模具钢、不锈钢、各种镍铬合金钢等都可以算作钢类材料，对电火花加工来说，它们的可加工性能、工艺指标都相差不多。熔点、气化点很高的钨、钼类合金材料、硬质合金材料，以及石墨、铜钨、银钨烧结材料、导电的聚晶金刚石等可算作另一类，对电加工来说它们属于难加工材料。对铝、锌、黄铜等熔点较低的材料，电火花加工比较容易。

在执行加工任务时，首先，分析工件的结构特点和技术指标（如表面粗糙度，尺寸，公差精度等），根据工件的材料和技术指标来选择适合的工具电极的材料，如黄铜、紫铜、石墨或铜钨、银钨合金等，当然选择时还要考虑材料是否易于加工制作成工具电极，以及加工成本等因素。

其次，选择加工极性等工艺参数。通常工件一般分成粗、中、精几个加工工序依次进行来完成加工，既要保证工件的设计技术指标，又要保证尽可能高的加工生产效率。选择电加工参数的优先顺序应该根据影响加工质量的主要因素来确定。例如，加工一个型腔模具，电极损耗比一般要求必须低于1%，按照要求的电极损耗比来设定粗加工时的脉宽和峰值电流。这时可以把生产效率、粗糙度等要素放在相对次要的位置来考虑。例如，加工某精密小模数的齿轮冲模，除了要考虑工件侧面粗糙度外，还要考虑选择合适的放电间隙，以保证所给定的冲模配合间隙。

脉冲间隙时间在粗加工时一般取脉宽的1/5～1/10，在精加工时一般取脉宽的2～5倍。脉冲间隙时间大，生产率会较低；但是脉冲间隙时间过小，则加工不稳定，容易产生拉弧现象。

当需要加工的面积较小的时候，不适合选择过大的峰值电流。因为电极间隙内电蚀产物浓度过高会造成放电集中容易拉弧，所以在粗加工刚开始的时候可能实际加工面积很少，这时应该暂时调低峰值电流或者加大脉冲间隔，或者设置强行定时抬刀，等电火花放电加工面积逐渐增大后，再逐步调大电流至正常水平。随着加工深度的逐渐增加，也应相应加强抬刀和冲、抽油排屑功能。

脉冲宽度 T，空载电压 U 和峰值电流 I 是放电加工过程中非常重要的参数。这些参数的输入可以由放电加工控制系统的自动优化质量目标控制功能来确定。加工中任一个参数的改变都会影响最后的加工质量结果。

如图5-4所示，脉冲宽度 T 会影响间隙(电极与工件间的距离)、去除率和电极损耗。脉冲宽度越宽，间隙越大，电极损耗和去除率越小，粗糙度增大。脉冲宽度越窄，间隙越小，电极损耗和去除率加大，粗糙度减少。

放电前，极间空载电压 U 已经存在，如图5-5所示。U 值越高，工件与电极间的间隙越大，这样可改善冲液条件。此参数可作为优化参数时使用。

峰值电流 I 与电极上的负载电流一致。I 值越大，间隙值越大，工件的粗糙度越大；I 值越小，间隙值越小，工件的粗糙度越小。

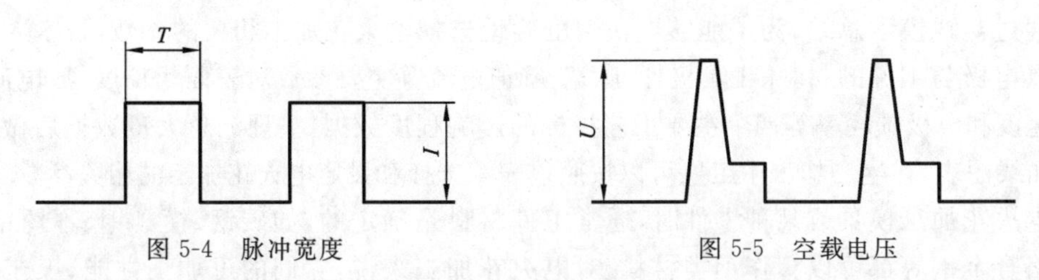

图 5-4　脉冲宽度　　　　图 5-5　空载电压

通常情况下，在确定了工件材料和电极材料、型腔尺寸、表面粗糙度等基本参数后，电火花机床的控制软件会自动匹配上述核心参数并执行加工。

5.3　电火花成形电极

5.3.1　电火花成形电极材料的选择

只要是导电的材料理论上都可以作为电极使用。但是不同的材料作为电极对于电火花加工速度、加工质量 、电极损耗、加工稳定性有重要的影响。所以，在实际加工生产中，要综合考虑各个方面的因素来选择最合适的材料作为电极。

常用的电极材料有紫铜(纯铜)、黄铜、钢、石墨、铸铁、银钨合金、铜钨合金等。这些材料的性能如表 5-1 所示。

表 5-1　电火花加工常用电极材料性能

电极材料	电加工性能		机加工性能	说　明
	稳定性	电极损耗		
钢	较差	中等	好	在选择电规准时注意加工的稳定性
铸铁	一般	中等	好	为加工冷冲模时常用的电极材料
黄铜	好	大	尚可	电极损耗太大
紫铜	好	较大	较差	磨削困难，与凸模连接后难以同时加工
石墨	较好	小	尚可	机械强度较差，易崩角
银钨合金	好	小	尚可	价格贵，一般少用

1. 铸铁电极的特点

(1) 采购源充足、价格低、加工性好，电极的精度质量容易保证。

(2) 电极损耗率和加工稳定性一般，容易起弧，生产率较低。

(3) 是多用于穿孔加工的常用电极材料。

2. 钢电极的特点

(1) 货源多，价格低，有良好的机械加工性能。

(2) 加工稳定性较差，电极损耗率高，生产率较低。

(3) 用于一般的穿孔加工。

3. 紫铜(纯铜)电极的特点

(1) 稳定性好，生产率高。

(2) 精加工中比石墨电极损耗小。

(3) 采用精密加工时能达到小于 1.25 μm 的表面粗糙度。

(4) 机械加工性能较差,磨削加工困难。

(5) 适合作为精加工电极材料。

4. 黄铜电极的特点

(1) 稳定性好,生产率高。

(2) 机械加工性能尚可。

(3) 电极损耗大。

5. 石墨电极的特点

(1) 机加工成型容易。

(2) 加工稳定性能较好,生产率高,采用长脉宽、大电流加工时电极损耗小。

(3) 机械强度差,尖角处易崩裂。

(4) 适合作为粗加工电极材料,也可作为穿孔加工的大电极材料。

5.3.2 电极设计

电极设计应遵循以下 10 个原则:

(1) 设计电极时,优先考虑设计整体结构电极,对于产品有外观和棱线要求时尤其重要。

(2) 为提高加工精度,在设计电极时可将其分解为主电极和副电极,先用主电极加工型孔或型腔的主要部位,再用副电极加工尖角、窄缝等部位。

(3) 设计的电极用于加工型腔开口部位时,应将电极上沿开口方向的相关尺寸作适当延伸,以保证工位加工出来后的口部无余料和凸起的小筋。

(4) 对于一些薄小、高低差很大的电极,在 CNC 铣削制作和放电加工中都很容易变形,设计电极时,应采用一些加强电极,防止变形的方法。

(5) 电极需要避空的部位必须进行避空处理,避免在电火花加工中发生加工部位以外的放电情况。

(6) 设计电极时,尽量减少电极的数目。可以合理地将工件上一些不同的加工部位组合在一起。

(7) 设计电极时,应将加工要求不同的部位分开设计,以满足各自的加工要求。如模具零件中装配部位和成形部位的表面粗糙度要求和尺寸精度是不一样的,不能将这些部位的电极混合在一起设计。

(8) 电极应根据需要设计合适底座(校正部分、基准角、装夹部分)。底座是电火花加工中校正电极和定位的基准,同时也是电极多道工序的加工基准。

(9) 设计电极时,要考虑电火花加工工艺。

(10) 电极数量的确定。

电极设计的步骤:首先要详细分析产品图纸的技术要求,以确定电火花加工的位置等基本情况;然后再根据现有的设备、材料以及将要采用的加工工艺等具体情况来初步拟定电极的结构尺寸等参数;最后参照不同的电极损耗参数、放电间隙参数等工艺数据,对照要加工的型腔尺寸进行必要的修正,同时还要考虑工具电极各个部位在放电加工中放电的先后顺序,放电的顺序会影响到工具电极上各点的总加工时间和损耗。同一电极的端角、棱边和加工面上的损耗数值等可作为适当调整电极补偿参数的依据。

1. 电极的结构形式

电极的结构形式一般需要根据型腔尺寸的大小、型腔形状的复杂程度及电极的加工工艺性等来确定。常见的电极结构形式有如下几种:

(1) 整体电极。整体电极是用一整块导电材料加工制成,如图 5-6 所示。

图 5-6　整体电极

(2) 组合电极。组合电极顾名思义是通过电极固定板把几个小电极组装在一起、可实现一次性同时完成多个成形表面的电火花加工的电极形式。

(3) 镶拼式电极。镶拼式电极则是把形状较为复杂、制造比较困难的电极分成几个模块进行分别加工,然后再将加工好的各分模块拼合在一起形成整体的电极。

2. 电极的尺寸

电极的尺寸包括垂直尺寸和水平尺寸两部分。

(1) 垂直尺寸。电极的垂直尺寸是电极上平行于机床主轴线方向上的尺寸。确定电极的垂直尺寸需要综合考虑的因素有采用的加工方法、加工工件的结构形式、加工深度、电极材料、型孔的复杂程度、装夹形式、使用次数、电极定位校直、电极制造工艺等。在实际的设计中,综合考虑上述各种因素的相互影响及主次关系后就能够确定电极的垂直尺寸。

(2) 水平尺寸。与机床主轴轴线相垂直的横截面尺寸称为电极的水平尺寸。

5.3.3　电极加工、装夹与校正

1. 电极的制造

在进行电极的加工制造时,一般为了避免因装卸而产生定位误差,通常将加工要用的电极坯料装夹在即将进行电火花加工的装夹系统上作为一个整体进行加工。常见的电极加工制造方法有如下几种。

1）切削加工

常见的铣、车、平面和圆柱磨削等传统切削加工方法均可用于电极切削加工。随着近些年数控技术的长足发展，数控铣床或加工中心也开始大量应用于制造电极。采用数控铣削来加工电极具有加工精度高、速度快的特点，可加工形状复杂的电极。

鉴于石墨材料的特性，如加工时容易碎裂、环境粉尘污染较重等，所以一般在加工前需要把石墨坯料放在工作液中浸泡 2～3 天后再加工，这样能最大限度地减少加工中的崩角及粉尘污染。紫铜材料切削加工比较困难，作电极材料时为了实现较好的电极表面粗糙度，一般需要在切削加工后再进行研磨抛光加工来提高表面质量。

2）线切割加工

除了上述常用到的机械加工方法制造电极的方式，在某些特定结构的电极加工中也可以用线切割的方式来加工电极，线切割能够加工形状特别复杂、用常规机械加工方法很难加工或很难保证加工精度的电极。

3）电铸加工

电铸加工这种方法主要是用来加工大尺寸的电极，尤其是在板材冲模中较为常用。电铸加工方式加工出来的电极放电性能非常好，复制精度高。采用这种方法能加工出用常规机械加工方法难以制造的微小形状的电极，尤其适合用于复杂形状和图案的浅型腔的电火花加工所用的电极。电铸加工的缺点是加工周期较长、成本较高，电极的材质质地比较疏松，电极损耗较大。

2. 电极装夹与校正

电极装夹是指把电极固定在机床的主轴夹头上，电极校正是指把电极的轴线调整至平行于主轴的轴线，也就是保证电极轴线与工作台台面垂直，有时候还需要保证电极的横截面基准线和机床的 X、Y 轴分别平行。

1）电极的装夹

通常使用通用夹具或专用夹具直接将电极装夹在机床主轴的下端夹头部位。

2）电极的校正

电极必须进行校正才能加工，不但要调节电极与工件基准面垂直，还需要在水平面内进行调节，以使工具电极的截面形状方向和将要加工的工件型腔方向角度一致。方法有：

(1) 用千分表利用电极的侧基准面来找正电极的垂直度。

(2) 当电极上无法找到可作为基准的侧面时，可将电极的上端面作为测量辅助基准来找正电极。

瑞士 EROWA 公司生产的一种高精度特种电极夹具，能够快速有效地实现电极校正。这种高精度电极夹具在电火花加工机床、车床、铣床、线切割等机床上都可以使用。通过这种夹具，可以实现电极制造和电极使用无缝衔接，使电极在不同机床之间调换时不用再耗费大量的时间去找正。

5.4 FORM2 电火花成形机床的操作

AgieCharmilles Form2 是阿奇夏米尔公司生产的一款电火花加工机床。这里用直径

0.5 mm 的铜质电极丝在铝板上加工如图 5-7 所示的三个小孔型腔(即一个工件三个型腔)为例进行操作说明。圆点即需要加工的型腔,型腔之间的距离为 5 mm,深度给定为 1 mm。

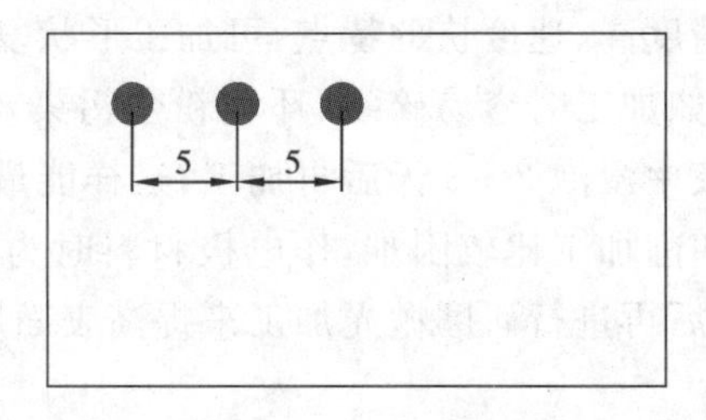

图 5-7 加工示例

通常用 Form2 加工一个型腔的操作顺序为创建任务、在任务准备模块描述加工任务、在执行模块执行程序。

首先,创建任务。在图 5-8 所示的任务准备栏中填入将要执行的加工任务名称(程序名称),该名称可以是字母或数字及其组合,系统不支持汉字名称,填好名称后回车。由于是新任务,因此会弹出信息确认窗口,点选空白任务选项后点击"√"确认,此时自动进入任务准备模块界面。

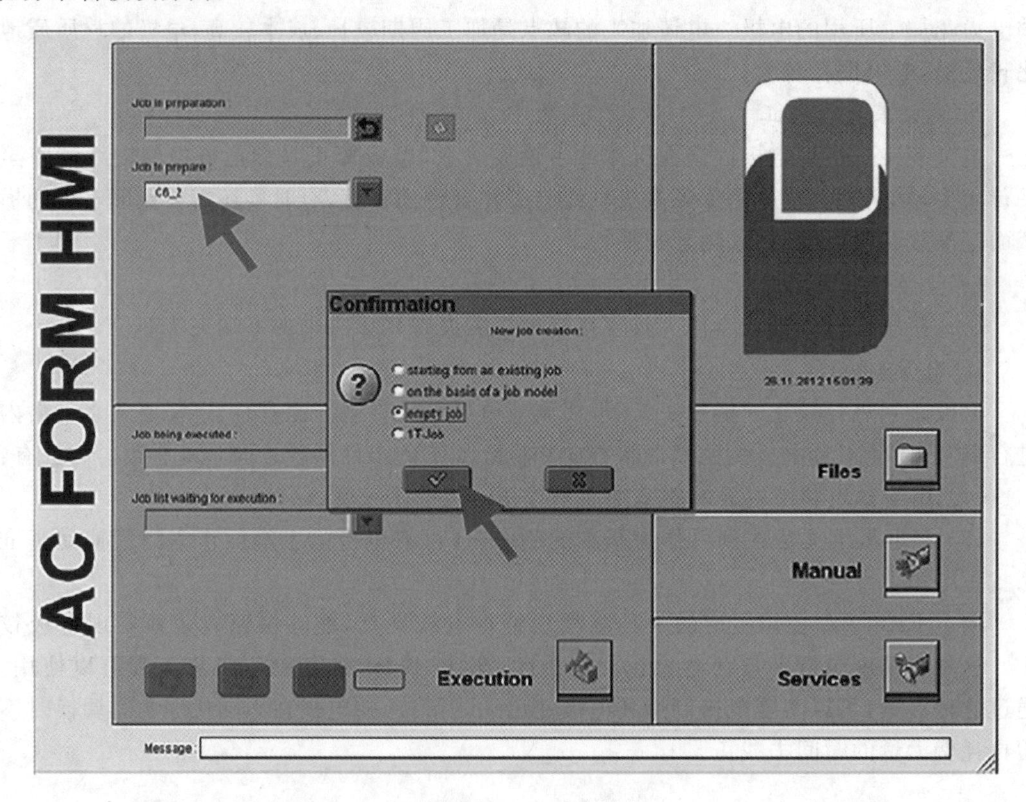

图 5-8 任务创建

在任务准备模块的界面右侧,有任务阶段、电极阶段、工件阶段、型腔阶段、EDM 阶段、顺序阶段、ISO 阶段共 7 个独立选项卡页面需要依次完成设置。

(1) 任务阶段的设置内容如图 5-9 所示。

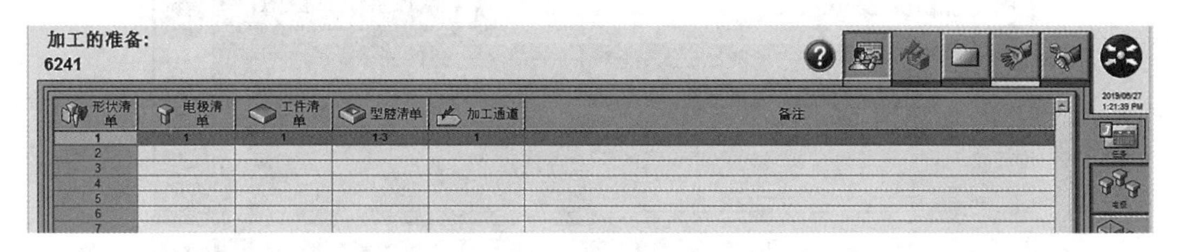

图 5-9　任务设置

其中,电极清单,即电极个数,这里输入 1;工件清单,即工件个数,这里输入 1;型腔清单,即要加工的型腔个数,这里是三个型腔,输入的格式为“1-3”或者“1,3”,不能直接输入 3;加工通道,等于每个电极完成的工序数,通常一个电极只完成一个工序,所以这里输入 1。

(2) 电极阶段的内容是基于任务阶段执行的内容,阐述了所有用于执行任务的电极参数,如图 5-10 所示。由于本加工任务示例只用到一个电极,因此只需要设置第一行的参数并激活即可。电极径向尺寸量可设置为 0.1。设置完成后需要点击页面右下方的键激活电极,如出现绿色三角符号即激活成功。

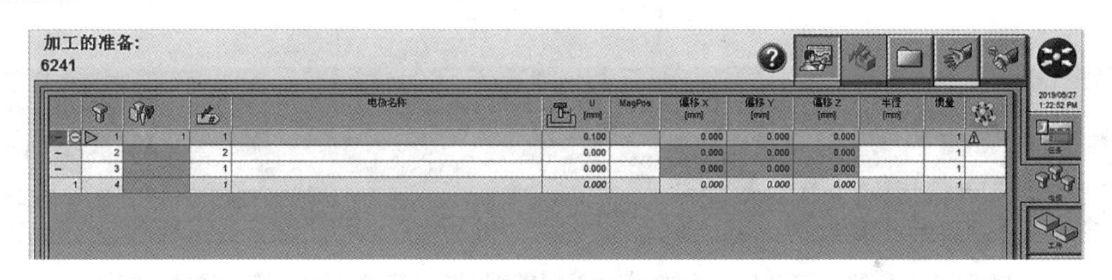

图 5-10　电极设置

(3) 在工件阶段(见图 5-11),可以点击键激活工件,激活的工件将通过表格左边的绿框来标记。

选择工件测量功能,在弹出的对话框(见图 5-12)中选择测量模式,这里我们选择第一个。

在弹出的对话框(见图 5-13)中设置 X、Y、Z 值。这里 X、Y 值输入 0,表示在当前位置进行测量;Z 值输入负值表示 Z 向下移动测量,Z 值输入正值表示 Z 向上移动;F 值表示测量速度,Q 值为测量精度,这两项值可以选择默认。

点击继续。点击按钮启动执行循环,如图 5-14 所示。

完成工件测量后,X、Y、Z 测量值自动写入图 5-15 中的特定位置。

(4) 在型腔阶段(见图 5-16),对【孔的位置】选项下的 X 或 Y 轴坐标值进行等距偏移,以定义三个等距型腔,完成该阶段的设置。此处选择偏移 X 轴坐标值形成 3 个 X 轴方向等距的型腔。

(5) 在 EDM 阶段,定义了用于执行加工的信息。这里定义材料铝:最终的表面粗糙度为 CH24,加工深度为 1 mm,电极直径为 0.5 mm,电极长度为 50 mm,如图 5-17 所示。

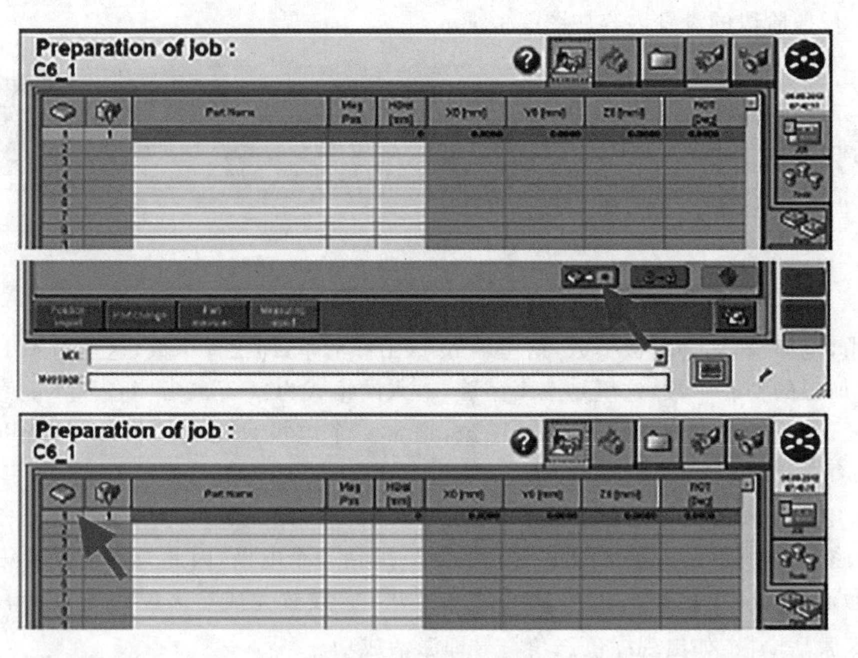

图 5-11　工件设置

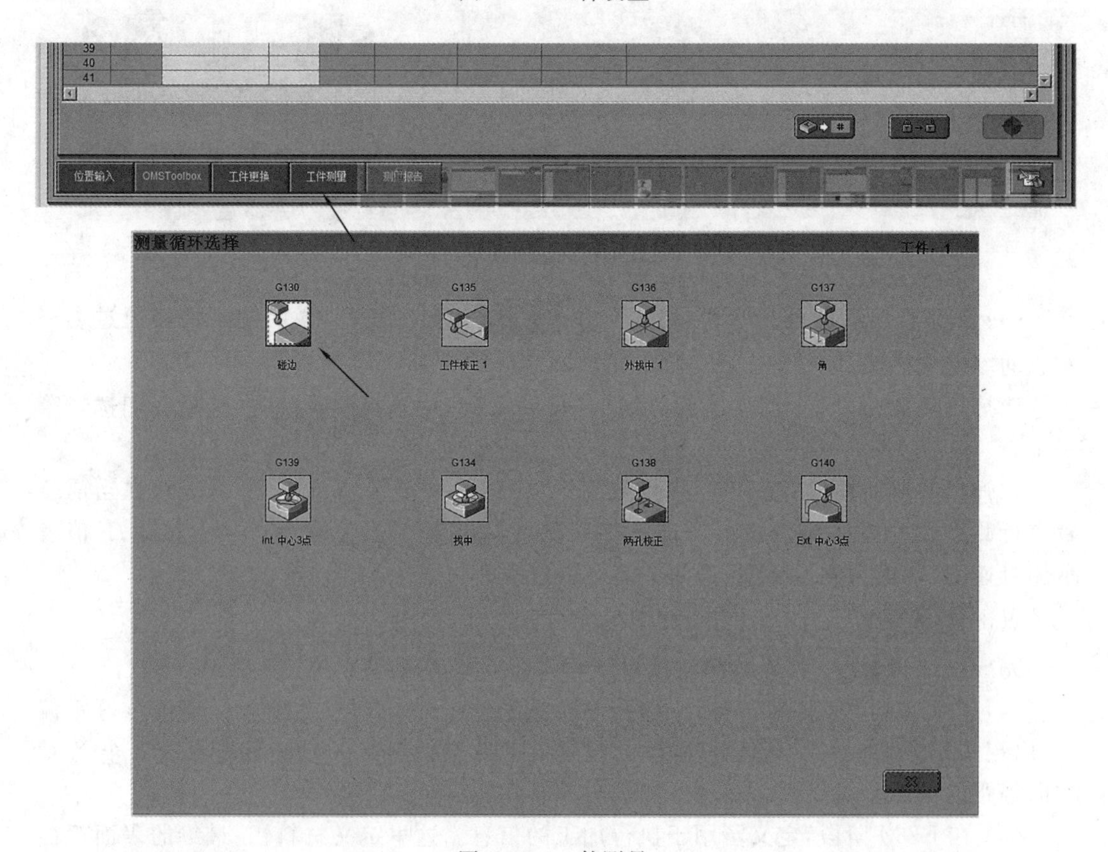

图 5-12　工件测量

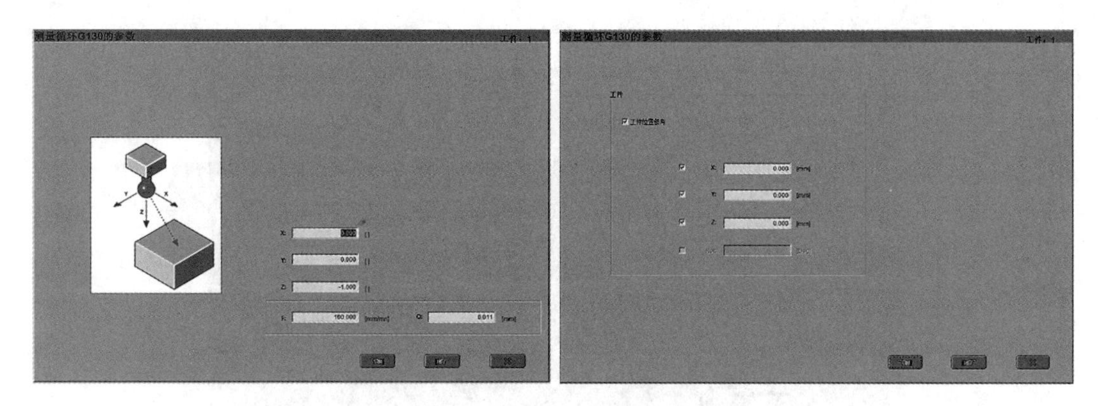

图 5-13　工件测量设置

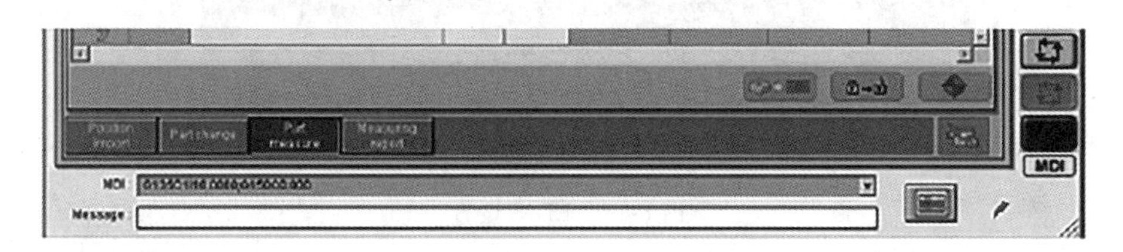

图 5-14　执行测量

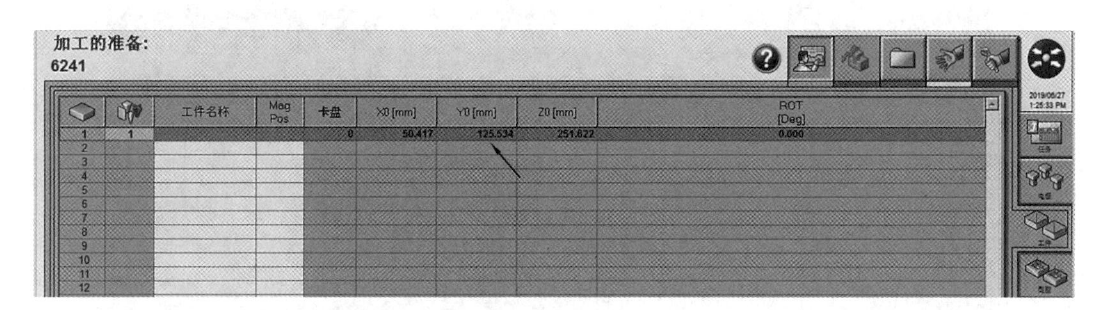

图 5-15　工件测量结果

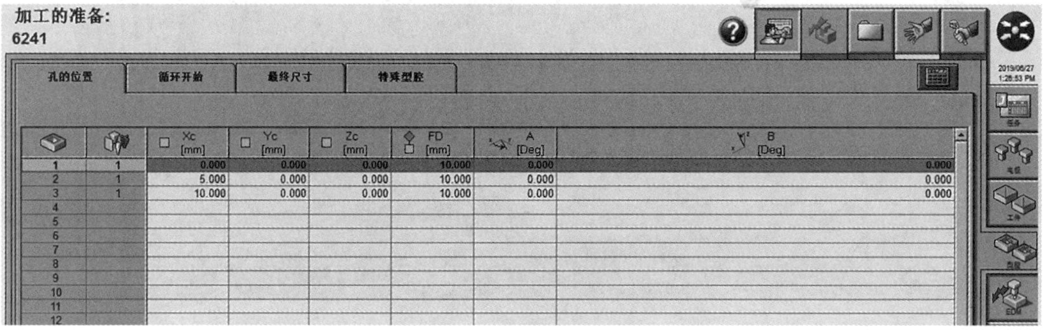

加工的准备:
6241

孔的位置　循环开始　最终尺寸　特殊型腔

		Xc [mm]	Yc [mm]	Zc [mm]	FD [mm]	A [Deg]	B [Deg]
1	1	0.000	0.000	0.000	10.000	0.000	0.000
2	1	5.000	0.000	0.000	10.000	0.000	0.000
3	1	10.000	0.000	0.000	10.000	0.000	0.000
4							
5							
6							
7							
8							
9							
10							
11							
12							

图 5-16　设置型腔坐标

按键转录在工具阶段输入的数值。按键自动生成顺序。选择键创建 ISO 程序。

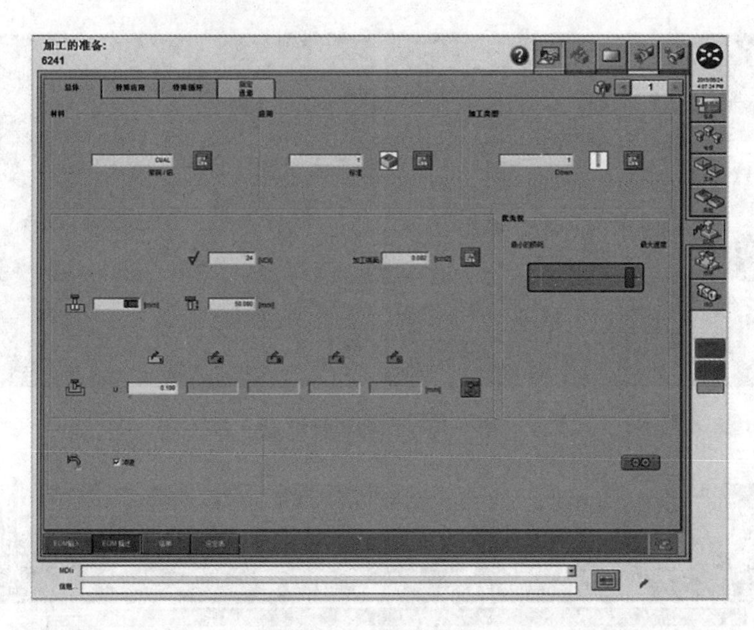

图 5-17　EDM 设置

（6）在 ISO 阶段，ISO 程序显示如图 5-18 所示。

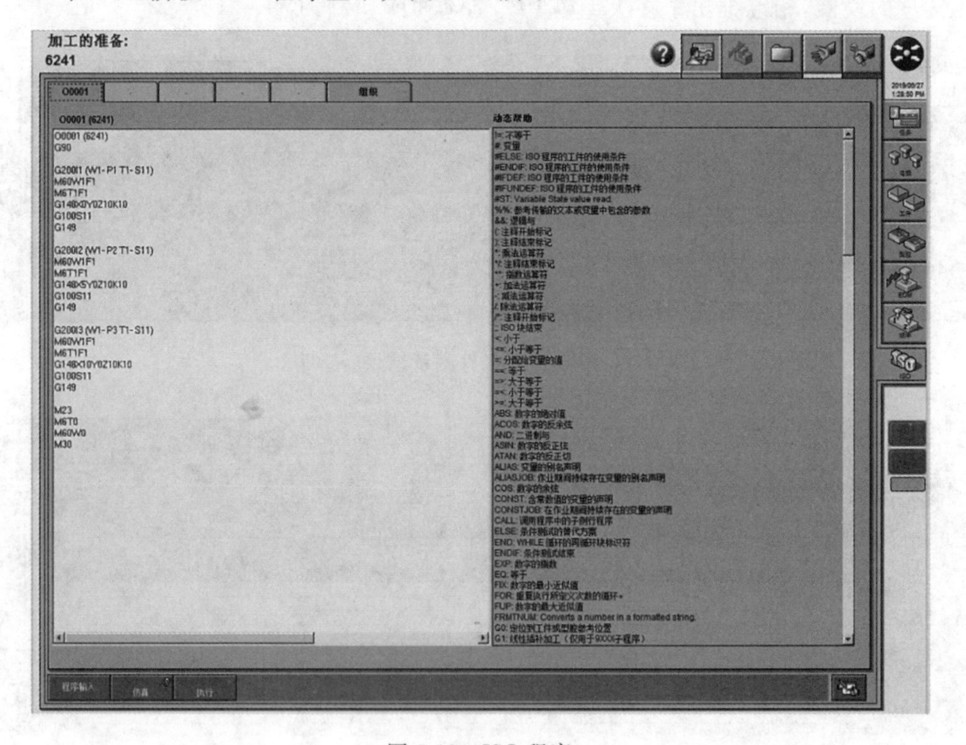

图 5-18　ISO 程序

可以点击页面下端的【仿真】按钮，进行仿真观察。如果要机床执行该程序，可点击【执行】按钮，则机床进入加工状态。

5.5 线切割加工基础

5.5.1 概述

线切割加工是以电火花加工原理为基础发展起来的一种新的加工工艺，是利用线状电极（一般为钼丝或铜丝）与工件材料之间的火花放电对工件进行切割加工，所以称为电火花线切割，简称线切割。线切割加工技术通过近些年的不断技术进步，已经发展成为一种结合高精度、高自动化特性为一身的特种加工方法，广泛应用在模具加工、难加工材料的加工、成形刀具加工和复杂加工面零件的加工等领域。

苏联在 1955 年制作出了电火花线切割机床，瑞士在 1968 年制成了数控方式的电火花线切割机床。经过半个多世纪的发展，电火花线切割机床已经不需要制作复杂的成形电极，也能很方便地加工出结构复杂、大尺寸的工件。线切割加工机床经历了仿形加工、光电跟踪、简易数控等几个发展阶段。我国在 20 世纪 50 年代后期先后研制出了电火花穿孔机床和线切割机床，在国际上属于开展电火花加工技术研究比较早的国家之一。张维良高级技师发明了世界独创的快速走丝线切割技术后，我国的线切割加工技术得到了突飞猛进的发展，相继推出了在大型模具与工件的线切割加工领域发挥巨大作用的大厚度及超大厚度线切割机床，极大地拓展了线切割加工工艺的应用范围。

经过不断的技术更新，现代线切割机床有如下特点：

(1) 电极工具是 0.03～0.35 mm 的金属丝，不再需要制造形状复杂的成形电极，加工量减少。

(2) 加工薄壁、窄槽、异形孔等复杂结构零件方便快捷。

(3) 精规准一般可一次加工成形，加工过程中大都不需要切换加工规准。

(4) 长电极丝在不断移动中进行加工，损耗较少，加工精度高。

(5) 工作液一般为水基乳化液或纯净水，无起火危险，安全性好。

(6) 零件按照图形轮廓加工后，余料还可再利用。

(7) 加工电流较小、脉宽较窄。

经过多年的发展应用和技术实践，目前线切割加工的应用范围如下：

(1) 冲裁模及挤压模、粉末冶金模、塑压模等。

(2) 电子器件、仪器仪表、电机电器、钟表等高硬度材料零件和特殊结构零件的加工。

(3) 微细孔槽、任意曲线、窄缝等特殊形状零件的加工。

(4) 电火花工具电极加工。

(5) 成型刀、样板的加工。

(6) 稀有贵重金属的切断。

电火花线切割的分类如下：

(1) 按控制方式可分为仿形加工、光电跟踪控制、数字程序控制及微型计算机控制。

(2) 按脉冲电源形式可分为 RC 电源、晶体管电源、分组脉冲电源及自适应控制电源等。

(3) 按加工特点可分为大、中、小型以及普通直壁切割型与锥度切割型。

(4) 按电极丝送丝速度快慢,线切割机床又可分为快走丝线切割机床和慢走丝线切割机床。快走丝线切割机床具有结构简单、操作方便、可维护性好,加工费用低、占地面积小及性价比高等特点,应用比较广泛。慢走丝线切割机床属于精密加工设备,采用一次性使用的电极丝,加工精度较高,工艺参数设定后能达到很高的表面粗糙度水平。

5.5.2 线切割加工原理

线切割加工即电火花线切割加工,其基本原理是将电极丝接上脉冲电源的负极,将工件接上脉冲电源的正极,利用移动的电极丝与工件之间保持一定的放电间隙,进行脉冲火花放电,产生金属的熔蚀,从而将工件按要求尺寸进行加工成形的一种加工方法,如图5-19 所示。

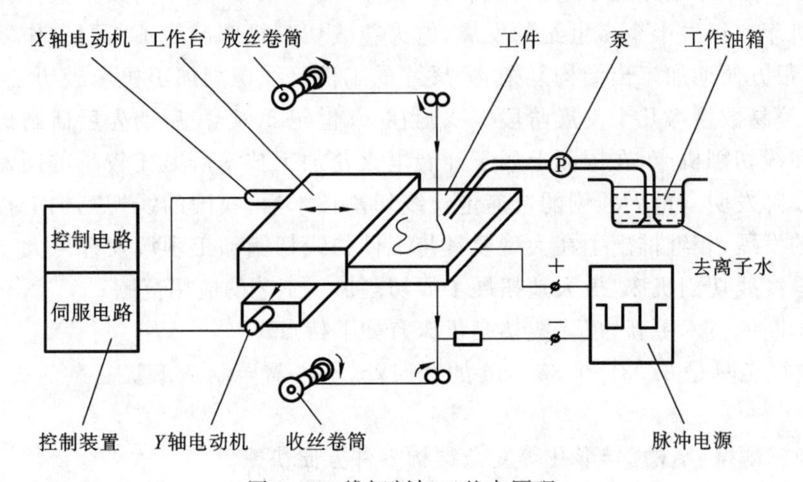

图 5-19 线切割加工基本原理

线切割是利用移动的细金属丝作为工具电极,在电极丝与工件之间加上脉冲电压,利用脉冲放电的腐蚀作用对工件进行切割加工。对浸泡在有一定绝缘性能的工作液之中的正负电极之间施加脉冲电压,当两个电极之间的间隙达到特定的距离时,脉冲电压就会将电极与工件之间的工作液击穿,产生火花放电。在放电瞬间能产生大量的热能积聚,使这一点上的工作表面局部的微量金属材料立刻被熔化、气化,并飞溅到工作液中,迅速冷凝形成固体金属微粒,被工作液带走。这时在工件表面上便留下一个微小的凹坑,之后放电短暂停歇,两电极间的工作液恢复绝缘状态。随着下一个脉冲电压又一次在两电极相对接近的另一点处击穿,又会产生火花放电,周而复始重复上述放电过程。

在保持电极丝与工件之间恒定的放电间隙的条件下,随着工件金属材料被蚀除,机床控制系统控制工件不断地向电极丝进给,或者控制电极丝向工件做进给运动,这样就可以沿着设定的轨迹逐步将工件切割成形。

5.5.3 线切割与电火花加工工艺的异同点

线切割加工与电火花加工的工艺和机理有较多的共同点又有各自独有的特性。

1. 共同特点

(1) 二者的加工原理相同，都是通过电火花放电产生的热来熔化去除金属的，加工过程中工件与电极之间有一定的脉冲放电间隙(线切割加工中单边放电间隙通常为 0.01 mm)，相互之间不接触，因此两者加工过程中不存在显著的机械切削力。

(2) 可以加工用普通的机械加工方法难以加工或无法加工的特殊材料和复杂形状的工件。不受材料硬度影响，不受热处理状况影响。

(3) 都属于半精、精加工范畴。

2. 不同特点

(1) 线切割加工所使用的电极丝(钼丝或铜丝)就是工具电极，它比电火花加工中必须制作成形的电极(一般用紫铜、石墨等材料制作而成)有着简单、易制、成本低等特点。

(2) 线切割加工中的电极丝很细(一般为 0.08 mm～0.2 mm)，放电腐蚀去除的材料很少，所以材料的利用率很高，特别是用它来切割贵重金属时，可以节省材料，减少浪费。电火花加工必须先用数控加工等方法加工出与产品形状相似的电极。

(3) 线切割加工中的电极丝损耗较小，因而对加工精度影响较小；而电火花加工中电极相对静止，易损耗，故通常使用多个电极加工。

(4) 线切割加工只能加工通孔，能方便加工出小孔、形状复杂的窄缝及各种形状复杂的零件；而电火花加工可以加工通孔、盲孔，特别适宜加工形状复杂的塑料模具等零件的型腔及雕刻文字、花纹等。

(5) 线切割所用的工作液为乳化液或去离子水等，不会发生火灾，且电参数一旦选定，中途不必更换，一次成型，所以，可以一人多机操作或昼夜无人连续加工，大大节约了劳动力成本。

5.5.4 线切割加工工艺

线切割加工工艺的制定流程如图 5-20 所示。

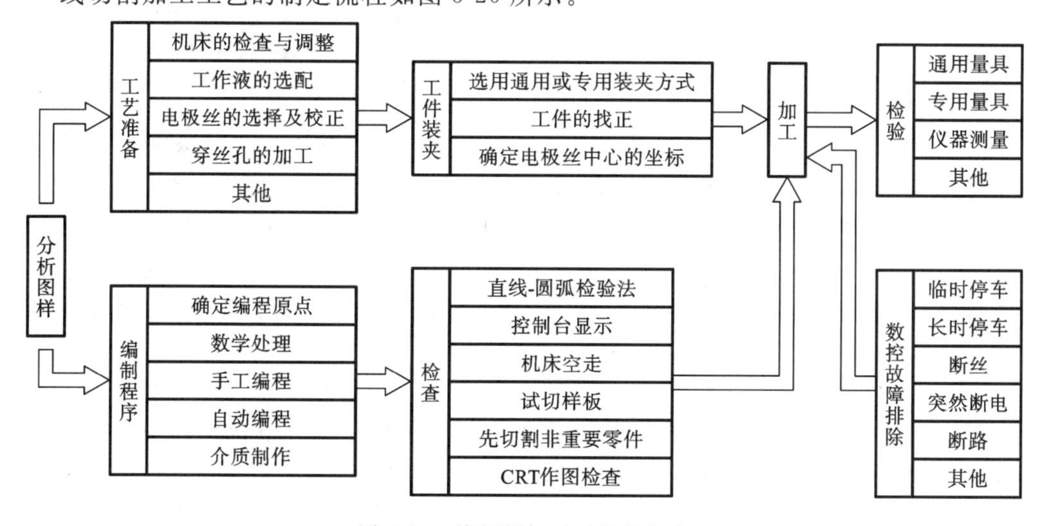

图 5-20 线切割加工工艺的制定

1. 零件图的工艺分析

1) 凹角、尖角和窄缝宽度的尺寸分析

在实际加工中，所采用的电极丝有一定的直径，电极丝与被加工材料之间有一定的放电间隙。因此，要加工出工件的外形轮廓(即凸模类零件)，电极丝中心轨迹应向外偏移。要加工内孔(即凹模类零件)，电极丝中心轨迹应向内偏移。偏移量等于实际电极丝半径加单边放电间隙。

2) 表面粗糙度及加工精度分析

合理确定线切割加工表面粗糙度值是非常重要的，要检查零件图样上是否有过高的表面粗糙度要求。

同样，也要分析零件图上的加工精度是否在线切割机床加工精度能达到的范围内，根据加工精度要求的高低来合理确定线切割加工的有关工艺参数。

2. 工艺准备

1) 工件的准备

(1) 工件材料的加工前处理。

模具加工前，毛坯需经锻造和热处理。加工前还要进行退磁处理及去除表面氧化皮和锈斑等。

(2) 工件加工基准的选择。

如图 5-21 所示，以外形为校正和加工基准。外形是矩形的工件，一般需要有两个相互垂直的基准面，并垂直于工件的上、下平面。

如图 5-22 所示，以外形为校正基准，内孔为加工基准。无论是矩形、圆形还是其他异形的工件，都应准备一个与工件的上、下平面保持垂直的校正基准，此时其中一个内孔可作为加工基准。

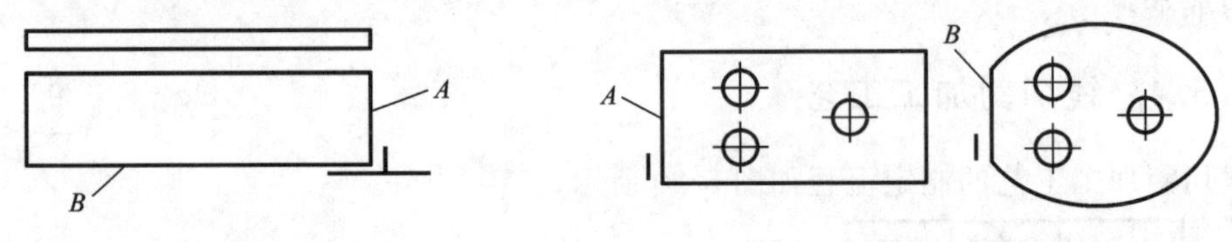

图 5-21 加工基准选择(1)　　图 5-22 加工基准选择(2)

(3) 工件的装夹与找正。

① 工件的装夹　装夹工件时必须要把工件的切割部位悬空置于机床工作台行程的允许范围之内。通常固定工件时以磨削加工过的面来定位，装夹的位置应便于工件找正。夹紧力要均匀不需要太大，选用加紧夹具时优先用通用件或标准件。

② 工件找正　通常使用百分表来找正工件，确保工件的定位基准面分别与机床的工作台面和工作台的进给方向保持平行。当工件切割轨迹与定位基准之间的相互位置精度要求不高时，可采用划线法找正。

(4) 穿丝孔的确定。

穿丝孔位置应选在容易找正工件，并在加工过程中便于检查的位置。一般穿丝孔常用直径为 $\phi3 \sim \phi10$ mm。切割凸模类零件，通常在坯件内部外形附近预制穿丝孔。切割凹模、孔类零件，可将穿丝孔位置选在待切割型腔(孔)内部。大尺寸工件加工时，穿丝孔应设置在靠近加工轨迹的已知坐标点上，以缩短切入行程。为了发生断丝时能就近重新穿丝继续加工,在加工大型工件时,还应沿加工轨迹设置多个穿丝孔。

2）切入点(切出点)的确定

由于线切割加工经常是封闭的轮廓切割,所以切入点也是切出点,由于电极丝返回到起点时存在重复位置误差和两次切割等原因,造成的加工痕迹使工件精度和外观质量下降。因此,应合理选择切入点。

(1) 当被加工表面粗糙度不一致时,应在粗糙的表面上选择切入点。

(2) 当被加工表面粗糙度相同时,应尽量选择截面的交点作为切入点。优先选择直线与直线的交点、直线与圆弧的交点、圆弧与圆弧的交点。

(3) 对于工件各个切割面既无技术要求的差异,又没有形面交点的工件,切入点尽量选择在钳工容易修复的位置。

(4) 避免将起始切割点选择在应力集中的夹角处,以防止造成断丝、短路。

3）切入点位置的确定

(1) 工件各表面上的粗糙度要求不一样时,切入点位置应该选在粗糙度要求较低的面上。

(2) 工件各个面上的粗糙度要求相同时,切入点位置尽量选在截面图形的相交点上。

(3) 对于某些工件各个切割面既无技术要求上的差异也没有形面交点的这类工件,切入点位置尽量选择在便于钳工修复的位置上。

(4) 工件的切入点处应平整清洁以保证导电良好。

4）切割路线的确定

(1) 尽量避免从工件材料端面向里进丝,最好从坯料上预制出的穿丝孔开始进丝加工。

(2) 将工件与其坯料最后分离的部分安排在切割路线的末端最后切除。

(3) 在一块毛坯上要切出两个以上工件时,应尽可能从不同的穿丝孔开始穿丝加工以减小变形。

(4) 为防止因工件的结构强度差而发生变形,加工轨迹与毛坯边缘距离应大于 5 mm。

(5) 为避免放电时电极丝单向受电火花冲击力,导致电极丝运行不稳定,进而影响尺寸和表面精度,应避免沿工件端面切割。

5）电极丝的选择与对刀

(1) 电极丝的选择如表 5-2 所示。

表 5-2 电极丝的选择

材　　料	丝径/mm	特　　点
紫铜	0.1～0.25	适合切割速度要求不高或精加工时使用。丝不易卷曲,抗拉强度低,容易断丝
黄铜	0.1～0.30	适合高速加工,加工面的蚀屑附着少。表面粗糙度和加工面的平直度也较好
专用黄铜	0.05～0.35	适合高速、高精度和理想的表面粗糙度加工以及自动穿丝,但价格高
钼	0.08～0.2	由于钼的抗拉强度高,一般用于快速走丝,在进行微细、窄缝加工时,也可用于慢速走丝
钨	0.03～0.10	由于钨的抗拉强度高,可用于各种窄缝的微细加工,但价格昂贵

(2) 对刀。

对于加工要求较低的工件,可以直接采用目测法来进行对刀。火花法可利用电极丝与工件在靠近到一定距离时发生火花放电来确定电极丝的坐标位置。接触感知法可利用电极丝与工件基准面由绝缘到短路的瞬间,两者间电阻值突然变化的特点来确定电极丝是否接触到了工件,并在接触点自动停下来,显示并记录该点的坐标,即电极丝中心的坐标值。利用接触感知法还可以实现自动找孔中心。

3. 脉冲参数的选择

(1) 脉冲宽度　是指脉冲电流的持续时间。脉冲宽度与放电能量成正比,在其他加工条件相同的情况下,脉冲宽度越宽切割速度就越高,加工越稳定。但放电间隙大,表面粗糙度也大。相反,脉冲宽度越小,加工出的工件表面质量就越好,但切割效率就会下降。

(2) 脉冲间隔　是指脉冲电流的停歇时间。脉冲间隔与放电能量成反比,在其他条件相同的情况下,脉冲间隔越大,切割速度会下降,但是有利于排除电蚀颗粒物,加工稳定性好。

(3) 峰值电流　是指放电电流的最大值。它和脉冲宽度对切割速度和表面粗糙度的影响相似,但程度更大些,放电电流过大,电极丝的损耗也随之增大,并容易造成断丝。

5.5.5　线切割加工机床的组成

电火花线切割加工机床主要由机床本体、轴的控制系统、工作液循环系统、脉冲电源和机床附件等几个部分组成。

1. 机床本体

机床本体主要由机床床身、坐标工作台、走丝机构等部分组成。机床本体图如图 5-23 至图 5-25 所示。

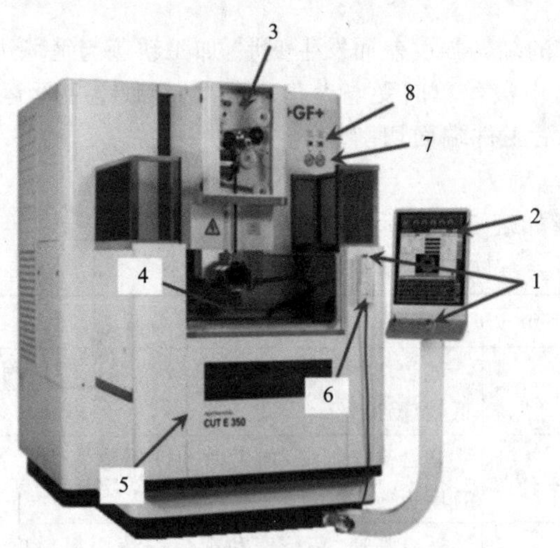

图 5-23　机床本体正面图

1—急停开关;2—操作台;3—走丝板;4—工作区;5—液槽门;
6—手控盒;7—上下高压表;8—气压及水压数显压力表

(1) 机床床身。

机床床身一般为铸件材质,它是坐标工作台、走丝机构及丝架的支承和固定机械基础

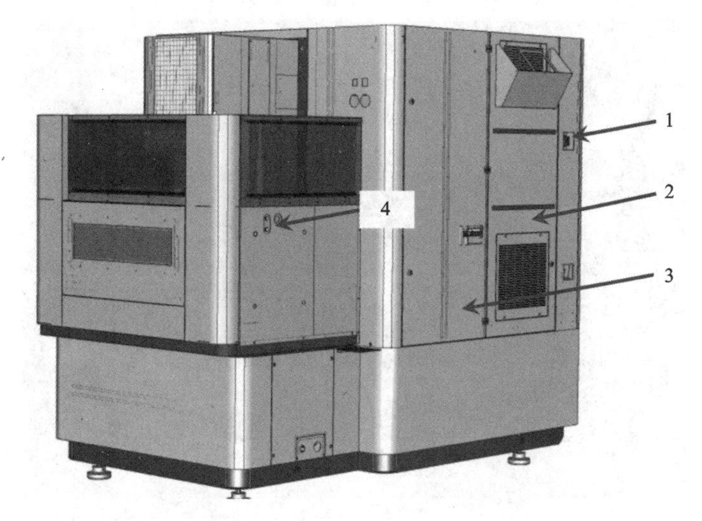

图 5-24 机床本体侧面图

1—主电源开关(On/Off);2—电柜;3—污水箱;4—手动液位调整开关

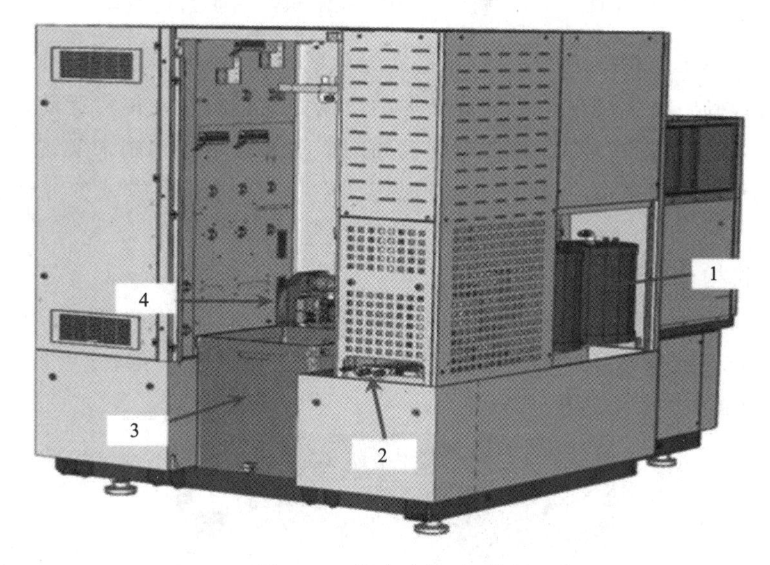

图 5-25 机床本体后面图

1—电介质过滤区域;2—去离子与制冷机接口(输入/输出);3—储丝筒;4—收丝部

平台。

(2) 坐标工作台。

坐标工作台一般利用“十”字滑板、滚动导轨和丝杠传动副将电动机的旋转运动变为工作台的直线运动,通过两个坐标方向各自的进给移动,最终实现各种平面图形曲线轨迹。

如图 5-26 所示,坐标工作台主要由拖板、导轨、丝杠运动副、齿轮副或蜗轮副四部分组成。

① 拖板:由上拖板、中拖板、下拖板、工作台四部分组成。

坐标工作台依靠拖板在导轨上运动,实现 X-Y 方向运动。

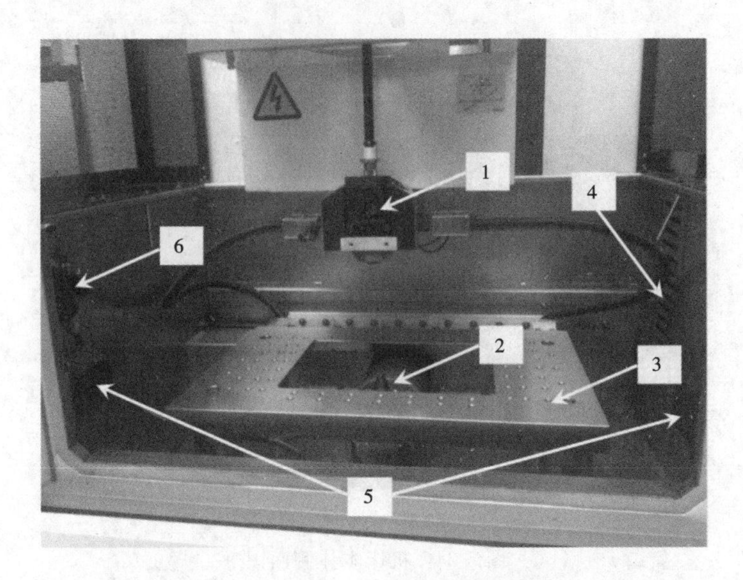

图 5-26　坐标工作台

1—上机头；2—下机头；3—工作台；4—最低水位传感器；5—液槽门锁气缸；6—水枪

② 导轨：坐标工作台移动的灵活、平稳对导轨的精度、刚度和耐磨性有较高的要求。

③ 丝杠传动副：将传动电动机的旋转运动改变为拖板的直线位移运动。

④ 齿轮副或蜗轮副：步进电动机与丝杠间的传动通常用齿轮副来实现。步进电动机主轴上的主动齿轮改变转动方向时，会出现传动空程，应采取措施减少或消除齿轮传动空程。

(3) 走丝机构。

走丝机构主要是起带动电极丝按一定线速度移动且保持一定的张力，并将电极丝整齐地排绕在储丝筒或线盘上的作用。走丝单元位于工作区域上部，此处有丝卷座、制动器、接触轮以及相关滑轮，如图 5-27 所示。

图 5-27　走丝机构

1—送丝装置；2—制动装置；3—平衡滑轮；4—丝卷座，最大承重 8 kg；5—0.1 mm 丝附加滑轮

(4) 手控盒。

如图 5-28 所示，使用手控盒界面执行一些机床准备功能，例如移动轴，激活(或取消激活)电极丝和电介质功能。

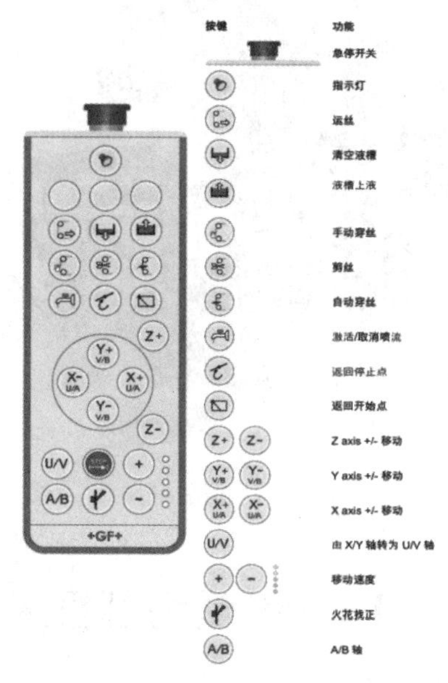

图 5-28　手控盒界面

2. 轴的控制系统

数控装置计算轴的移动坐标，将计算值传送给轴指令，经过重新处理之后，轴指令给每个轴发送单独的指令。所有轴都由动态交流无刷伺服电动机驱动，使得不会对机械组件造成热影响；测量过程通过电动机轴上的步序读取器进行。移动通过正时皮带传送到球形循环螺杆。各轴行程分别为轴的行程，即 $X=350$ mm、$Y=250$ mm、$Z=250$ mm、$U=90$ mm、$V=90$ mm。

轴的移动基于直角坐标，参考电极丝的运动方向而定。机床轴方向定义如下：面向机床正面，横向为 X 方向，纵向为 Y 方向。电极丝向右运动(实际为工作台向左移动)为 $X+$方向，向左运动为 $X-$方向。电极丝向远离方向运行为 $Y+$方向，向接近方向运行为 $Y-$ 方向。U、V 轴与 X、Y 轴空间平行，与 X 轴平行的为 U 轴，与 Y 轴平行的为 V 轴。它们的正负方向与 X、Y 轴的正负相同。轴的行程如图 5-29 所示。

3. 工作液循环系统

工作液的主要作用是在电火花线切割加工过程中的脉冲间歇时间内将已蚀除下来的放电金属颗粒产物从加工区域中排除带走，使电极丝与工件间的工作介质迅速恢复绝缘状态，避免出现连续的弧光放电，以使线切割能够顺利进行下去。此外，工作液还有另外两个作用：一方面有助于压缩放电通道，使能量更加集中，提高放电的电蚀能力；另一方面可以冷却受热的电极丝，防止放电产生的热量扩散到电极丝等不必要的地方，以保证工件表面质量和提高电蚀能力。通常，工作液应具有一定的导电能力、较好的消除电离能力、渗透性好、稳定性好等这些特征，还应该有较好的洗涤性能、防腐蚀性能、对人体无危害等特点。

线切割机床的工作液循环系统包括工作液箱、工作液泵、流量控制阀、进液管、回流管及过滤网罩等部分。

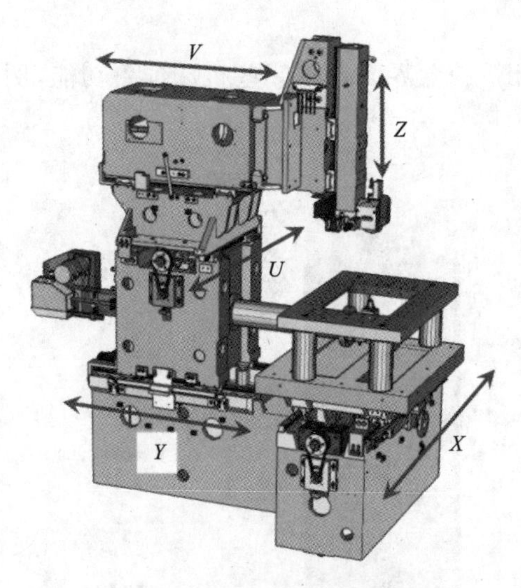

图 5-29 轴的行程

5.6 CUT C350 线切割机床的操作

5.6.1 机床的使用规则

数控电火花线切割机床属于精密加工设备，是典型的技术密集型设备。为了能够安全、合理、有效地使用机床，操作人员必须遵守以下几项操作规则：

(1) 操作前对机床的性能、结构要有充分的了解，能掌握操作规程和遵守安全生产制度。

(2) 在机床的允许工艺范围内进行加工。

(3) 开机前检查机床的电源线、超程开关和安全门等是否处于正确位置状态，不允许带故障操作。

(4) 应该按机床操作说明书所规定的润滑要求，定时在规定位置加注规定型号的润滑油或润滑脂，以保证机构运转灵活，特别是导轮和轴承，要定时检查和更换。

(5) 加工前检查工作液箱中的工作液是否足够，水管和喷嘴是否通畅。

5.6.2 数控电火花线切割机床的维护保养

数控电火花线切割机床维护保养的目的是保证机床能正常可靠的工作，延长其使用寿命，一般维护保养方法如下：

(1) 定期润滑。主要是使用油枪注入，定期润滑包括机床导轨、丝杠螺母、传动齿轮、导轮轴承等部件的润滑。轴承和滚珠丝杠有保护套式的，可以半年或一年后拆开注油。

(2) 定期调整。要根据使用时间、间隙大小或沟槽深浅调整丝杠螺母、导轨及电极丝挡块和进电块等。挡丝块和进电块使用较长时间后，摩擦出沟痕，需转动或移动一下，以改变接触位置。

(3) 定期更换。需定期更换的部件包括机床上的导轮、反馈电刷(或进电块)、挡丝块、轴承等易损部件，磨损后应及时更换。

5.6.3 操作线切割机床

如图 5-30 所示，以阿奇夏米尔 CUT C350 机床为例。如果要进行一项线切割加工作业，首先需要在 CAD 软件上 1∶1 地画出需要切割的元素的轮廓线条，这个轮廓线条就是后续电极丝进行切割作业所走的路线。需要注意的是，在加工凹模时，或者如果要切割的元素不能不中断地一次性切出，中间还需要断丝、重新穿丝继续切割的，要预先在工件上设定好的穿丝位置加工出直径大于 1 mm 的穿丝孔。加工中的每一次程序性断丝、穿丝点都需要加工穿丝孔。较大的穿丝孔直径能提高手动穿丝成功率。画好的图样要保存为 DWG 格式，以便导入机床编程软件后处理成机床能识别并执行的加工程序。通常，数控慢走丝机床的操作使用及关键注意事项需要按照图 5-31 所示的流程进行。

图 5-30　CUT C350 线切割机床

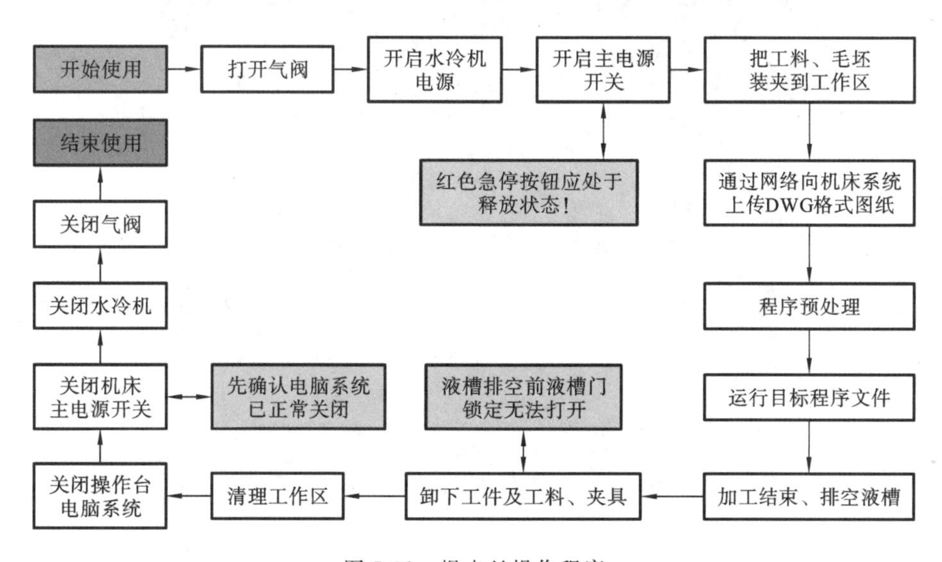

图 5-31　慢走丝操作程序

这里以在一块 5 mm 厚的铝板上加工一个自定义党徽图案为例对机床操作进行具体说明。机床使用的电极丝为铜丝,型号为 AC Brass 900,直径为 ϕ0.25 mm。

1) 图形预处理

在电脑 CAD 软件上按 1∶1 绘制出适当大小的党徽图案,保存为 DWG 格式。将图样通过网络传输到慢走丝机床的控制电脑上,如图 5-32 所示。

图 5-32 控制台界面

然后,在机床控制台的电脑上打开软件 AC Cam Easy,这个软件有简单的 CAD 绘图功能及图形编辑处理功能,如图 5-33 所示。我们接下来要利用的是这个软件的另一个重要功能,即编程功能。

图 5-33 AC Cam Easy 界面

在 AC Cam Easy 里找到绘制好的党徽图案 DWG 文件并打开，全部选中图案，在图形上点击右键，在弹出菜单中点击【串接】，如图 5-34 所示。

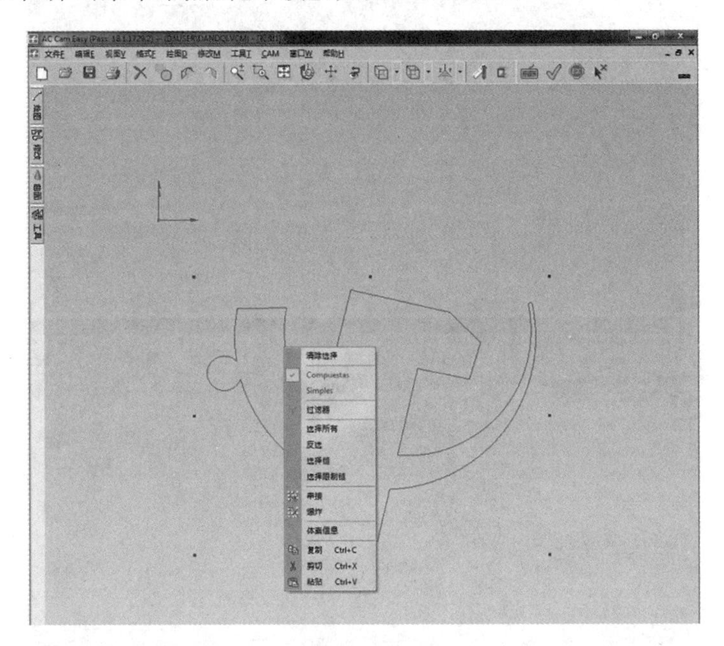

图 5-34　串接

选中【合并线】，回车，如图 5-35 所示。

图 5-35　合并线

2）工艺编制

在工具栏依次点击图 5-36 所示线切割按钮，会出现图 5-37 所示开始编程画面。

回车后，修改图 5-38 箭头处 UV 和厚度 H 的参数，此处加工没有锥度需求，所以 UV 设置成 0，厚度 H 设置为 10。

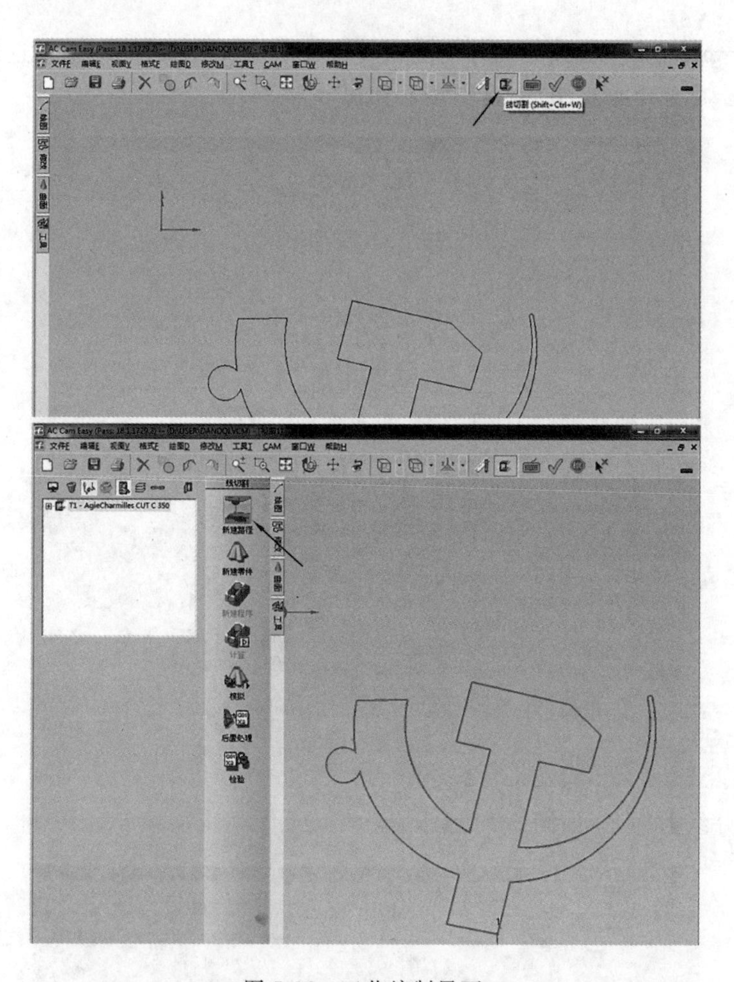

图 5-36 工艺编制界面

图 5-37 进入编程界面

图 5-38 基本加工参数设置

回车，点击【选择 XY】，鼠标框选图案后，回车。

如图 5-39 所示，点击【引入路径】，设置箭头处引入长度值，此处设为 1，光标靠近图形，在适合电极丝切入的位置用光标捕捉到图形上的点后，单击鼠标左键，然后沿电极丝进入的路线移开光标后单击左键，完成引入路径。

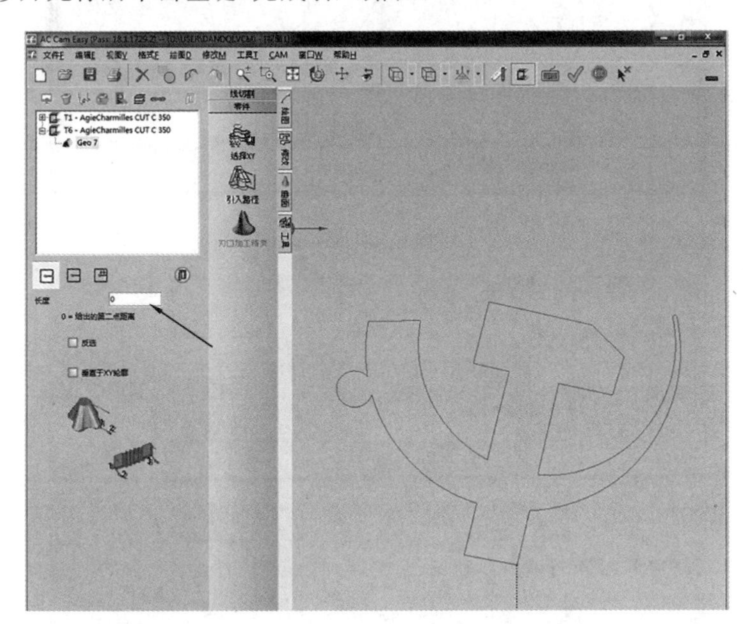

图 5-39 引入路径

回车后，点选图 5-40 窗口左侧的【编程】，点击【加工精灵】。

在弹出的对话框中点选【加工工艺】，如图 5-41 所示。

如图 5-42 所示对话框，【工件描述】材料选铝，【电极丝选择】选中 AC Brass 900，【直径】选 0.25，【排序和选择序列】选中第 1 行，点击图 5-42 右下角的 键。

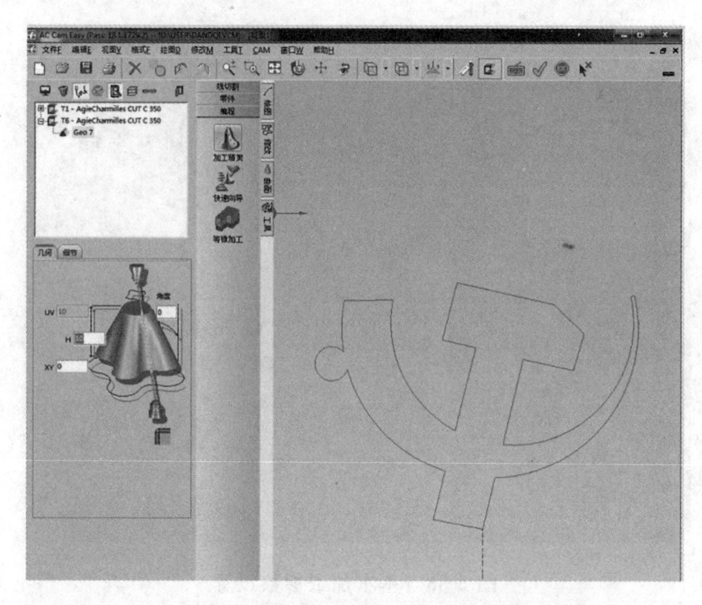

图 5-40　加工精灵

图 5-41　加工工艺

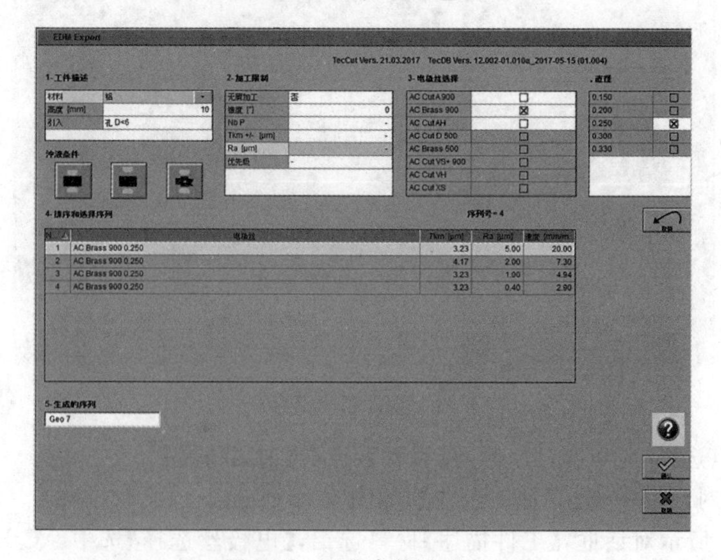

图 5-42　工艺参数设置(1)

在图 5-43 中单击»键，下一步。

图 5-43　工艺参数设置(2)

在图 5-44 中设置残料长度，这里设为 1，点选【作为停止】，单击»键，下一步。

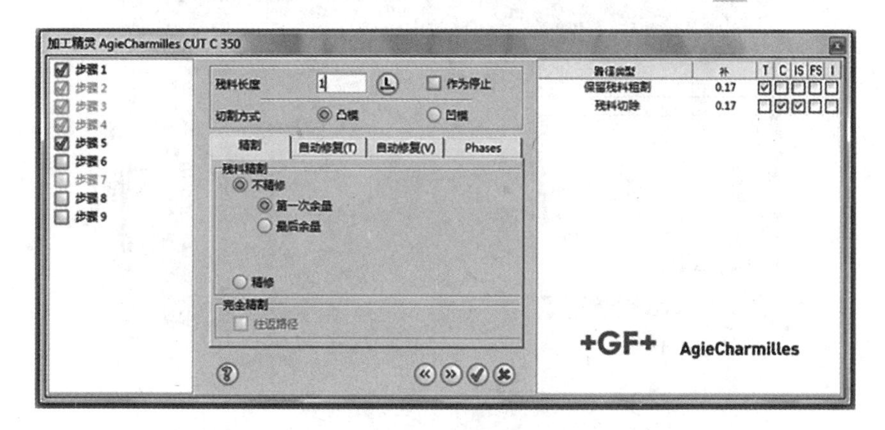

图 5-44　工艺参数设置(3)

在图 5-45 中点击✓键。

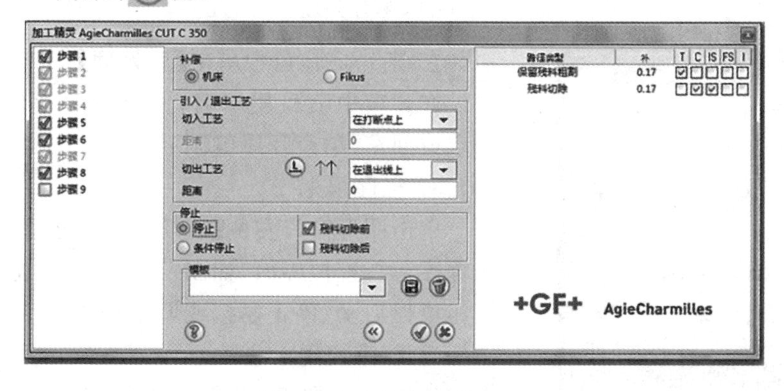

图 5-45　工艺参数设置(4)

在图 5-46 左侧特征树中的目标特征上单击右键，在弹窗中点选【计算】，再一次在该目标特征上单击右键，在弹窗中点选【后处理】。

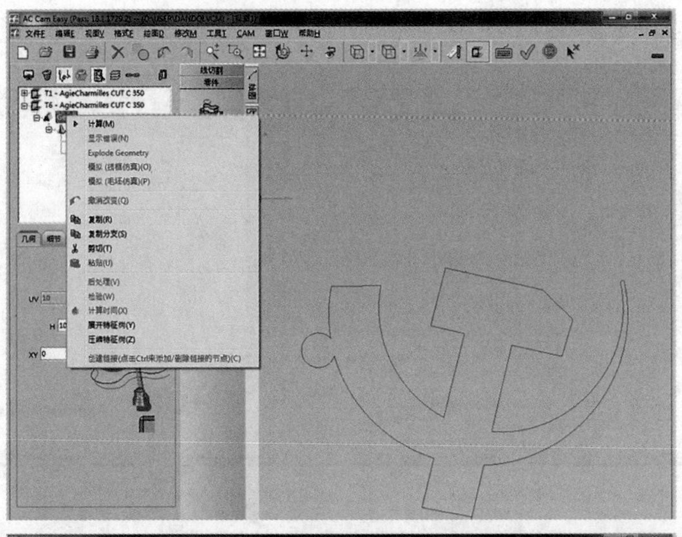

图 5-46　程序处理

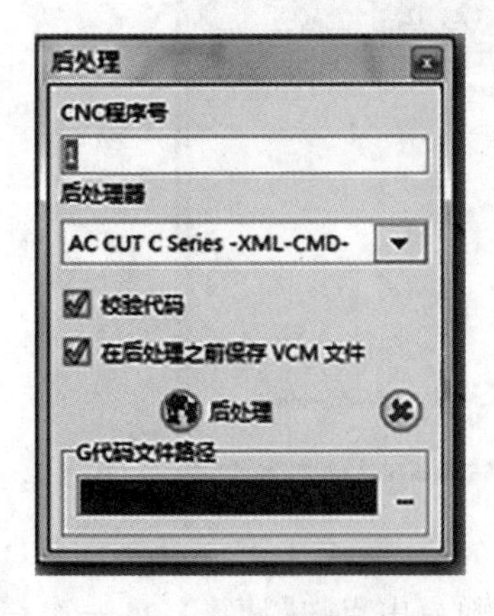

图 5-47　后处理弹窗

在图 5-47 弹窗中单击【后处理】。

在弹窗中填写程序名，记下程序存储路径，点击确定或回车，结束程序编制。

3）程序模拟

单击图形窗口左侧【线切割】选项，单击【模拟】进入程序运行模拟界面，如图 5-48 所示。通过箭头所示按钮可以启动、停止模拟或调整程序模拟运行速度。

4）程序调用

切换进入图 5-49 所示机床控制界面，单击【文件】，找到并打开刚才编制存储的后缀格式为 MJB 的程序文件。

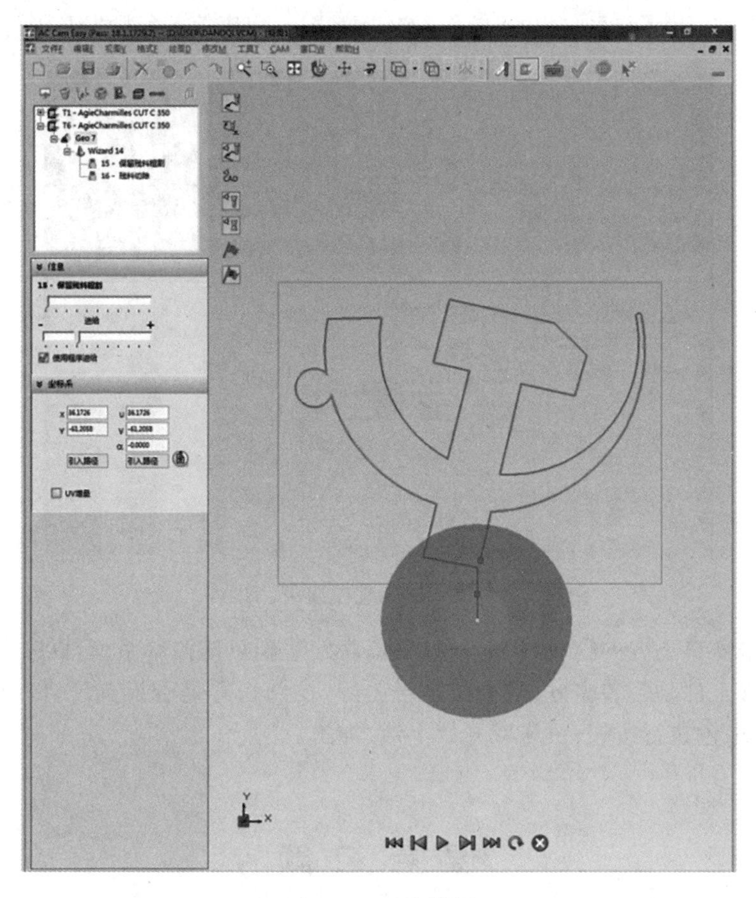

图 5-48　程序模拟

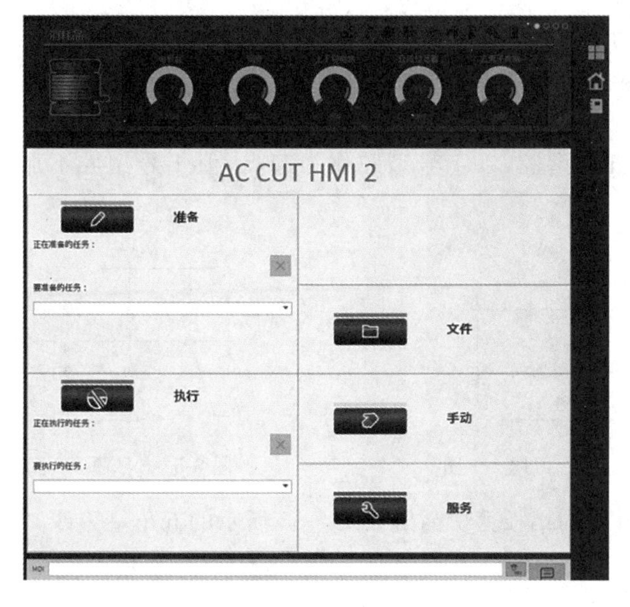

图 5-49　机床控制界面

单击图 5-50 所示界面右侧的【操作】按钮，将图示程序第 8 行的“MOV”改为“SAX”。

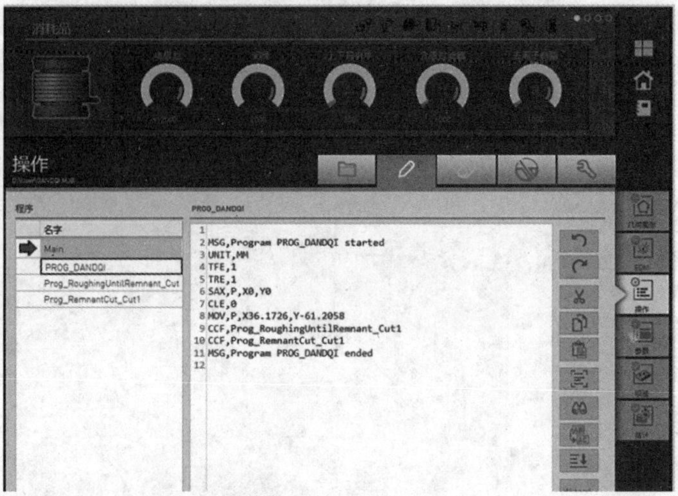

图 5-50　程序调用

通过点击窗口下方的【到执行】按钮，将程序发送到机床控制系统，机床随即进入待加工状态。检查工件是否装夹好，液槽门是否关好，控制钥匙是否扳到了自动模式，确认一切正常后，按绿色执行按钮，机床就开始上液、加工。

课 后 习 题

5-1　用直径为 0.5 mm 的铜丝电极（或其他直径的电极）尝试在一块金属板上加工如图 5-51 所示呈矩形分布的四个型腔。

5-2　用直径为 0.5 mm 的铜丝电极（或其他直径的电极）尝试在一块金属板上加工如图 5-52 所示的五个型腔，以 1 号型腔作为起点，但 1 号型腔不加工。深度为 0.5～1 mm。

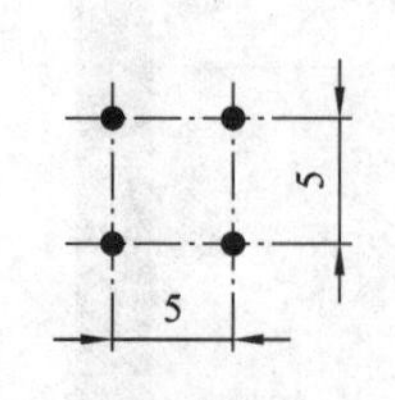

图 5-51　习题 5-1 图

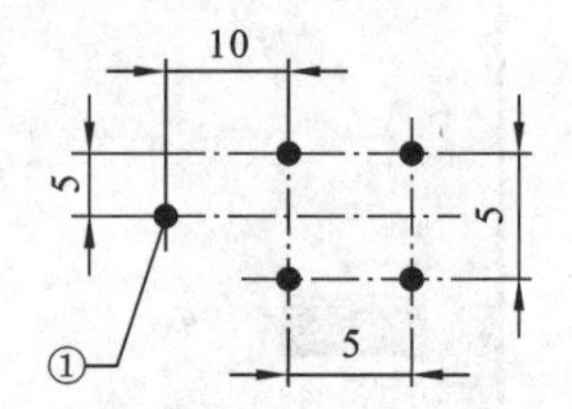

图 5-52　习题 5-2 图

5-3　在 5 mm 厚的铝板上切割出如图 5-53 所示的五角星零件。

5-4　在 CAD 上 1∶1 绘制如图 5-54 所示图案，导入机床 AC Cam Easy 软件中进行程序处理，并利用 5 mm 厚的铝板进行凸模实际切割加工，并思考加工凹模时与加工凸模时的区别。

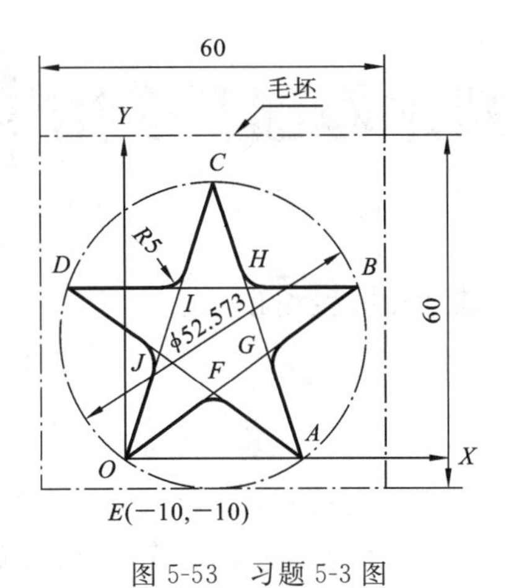

图 5-53 习题 5-3 图

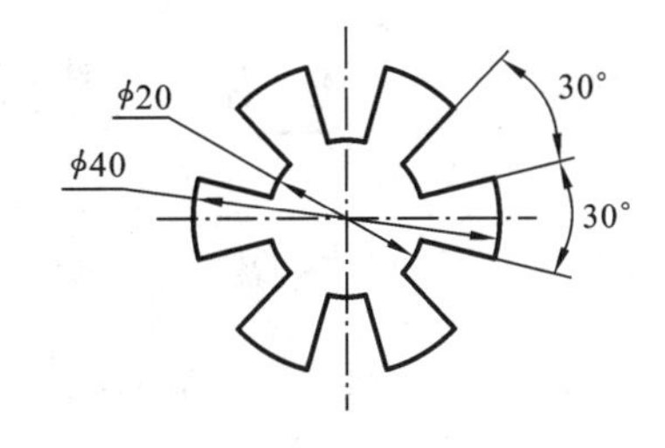

图 5-54 习题 5-4 图

第6章　激光内雕加工技术基础及应用

第6章
数字资源

6.1　激光内雕加工基础

6.1.1　Max1210 内雕机

如图 6-1 所示，Max1210 大幅面激光内雕机是面向大幅面玻璃雕刻的激光内雕机，为玻璃深加工行业带来了全新的变革。这种内雕机可在大幅面的普通玻璃、超白玻璃里雕刻平面 2D 与 3D 立体效果的精美图案，可接受数字模型的生产方式，为玻璃加工带来更加环保、节能、高效、安全的生产技术。水晶及玻璃内雕图案是用电脑控制的激光内雕机制作的。其实，人们通常见到的工艺品大多不是真正的水晶，而是人造水晶。“激光”则是对人造水晶进行“内雕”最有用的工具。采用激光内雕技术，将平面或立体的图案“雕刻”在水晶玻璃的内部。

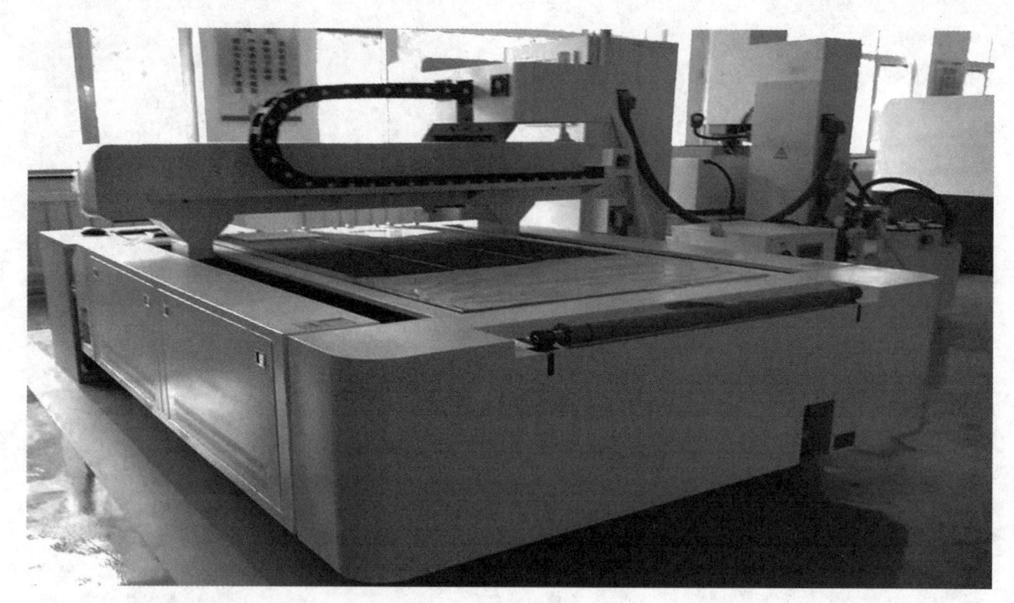

图 6-1　Max1210 激光内雕机

(1) 应用面广。可做深度浮雕，浮雕效果深而对玻璃无任何损坏；加工幅面大，加工速度快；适合大批量加工。

(2) 效果炫彩缤纷。制作的大幅面玻璃制品平面、立体都能体现，产品的细节可达到写真级别；将产品与电子技术、灯光相组合，表面形式丰富多样，视觉效果炫彩夺目。

(3) 环保。设备在加工产品过程中不产生任何污染，没有粉尘，没有毒害气体，不用水资源，不用化工染料，是真正的零污染。

(4) 节能。在所有的大型玻璃加工设备中，激光内雕技术属于耗能最少的一种，本机每小时耗电仅在 2 度左右。

(5) 低耗材高寿命。本设备是非接触式加工设备,由于不与加工产品发生接触,只有设备在运动过程中自身产生少量摩擦;设备整体耗能极低,一台设备在标准环境下的工作寿命在 10 年以上。

(6) 易于管理。人工成本非常低,一到两个工人可同时管理 5 台以上的设备。

(7) 操作便利。

6.1.2 激光内雕加工原理

激光雕刻原理如图 6-2 所示。激光要能雕刻玻璃,它的能量密度必须大于使玻璃、水晶破坏的某一临界值,或称阈值。而激光在某处的能量密度与它在该点光斑的大小有关,同一束激光,光斑越小的地方产生的能量密度越大。这样,通过适当聚焦,可以使激光的能量密度在进入玻璃及到达加工区之前低于玻璃的破坏阈值,而在希望加工的区域让激光的能量密度超过这一临界值,激光在极短的时间内产生脉冲,其能量能够在瞬间使水晶受热破裂,从而产生极小的白点,在水晶内部雕出预定的形状,而玻璃或水晶的其余部分则保持原样完好无损。

图 6-2 内雕机工作原理图

1. 泵浦技术

目前常用两种技术的激光内雕机。一种是采用半导体泵浦固体如 Nd-YAG 的内雕机。Nd-YAG 晶体称为掺钕钇铝石榴石,是综合性能优异的激光晶体。激光波长为 1064 nm,广泛用于军事、工业和医疗等行业。另一种是采用灯泵浦的内雕机,如用半导体激光二极管(LD) 或二极管阵列泵浦的固体激光器是目前激光发展的主要方向之一,其泵浦效率高,具有较高的雕刻速度,没有耗材,但价格高。灯泵浦激光内雕机采用氙灯泵浦 Nd-YAG 产生激光,其雕刻速度较慢,有耗材(需要两到三个月更换一只氙灯),价格相对便宜。本章所述先临 Max1210 是采用半导体泵浦固体激光技术的内雕机。

2. 雕刻过程

激光内雕机首先通过专用点云转换软件,将二维或三维图像转换成点云图像,然后根据点的排列,通过激光控制软件控制图像在水晶中的位置和激光的输出,由半导体泵浦固体产生的激光经倍频处理输出波长为 532 nm 的激光。激光束经扩束镜扩束后,再射到方头中振镜扫描器的反射镜上,振镜扫描器在计算机控制下高速摆动,使激光束在平面 X、Y 两维方向上进行扫描形成平面图像。三维图像靠振镜及工作台的联合动作实现。通过镜头将激光束聚焦在加工物体的表面或内部形成一个个微细的、高能量密度的光斑,每一个高能量的激光脉冲瞬间在物体表面或内部烧蚀形成雕刻,经过计算机控制连续不断地重复这一过程,预先设计好的字符、图形等内容就永久地蚀刻在物体表面或内部。

6.1.3　激光内雕机结构

激光内雕机由计算机控制可在水晶或玻璃内部雕刻出二维或三维图案，整个系统包括机身系统、工件平台、激光系统和控制系统组成，如图 6-3 所示。

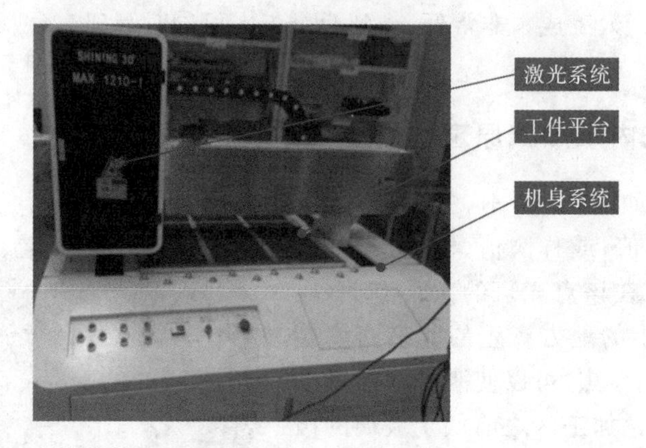

图 6-3　激光内雕机系统图

图 6-4 所示为激光内雕机控制面板。

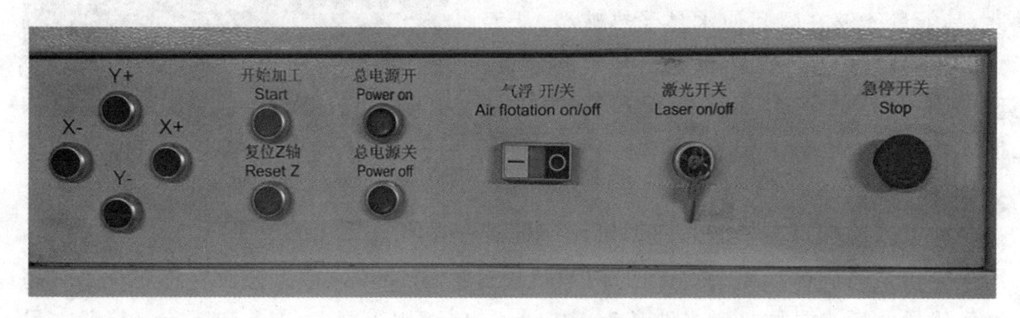

图 6-4　激光内雕机控制面板

1. 机身系统

机身由床身、横梁、Z 轴升降装置组成。床身采用整体方钢管焊接结构，退火消除内应力后进行加工。

运动部件采用伺服电动机直驱的丝杠直线导轨副；行程两端有限位开关控制并辅以机械弹性缓冲垫。横梁由方钢管焊接而成。Z 轴升降装置实现激光头的上下运动，上下行程两端均有限位开关控制，并辅以机械弹性缓冲垫。

2. 工件平台

工件平台有气浮平台和普通平台两种配置。普通平台即蜂窝铝板表面粘贴绒布，后部辅以胶辊和牛眼轮方便上下料；气浮平台系统由高压风机、塑料增强管和气浮平台组成，在放置大版面厚玻璃时，压缩空气从台面气动浮珠孔处吹出，在玻璃和台面绒布间形成润滑气膜，减少摩擦力，如图 6-5 所示。

3. 激光系统

激光系统光路部分包括激光器、扩束镜（见图 6-6）、全反镜（见图 6-7）、扫描振镜（包括 X、Y 扫描振镜）、透镜（见图 6-8）。

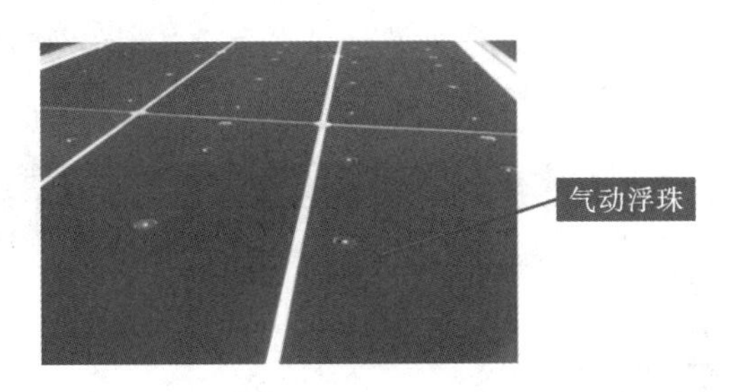

图 6-5 气浮平台

图 6-6 扩束镜

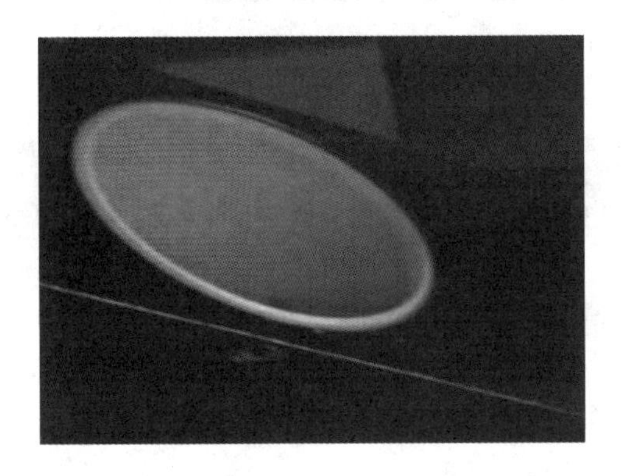

图 6-7 全反镜

图 6-8 透镜

4. 控制系统

控制系统主要包括电脑和控制箱。控制箱包括滤波器、开关电源、伺服电动机驱动器、交流接触器、电磁继电器、控制按钮等。

6.2 激光内雕加工工艺流程

设备开机并初始化后，即可开始雕刻。

按照本节描述步骤操作，可快速地学会雕刻一个平面图案。快速加工雕刻分为五个过程：导入加工文件，设置材料大小，放置工件，设置雕刻原点，开始雕刻。

6.2.1 导入加工文件

(1) 在控制软件上点击【文件】→【打开】选项，弹出“打开”对话框，如图 6-9 所示。

(2) 选择当前可执行文件所在目录下的“models”文件夹，选择“tutorial_1.3dp”文件，点击“打开”按钮。软件视图栏界面从黑底变为红黑；在软件控制栏→“模型信息”区，显示图片点云数量和图片尺寸，表示 3dp 模型数据已经导入完毕。软件控制栏→“雕刻控制”区的“开始(S)”按钮由灰底变成加粗显示。

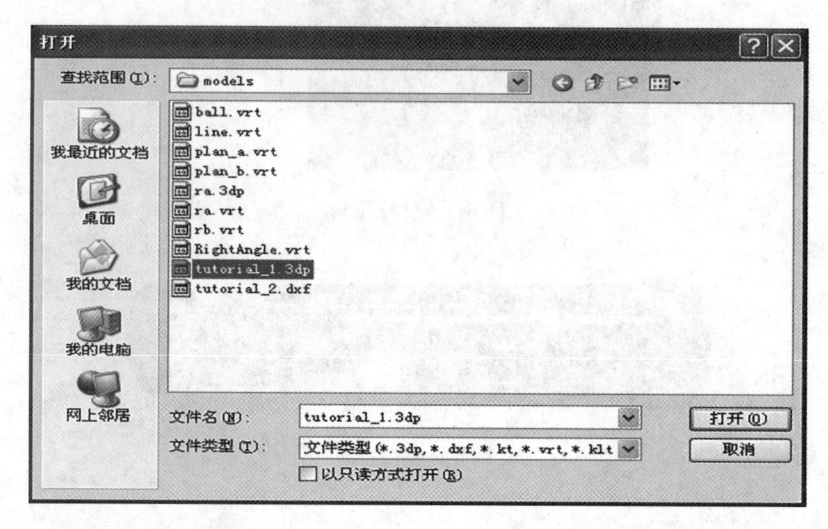

图 6-9　打开文件

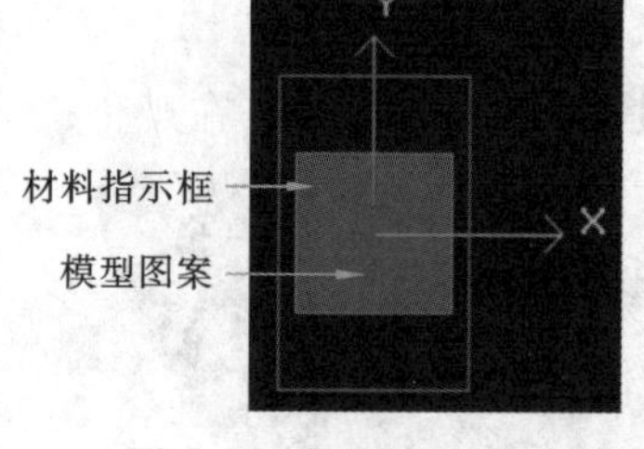

图 6-10　视图窗界面

6.2.2　设置材料大小

测量空白玻璃(材料)尺寸，假设材料尺寸为 50 mm×80 mm×3 mm。

在软件控制栏→“雕刻编辑”→“材料大小”中输入工件的长(X)、宽(Y)、高(Z)值为 50、80、3。视图窗界面(见图 6-10)会按输入尺寸显示一个橙色的矩形框。

6.2.3　放置工件

将工件放置在台面上的合适位置，并擦拭干净上表面。

6.2.4　设置雕刻原点

(1) 点击软件控制栏→“雕刻控制”区域→“激光出”按钮。

(2) 点击或持续按住软件控制栏→“平台控制”区域的 X+/X−、Y+/Y−按钮，移动 X 轴、Y 轴，直至激光束射到工件左后角点。然后分别沿 X 轴和 Y 轴移动激光头，若移动过程中激光一直照射在工件的边上，则此角点可作为雕刻原点；否则，旋转工件，直到激光一直照射在工件的边上。

(3) 在主菜单“操作”中勾选“始终以当前位置为临时雕刻原点”，并移动激光头到雕刻原点，如图 6-11 所示。

(4) 点击软件控制栏→“雕刻控制”区域→“激光停”按钮，停止出光。

6.2.5　开始雕刻

点击软件控制栏→“雕刻控制”区域→“开始”按钮，开始雕刻。此时的步骤是：

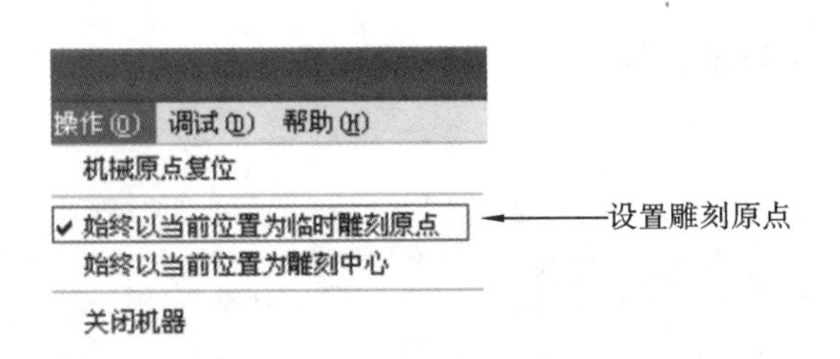

图 6-11　设置雕刻原点

(1) 激光加工头移动到加工位，激光器开始出光加工。

(2) 软件控制栏界面“平台控制”区的数值会实时变化，“雕刻控制”区计时及进度条进度增加。

一般情况下，用户不要在加工过程中操作软件或平台设备，直至雕刻结束，如图 6-12 所示。当软件界面进度条走到 100%，激光器停止出光，激光加工头回到雕刻之前的位置，此时表明雕刻操作顺利完成。

图 6-12　雕刻进度控制

观察加工好的成品，图案应该在厚度方向上居中，图案明亮、均匀地分布在工件的正中间。观察激光加工过程时，必须佩戴护目镜。

6.3　Max1210 大幅面激光内雕机的操作

使用 Max1210 内雕机雕刻如图 6-13 所示图片时，应先用 PS 软件对图片进行处理，再用内雕机在水晶内部将图像雕刻出来。

图 6-13　Max1210 激光内雕机

用抠图工具选出要雕刻的主体部分，然后反选，把不需要的部分填充为黑色，如图6-14所示。

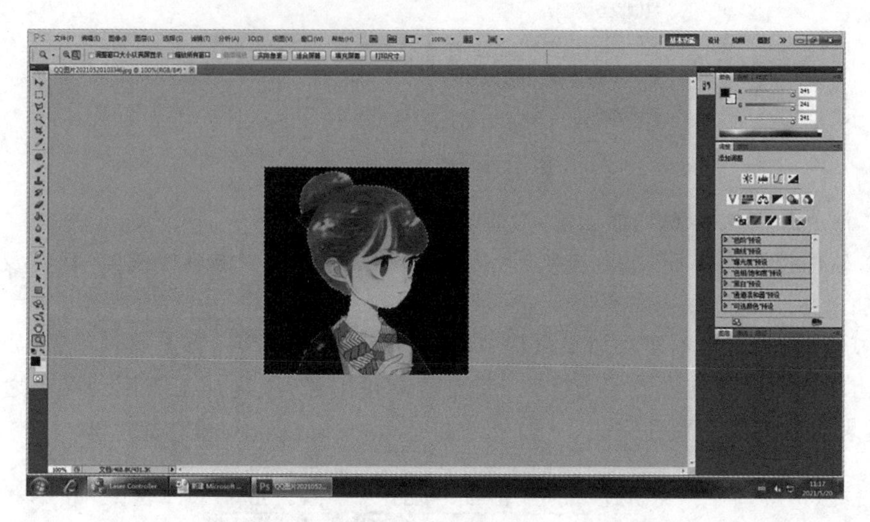

图 6-14　反选

点击菜单栏的图像→调整→去色，把图片的颜色去除，如图 6-15 所示。

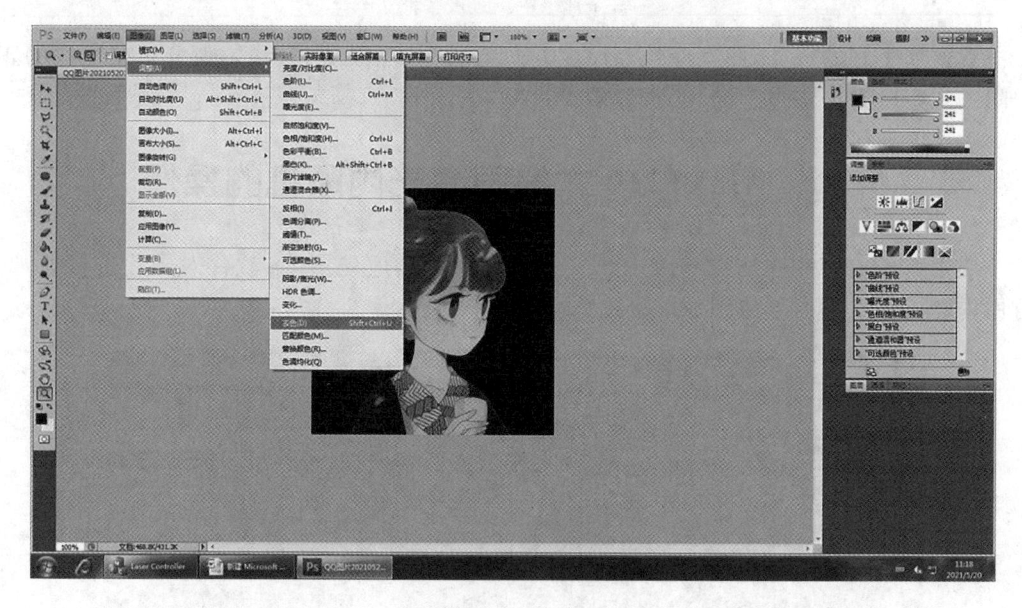

图 6-15　去色

使用菜单栏中的图像→调整→阴影/高光对图片的暗部进行调亮，如图 6-16 所示。

用裁剪工具将图片大小调整适当，提交当前裁剪操作。

打开与 Max1210 内雕机配套的软件 3Dvision 进行算点。打开菜单栏的点云→参数设置，对水晶的尺寸大小进行设置，如图 6-17 所示。

设置好水晶尺寸大小后，点击左侧菜单的静态点云，点击输入图像。然后对图像的大小进行设置，以使其生成的点云大小适应水晶的尺寸大小，设置好后点击“完成”并预览。

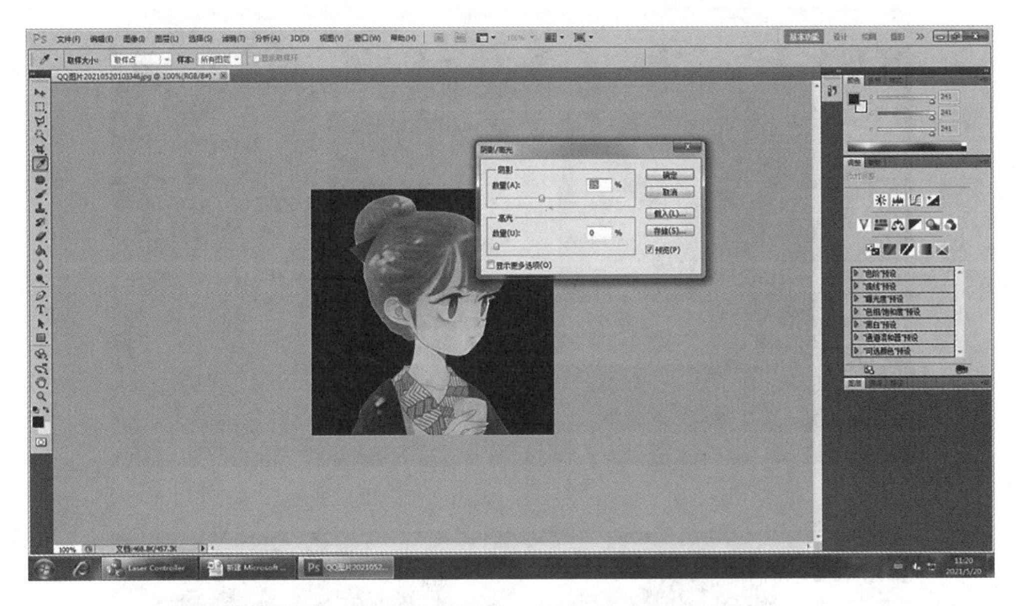

图 6-16　调亮

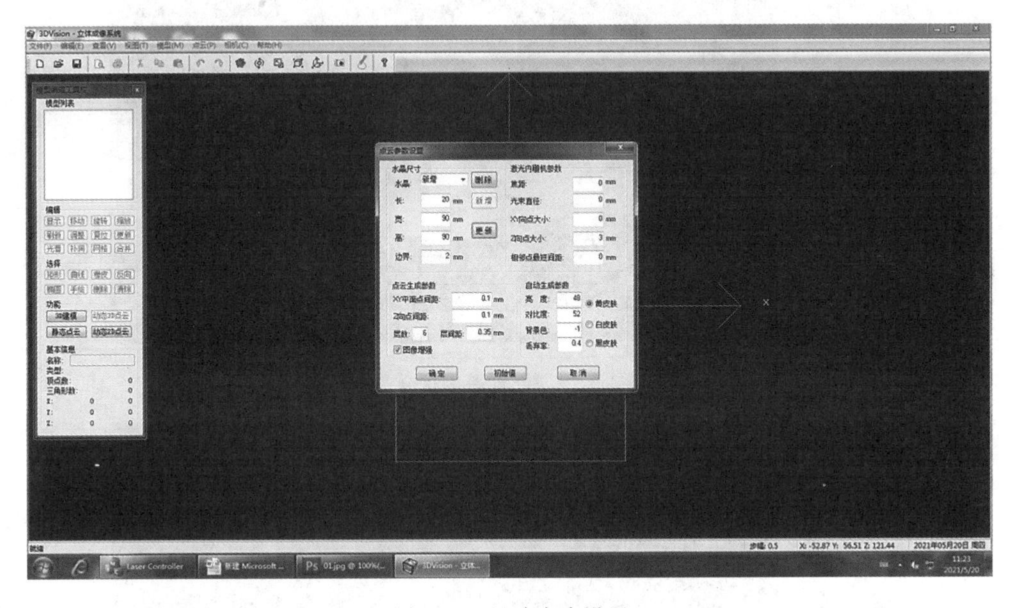

图 6-17　尺寸大小设置

预览后觉得效果可以，就可以点击“确定”，生成图片相应的点云文件了。从图 6-18 中可以看到生成的点云大小（内框）比较符合水晶大小（外框），表明点云制作成功。

打开与 Max1210 内雕机配套的点云雕刻软件 3Dcraft，并打开刚刚制作保存的图片点云，然后机械复位激光内雕机平台。打开设置好的点云文件，在左侧的菜单栏设置要雕刻的水晶 X、Y、Z 方向的尺寸分别为 90、90、20，如图 6-19 所示。

选择排序模式为最短路径，提高雕刻效率，如图 6-20 所示。

选择分块→自动分块命令，对图像进行分块，如图 6-21 所示。

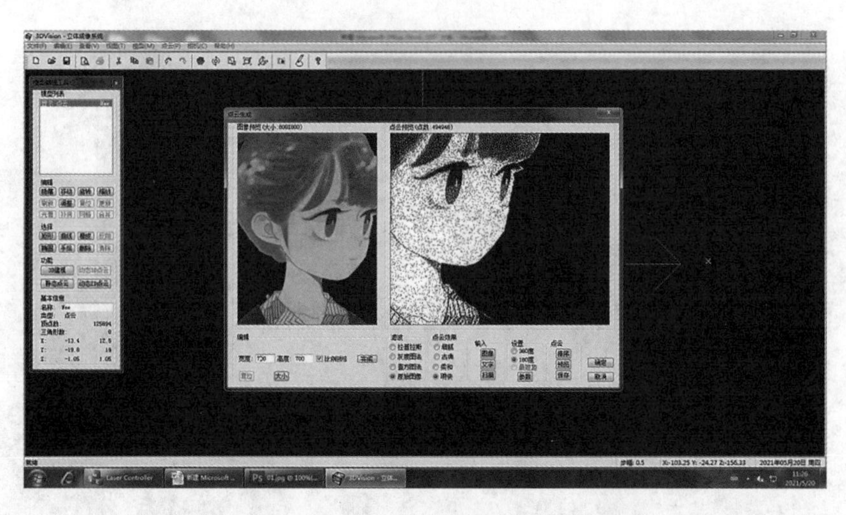

图 6-18　生成点云

图 6-19　设置雕刻尺寸

图 6-20　雕刻路径设置

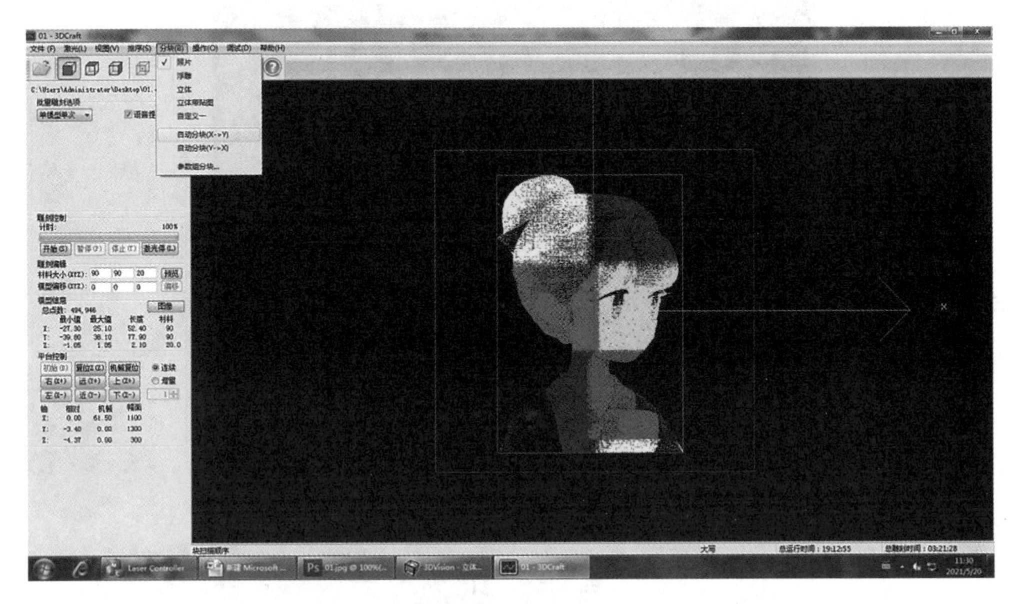

图 6-21　图形分块

启动开始加工按钮，开始雕刻，如图 6-22 所示。

图 6-22　雕刻

雕刻完成效果如图 6-23 所示。

图 6-23　雕刻完成效果

课 后 习 题

6-1　根据所学知识，设计一款校园纪念品，并用内雕机雕刻出水晶成品。

第 7 章　增材制造技术基础及应用

第 7 章
数字资源

7.1　增材制造技术基础

7.1.1　增材制造的定义及特点

“合抱之木，生于毫末；九层之台，起于累土。”这是《老子》中的表述，其引申义是指事物从简到繁、从易到难的发展过程。在此形象地诠释了增材制造的原理与本质，即分层制造、逐层叠加的制造方法。增材制造（additive manufacturing，AM）俗称 3D 打印，是一种与减材加工方法相反的，基于离散-堆积原理，将 3D 模型数据切片，通过增加材料，采用逐层制造方式，直接制造与 3D 数字模型完全一致的三维物理模型的制造方法。

增材制造的概念有“广义”和“狭义”之说，如图 7-1 所示。

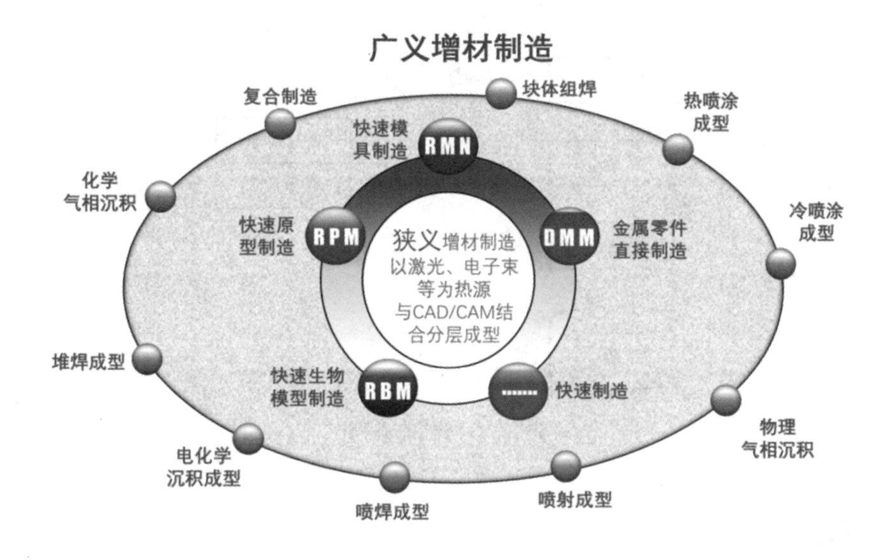

图 7-1　增材制造的概念

“广义”增材制造是以材料累加为基本特征，以直接制造零件为目标的大范畴技术群。而“狭义”增材制造是指不同能量源与 CAD/CAM 技术结合、分层累加材料的技术体系。

基于不同的分类原则和理解方式，增材制造技术还有快速原型制造（rapid prototyping）、三维打印（3D printing ）、直接数字制造（direct manufacturing）、实体自由制造（solid free-form fabrication） 、增层制造（additive layer manufacturing）等不同称谓，分别从不同侧面表达了这一技术的特点。

AM 技术融合了计算机辅助设计（CAD）、计算机辅助制造（CAM）、计算机数字控制（CNC）、激光伺服驱动、材料加工与成型技术，以数字模型文件为基础，通过软件与数控系统将专用的金属材料、非金属材料以及医用生物材料，按照挤压、烧结、熔融、光固化、喷射等方式逐层堆积，制造出实体物品的制造技术。增材制造技术是直接运用三维数据模型实现生产的技术总称。如图 7-2 所示，AM 技术以计算机三维模型的形式为开端，它可以经过几个阶段直接转化为成品，也不需要使用模具、附加夹具和切削工具。从成型原理出发，提出一个分层制造、逐层叠加成型的全新思维模式：集 CAD/CAM/CNC、激光伺服驱动和新材料等先进技术于一体，基于计算机构成的三维设计模型，分层切片，得到各层截面的二维轮廓信息。在控制系统的控制下，增材制造设备的成型头按照这些轮廓信息，选择性地固化或切割一层层的成型材料，形成各个截面轮廓，并按顺序逐步叠加成实体模型。

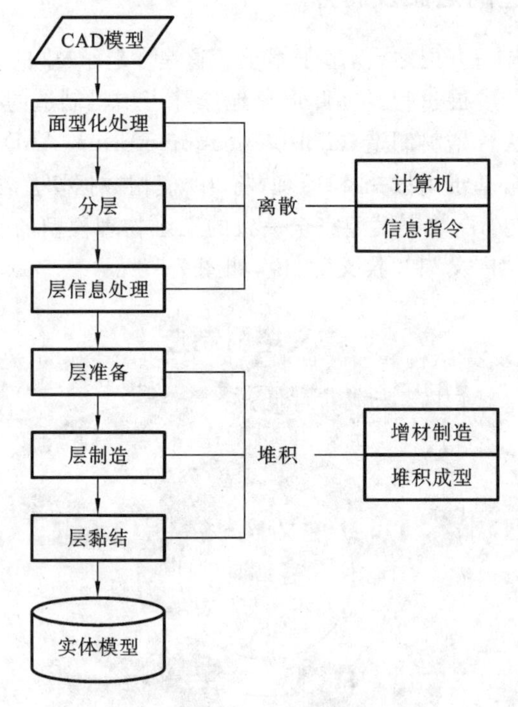

图 7-2　增材制造流程图

AM 技术有以下 5 个优点：

(1) 设计灵活。

AM 技术的显著特征是它的分层制造方法，这种方法可以创建任何复杂的几何形状。这与切削(减材制造)工艺形成对比，切削(减材制造)工艺由于需要工装夹具和各种刀具以及当制造复杂几何形状时刀具需到达较深或不可见区域等原因会造成加工困难甚至无法加工成型。从根本上说，AM 技术为设计人员提供了将不同材料精确地放置在实现设计功能所需位置的能力。这种能力与数字生产线相结合，就能够实现结构的拓扑优化，从而减少材料的用量。

(2) 节省成本。

目前的 AM 技术为设计师在实现复杂几何形状方面提供了最大的自由发挥空间。由于 AM 技术不需要额外的工具、不需要重新修复、不需要增加操作员的专业知识，甚至制造时间。因此使用 AM 技术时，零件的复杂性不会增加额外的成本。尽管传统的制造工艺也可以制造复杂部件，但其几何复杂性与模具成本之间仍存在直接的关系，如大批量生产时利润可达到预期。

(3) 尺寸精度高。

与原始数字模型相比，尺寸精度(打印公差)决定了最终推导的模型。在传统制造系统中，需要基于国家标准的一般尺寸公差和加工余量来保证零件的加工质量。大多数AM设备可用于制造几厘米或更大的部件时，具有较高的形状精度，但尺寸精度较差。尺寸精度在AM早期开发中并不重要，主要用于原型制作。随着人们对AM技术制品的期望越来越高，AM制品的尺寸精度也越来越高。

(4) 不需要装配。

AM技术能够直接生产最终产品，如果按常规生产，则需要组装多个部件。此外，可以使用AM生产具有集成机制的"单件组件"产品。

(5) 节省生产运行时间和成本效益高。

一些常规工艺(如注塑成型)，不管启动成本的多少，批量生产都需要消耗大量的时间和成本。虽然AM工艺比注塑成型要慢得多，但是由于不需要进行生产启动的环节，所以它们更适合于单件小批量生产。此外，按订单需求采用AM生产可以降低库存成本，也可能降低与供应链和交付相关的成本。通常，用AM制造部件时，浪费的材料很少。虽然粉末熔融技术中的支撑结构和粉末回收会产生一些废料，但是所购物料的量与最终所需材料量的比率对于AM工艺来说非常低。

7.1.2 常见工艺方法

增材制造技术根据技术路线不同，可分为五个类别：光固化成型、叠层实体制造、三维打印成型、熔融沉积成型和选择性激光烧结成型。在这五种技术路线中，光固化成型、选择性激光烧结成型及熔融沉积成型不断发展突破，已经成为应用较为广泛的增材制造技术。特别是熔融沉积成型近年发展最快，已经普遍推广于大、中、小学教育和工艺美术设计等诸多领域；而叠层实体制造和三维打印成型这两种技术路线基本上没有得到实际应用，研究者也较少。

1. 选择性激光烧结(SLS)

选择性激光烧结(selective laser sintering，SLS)工艺是利用粉末状材料成型的。该工艺的基本原理如图7-3所示。SLS工艺的原理是预先在工作台上铺一层粉末材料(金属粉末或非金属粉末)，在计算机控制下，按照界面轮廓信息，利用大功率激光对实心部分粉末进行扫描烧结，然后不断循环，层层堆积成型，直至模型完成。

选择性激光烧结工艺由Carl Robert Deckard于1988年发明。SLS工艺是利用粉末状材料成型的。该类成型方法有着制造工艺简单、柔性度高、材料选择范围广、材料价格便宜、材料利用率高、成型速度快等特点。针对以上特点，SLS主要应用于铸造业，并且可以用来直接制作快速模具。

如图7-4、图7-5所示，SLS成型过程一般可以分为三个阶段：前处理、粉层激光烧结叠加和后处理。

(1) 在前处理阶段中，主要完成模型的三维CAD造型。将绘制好的三维模型文件导

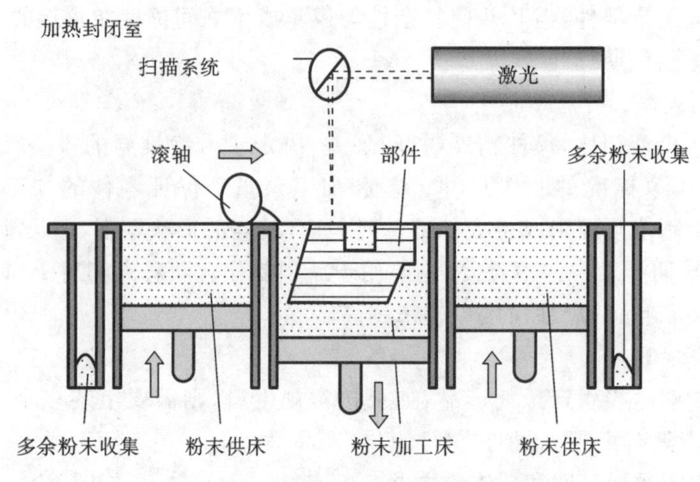

图 7-3　选择性激光烧结的原理

图 7-4　基于 SLS 工艺的金属零件直接制造过程

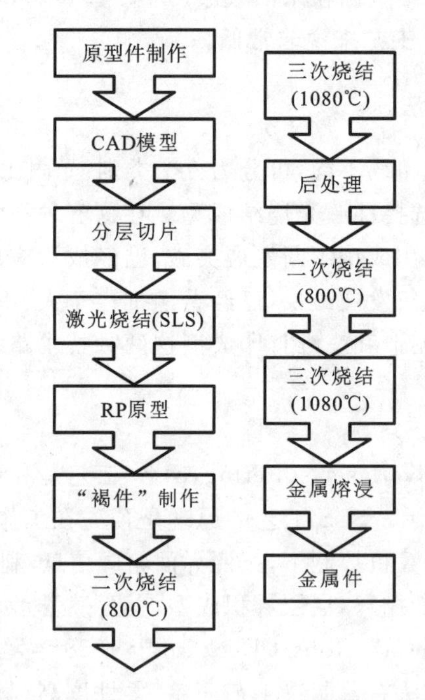

图 7-5　基于 SLS 工艺的金属零件间接制造过程

入特定的切片软件进行切片，然后将切片数据输入烧结系统。

(2) 粉层激光烧结的过程原理如图 7-3 所示。加热前对成型空间进行预热，然后将一层薄薄的热可熔粉末涂抹在部件建造室。在这一层粉末上用 CO_2 激光束选择性地扫描 CAD 部件最底层的横截面。当横截面被完全扫描后，通过滚轴机将新一层粉末涂抹到前一层之上。这一过程为下一层的扫描做准备。重复操作，每一层都与上一层融合。每层粉末依次被堆积，重复上述过程直至打印完毕。

(3) 激光烧结后的原型件，由于本身的力学性能比较低，表面粗糙度也比较低，既不能满足作为功能件的要求，又不能满足精密铸造的要求，因此需要进行后处理。有时需进行多次后处理来达到零部件工艺所需的要求。

根据坯体材料的不同，以及对制造件性能要求的不同，我们可以对烧结件采用不同的后处理方法。烧结件的后处理方法有多种，如高温烧结、热等静压烧结、熔浸和浸渍等。

(1) 高温烧结。

高温烧结阶段形成大量闭孔，并持续缩小，使孔隙尺寸和孔隙总数有所减少，烧结体密度明显增加。在高温烧结后，坯体密度和强度增加，性能也得到改善。

(2) 热等静压烧结。

热等静压烧结工艺是将制品放置到密闭的容器中，使用流体介质，向制品施加各向同等的压力，同时施以高温，在高温高压的作用下，制品的组织结构致密化。

(3) 熔浸。

熔浸是将金属或陶瓷制件与另一个低熔点的金属接触或浸埋在液态金属内，让液态金属填充制件的孔隙，冷却后得到致密的零件。经过熔浸后处理的制件致密度高，强度大，基本不产生收缩，尺寸变化小。

(4) 浸渍。

浸渍工艺类似于熔浸，不同之处在于浸渍是将液体非金属材料浸渍到多孔的选择性激光烧结坯体的孔隙内，并且浸渍处理后的制件尺寸变化更小。

2. 选择性激光熔融(SLM)

选择性激光熔融(selective laser melting，SLM)工艺是 20 世纪 90 年代中期在 SLS 工艺的基础上发展起来的。SLM 工艺克服了 SLS 工艺在制造金属零件工艺过程相对复杂的困扰。SLM 工艺可利用高强度激光熔融金属粉末快速成型出致密且力学性能良好的金属零件。

SLM 的原理是指在高激光能量密度的作用下，金属粉末完全熔化，经冷却凝固层层累积成型出三维实体。常用 SLM 设备的工作原理如图 7-6 所示。SLM 设备使用激光器，通过扫描反射镜控制激光束熔融每一层的轮廓。金属粉末则被完全熔化，而不是金属粉末黏结在一起。因此成型件的致密度可达到 100%，强度和精度都高于激光烧结成型。

SLM 的成型过程与 SLS 的非常相似，均由前处理、分层激光烧结和后处理组成。其主要区别是 SLM 熔融金属材料温度极高，通常要使用惰性气体，如氩气或氢气来控制氧气的气氛；其次 SLM 使用单纯金属粉末，而 SLS 使用添加了黏结剂的混合粉末，使得成品质量差异较大。SLM 技术的成型过程如图 7-7 所示。

3. 电子束熔融(EBM)

电子束熔融(electron beam melting，EBM)是瑞典 ARCAM 公司最先开发的一种增材制造技术。EBM 类似于 SLM 工艺，如图 7-8 所示。利用电子束在真空室中逐层熔化金属粉末，并可由 CAD 模型直接制造金属零件。电子束熔融技术是在真空环境下以电子束为热源，以金属粉末为成型材料，高速扫描加热预置的粉末，通过逐层化叠加，获得金

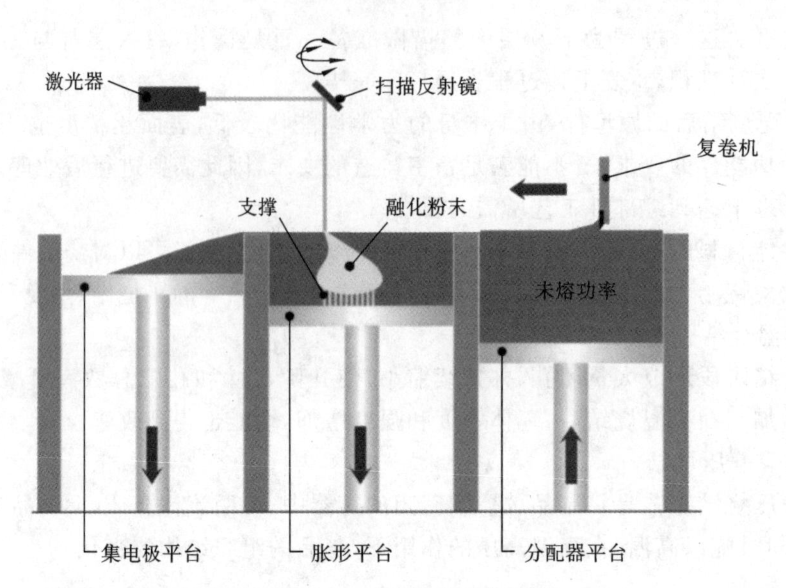

图 7-6　SLM 熔化机的工作原理

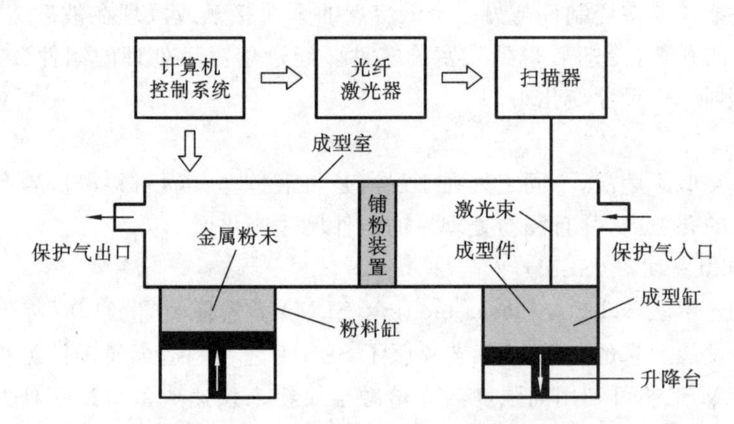

图 7-7　SLM 技术的成型过程

属零件。EBM 的工作原理在铺粉平面上铺上粉末，将高温丝极释放的电子束通过阳极加速到光速的一半，通过聚焦线圈使电子束聚焦，在偏转线圈的控制下，电子束按照截面轮廓信息进行扫描，高能电子束将金属粉末熔化并在冷却后成型。

在 EBM 工艺过程中，建模存在多种不同的方法。例如，利用 EBM 工艺加工 Ti6Al4V 粉末时就有两种方法，第一种方法是采用格子波尔兹曼方法（LBM）计算加工 Ti6Al4V 粉末时达到的温度。第二种方法是有限元法（FEM），考虑到粉末作为具有自身特征的连续体，这种方法更为合适。

EBM 成型过程如图 7-9 所示。首先，将一层薄层粉末放置在工作台上，在电磁偏转线圈的作用下，电子束由计算机来控制。基于制件的各层截面的 CAD 数据，电子束选择性地对粉末层进行扫描熔化，熔化的粉末形成冶金结合。未被熔化的粉末仍是松散状，可作为支撑。一层加工完成后，工作台下降一个层厚的高度，再进行下一层铺粉和熔化，同时新熔化层与前一层金属体熔合为一体，重复上述过程直至零件加工结束。

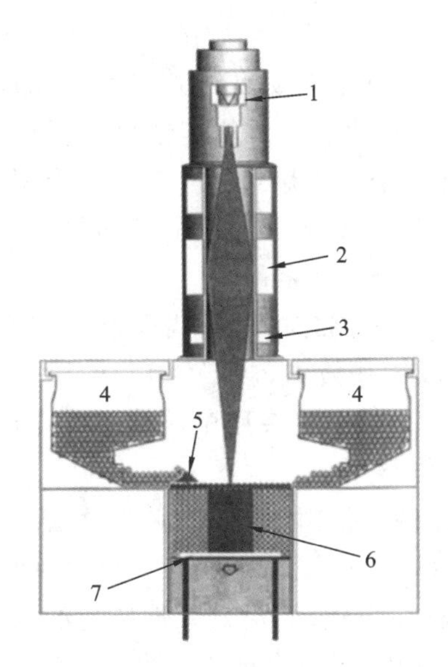

图 7-8 SLM 熔化机的工作原理

1—电子束；2—聚焦线圈；3—偏转线圈；4—粉料盒；5—铺粉构件；6—建造构件；7—铺粉平面

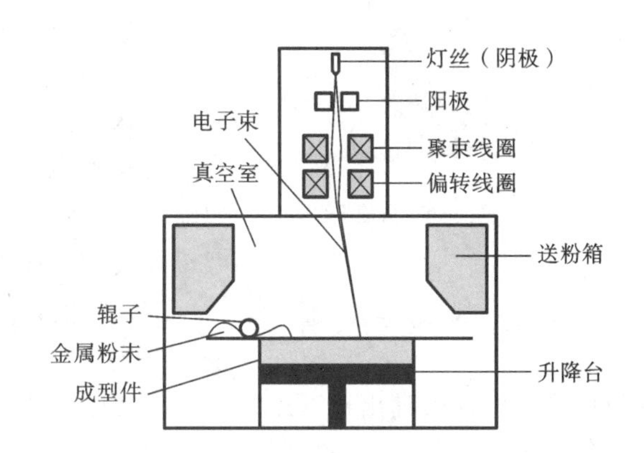

图 7-9 电子束熔融技术成型过程

4. 熔融沉积(FDM)

熔融沉积(fused depositon modeling，FDM)增材制造技术由美国学者 Dr. Scott Crump 于 1988 年研发成功，并由美国 Stratasys 公司推出了商业化的设备，如图 7-10 所示。FDM 是将各种热熔性的丝状材料(如蜡、工程塑料和尼龙等)加热熔化，然后通过计算机控制的精细喷嘴按 CAD 分层截面数据进行二维填充，喷出的丝材经冷却黏结固化生成薄层截面形状，层层叠加形成三维实体。

(a)

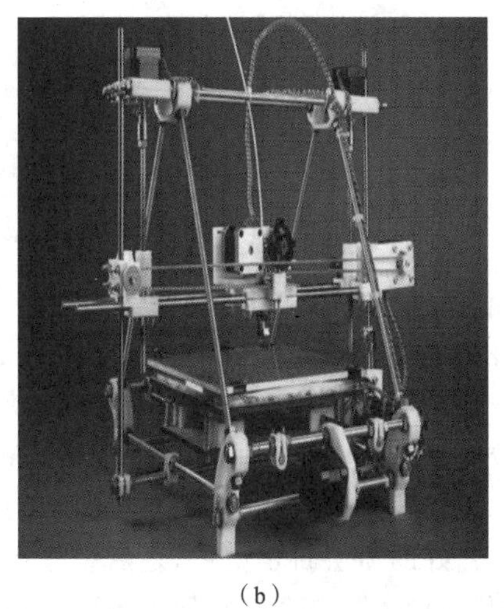

(b)

图 7-10 FDM 技术的起源

(a) Dr. Scott Crump；(b) 早期 FDM 类型的 3D 打印机

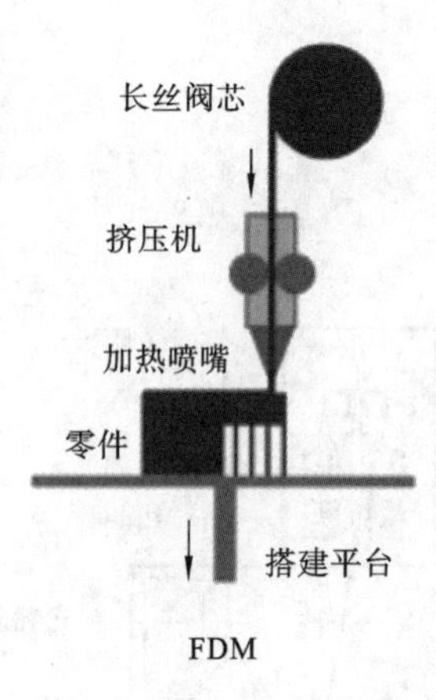

图 7-11　FDM 工艺原理

FDM 工艺原理类似于热胶枪，如图 7-11 所示 FDM 工艺原理图。热熔性材料的温度始终稍高于固化温度，而成型的部分温度稍低于固化温度。热熔性材料通过加热喷嘴喷出后，随即与前一个层面熔结在一起。一个层面沉积完成后，工作台按预定的增量下降一个层的厚度，再继续熔喷沉积，直至完成整个实体零件。

FDM 成型工艺在原型制作的同时需要制作支撑，为了节省材料成本和提高制作效率，新型的 FDM 设备采用双喷头，如图 7-12 所示。一个喷头用于成型原型零件，另一个喷头用于成型支撑。

FDM 的成型过程是在供料辊上，将实心丝状原材料进行缠绕，由电动机驱动辊子旋转，辊子和丝材之间的摩擦力是丝材向喷嘴出口送进的动力。喷嘴在 XY 坐标系下运动，沿着软件指定的路径生成每层的图案。待每层打印完毕后，挤压头再开始打印下一层，直至加工结束。

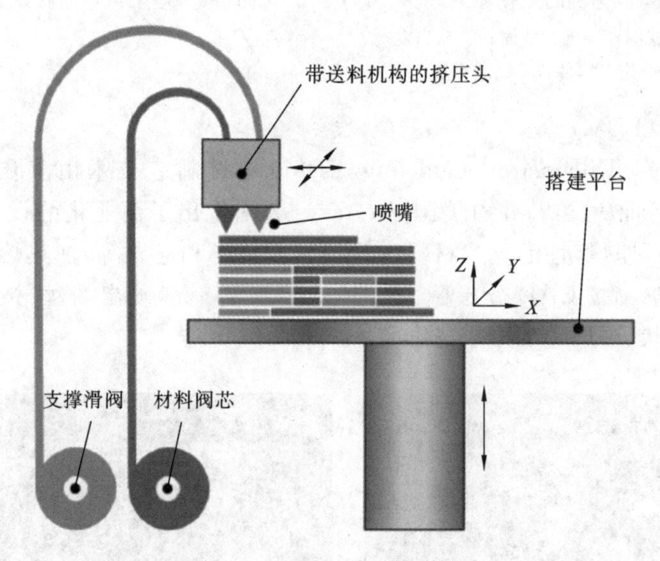

图 7-12　双喷头 FDM 工艺过程

5. 三维打印成型(3DP)

三维打印成型(three dimensional printing，3DP)由麻省理工学院开发。3DP 是基于增材制造技术基本的堆积建造模式，从而实现三维实体的快速制作。因其材料较为广泛，设备成本较低且可小型化到办公室使用等，近年来发展较为迅速。

3DP 的工作原理是首先按照设定的层厚进行铺粉，随后利用喷嘴按指定路径将黏结剂喷在预先铺好的粉层特定区域，之后工作台下降一个层厚的距离，继续进行下一叠层的铺粉，逐层黏结后去除多余底料便得到所需形状的制件。该方法可以用于制造几乎任何几何形状的金属、陶瓷。

3DP 工艺与 SLS 工艺类似，采用粉末材料成型，如陶瓷基粉末，金属基粉末。所不同的是材料粉末不是通过烧结连接起来的，而是通过喷头用黏结剂(如硅胶)将零件的截面

“印刷”在材料粉末上面。用黏结剂黏结的零件强度较低，还需进行后处理。

3DP 工艺成型过程如图 7-13 所示：上一层黏结完成后，成型缸的托盘下降一定距离，这个距离一般为 0.1 mm 左右；然后供粉缸的托盘上升一高度，推出若干粉末，并被滚压机推到成型缸，粉末铺平并被压实。滚压机铺粉时，多余的粉末被左侧集粉装置收集。未被喷射黏结剂的地方为干粉，在成型过程中起支撑作用，且成型结束后，也比较容易去除。

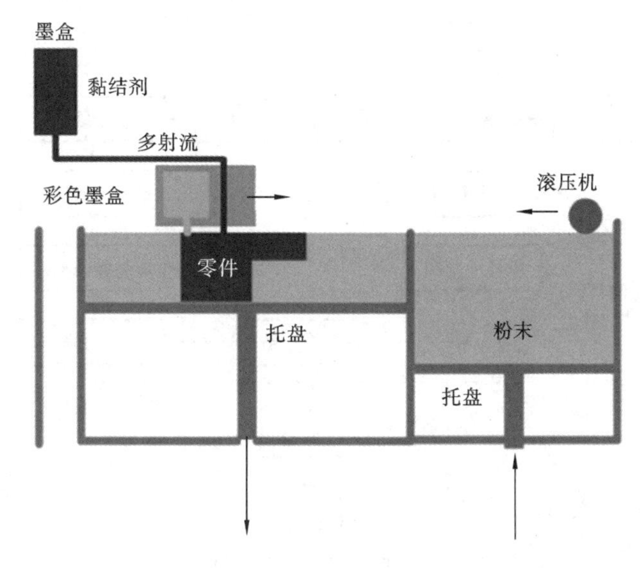

图 7-13　3DP 工艺成型过程

6. 纤维缠绕

纤维缠绕成型技术(filament winding)最早出现于 20 世纪 40 年代美国的曼哈顿原子能计划，用于缠绕火箭发动机壳体及导弹等军用产品。

如图 7-14 所示，纤维缠绕的原理是在控制张力和预定线型的条件下，以浸有树脂胶液的连续丝缠绕到芯模或模具上来成型增强塑料制品。纤维缠绕成型工艺制造出来的制件纤维体分比、强度更好，生产技术要求较低，适用于连续生产，可有效节约原材料，降低生产成本。纤维缠绕成型工艺被大量应用，以满足各类复合材料零件或结构的整体成型

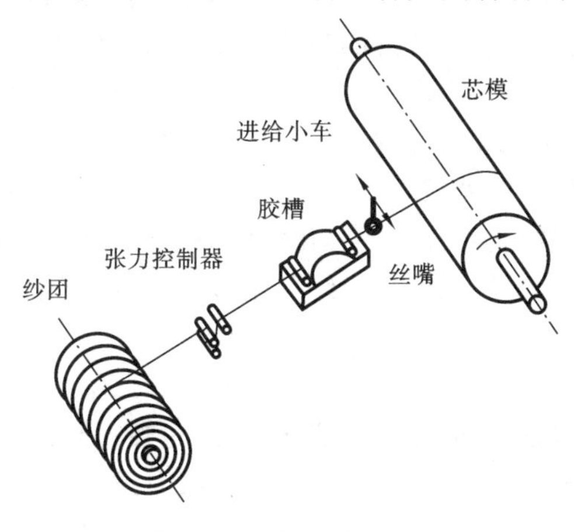

图 7-14　纤维缠绕示意图

需求。

纤维缠绕成型工艺流程步骤如图 7-15 所示，首先是将纤维经过浸胶等处理，通过芯模和丝嘴的相对运动，纤维在缠绕角度、缠绕张力、纱带特定几何尺寸等工艺参数的张力作用下按照一定的规律缠绕到特定加工的芯模表面，然后加热或在常温下固化，经过固化脱模后制成一定形状的制品。

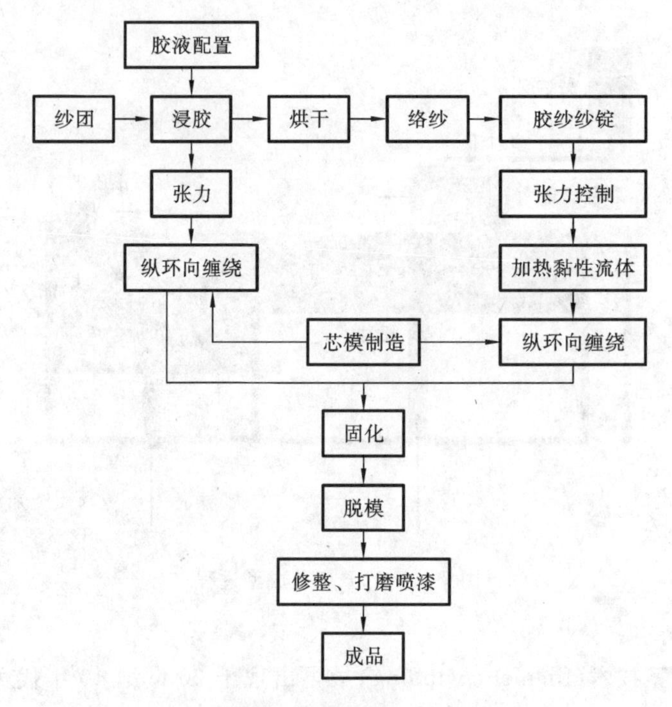

图 7-15　纤维缠绕工艺流程

纤维缠绕制品的工艺流程在时间上安排如下：

(1) 原材料树脂基和纤维的选取和管道结构设计。根据产品性能的要求进行规划设计，获得缠绕方式、工艺路线和铺层数量等；

(2) 根据缠绕件生产中需要控制的技术要求，确定缠绕工艺参数，如树脂黏度、缠绕角、小车行走速率和固化度等。最常用的是使用经验与三维模型相结合的方法分析缠绕件成型质量和工艺参数之间的关系；

(3) 最后将树脂和纤维按预定的控制参数在芯模上缠绕铺排，再在高温炉中进行固化，最后进行脱模、表面抛光等处理。

根据纤维缠绕成型时树脂基体的物理化学状态不同，分为干法缠绕、湿法缠绕和半干法缠绕三种。三种缠绕方法中，以湿法缠绕应用最为普遍；干法缠绕仅用于高性能、高精度的尖端技术领域。

干法缠绕成型工艺如图 7-16 所示。将连续的玻璃纤维卷从纱架上抽出捻成一束浸渍树脂后，在高温炉中烘烤一定时间蒸发溶剂，再经过热压辊挤压除气后收为纱锭保存。使用时将纱锭不经其他处理按设计包裹于芯模(一般为手工操作)后再经热溶固化。该工艺要求所使用的固化剂，尤其是采用 DDS 类等高温固化的树脂机体体系，纱带在高温炉中烘干时不应出现挥发等现象。否则会出现胶液由内侧向外侧转移，导致制品外侧富胶、内侧贫胶。有时表面出现不光滑，有气泡的现象。

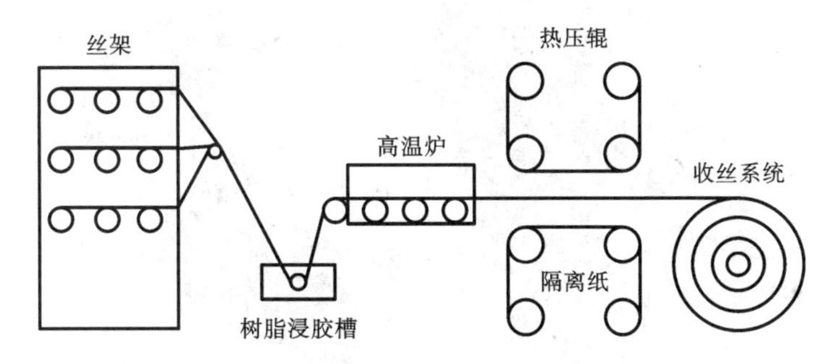

图 7-16　干法缠绕树脂浸渍工艺装置示意图

湿法缠绕成型工艺如图 7-17 所示。连续玻璃纤维丝经浸胶筒浸渍树脂后，经过张力控制器调节张力后不做热处理，直接缠到芯模上固化。

因为纤维是浸胶后立即缠绕，缠绕质量的把控和检查都在缠绕中动态完成，因而质量很难精准控制。同时因为在固化过程中，胶液中的大量溶剂会挥发，缠绕过程中纤维张力的均匀性很难控制，这导致固化时缠绕件的内部和表面容易产生气泡。综上所述，在湿法缠绕成型中，影响缠绕件质量的不可控因素过多，其成型质量较差，不适合作精密生产。但湿法缠绕的设备容易上手，原材料来源广泛，在我国低端制造领域应用广泛。

半干法缠绕成型工艺如图 7-18 所示，此种工艺以湿法缠绕工艺为基础在缠绕前做烘干预热，二级加热法加速了缠绕件在芯模上的烘干过程，可在室温下进行缠绕。这种成型工艺采用多级加热的方法逐步除去了溶剂，更好地减少了制品中空隙、气泡的数量，又较干法缠绕缩短了工艺流程，兼具干法、湿法两者的优点，非常具有应用前景。

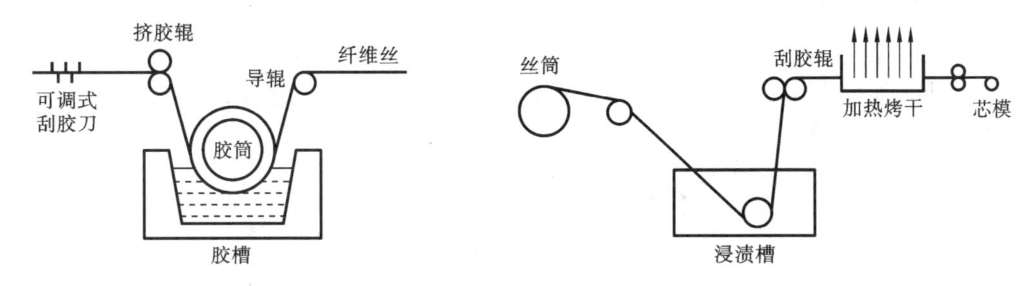

图 7-17　湿法缠绕树脂浸渍工艺装置示意图　　图 7-18　半干法缠绕树脂浸渍工艺装置示意图

7．纤维铺放

纤维铺放(fibre placement)的工艺原理是将预浸丝束绕纱架上送到加工头内，在此，纱束被平直成纱带，然后被压实在芯模表面上，这项自动化的工艺可以被看作纤维缠绕和带子铺放的协同叠加，这种协同组合能提高结构的设计能力和各种形状的可实现性。

典型纤维铺放系统如图 7-19 所示，该铺放系统由旋转芯模和多自由度铺放头(手臂)构成，具有七个自由度，铺放头安装在六自由度手臂的末端，可以实现多路丝束的重送、切断、施压、铺放等任务。

纤维铺放成型过程中，丝束带需依次通过预加热区、空气冷却区、主加热区、熔合区、空气冷却区和特定冷却区共六个区域。

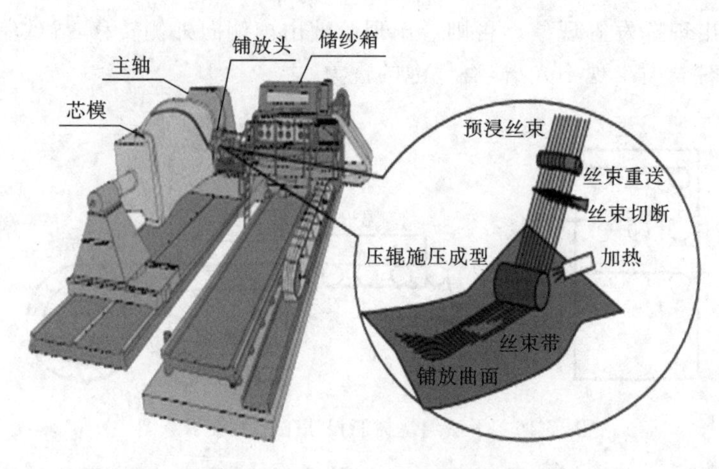

图 7-19　典型纤维铺放系统

1）铺放头工作原理

铺放头是纤维带铺放机的核心部件。在功能方面，铺放头必须具有纤维传送、夹紧、加热、压紧、剪切等装置。此外，还需要有支撑、导向、传感、控制、位移、驱动、张紧等辅助装置。

2）铺放头主要组成

① 传送装置。

② 夹紧装置。

③ 加热装置。

④ 压紧装置。

⑤ 剪切装置。

3）纤维铺放过程中的加热工艺

自动纤维铺放过程中，为提高铺放效率，通常设置预加热及主加热 2 个加热环节。如图 7-20 所示为纤维铺放工艺简图。

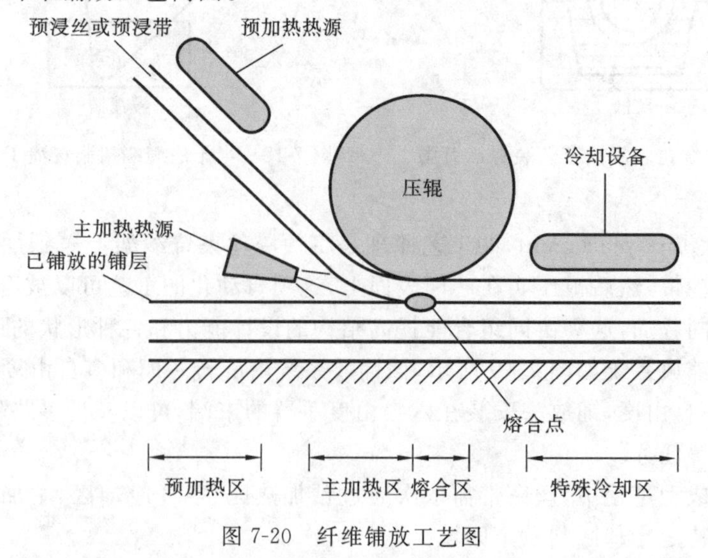

图 7-20　纤维铺放工艺图

8. 光敏树脂光固化成型(SLA/DLP/PolyJet)

光固化立体成型(stereo lithography apparatus,简称 SLA)、数字光处理(digital light processing,简称 DLP)、聚合物喷射(PolyJet),这三种技术的共同基本原理是采用光照使得光敏树脂逐层固化从而最终得到所需制件,但在具体实现方式上有所差别。

固化立体成型(SLA)是最早实用化的快速成型技术,采用液态光敏树脂原料,工艺原理如图 7-21 所示。

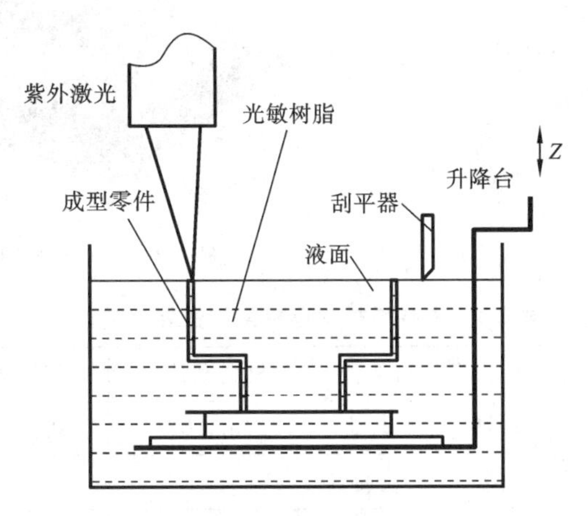

图 7-21 光固化立体成型基本原理

先利用离散程序将模型进行切片处理,生成扫描路径,产生数控指令;随后,激光光束通过数控装置控制的扫描器,按设计的扫描路径照射到液态光敏树脂表面,使表面特定区域内的一层树脂固化,当一层加工完毕后,就生成零件的一个截面;然后,升降台下降一定距离,固化层上覆盖另一层液态树脂,再进行第二层扫描,第二固化层牢固地黏结在前一固化层上,这样一层层叠加而成三维实体模型;最后,将原型从树脂中取出,按需进行固化、打光或喷漆等处理即得到要求的产品。

数字光处理(DLP)成型技术和 SLA 技术有些相似,不过它是使用高分辨率的数字光处理器投影仪来固化液态光聚合物,逐层进行光固化的技术,固化速度比采用 SLA 立体平版印刷技术时的速度更快,其原理如图 7-22 所示。

聚合物喷射技术的成型原理与 3DP 技术的有些类似,但喷射的不是黏结剂而是树脂材料。不同企业对 PolyJet 技术的称呼不尽相同(如 3DSystems 公司将其称为 MJP),但其工艺原理是一致的。如图 7-23 所示,PolyJet 技术采用的阵列式喷头,根据模型切片数据,几百至数千个阵列式喷头逐层喷射液态光敏树脂到工作台面;工作时喷头沿 XY 平面运动,光敏树脂材料被喷射到工作台上后,滚轮把喷射的光敏树脂材料表面处理平整,利用紫外光灯对光敏树脂材料进行固化;完成一层的喷射打印和固化后,设备内置的工作台会极其精准地下降一个成型层厚,喷头继续喷射光敏树脂材料进行下一层的打印,反复该动作直到整个工件制作完成。PolyJet 的支撑材料和模型材料不同,工件成型的过程中会使用两种(以上)类型的光敏树脂材料,支撑材料可以在成型后将之剥离。

9. 各种工艺方法的特点

主要增材制造技术的工艺性能比较见表 7-1,优点与缺点的比较见表 7-2。

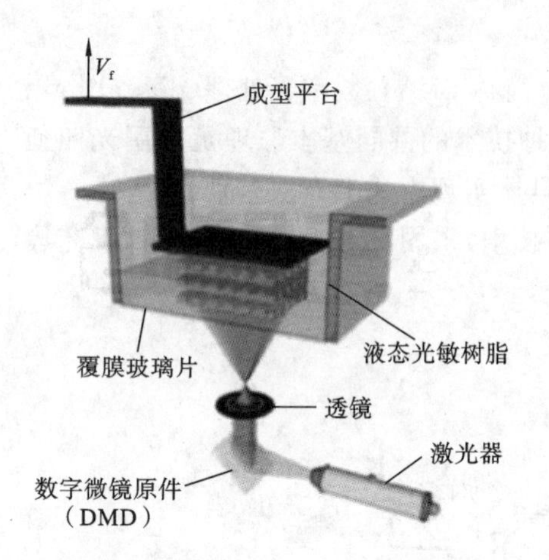

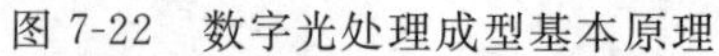
图 7-22　数字光处理成型基本原理

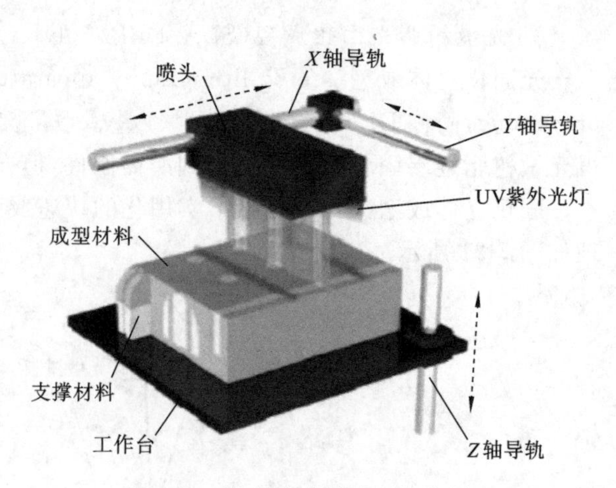

图 7-23　聚合物喷射成型基本原理

表 7-1　主要增材制造机型的性能参数比较

技术	指标	精度	表面质量	材料价格	材料利用率	运行成本	生产效率	设备费用
SLA	优	优	较好	较贵	约 100%	较高	高	较贵
LOM	一般	较差	较差	较便宜	较低	高	较低	较便宜
SLM	一般	优	较好	较贵	约 100%	较高	一般	较贵
SLS	一般	一般	一般	较贵	约 100%	较高	一般	较贵
FDM	较差	较差	一般	较贵	约 100%	较低	一般	较便宜

表 7-2　增材制造技术的优点和缺点

技术	优　点	缺　点
SLA	成熟、应用广泛、成型速度快、精度高、能量低	工艺复杂、需要支撑结构、材料种类有限、激光器寿命低、原材料价格贵
LOM	对实心部分大的物体成型速度快、支撑结构自动地包含在层面制造中、低的内应力和扭曲、同一物体中可包含多种材料和颜色	能量高、内部孔腔中的支撑物需要清理、材料利用率低、废料剥离困难、可能发生翘曲
SLM	零件成型精度高、致密度好，可用于制造复杂的金属零部件及功能件	零件的成型尺寸受限制、材料成本高、设备昂贵、工件易变形
SLS	不需要支撑结构、材料利用率高、选用材料的力学性能比较好、材料价格便宜、无气味	表面粗糙、成型的原型疏松多孔、对某些材料需要单独处理
FDM	成型速度快、材料利用率高、能量低、物体中可包含多种材料和颜色	表面粗糙度高、选用材料仅限于低熔点材料
3DP	材料选用广泛、可以制造陶瓷模具用于金属铸造、支撑结构自动包含在层面制造中、能量低	表面粗糙、精度低、需进行去湿或预加热处理

7.1.3 与传统制造技术的区别

增材制造技术是一种“自下而上”通过相对于传统的减材制造，剔除了对原材料铸造（锻压）成型或切削、装配等工艺规程，不需要模具、刀夹具便可直接成型。这使过去受到传统制造方式的约束，而无法实现的复杂结构件制造变为可能。

1. 加工方法的区别

机械制造中的加工方法很多，按照工件在加工过程中质量的变化（Δm），将制造过程分为增材制造（$\Delta m>0$）、减材制造（$\Delta m<0$）、等材制造（$\Delta m=0$），图 7-24 所示为三种基本制造工艺。

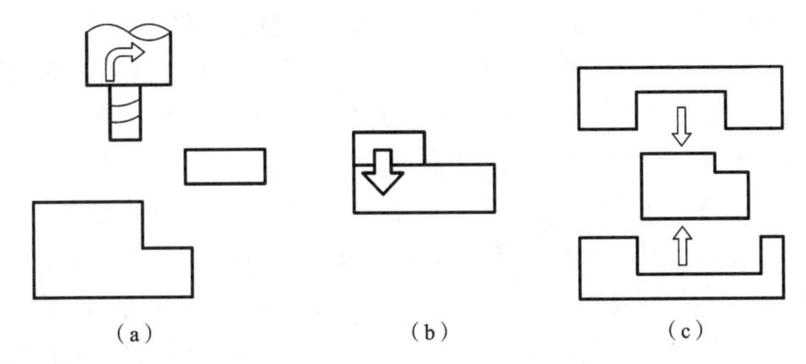

图 7-24 三种基本制造工艺

(a) 减材制造；(b) 增材制造；(c) 等材制造（合成制造）

增材制造工艺是通过不断增加材料来获得最终形状，增材制造过程的最终产品与最初的原材料的质量相当，有时因为熔融凝固过程的化学反应甚至会导致质量增加。常见的增材制造方法有光固化立体成型（SLA）、选择性激光烧结（SLS）、熔融沉积技术（FDM）、电子束熔融（EBM）等。

减材制造工艺是将多余材料去除以得到最终形状，如毛坯通过车刀进行车削，得到与图样要求相符的合理工件。常见的减材制造有大部分形式的机械加工、计算机数控加工（CNC）、其他传统加工，如铣削、磨削、钻孔、刨削、锯、电火花、激光切割等。

等材制造工艺是将材料进行机械挤压或者形状约束以获得实际要求的形状，在加工过程中，并未减少或增加材料用量。常见的等材制造方法有铸造、锻造、折弯、冲压成型、电磁成型、注塑成型、钣金板材弯曲及塑造熔融液体固化成型等。

2. 生产制造流程区别

传统的制造技术有一整套严格严密的生产加工制造流程。首先是进行概念设计，随后进行外观和结构设计，接下来是图纸设计（目前均已使用 CAD 技术进行辅助设计），随后工作人员按照图纸使用数控机床来对零件进行加工，最后生成产品。如果所生产的产品是塑料等非金属产品，还需进行模具设计，试模成功后方可进行大量生产。而且整个流程对操作者的专业技术知识要求非常高，如果有一处环节产生问题，则会影响后续的很多相应环节，属于刚性生产，同时生产加工的环境比较恶劣。

增材制造技术的流程则十分简单，首先使用计算机进行辅助设计（CAD 设计），随后将数据传入 3D 打印机进行简单的设置，完成打印后即可得到所加工产品，与传统的制造

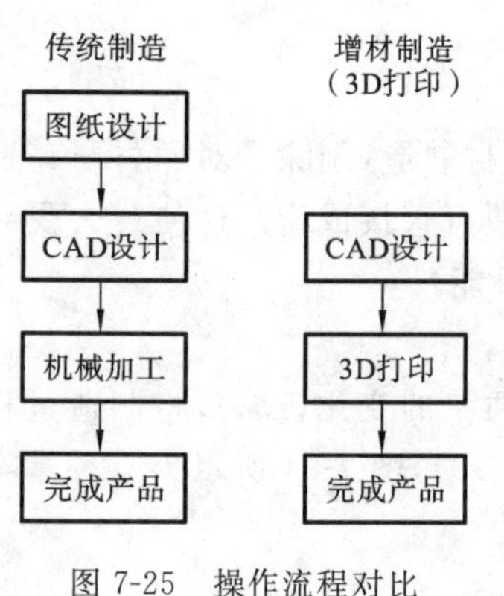

图 7-25 操作流程对比

技术相比，增材制造技术由于操作简单，对操作者的专业知识要求不高，而生产过程简单，生产的产品多样化，生产方式灵活，且工作环境良好，由于其可以达到无图纸设计、生产方式较环保的特点，所以得到广泛的关注。图 7-25 是传统制造技术最基本的操作流程与增材制造技术的操作流程区别。

3. 综合技术区别

传统制造技术目前已经比较完善，可以满足绝大多数行业的要求。同时，传统制造技术也在升级转型，由原有的传统制造技术向现代制造技术进行转化和融合，但是传统制造技术的生产模式也在现代制造技术中有很多的体现，例如生产效率低，制造成本较高；劳动强度大，加工人员众多；加工周转次数频繁，生产工序众多；工作环境较差并具有危险性；废品率较高，对材料有较多浪费等。

而 3D 打印技术有以下特点：第一，无图纸设计，可以利用先进的数字化建模软件进行前期的模型设计，利用 CAD 模型直接驱动，实现实体零件数字化；第二，材料利用率较高，无须加工前对毛坯进行处理；第三，不需要大型的自动化生产线，不需要固定的生产制造车间，降低生产成本；第四，不需要传统的切削刀具、固定夹具、加工机床或模具，可直接按照模型数据生成实物产品，简单方便灵活，从而有效地缩短了产品研发周期；第五，能够将采用传统方法不便制造的复杂零件或产品轻松地制造出来；第六，加工生产环境安全无污染。从上述特点分析，可以看出 3D 打印技术相比传统制造技术，优势明显。表 7-3 是传统制造技术与 3D 打印技术各项的综合对比。

表 7-3 传统制造技术与 3D 打印技术综合对比

	传统制造技术	3D 打印技术
加工原理	传统加工原理	分层打印制造、逐层叠加
产品材料	几乎所有材料	塑料、光敏树脂、金属等
技术特点	“减”材制造	“增”材制造
加工环境	环境较恶劣	环境良好，较环保
材料利用率	较低、有浪费	较高，超过 95%
产品强度	较好	相对较低
投入成本	高	低
适用行业	不受限	模具、玩具、样件等
生产周期	较长	短
生产规模	大规模、大批量	单件小批量
绿色制造	不是(实现较难)	是
生产操作	复杂、有危险性	简单、操作安全
对员工要求	员工具有专业知识	要求较低

与注塑成型工艺相比，增材制造(AM)需要的固定成本更低，因为它不需要昂贵的模具。因此在小批量生产运行中，具有较好的成本效益。与减材制造加工工艺相比，AM的废料少，无材料研磨或打磨过程。据了解，与AM相关的金属制造应用中的废料与减材制造相比减少了40%。此外，95%～98%的废料可以在AM中回收利用。

7.1.4 增材制造的发展及产业布局

增材制造的出现最早可以追溯到20世纪80年代。最初，增材制造被用来制作产品的外观模型，材料仅限于塑料。

研究者在1996年至1998年期间对增材制造的出现和发展做了初步的归纳和分类，有关增材制造技术的专利也逐渐增多，其中Paul L Dirnatteo在其专利中明确地提出了增材制造的基本思路如图7-26所示，先用轮廓跟踪器将三维物体转化成许多二维轮廓薄片，然后用激光切割成型这些薄片，再用螺钉、销钉等将一系列薄片连接成三维物体。

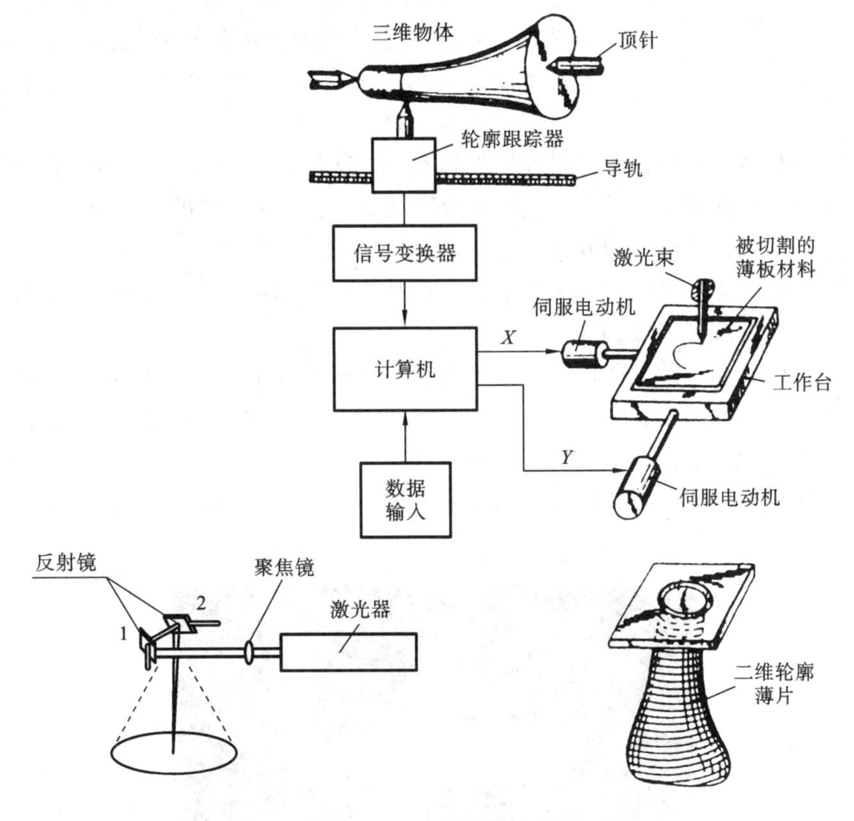

图7-26 Paul的分层成型法

现在增材制造所涉及的材料不再限于塑料，金属同样可以利用这一制造工艺。无论是科研院所、大学还是公司都研发了数种增材制造技术。产品的尺寸从最初的小零件发展到可以制造较大尺寸的零件，包括飞机上的梁。纤维缠绕成型技术最早出现于20世纪40年代美国的曼哈顿原子能计划，用于缠绕火箭发动机壳体及导弹等军用产品。该技术的机械化与自动化程度高，工件适应性强，最大的优点是可以充分发挥纤维的强度与模量优势，在美国申请专利之后，迅速发展成为复合材料制品的重要成型方法。复合材料纤维铺放成型技术是20世纪70年代作为对纤维缠绕、自动铺带技术（ATL）、自动铺丝技术（AFP）的改革而发展起来的一种全自动复合材料加工技术，也是近年来发展最快、效率最高的复合材料自动化成型制造技术之一。

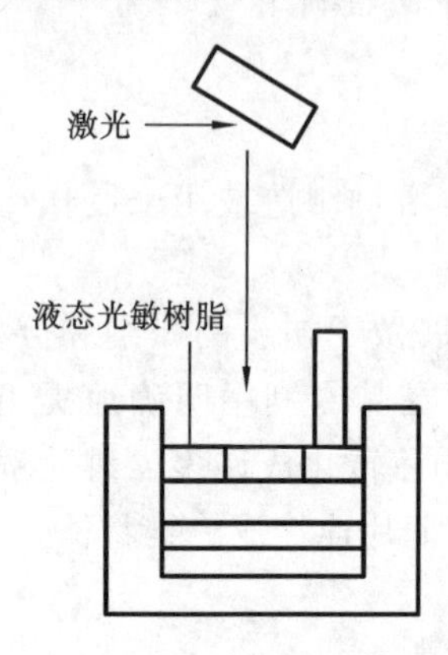

图7-27　SLS示意图

1989年，美国得克萨斯大学奥斯汀分校提出了选择性激光烧结技术（SLS），其工作原理为利用高强度激光将尼龙、蜡、ABS、陶瓷甚至金属等材料粉末高温熔化烧结成型，如图7-27所示。

随着SLS工艺的不断应用，各种改进技术不断出现，比较有代表性的有：直接金属激光烧结（DMLS），选择性激光熔融（SLM）和电子束熔融（EBM）是最具有代表性的金属粉末融合技术。20世纪90年代中期，在SLS工艺的基础上发展起来的选择性激光熔融工艺（SLM）克服了SLS工艺在制造金属零件时工艺过程复杂的困扰，可利用高强度激光熔融金属粉末快速成型出致密且力学性能良好的金属零件。

目前，增材制造技术最热门的应用领域就是3D打印。2005年是3D打印行业的蓬勃之年，Z Corporation推出了世界上第一台高精度彩色3D打印机Spectrum2510。

英国巴恩大学的Adrian Bowyer发起了开源3D打印机项目Rep Rap，目标是通过3D打印机本身，制造出另一台3D打印机。正是这一项目吸引了更多投资者的目光，3D打印企业开始如雨后春笋般出现。

2010年11月，第一台3D打印轿车出现。它的所有外部组件都由3D打印制作完成，其中的玻璃面板使用Dimension3D打印机和由Stratasys公司数字生产服务项目Red Eyeon Demand提供的Fortus3D成型系统制作。

2011年8月，英国南安普敦大学的工程师研发了世界上第一架3D打印飞机，如图7-28所示。

图7-28　世界上第一架3D打印飞机

我国增材制造行业的市场规模增速很快。如图 7-29 所示，2013 年国内增材制造产业规模仅 3.2 亿美元，2018 年规模达 23.6 亿美元，5 年的复合增速达 49.1%。预计到 2023 年，我国增材制造行业的总收入将超过 100 亿美元。这种高增长性符合行业成长期的特征。

图 7-29　我国增材制造行业的市场规模及增速

如图 7-30 所示，从产业布局来看，北京和上海聚集了主要扫描仪和控制软件厂商，以及 3D 打印机用关键核心零部件的相关厂商。就 3D 打印的设备而言，湖北和陕西在金属材料 3D 打印领域具有一定的基础。广东在辅助设计、个性化定制、艺术创意等应用服务层面具有明显优势。

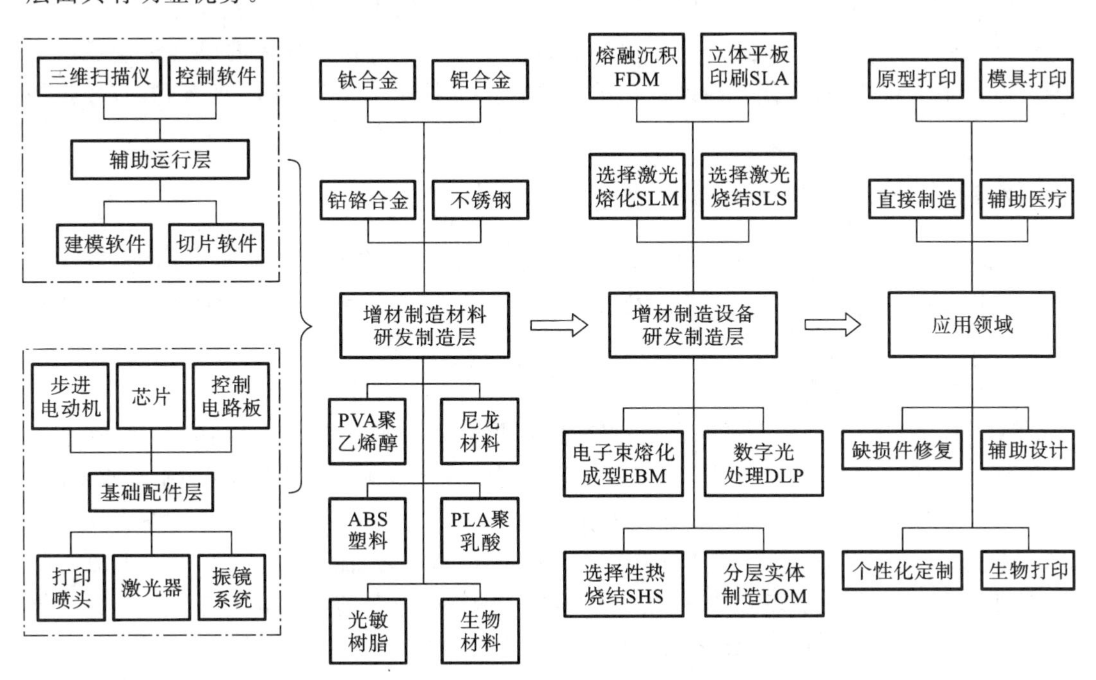

图 7-30　国内增材制造技术产业布局

如图 7-31 所示，整个增材制造行业产业链大概可分为：上游基础配件行业；中游 3D 打印设备生产企业、3D 打印材料生产企业和支持配套企业；下游应用主要是指在航天航空、医疗健康、汽车制造等领域的应用。通常意义上的 3D 打印行业则主要是指 3D 打印设备、材料及服务企业。

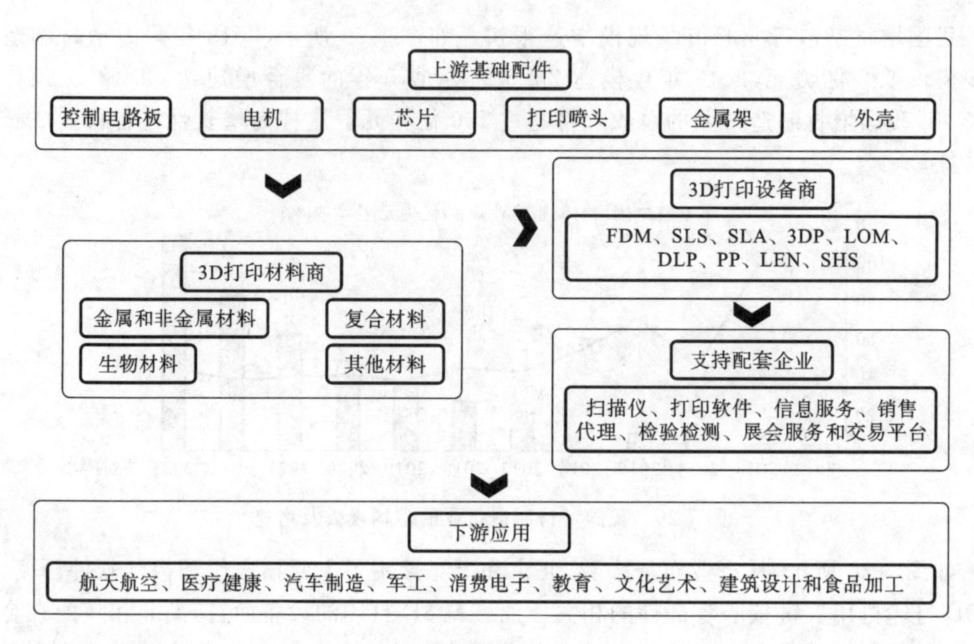

图 7-31　增材制造行业产业链

经过近 40 年的发展，行业已经形成了一条完整的产业链。产业链的每个环节都聚集了一批领先企业。从全球范围来看，以 Stratasys、3D Systems 为代表的设备企业在产业链中占据了主导作用，且代表性设备企业通常能够提供材料和打印服务业务，具有较强的话语权。

7.1.5　增材制造的机遇与挑战

AM 技术有着巨大的发展前景，它将改变制造业的生产模式和生产现场，减少供应链。就目前的发展状况来说，要实现该技术的大规模应用，还有许多问题有待解决。这里列举出几个主要的问题。

(1) 高昂的制造成本问题。

AM 技术当前适用于制造具有定制特征、小批量或几何形状复杂度高的产品，其主要应用领域包括航空航天、高端汽车和生物医学，同时也可以满足个人需求，如制造收藏品、首饰和家居饰品等。然而采用 AM 技术批量制造标准化零件来实现规模经济的成本明显大于注塑工艺。注塑成型塑料每千克的价格只有 150 元，而大多数 3D 印刷光敏树脂和塑料每千克的价格为 850～1500 元。以金属粉末为例，3D 打印钛和钛合金每千克的价格为 2040～5280 元，远高于传统工艺与原材料价格。同时，当前的生产速度过于缓慢，导致机器和厂房的折旧率很高，这进一步增加了 3D 打印的制造成本。

(2) 尺寸范围和层间分辨率的局限问题。

在层间分辨率和打印部件的尺寸范围之间，AM 技术存在内在的局限性。虽然较高的层间分辨率(即较小的层厚度)能提供更好的表面质量，但是这需要建立更多层来创建所期望的几何形状，因此会增加总的制造时间。正是因为这个原因，商业上的一些 AM 系统，在层间分辨率小于 0.1 mm 时所能制造出产品的最大尺寸一般小于 25 mm。目前，根据机型和加工工艺的不同，3D 打印产品的尺寸范围一般小于 1 m(平均 200～350 mm)，因此在生产一些大型零件时不适合采用 3D 打印技术。对于大尺寸范围的 3D 打印机，一般采用较大的层间厚度来提高打印速度，而其表面质量则可通过工艺规划来保障，或者是通过后处理工艺(打磨)来保障。

(3) 材料的局限性问题。

由于高昂的材料成本，研究新的可用材料以降低生产成本对提高增材制造技术的市场竞争力至关重要，因此，必须增加可用材料的范围。再者，在加工过程中节省材料也十分重要。对于一些贵重材料来说，材料的高效利用是降低生产成本的重要方法。同时，研究新材料已经成为 3D 打印的一大热门研究方向，新材料的出现将进一步优化打印效果。材料的研究范围包括现有材料(如金属、聚合物、复合材料、陶瓷)和未来材料(如食品、生物结构)。近年来出现的多色彩打印满足了创意行业对色彩的需求(见图 7-32)，但就多彩的世界而言，未来彩色 3D 打印还有很漫长的道路要走。

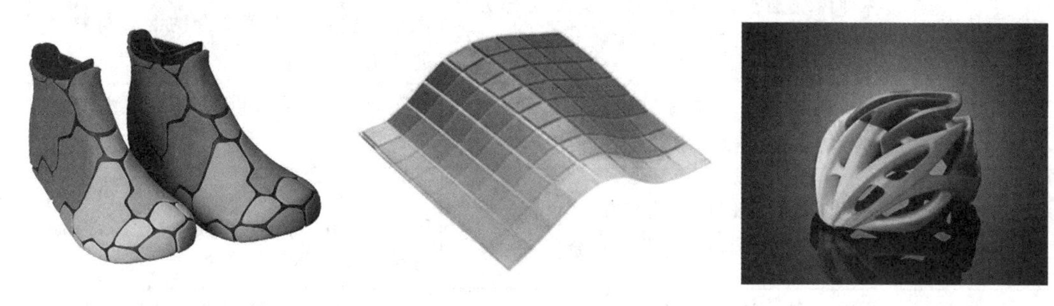

图 7-32 Objet500 Connex3 彩色多材料 3D 打印机打印出的产品

(4) 材料异质性和结构可靠性问题。

在产品生产过程中需要采用不同材料时，AM 系统在选择材料时就会出现困难。因为现有技术的 AM 系统所生产的产品由于层间结合缺陷会导致零件的各向异性。此外，大多数 AM 系统一次只能打印一种材料。虽然部分 AM 系统可以同时打印多种不同的材料，如打印金属和聚合物，但由于材料之间其界面行为的不确定性以及缺乏设计软件的支持，所以这些系统的应用也十分有限。也就是说，现有的商业软件包不能为设计者模拟和分析多种材料的功能。

(5) AM 标准化和知识产权问题。

为了确保零件质量、重复性以及整机和机器的一致性，AM 行业必须对材料、工序、校准、测试和文件格式进行统一，由于现有的机器、材料和工艺的种类繁多，而且各设备制造商(类似于文字印刷行业)在定制耗材和配件方面存在着巨大的经济利益驱动，这导致了 AM 行业很难有统一的标准。从知识产权的角度来看，3D 打印市场和可供下载的开源项目的出现，挑战了当前保护发明家免受侵权的法律环境和社会法规。将来，AM 领域可能会出现设计类的专利申请和导致其发生根本性变化的保护方式。为了保护 CAD 模型的知识产权，研究人员通过在 3D 信息内嵌入频谱域来进行加密，使其内部结构仅在太赫兹波下可见。

(6) 商业化障碍问题。

当前 3D 打印技术的专业培训不够完善，大多数爱好者都只停留在认识阶段，这对技术的进一步优化成熟无疑是相当不利的。技术准备水平(TRL)由美国国家航空航天局于1969年首次提出,是技术开发成熟度(包括材料、零部件、设备等)的衡量标准,其核心思想是满足成熟技术的科技研究规律,评估科技研究进程及其创新阶梯。一般来说,当发明或提出新技术时,不适合在实际环境中立即使用。需要经过大量的实验测试,进行完善,在充分证明了其可行性之后才推广应用。因此,TRL将整个技术研发过程分为9级3阶段,9级分别为3个"实验室"阶段,3个"试点"阶段,以及3个"工业化"阶段。根据TRL评估标准,对于许多应用来说,增材制造技术准备水平仍处于低位。因此,这种技术要成为革命性的力量需要社会各阶层制定合适的规划进行推广。3D打印技术的主要局限性见表7-4。

表7-4　传统制造技术和3D打印技术的主要局限性

对比项	传统制造技术	3D打印技术
制造技术	各种传统工艺的组合,可以实现大部分产品的大规模制造,但创新性不够	3D打印技术目前尚不具备直接生产像汽车、电脑、手表等复杂的混合材料产品的能力
供应链集成需求	需要高度集成的供应链管理,以确保在合适的时间从多种供应中获得正确的货物	使用来自多个供应商的现成可用的供应
经济效益	能够以较低的价格大规模生产产品。但库存的风险较高,需要提高营运资金管理	因材料研发难度大、使用量不大等原因,导致3D打印制造成本较高,且制造效率不高
产品范围	电脑、手表、窗户、鞋子、牛仔裤	原型、模型、替换零件、牙冠、假肢

7.2　熔融沉积成型

熔融沉积成型(fused deposition modeling, FDM)技术是20世纪80年代末,由美国Stratasys公司的斯科特·克伦普(Scott Crump)发明的技术,是继光固化快速成型(SLA)和叠层实体快速成型工艺(LOM)后的另一种应用比较广泛的3D打印技术。该工艺不需要激光系统,因而价格低廉,运行费用低且可靠性高,广泛应用于桌面级打印。

7.2.1　工作原理

FDM工艺具体原理如图7-33所示:将丝状的热熔性材料加热融化,同时三维喷头在计算机的控制下,根据截面轮廓(切片文件)信息,将材料选择性地涂敷在工作台上,快速冷却后形成一层截面。一层成型完成后,机器工作台下降一个高度(即分层厚度)再成型下一层,直至形成整个实体造型。

FDM是一种成本较低的增材制造方式,所用材料比较廉价,不会产生毒气和化学污染的危险。但是,FDM打印的产品表面粗糙,需后续抛光处理,精度与光固化等方法相比要差很多,最高可达0.1mm。由于喷头做机械运动,速度缓慢,因此FDM技术在工业领域应用较少,但在产品研发、模具、工业设计、建筑、艺术、玩具等领域有广泛应用。

随着FDM技术的进步,其应用范围和领域在不断拓展。如图7-34所示,美国

MARK TWO公司通过FDM熔融挤出的方式将碳纤维与热熔塑料复合制造虎钳，能够将制造周期减少60%，费用降低75%。

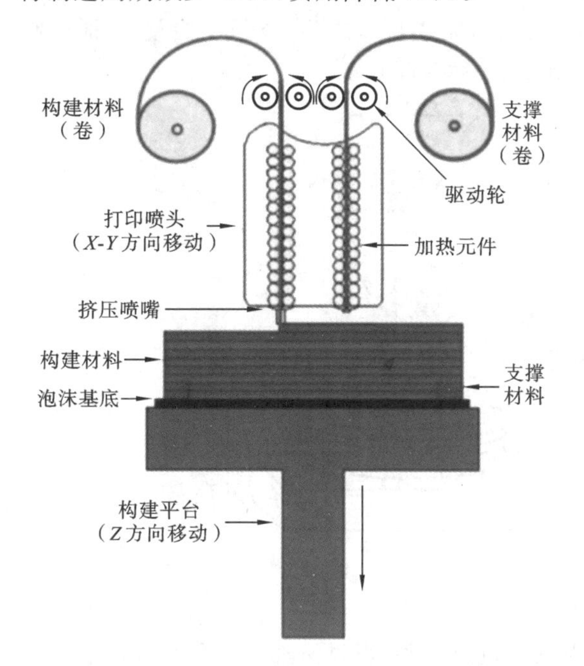

图7-33　FDM工艺原理

图7-34　碳纤维复合材料制造的虎钳

FDM技术主要由以下六个步骤组成。

1. *分层制造与切片文件*

由FDM原理可知，产品的制造是从三维模型切成一系列的二维平面，从单个二维面的加工转化为以点和线为路径的加工。如图7-35所示，任何FDM的制造过程都需通过计算机辅助设计的方式将三维模型转换为保存着截面轮廓信息的STL切片文件，之后还要对每个截面进行打印路径的规划，最终将复杂模型加工过程转化为简单的点与线的加工过程。

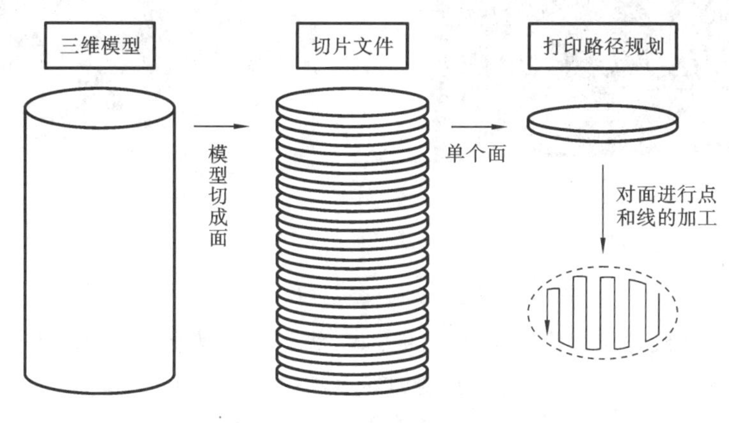

图7-35　分层制造的过程

2. 打印机的运动控制

FDM打印机的运动由喷头和支撑平板共同控制。如图7-36所示，喷头通过前后左右移动，完成每一层切片文件的打印。当一层截面完成打印之后，支撑平台受Z轴控制下降一层高度，喷头继续运动，进行下一个切片平面的打印。

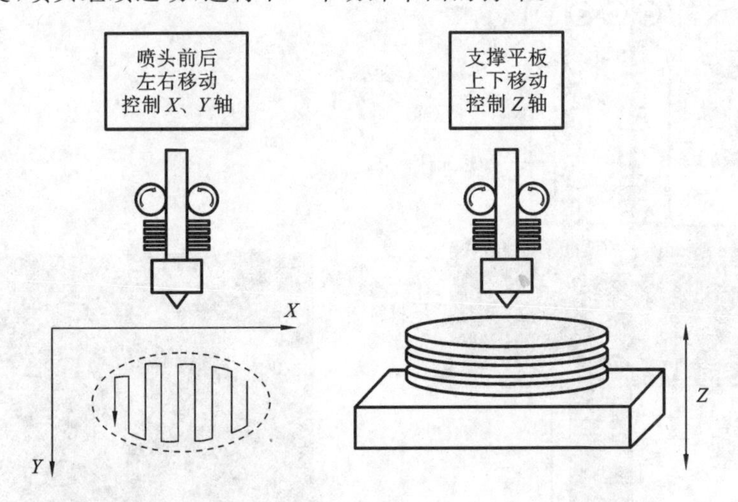

图7-36　打印机的运动控制

为实现上述过程，打印机多使用步进电动机进行驱动，通过滚轴丝杠和皮带传动装置进行传动，以保证动力和运动的准确性。在实际生产中，既可控制打印机喷头XY轴运动，支撑平台Z轴运动(见图7-37)，亦可控制打印机喷头XZ轴运动，支撑平台Y轴运动(见图7-38)。

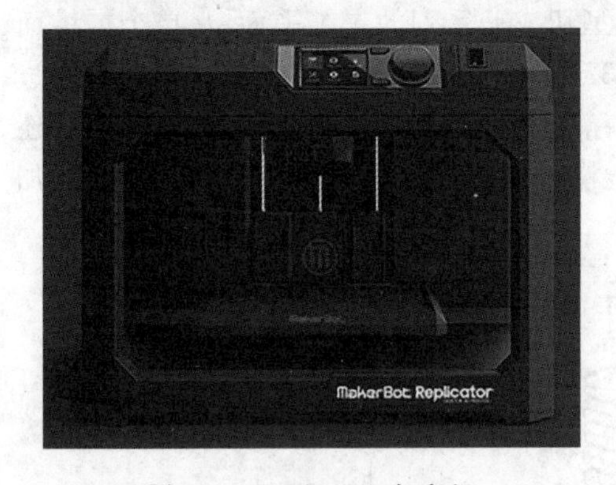

图7-37　MakerBot打印机

图7-38　I3打印机

3. 打印机的喷头装置

FDM打印机的喷头又称挤出机，一般包含喷嘴、加热器、送丝机构三大部分。送丝机构多使用步进电动机与齿轮传动相结合的方式，将丝材匀速送入加热区域。加热装置根据不同丝材熔融温度的不同，快速将温度加热至丝材熔点以上1～2 ℃，并从喷嘴均匀喷出。三个装置相互配合，让材料可以顺畅地在固态—液态—固态之间转化。该过程中，加热温度与送丝速度的匹配最为重要。温度过高，材料不能及时冷却固化，模型难以成型。温度过低，材料不能充分熔融，造成模型的表面粗糙度不良，强度也较差。

常见的喷头装置有两种，如图 7-39 与图 7-40 所示。柱塞式喷头结构较为简单，易于实现，成本较低，常见于普通桌面级 FDM 打印设备。锥形螺杆喷头通过将丝材预先缠在螺杆之上，使丝材传送更平稳。

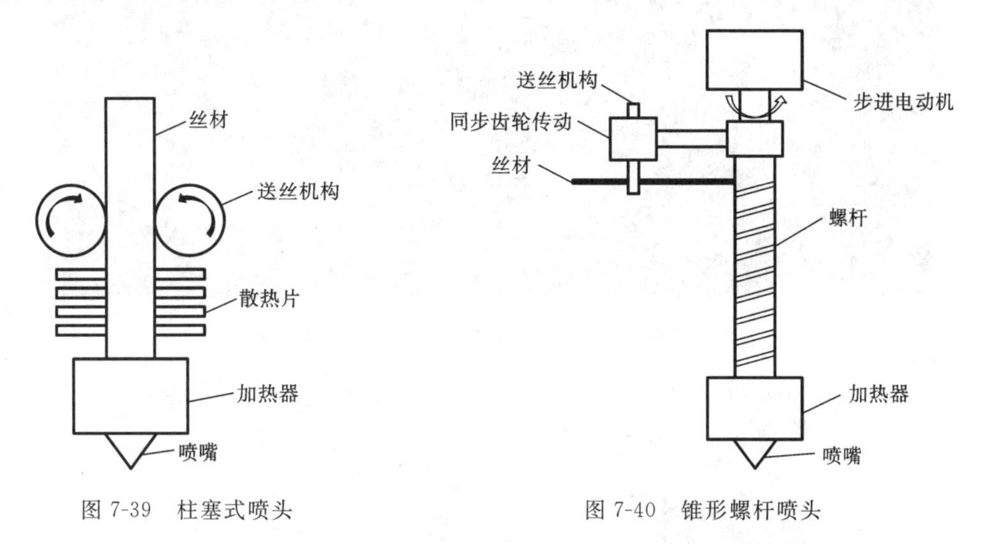

图 7-39　柱塞式喷头　　　　图 7-40　锥形螺杆喷头

由上可知，丝材本身的熔点对于探头的加热温度与送丝速度有很大影响。与此同时，丝材本身的材料、配比及其物理、化学性质对于 FDM 打印制造的模型也有着决定性的影响。

4. 打印中的外部支撑

在 3D 打印的过程中，喷头将熔融的材料一层一层地堆积在一起，直至模型最终成型。在材料堆积的过程中，要考虑重力对于材料成型的影响。根据重力原理，如果一个物体的某个面与垂直线的角度大于 45°且悬空，就有可能发生坠落。对于 FDM 打印，也是如此，虽然在打印过程中，材料经过熔化后，会出现一定的黏附性，但是材料也有可能在没有完全固化之前，因本身的重力而坠落，从而导致打印失败。如图 7-41 所示，当悬空角度小于 45°时，无须打印额外支撑，当悬空角度大于 45°时，必须打印外部支撑。

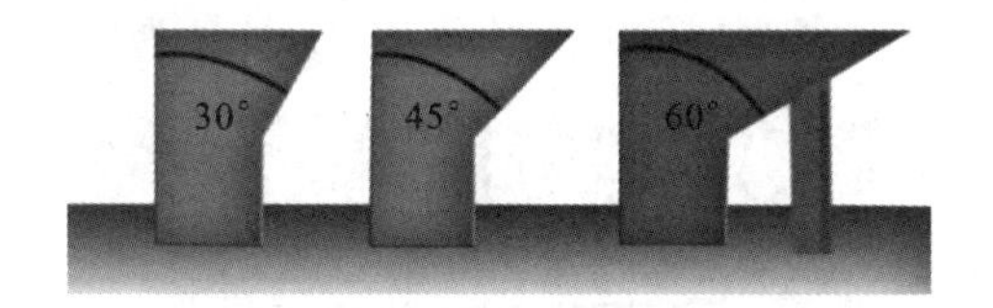

图 7-41　悬空角度与支撑的关系

由于 3D 打印中的 45°角原则，是否添加外部支撑需要看模型有没有悬空部分以及悬空部分的角度。如果悬垂物与垂直方向倾斜的角度小于 45°，那么可以不使用 3D 打印支撑结构打印该悬垂物，反之，如果与垂直方向成 45°以上，则需要 3D 打印支撑结构。如图 7-42 所示，该模型在不同摆放角度下，所需打印的支撑是不同的。这就对于模型的摆放角度提出了要求。

在切片软件中，系统会根据 45°角原理，计算出模型所有需要加支撑的点，自动为模型加入支撑。我们也可以利用该原理，在打印过程中节约材料。如图 7-43 所示，通过在

图 7-42　不同摆放角度对于打印的影响

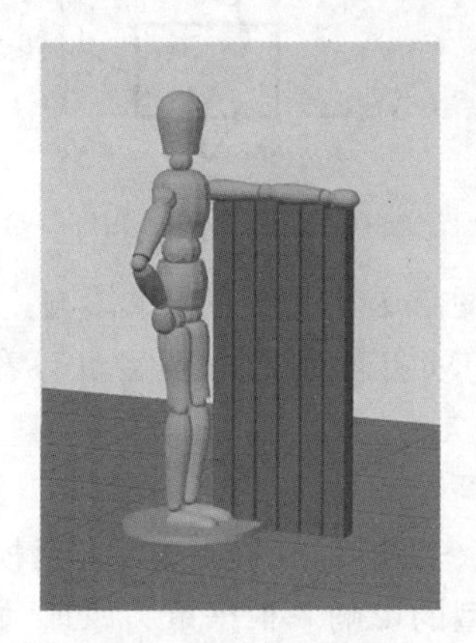

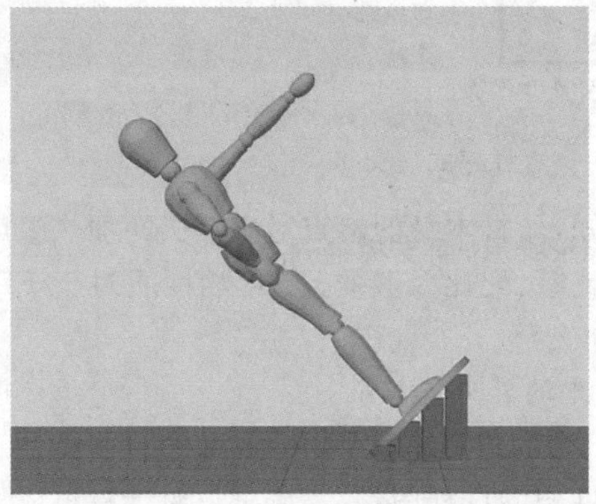

图 7-43　45°角原理的正面应用

模型脚下打印支撑将手臂的 90°度悬空变为 45°悬空，从而使模型更易打印。

3D 打印的外部支撑可分为线性支撑、树状支撑、面支撑三种典型结构，以针对不同的打印情况。如图 7-44 所示，线性支撑主要为模型表面提供较大范围的支持，它可以针对具体的空间位置，调节支撑的密度与偏移距离等参数，是最为常见的一种支撑。

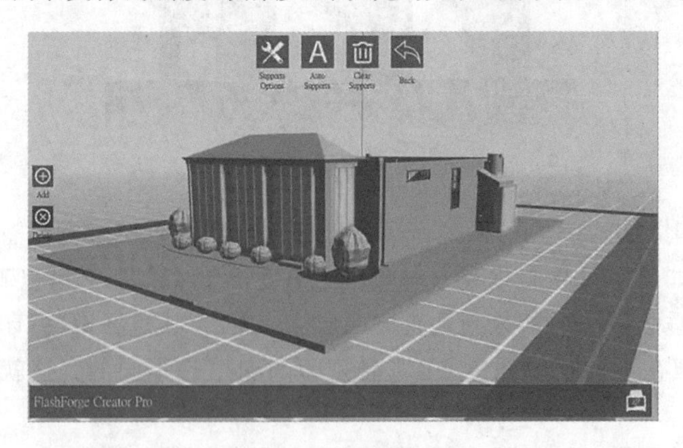

图 7-44　线性支撑的应用

树状支撑是一种树状结构，支撑模型的悬垂。如图 7-45 所示，树状支撑通过“点”接触模型的悬空区域，提供支撑。比起线性支撑，树状支撑易于去除，节约材料，在仅需小面积支撑的情况下十分有效，如人物模型的鼻尖、指尖或建筑中的拱门结构。但是，树状支撑在大面积支撑的情况下就比较烦琐，难以为模型提供足够的稳定性。

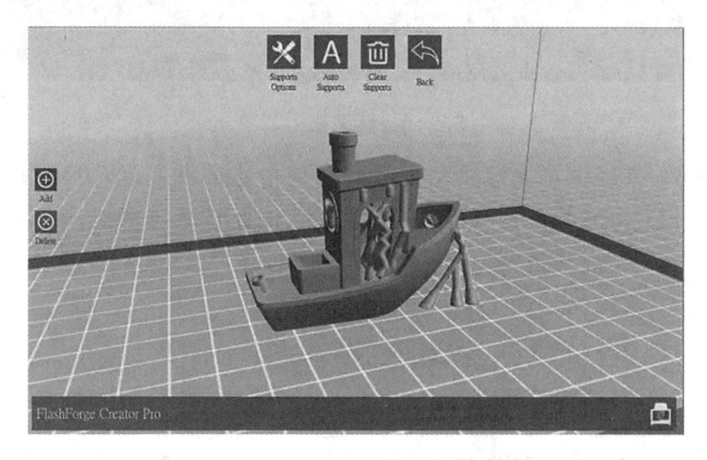

图 7-45　树状支撑的应用

如图 7-46 所示，面支撑通过在模型悬空区域下方形成面接触保护层的方法，为悬空部分提供最充分的支持。该方法填充简单，支撑充分，但使用成本高。该方法由于支撑结构不易手工去除，多使用水溶性填充材料，以便模型的后处理。

图 7-46　水溶性材料面支撑

5. 打印平面的光学矫平系统

在 FDM 打印时，打印平面不同位置与喷头之间的距离应始终保持不变，这样才能保证打印材料的均匀分布和模型的精度要求。如图 7-47 所示，当打印平面未完成矫平时，由于打印材料无法均匀分布，模型很快就出现了翘边现象，导致后续打印无法进行。

为防止模型精度损失甚至无法打印，对打印平面的矫平是非常有必要的。在 FDM 打印中，基于激光测距的矫平方法较为常用。激光测距仪的基本原理如图 7-48 所示，由

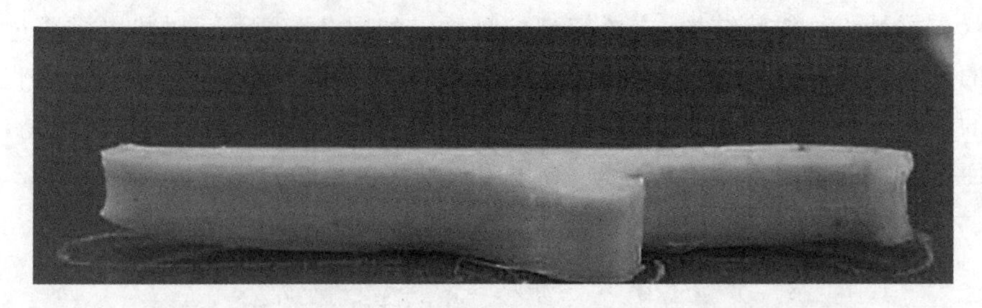

图 7-47　模型翘边现象

激光器发出激光束,并经由调制器调制为带有相位信息的调制光,再经过反射镜反射,由鉴相器捕捉。鉴相器可计算出调制光线的相位差,以此计算出激光所走的距离。在测量出探头与打印平面的距离之后,可通过调节打印平面的高度,实现光学校平。此外也可以使用机械结构校平,其结构如图 7-49 所示。

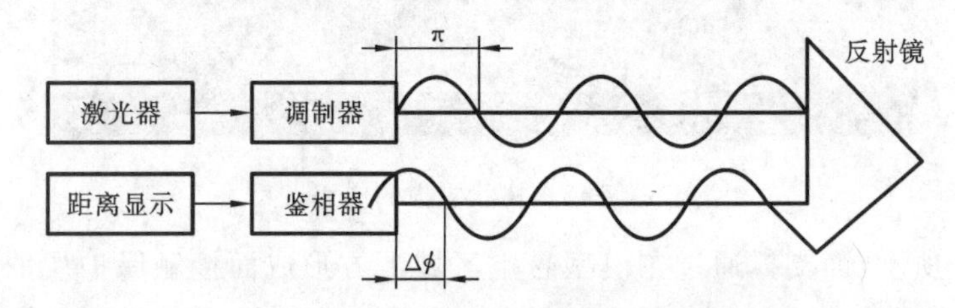

图 7-48　激光测距仪原理

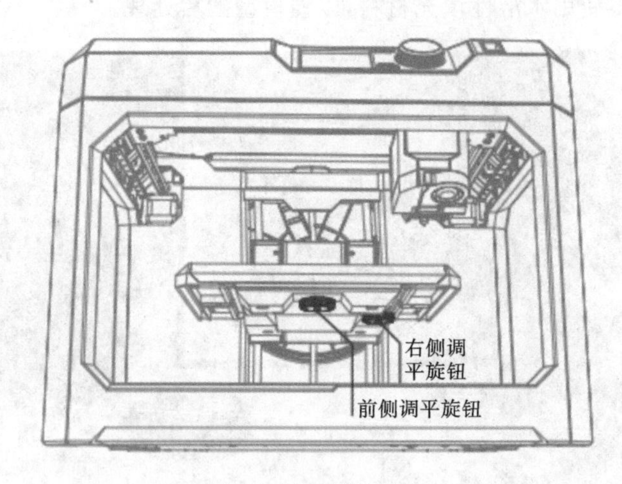

图 7-49　光学校平结构

6. 结构强度及其模型内部支撑

在模型打印的过程中,有时不需要将模型的内部完全填充也可达到设计的结构强度。因此,适当减少模型内部的填充材料,既可节约打印材料、降低成本,也可节省打印时间。在切片软件中,可根据实际需求,设置相应的打印填充比例。如图 7-50 所示,FDM 打印机可灵活地设置不同的模型填充比例。为便于改变模型填充比例,内部支撑的结构一般设为网格状,根据内部实际空间的大小,灵活分布,其结构分布如图 7-51 所示。

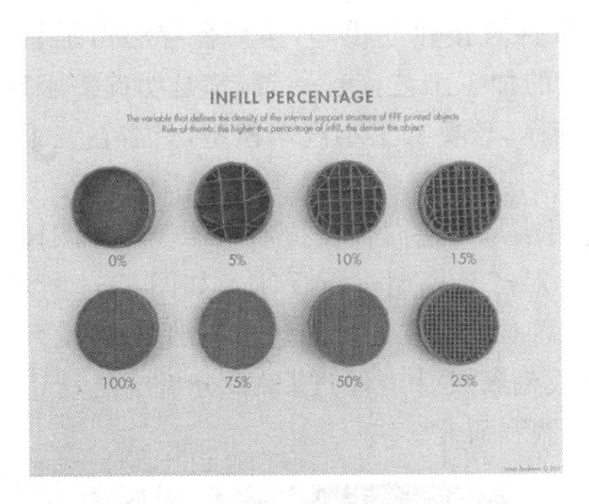

图 7-50　内部支撑的填充比例

图 7-51　内部支撑结构

7.2.2　成型工艺过程

与传统加工技术一样,使用 FDM 技术进行产品生产也需要设计其工艺流程,但得益于该技术的打印原理,无论模型本身多么复杂,其基本工艺过程都可简单地分为 6 个步骤,如图 7-52 所示。

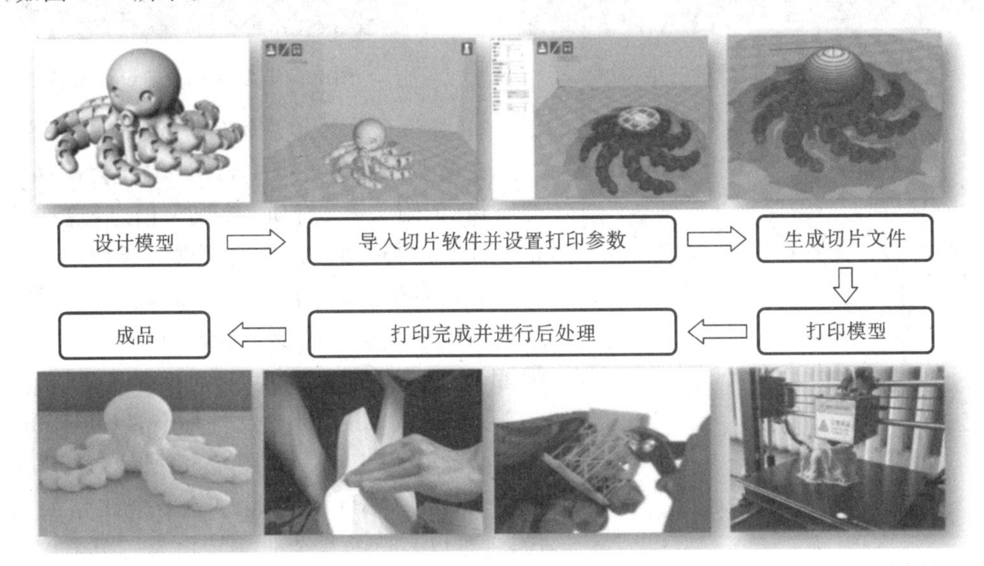

图 7-52　FDM 成型工艺流程

对于 FDM 打印机来说,完成每个步骤只需简单的几步设置,这使得学习该方法变得简单。然而,选择参数较少也意味着用户能控制的参数也是有限的。下面就对这 6 个步骤进行详细的介绍。

1. 建立 CAD 模型

任何产品开发过程的第一步都是明确产品的外观和核心功能,如果没有 CAD 软件将产品的外观以物理模型的方式建立出来,FDM 技术将无从谈起。因此,3D 打印的第一步,就是建立出所需的 CAD 模型。

建立 CAD 模型的方式有很多,常用的三维模型设计软件都可很好地完成这一目的。

其中包括使用Pro/E,UG,SolidWorks等建模软件直接建立模型,然后保存为可被切片软件识别的stl格式文件即可。这一步骤与传统的加工工艺流程一致,都是明确需求,确立模型,然后进行制造的正向过程。如图7-53所示,若要加工小汽车模型,只需在三维软件中设计出模型并导入切片软件中。

值得注意的是,3D打印技术的另一种关键用法是与逆向工程技术相结合。在该技术中,无须提前设计模型,而是应根据现有的产品,对产品模型进行反求。如图7-54所示,生产者无须重新设计该马自达发动机的模型,只需对已存在的产品进行三维扫描,就可快速获得该发动机的模型参数,对产品进行优化或创新设计。经过CAE分析满足设计要求后,快速成型技术可实现对现有产品的样机试制和研究。

图7-53　Pro/E设计的三维模型

图7-54　发动机逆向设计模型

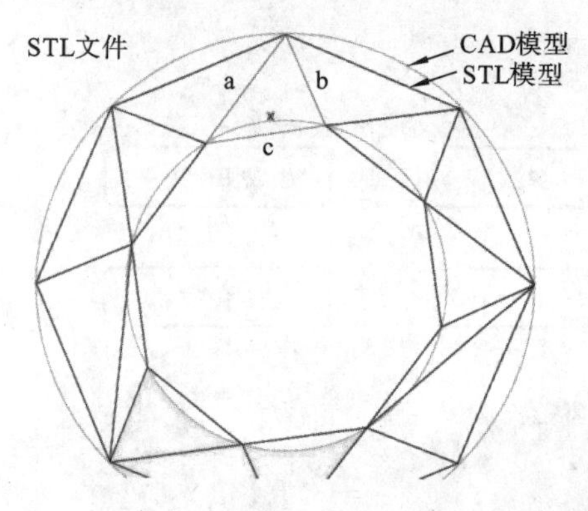

图7-55　STL文件转化过程

2. 将模型导入切片软件并设置打印参数

在模型的设计过程中,设计软件会保存模型的路径、依附关系、材质、参数等信息,这些信息在设计时是必要的,且有助于理解模型的建立过程。但是对于FDM制造过程来说,人们只关心最终的模型表达。因此,3D System公司作为先行者于1987年创建了被称为“标准三角语言”的STL(stereolithography)文件标准,以便于3D打印模型的互相交流。如图7-55所示,STL文件把建立好的CAD模型通过一个个三角面来替代,将难以表达的复杂曲面转化为一个个更易理解的三角面顶点数据。该方法存储的数据不再有数量单位,可以方便地进行缩放和移动。

由于STL文件在模型表达上的优势,因此STL文件现已被广泛用作全行业3D打印机模型的标准文件。它通过一系列三角形切面建模,这些三角形的最小尺寸可在大多数CAD软件中设置,以保证实际的模型精度。将STL文件导入打印机自带的切片软件中,即可将其处理为打印机能识别的切片软件。

将模型的STL文件导入切片软件后,便可针对模型切片数据的层高、壁厚、填充系数、打印温度和速度等基本打印参数进行设置,这些参数的设定既要参照产品的设计要求,又和打印机实际的加工范围有关。对于初学者来说,只要设定好这些参数即可顺利地完成3D模型的打印。不过影响打印效果的设定远不止上述这些因素,打印材料与喷嘴口径的配合、材料冷却与每层打印时间的关系、不同填充材料对打印速度的要求、模型强度与内部支撑的选择、模型45°原则和支撑类型等问题，都需结合实际情况，一一考虑。

不同品牌3D打印机的切片软件各不相同，不过其设置的参数基本类似。通用的切片软件能够让切片模型的交流更方便，也可适用于不同品牌的打印机。MakerBot公司的专用切片软件和通用切片软件分别如图7-56与图7-57所示。

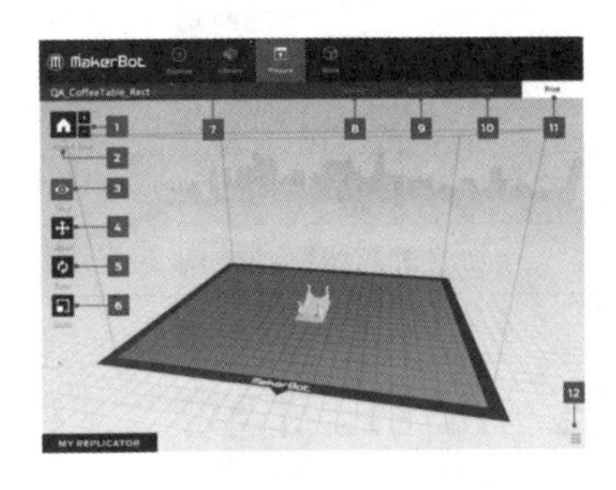

图7-56 MakerBot专用切片软件

图7-57 MakerBot通用切片软件

3. 生成切片文件并导入打印机

切片软件生成的切片文件直接导入打印机即可开始打印。导入方式可以是USB驱动器、USB连接线以及局域网络三种，可根据实际情况选择最适合的方式。

4. 打印模型

在完成了上述参数的设定并且经切片文件导入打印机之后，即可开始模型的打印。如图7-58所示，打印过程全程由计算机控制，自动完成。层截面打印、打印平台的调整、打印材料的加热、支撑结构的分布等过程无须人为干涉，直至模型打印完成。用户只需根据打印机提示，一步一步完成打印即可。

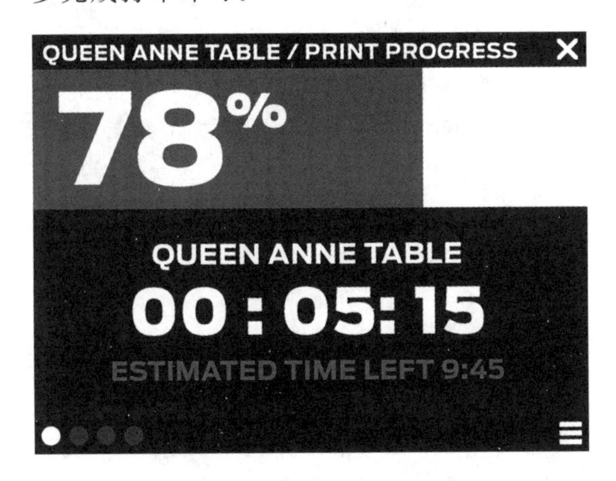

图7-58 MakerBot的打印界面

5. 打印完成并进行后处理

后处理为3D打印过程的最后一步，其一般包括去除支撑、模型抛光，表面打磨，模型着色等过程。根据打印材料和产品表面粗糙度的不同，一些模型可能只需去除支撑即可，有的就需要认真地打磨以保证良好的精度和光洁度。有时，打印出的模型可能由于材料或打印精度的原因比较脆弱，此时可通过蒸汽渗透的方法来加强其结构强度。另外，使用专用抛光设备或烘干设备也有助于改善模型的质量。表7-5列出了部分后处理方法的具体情况。

表7-5 不同后处理工艺

序号	名　称	工　具	作　用
1	去除支撑	钳子，钩子	去除外部支撑
2	研磨	砂纸/砂带砂光机	增加表面光洁度
3	表面喷砂	专用喷砂枪	增加表面光洁度，增加表面强度
4	蒸汽渗透	丙酮等抛光油	增加表面光洁度，增加表面强度
5	振动抛光	振动抛光机	增加表面光洁度
6	上色	喷枪	增加模型色彩
7	黏合	胶水	将模型组合
8	补缝	3D打印笔	填充修补缝隙
9	热去除	电烙铁	去除不理想部分
10	烘干	烘箱	增加模型强度

6. 完成

经过后处理的工序之后，3D打印的过程就完成了。此时用户即可获得所需的产品，不过需注意的是，这些打印出的零件与传统制造出的零件在力学性能上有很大的不同。首先，由于增材制造的过程，这些零件的内部必然存在着微小空隙，这将使得其结构强度明显下降。此外，在打印过程中，部分材料可能无法以理想的情况冷却，也就难以牢固结晶，存在缺陷。最后，每件经3D打印技术成型的零件，都不可避免地存在力学性能的各向异性，这可能导致零件的失效形式与传统情况不同。

不过，随着增材制造工艺的不断改进，在一些对零件力学性能要求不高的领域，3D打印技术的应用逐渐广泛。伴随着更多新材料的应用，更高精度设备的投产，更多的后处理方法的应用，FDM工艺也在不断向前发展。

7.2.3 材料选择

FDM工艺打印机一般使用热塑性材料作为打印材料，这些材料的熔点较低，但具有较好的绝缘性，还不易发生化学腐蚀，适用于对强度需求较低的工业、服装、医疗卫生等行业。在进行模型实体材料选择时，需要考虑以下几点因素：

首先，由于打印过程中需不断地喷射打印材料，为保证喷头的顺畅工作，材料应具有黏度低，阻力小的特性。

其次，打印过程中探头需不断加热材料至其熔点，加热功耗与材料的熔点温度息息相关。材料熔点低有利于提高机器的使用寿命。同时，材料的黏结性决定了实体各层之间的黏结强度，较高的黏结性有助于增强打印模型的强度。

最后，材料在受热膨胀降温冷却的过程中，收缩率越小，打印出来的物品精度越有保证。

根据以上特征，目前市场上主要的FDM材料包括ABS、PLA、PC、PP、合成橡胶等材料，如图7-59所示。下面就对这些材料进行详细的介绍。

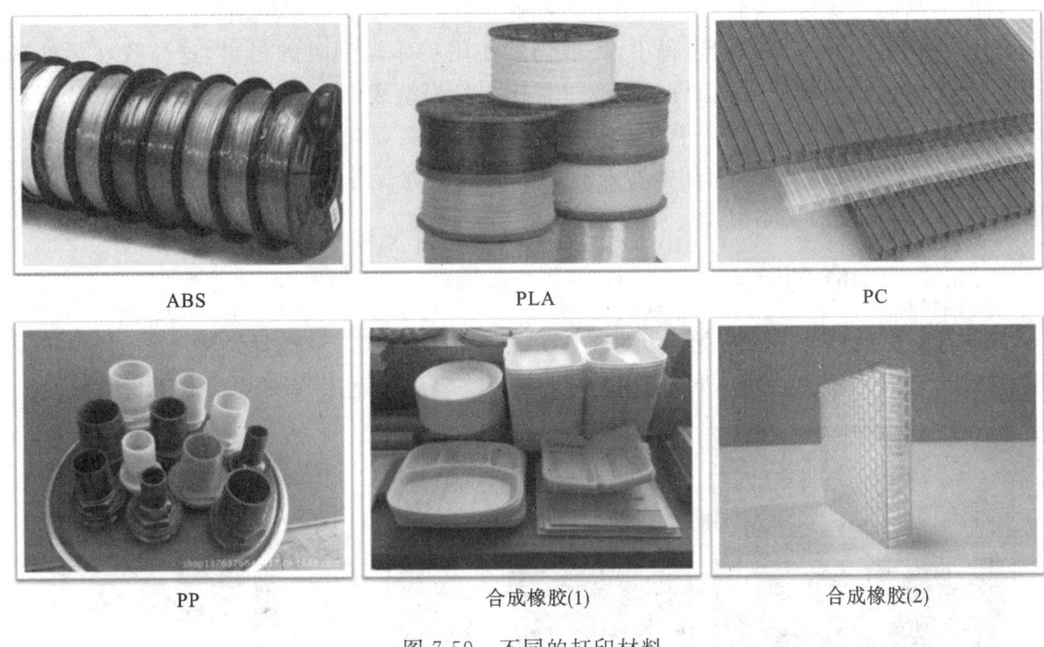

图7-59 不同的打印材料

ABS(acrylonitrile butadiene styrene)材料。ABS是丙烯腈-丁二烯-苯乙烯的三元共聚物，A代表丙烯腈，B代表丁二烯，S代表苯乙烯。ABS具有强度高、韧性好、稳定性高的特点，是一种用途极广的工程塑料。该材料具有高度通用性，特别坚固耐用，适用于后处理技术，如打磨或黏合。但是，该材料是不可生物降解的，并且在不使用时必须存放在密封容器中，因为它可以吸收水分并受长时间暴露在阳光下的影响，这两者都会降低打印部件的质量。此外，它产生的烟雾可能会产生刺激性，这意味着在打印过程中需要做通风处理。

PLA(polylactic acid)材料。PLA又名玉米淀粉树脂，是一种新型的生物降解材料，使用可再生的植物资源(玉米)所提取出的淀粉原料制备而成。除了具有良好的生物降解能力，其光泽度、透明性、手感和耐热性也很不错，目前主要用于服装、工业和医疗卫生等领域。

PC(polycarbonate)材料。PC是一种高强度、耐腐蚀的热塑性塑料，通常用于制造光盘、防弹玻璃和其他高耐久性的产品。它具有高冲击强度和透明外观，对许多用户极具吸引力。与ABS一样，它在打印过程中需要通风，因为它会产生大量细小的颗粒，如果维护不当会刺激使用者的眼睛并堵塞打印头。需要注意的是，由于PC的强度高，它比其他材料更容易翘曲。

PP(polypropylene)材料。PP是由丙烯聚合而制得的一种热塑性树脂，其无毒、无味，强度、刚度、硬度耐热性均优于低压聚乙烯，可在100 ℃左右使用，具有良好的介电性能和高频绝缘性且不受湿度影响。缺点是不耐磨易老化，适合制作一般机械零件、耐腐蚀零件和绝缘零件。常见的酸、碱等有机溶剂对它几乎不起作用,可用于食具。

合成橡胶材料。用化学方法人工合成的橡胶统称为合成橡胶,能够有效弥补天然橡胶产量不足的问题,合成橡胶一般在性能上不如天然橡胶全面,但它具有高弹性、绝缘性、气密性、耐高温等优势,因而广泛应用于工农业、国防、交通及日常生活中。

另外,在打印外部支撑的过程中,一般仍然使用打印模型时的材料,这导致在后处理过程中,支撑材料较难去除,且易在剥离过程中损坏模型表面。针对这样的问题,3D 打印界巨头 Stratasys 公司在 1999 年开发了水溶性支撑材料,单独打印模型的外部支撑,如图 6.14 所示。打印完成后,只需用清水对打印后的模型进行冲洗,即可将支撑材料溶解,快速去除支撑而不损伤实体模型。

7.2.4 FDM 的特点

3D 打印可细分为 FDM(熔融沉积)、SLA(激光固化)、SLS(选择性激光烧结)等不同技术路线,它们之间的原理不同,使用的原材料和加工过程也不一样,如图 7-60 所示。

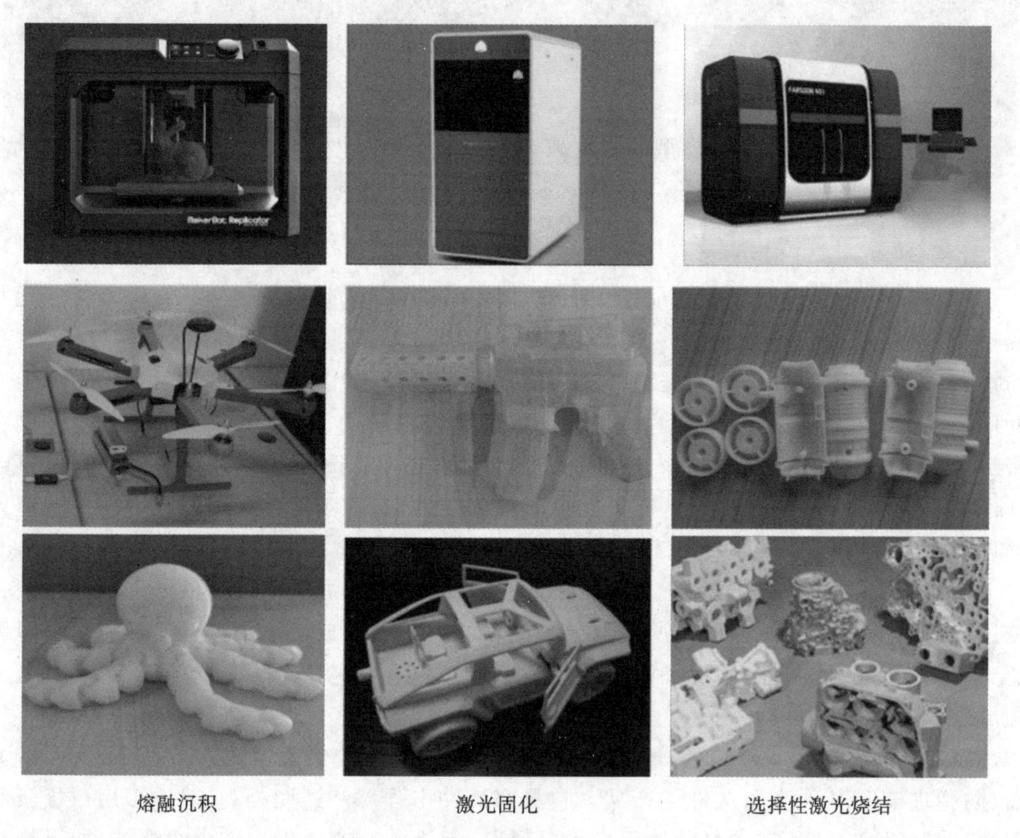

图 7-60　3D 打印的不同技术路线

由于 FDM 技术不需要激光系统,基本结构简单,因而价格低廉。现在市场上的桌面打印机大多采用 FDM 技术,最便宜的已经降至 1 万元以下,入门级的仅需 1000～2000 元。与其他 3D 打印技术路径相比,FDM 具有成本低、原料广泛等优点,但同样存在成型精度低、支撑材料难以剥离等缺点,下面做简要分析。

1. FDM 技术的优点

FDM 技术实现原理比较简单，不需要复杂的机械结构与激光系统，对工作环境要求也不高，因此该类打印机广泛应用于桌面打印设备。同时，该技术对耗材要求不高，ABS、PLA、PC、PP 等热塑性材料均可作为 FDM 技术的成型材料。相较其他技术类型，无论是打印材料还是打印机本身，成本都比较低。

其次，该技术在整个打印过程中不涉及高温、高压，无有毒物质排放，也不产生粉尘等污染，无须建设专用的场地。同时设备与耗材的体积较小，搬运便捷，适合于办公设计环境使用。

最后，该技术的原材料利用率较高，基本无废弃的边角料。同时，得益于材料本身的性质，易于回收处理，环保性较好。

2. FDM 技术的缺点

该技术打印精度较低。温度对于 FDM 成型效果影响非常大，而桌面 FDM 打印机通常都缺乏恒温设备，另外在出料部分缺少控制部件，以至于难以精确地控制出料形态和成型效果。这些原因导致 FDM 的桌面打印机成品精度通常为 0.1～0.3 mm。同时，在打印过程中，模型每层的边缘容易出现由于分层沉积而产生的“台阶效应”，导致模型很难达到圆滑的效果。

其次，受原材料的影响，模型的强度较差，难以达到工业标准。另外，受到制造工艺的影响，模型性能的各向同性不好，尤其是沿 Z 轴方向的材料强度较 X、Y 轴明显较弱。

最后，该技术还存在打印时间较长、不适合制造大型物件、打印过程需支撑材料等问题。

7.2.5　FDM 应用案例

（1）通过三维软件建立所需模型（见图 7-61）。

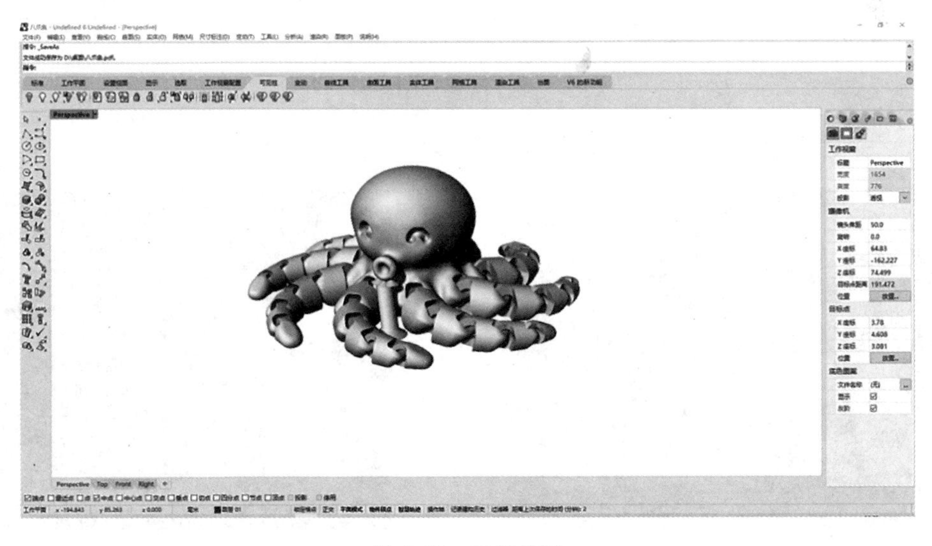

图 7-61　三维模型

（2）将模型导入切片软件（见图 7-62）并设置打印参数（见图 7-63）。

图 7-62　切片软件

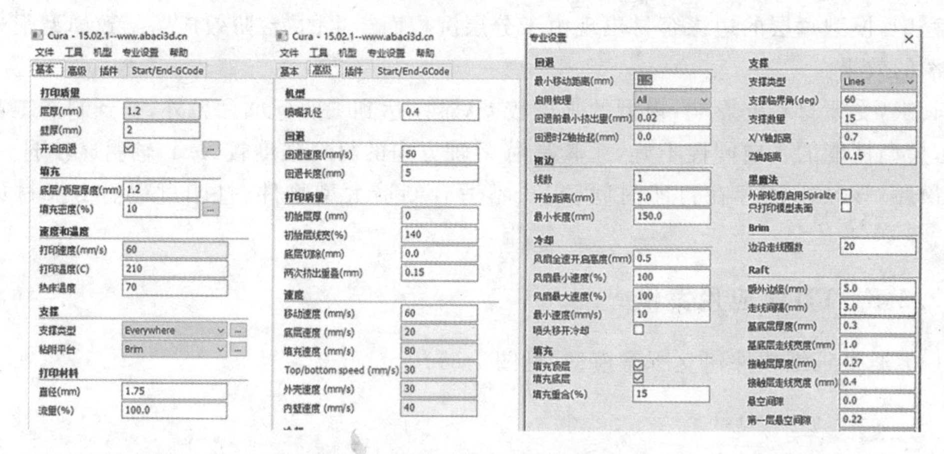

图 7-63　设置打印参数

(3) 生成切片文件并导入打印机(见图 7-64、图 7-65)。

图 7-64　切片文件

图 7-65　导入打印机

(4) 打印过程(见图 7-66、图 7-67)。

图 7-66 打印过程(切片文件)

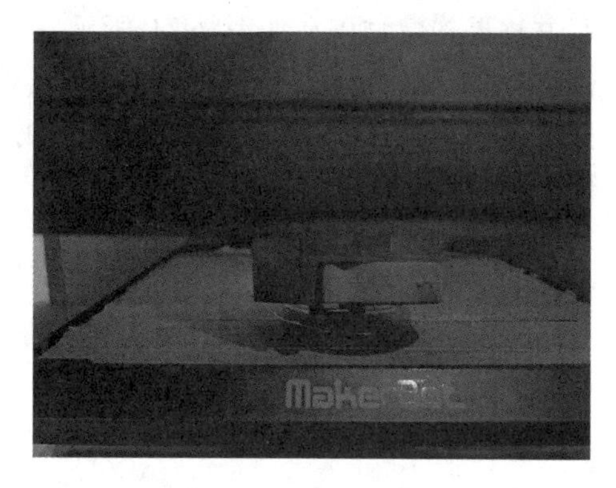

图 7-67 打印过程(打印机)

(5) 打印完成并进行后处理(见图 7-68、图 7-69)。

图 7-68 取下模型

图 7-69 去除底部支撑

(6) 打印完成(见图 7-70)。

图 7-70 打印完成

7.3 光固化成型

7.3.1 工作原理

SLA(stereo lithography apparatus)是光固化成型技术的缩写,该技术最早起源于 20 世纪 80 年代,其工作原理是利用光固化树脂现象,即光通过聚合照射的过程固化液态树脂并逐层构建物体。如图 7-71 所示，一定波长的紫外激光经过振镜反射到液态树脂表面，引起光聚合反应。照射点的树脂迅速凝固，随后激光改变位置，照射下一个凝固点。随着凝固点连成线，凝固线聚成面，完成单个层截面的打印。之后下降支撑平台，改变凝固平面，打印下一个层截面。通过不断重复该过程，完成一层一层的截面打印，叠加形成3D 立体模型。

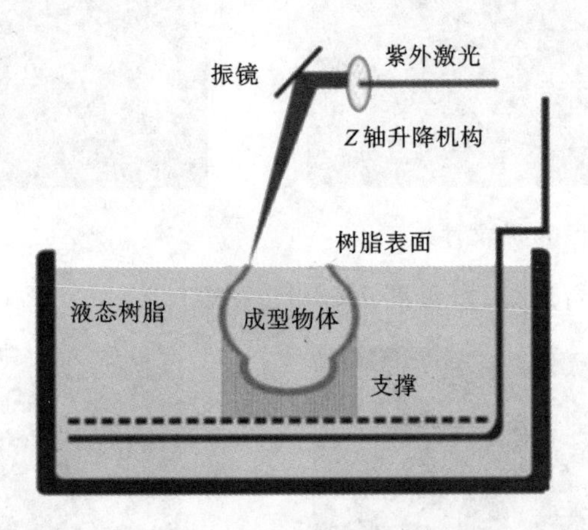

图 7-71　SLA 原理简图

如今，与 SLA 类似的技术称为数字光处理(DLP)，该技术使用面光源的投影仪屏幕取代点光源的激光，实现快速成型。该技术省略了点连成面的过程，缩短了打印时间，不过其基本原理与 SLA 完全一致。

在完成材料聚合之后，支撑平台从罐中升起并排出多余的液态树脂。此时，要取出打印模型，洗去其表面残留，再放入固化箱中进行强光高温固化处理。后续的固化处理可使树脂材料变得更加稳定，以增加模型的强度。

7.3.2　成型工艺过程

SLA 技术的工艺流程与 FDM 技术的一样，都包括建立 CAD 模型、导入切片软件并设置打印参数、生成切片软件并导入打印机、开始打印、后处理这五个步骤。虽然两者加工原理不同，但只有后处理中的操作不同，其余步骤几乎一致。因此，下文将只介绍 SLA 技术的后处理部分，其余请参照 7.2.2 小节的内容。

SLA 技术的后处理可分为以下 4 个部分。

1. 冲洗残留树脂

当零件从打印机中取出后，其表面会残留有未固化的液态树脂，后处理的第一步须先将这些残余处理干净。一般情况下，将零件放入专用的浴缸，倒入专用的清洗剂并快速移动零件，即可去除大部分未完全凝固的树脂。该方法简单快捷，但无法彻底清除表面残余。为达到更好的去除效果，可将零件放入专用的超声波清洗机中，利用超声波来彻底清洁表面残余。实践表明，该方法效果很好。

2. 去除支撑

SLA 光固化与 FDM 熔融沉积一样，都需要为模型打印外部支撑，两者去除支撑的方法也类似，可用平头的刀具或钩子小心地将外部支撑去除。

3. 后固化

即使 SLA 打印完成之后，零件的固化仍在进行，树脂材料会在环境光中继续固化，这就导致了材料的力学性能在不断变化。为减轻这一现象，获得最佳的机械性能，必须对零件进行后固化处理。

后固化的基本原理是通过强光持续照射一段时间，使零件内部的树脂材料进一步固化完全，以减轻零件后续继续固化的现象。SLA 打印机一般配置有相应的固化站，可准确调整固化时间，只需将零件放入，完成固化即可。如未配置专用固化站，也可将零件放置于指甲油固化灯下，经过 10 个小时的照射，也可达到类似的效果。

4. 其他后处理

其他后处理过程与 FDM 的类似，在完成后固化之后，可根据用户需要，参照表 7-5 选择使用。

7.3.3 SLA 的特点

SLA 材料皆为液体树脂，但针对不同的使用需求，也分为不同的类型。表 7-6 总结了一些常用树脂材料的特性。

表 7-6 常用树脂材料

材料	特性
标准树脂	成品表面光滑，相对易碎
透明树脂	透明材料，后处理需要打磨
浇筑树脂	主要用于打印模具，煅烧后灰分含量较低
耐用树脂	机械性能类似 ABS 或 PP，但其耐热性差
高温树脂	耐热性较好，一般用于注模或热成型，价格昂贵
牙科树脂	生物相容性好，耐磨性好，价格昂贵
橡皮树脂	手感类似橡皮，精度较差

SLA 可以生产尺寸精度非常高、细节复杂的零件，并且制造的模型表面光洁度高，美观性较好，常用于精密零件的加工和对表面要求苛刻的工业需求。但值得注意的是，SLA 部件通常很脆弱，不适合承担机械功能。同时，由于 SLA 材料的特性，模型暴露在阳光下时，其机械性能和外观会随着时间的推移而退化。

7.3.4 SLA 应用案例

(1) 通过三维软件建立所需模型(见图 7-72)。

(2) 将模型导入切片软件并设置打印参数(见图 7-73、图 7-74)。

(3) 生成切片文件并导入打印机(见图 7-75、图 7-76)。

(4) 开始打印模型(见图 7-77)。

(5) 打印完成并进行后处理(见图 7-78 至图 7-82)。

(6) 打印完成(见图 7-83)。

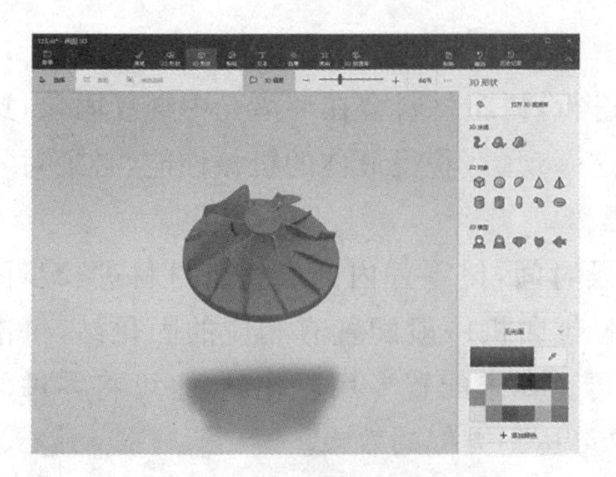

图 7-72 建立 stl 格式模型

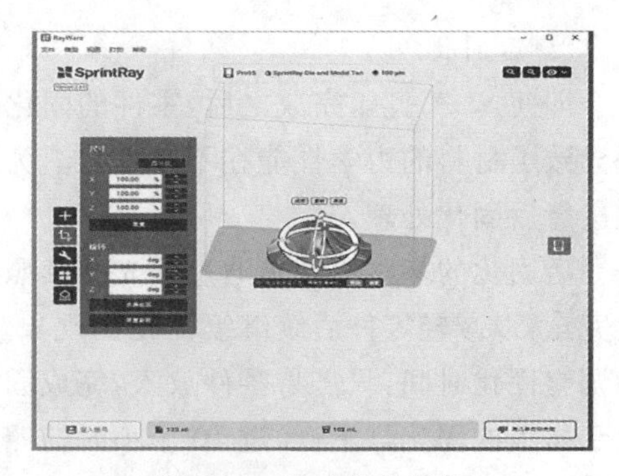

图 7-73 导入切片软件

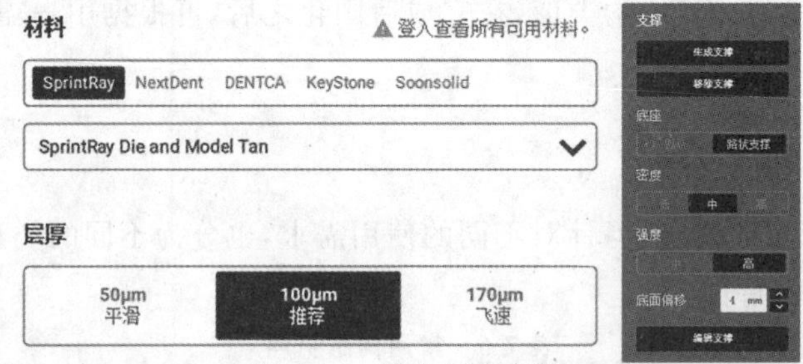

图 7-74 设置打印参数

图 7-75 生成打印机可识别的文件

图 7-76 通过 U 盘导入打印机

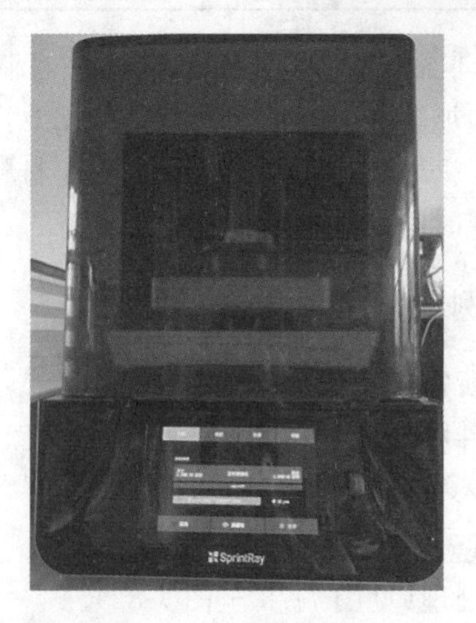

图 7-77 开始打印模型

图 7-78　打印结果

图 7-79　用酒精清洗表面

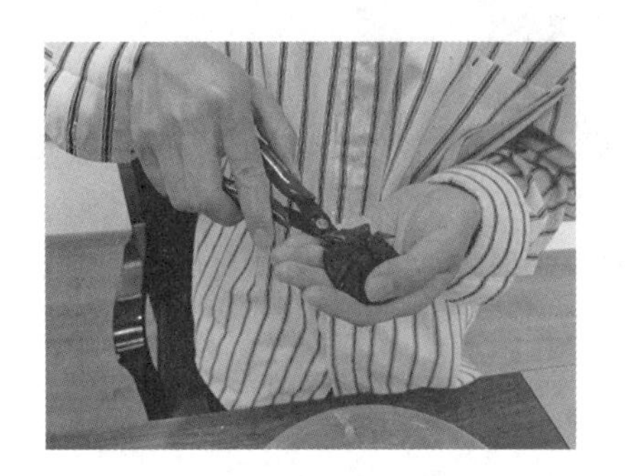

图 7-80　去除支撑

图 7-81　打磨表面

图 7-82　光照后固化

图 7-83　打印完成

课后习题

7-1　简述增材制造、减材制造和等材制造的定义。三者有何区别？各举出三个例子。

7-2　列出增材制造技术常用的工艺方法。

7-3　试画草图说明选择性激光烧结的工作原理。

7-4　简述FDM增材制造的成型原理及其优点。

7-5 简述 SLS 增材制造后处理的作用。

7-6 列出影响 SLS 增材制造成型精度的因素，以及提高 SLS 增材制造成型精度的方法。

7-7 列出 SLS 和 SLM 工艺制造的区别。

7-8 什么是球化现象？如何消除或减弱这种现象？

7-9 与其他制造工艺相比，FDM 工艺具有哪些优点？

7-10 根据成型时树脂基体的物理化学状态不同，纤维缠绕可分为哪几类？请分别阐述它们的优缺点。

7-11 列出纤维铺放机中铺放头的组成装置。

7-12 用列表的形式回顾一下增材制造的发展史。

7-13 简述 AM 技术的优点。

7-14 数控加工通常被称为 2.5D 加工，这意味着什么？为什么？它不被认为是完全的 3D 加工吗？

7-15 目前，增材制造还有哪些问题需要解决？针对每个问题发表自己的看法。

第8章　工业机器人基础及应用

第8章
数字资源

8.1　工业机器人基础

机器人技术集中了机械工程、电子技术、计算机技术、自动控制理论及人工智能等多学科的最新研究成果，代表了机电一体化的最高成就，是当代科学技术发展最活跃的领域之一。自20世纪60年代初机器人问世以来，机器人技术经历了40多年的发展，已经取得了实质性的进步和成果。

在传统的制造领域，工业机器人经过诞生、成长、成熟期后，已经成为不可缺少的核心自动化装备，如图8-1所示。目前世界上约有近百万台工业机器人正在各种生产现场工作，在非制造领域，无论是太空舱、宇宙飞船，还是极限环境工作、日常生活服务，机器人技术的应用已拓展到社会经济发展的诸多领域。

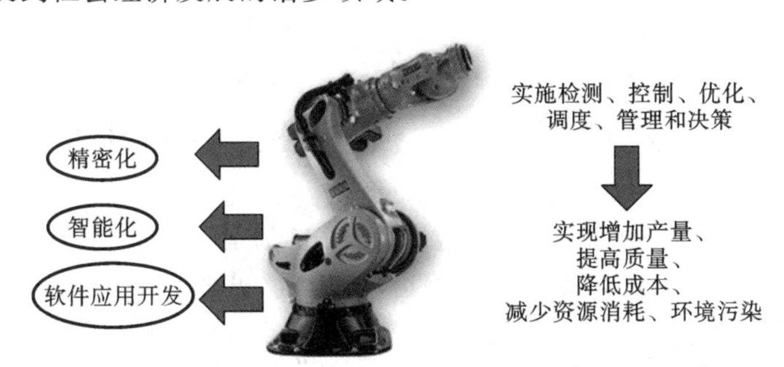

图8-1　工业机器人

8.1.1　工业机器人的定义

机器人发展至今，对于机器人的定义仍然是仁者见仁，智者见智，没有一个统一的意见。原因之一是机器人还在继续发展，新的机型、新的功能不断涌现。

国际标准化组织(ISO)认为机器人是"一种自动的、位置可控的、具有编程能力的多功能操作机，这种操作机具有几个轴，能够借助可编程操作来处理各种材料、零件、工具和专用装置，以执行各种任务"。

8.1.2　工业机器人的分类

工业机器人按照坐标形式有直角坐标式(PPP)、圆柱坐标式(PPR)、球坐标式(PRR)、关节坐标式(RRR)及SCARA型机器人。

1. 直角坐标机器人

直角坐标机器人的运动部分由三个相互垂直的直线移动(即PPP)组成，3个关节均为移动关节，轴线相互垂直，相当于笛卡儿坐标系的 X 轴、Y 轴和 Z 轴，其工作空间图形为长方形。它在各个轴向的移动距离，可在各个坐标轴上直接读出，直观性强，易于位置和姿态的编程计算，定位精度高，控制无耦合，结构简单，稳定性好，适合大负载的搬运，但机体所占空间体积大，动作范围小，灵活性差，难以与其他工业机器人协调工作，如图 8-2 所示。

2. 圆柱坐标机器人

圆柱坐标机器人的运动形式是通过 1 个转动关节和 2 个移动关节组成的运动系统来实现的，如图 8-3 所示，其工作空间图形为圆柱，与直角坐标型工业机器人相比，在相同的工作空间条件下，机体所占体积小，而运动范围大，控制简单，其位置精度仅次于直角坐标型机器人，但难以与其他工业机器人协调工作且不能抓取靠近机身的物体。

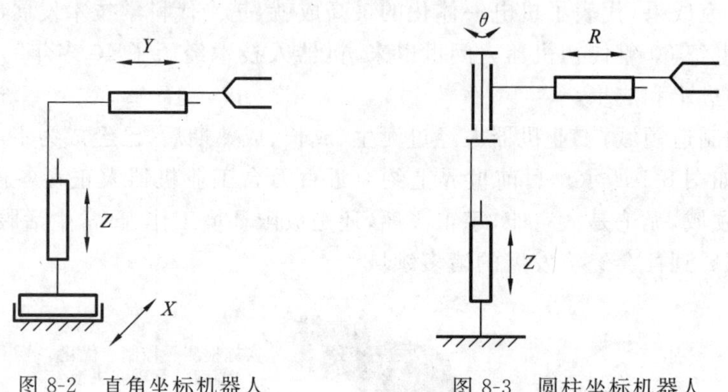

图 8-2 直角坐标机器人　　图 8-3 圆柱坐标机器人

3. 球坐标机器人

球坐标机器人又称极坐标型工业机器人，其手臂的运动由 2 个转动关节和 1 个直线移动关节（一个回转，一个俯仰和一个伸缩运动）组成（见图 8-4），其工作空间为一球体，它可以做上下俯仰动作并能抓取地面上或较低位置的工件，其优点是动作灵活、结构紧凑、占地面积小、位置误差与臂长成正比。

4. 关节坐标机器人

关节坐标机器人又称回转坐标型工业机器人，这种工业机器人的手臂与人体上肢类似，有 3 个转动关节，其中 1 个为转动关节，2 个为俯仰关节，如图 8-5 所示。该工业机器人一般由立柱和大小臂组成，立柱与大臂间形成肩关节，大臂和小臂间形成肘关节，可使大臂做回转运动和俯仰摆动，小臂做仰俯摆动，工作范围为球形。其结构最紧凑，灵活性大，占地面积最小，能与其他工业机器人协调工作，但位置精度较低，有平衡问题和控制耦合问题，这种工业机器人的应用越来越广泛。

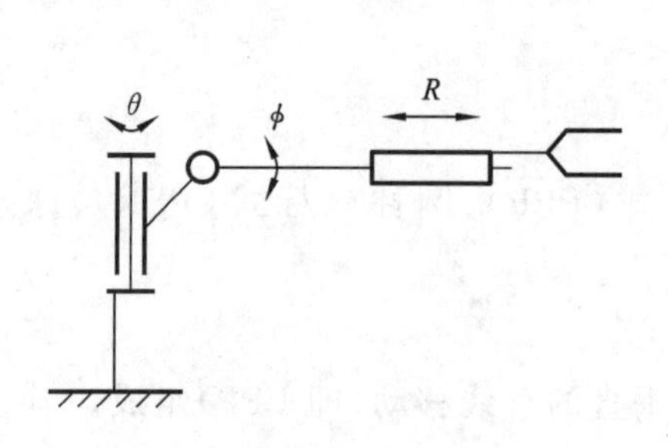

图 8-4 球坐标机器人

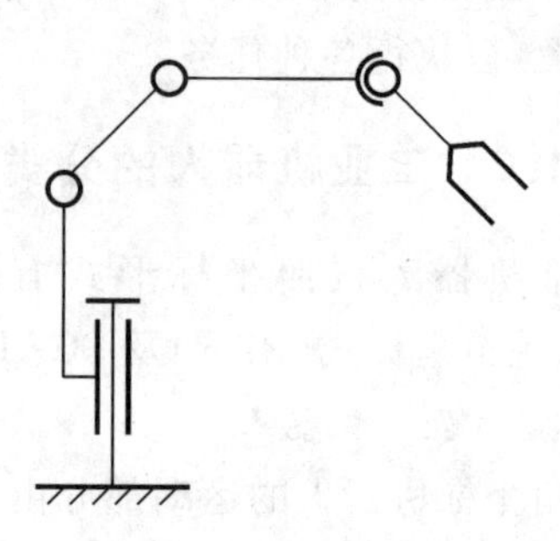

图 8-5 关节坐标机器人

5. SCARA型机器人

SCARA(selective compliance assembly robot arm)型机器人采用1个移动关节和3个转动关节,移动关节实现Z方向的上下运动,用于完成机械臂在垂直平面内的抓取。3个转动关节轴线相互平行,可在平面内进行定位和定向,如图8-6所示,这种形式的工业机器人又称装配机器人,在水平方向则具有柔顺性,而在垂直方向则有较大的刚性。它结构简单、动作灵活、速度快、定位精度高,多用于装配作业中,特别适合小规格零件的插接装配,如在电子工业的插接和装配中应用广泛。

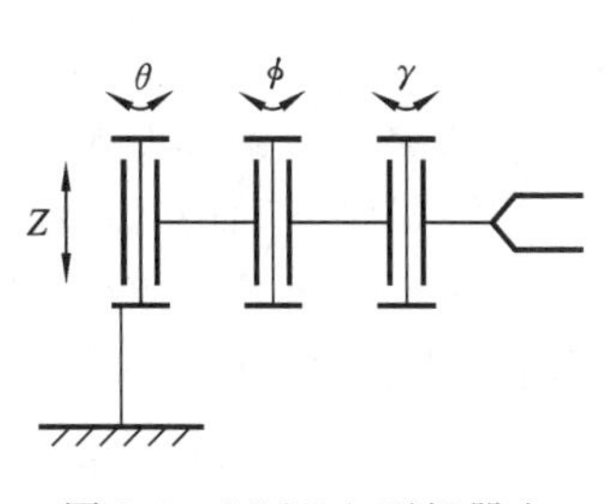

图8-6　SCARA型机器人

8.1.3　工业机器人系统的组成

工业机器人系统一般包括机械系统、伺服驱动系统、感知系统和控制系统四大组成部分,四个部分密切结合,构成一套闭环控制系统,其原理框图如图8-7所示。

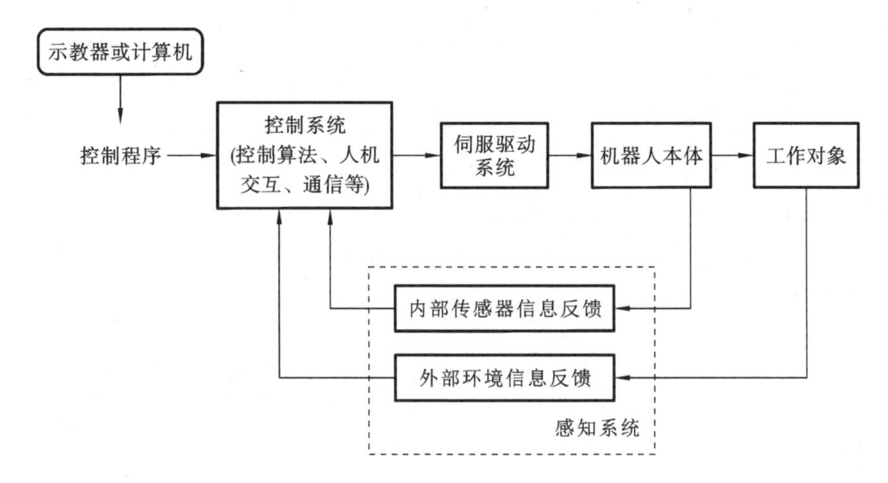

图8-7　工业机器人系统组成框图

1. 工业机器人机械系统

工业机器人机械系统一般由基座、腰部、臂部、腕部、手部(也称为末端执行器)组成,机器人机械系统也称为机器人本体,如图8-8所示。

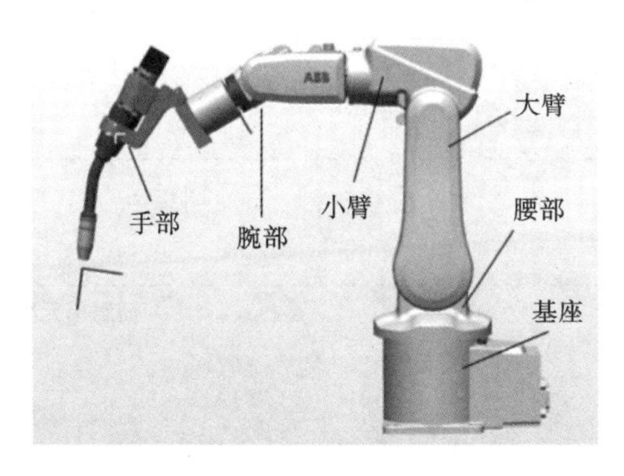

图8-8　工业机器人机械系统组成

2. 工业机器人伺服驱动系统

工业机器人的伺服驱动系统是将电能或其他形式的能转换为机械能的动力装置,根据驱动源的不同,伺服驱动系统可以分为电气驱动、气压驱动和液压驱动三种类型。

电气驱动是目前工业机器人中普遍采用的驱动形式,它通过减速器减速后驱动运动机构,结构简单紧凑。根据驱动电动机的不同,工业机器人可以分为步进电动机驱动、直流伺服电动机驱动和交流伺服电动机驱动三种类型。

液压驱动系统动力大，负载能力强，适用于重载搬运和零部件抓取的机器人。

气压驱动是利用气压动力驱动工业机器人系统运动，一般由活塞和控制阀组成，适用于中小负荷的机器人使用，其结构简单、响应速度快、价格低、维护方便，但气体具有压缩性，其工作时稳定性较差。

3. 工业机器人感知系统

工业机器人感知系统是由内部传感器和外部传感器组成，它可将机器人的各种内部状态信息及外部环境信息转换为机器人能够识别的数据，提供给控制系统作出决策。

内部传感器主要用于测量和反馈内部变量，如速度传感器、位置传感器、力觉传感器等。

外部传感器用于检测机器人周围的环境状态，如视觉传感器、接近程度传感器、触觉传感器、温度传感器等。外部传感器可使机器人具有一定的自校正能力及适应环境变化的能力，能赋予机器人一定的智能。

4. 工业机器人控制系统

工业机器人控制系统是工业机器人的核心装置，是机器人的指挥调度机构。控制系统的主要任务是根据机器人的作业指令程序以及从感知系统反馈回来的信号，控制机器人执行机构完成规定的运动和动作，包括运动中的位置控制、姿态控制、轨迹控制及操作顺序等。控制系统一般应具有示教功能、通信功能、记忆功能、坐标设置功能、故障诊断及保护功能、位置控制功能、人机交互功能。

工业机器人控制系统按照控制方式可分为集控式、主从式、分散式三种。分散式控制系统的结构如图 8-9 所示。

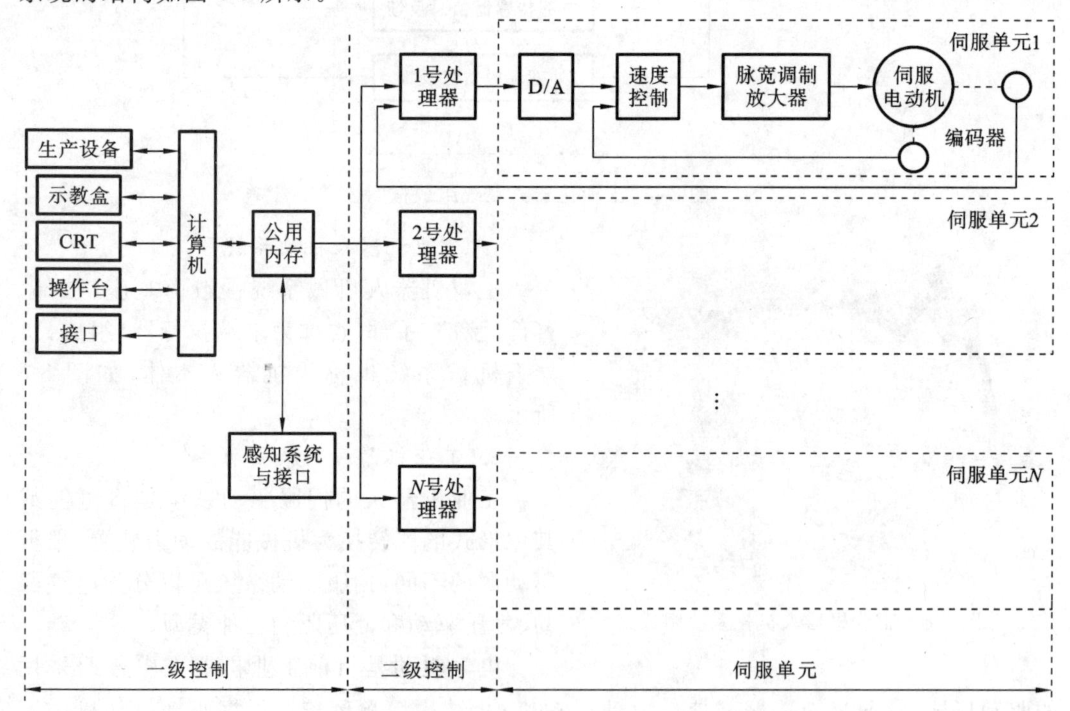

图 8-9　分散式控制系统结构图

分散式控制系统分为几个模块,每个模块各有不同的控制任务和控制策略,各模块之间可以是主从关系,也可以是并行关系。这种方式实时性好,能够实现高速、高精度控制,易于扩展,是目前工业机器人系统普遍采用的结构。

此处使用CHL-JC-01-A流水线教学工作站作为实践对象。工作站各组成部分主要包括3D轨迹版、流水线工作台、刀具库、操作面板、空气压缩机、配电箱、安全防护栏等,如图8-10所示。

图8-10 CHL-JC-01-A工业机器人工作站

8.1.4 工作台各组成部分的功能

(1) 3D轨迹版功能如图8-11所示。

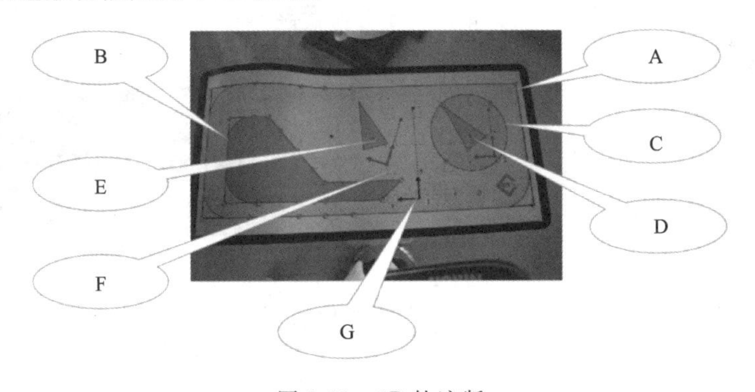

图8-11 3D轨迹版

A:外轮廓轨迹,用于简单轨迹编程和精确定位(或逼近)运动的练习。

B:涂胶轨迹,用于涂胶工艺的练习。

C:圆形轨迹,用于圆弧运动指令的练习。

D:三角形轨迹,用于直线运动指令的练习。

E:轨迹偏移,用于在指定工件坐标下的轨迹偏移的应用练习。

F:搬运位置,配合I/O控制指令,用于搬运应用的练习。

G:蓝色坐标系,用于工件坐标系设定的练习。

(2) 流水线工作台的功能如图 8-12 所示。

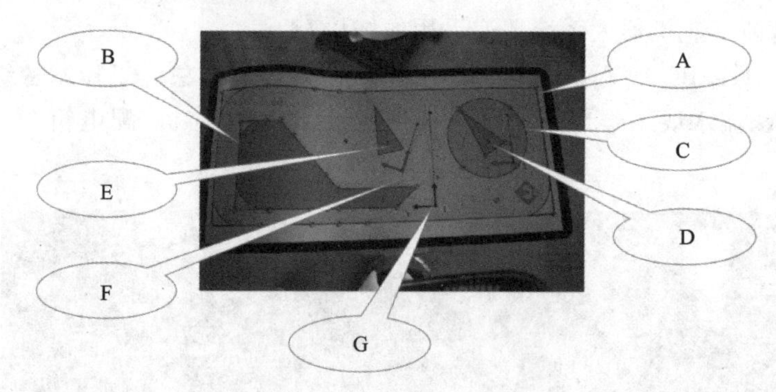

图 8-12 流水线工作台

A:原料区域,物料块原料堆放区域。

B:输送单元,由料井和输送带组成,将物料从输入口传送到加工区域。

C:冲压过程区域,完成对原料的冲压加工。

D:质量检测区域,冲压完成后经过此检测区域,模拟质量检测。

E:成品区域,加工完成后的成品堆放在此区域。

(3) 刀具库功能如图 8-13 所示。

A:刀具存放区域,放置有三支涂胶笔。

B:物料块存放区域,内含多块物料(至少 6 块)。

C:外部工具的固定位置,用作固定活动工件上涂胶轨迹和焊接轨迹的工具。

(4) 操作面板如图 8-14 所示。

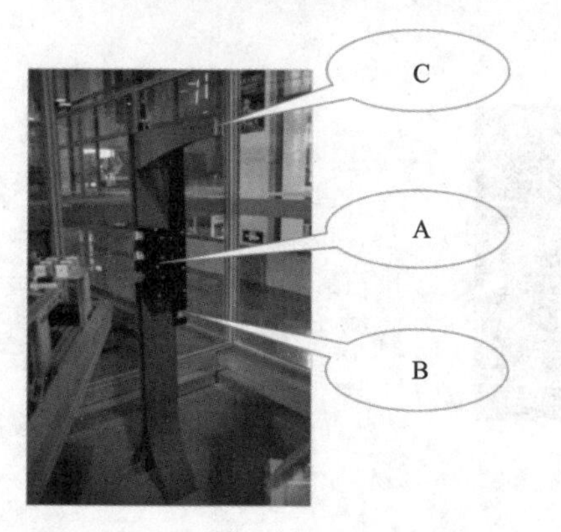

图 8-13 刀具库

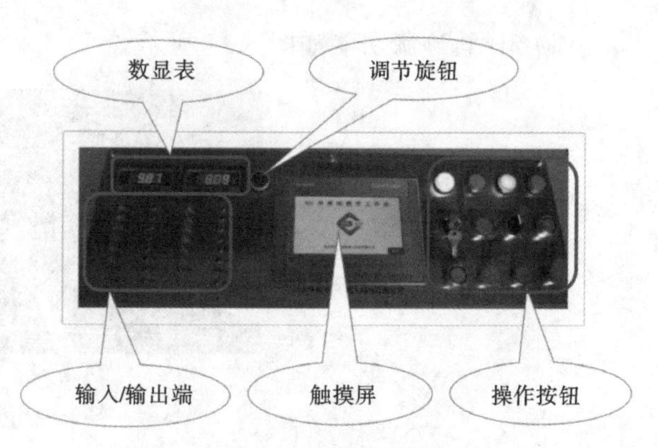

图 8-14 操作面板

(5) 空气压缩机参数如表 8-1 所示。

表 8-1 空气压缩机参数表

型　号	输入功率/kW	转速/(r/min)	额定流量/(L/min)	最大压力/(bar)	容积/L	净重/kg
HM600D0-10B9	0.65	1380	43	7	9	21

注:1 bar=100 kPa。

空气压缩机采用高速电动机、全封闭、防尘等先进结构，无须添加润滑油，是代替传统直联有油机的理想选择，具有结构紧凑、体积小、噪声低、重量轻、能效高、振动小、长寿命、易维护等特点，可广泛应用于喷漆喷涂、装修、清洁、健身、美容、轮胎充气、呼吸器、实验室、化工、食品、潜水等领域。

(6) 配电箱如图 8-15 所示。

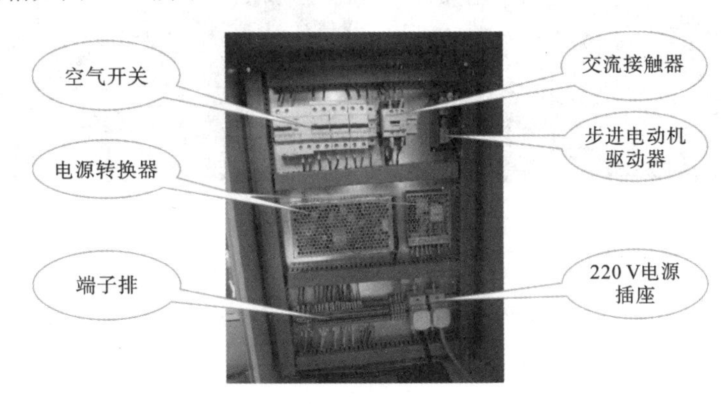

图 8-15　配电箱

(7) 安全防护栏起防护作用。工作站正常运行时，所有人员均需站在防护栏外。安全防护栏上还带有门禁开关和三色报警灯，当机器人处于手动模式时，三色报警灯的黄灯会闪烁，示意操作人员应注意安全；当机器人处于自动模式时，三色报警灯的绿灯会闪烁，示意系统运行正常；在自动模式下检测到有人进入工作站时，机器人会紧急停止，同时三色报警灯会出现红灯闪烁和报警器报警，以保护操作人员的人身安全。

8.2　CHL-JC-01-A 工业机器人工作站操作

8.2.1　操作面板功能按钮的说明

图 8-16 中 A 为工作站编程的三种运行模式，分别为生产线模式、基础操作模式、涂胶模式，不同的模式对应不同的编程程序。

B 为切换运行模式的旋钮开关，挡位顺序分别对应图示 A 的运行模式。

C 为生产线模式下的启停和复位按钮，分别为生产线启动、生产线停止和复位按钮。想要实现生产线程序编程或运行，必须按下生产线启动按钮，若运行中发生故障或意外情况，可依次按下生产线停止和复位按钮，然后再启动生产线。

D 为电源启动钥匙旋钮和电源指示灯。电源启动为工作站总控开关，顺时针旋转钥匙旋钮，电源打开，电源指示灯变亮。

E 为电源停止按钮，为工作站总断电开关，当不用工作站或机器人电源断开后，按下电源停止按钮，断开工作站电源。

F 为外部急停按钮，并且是常规模式下的急停机制，无论是手动还是自动模式，触发急停机制后，机器人都会停止。

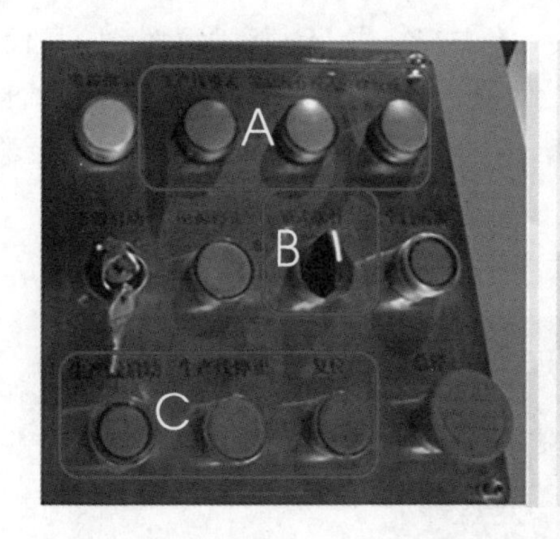

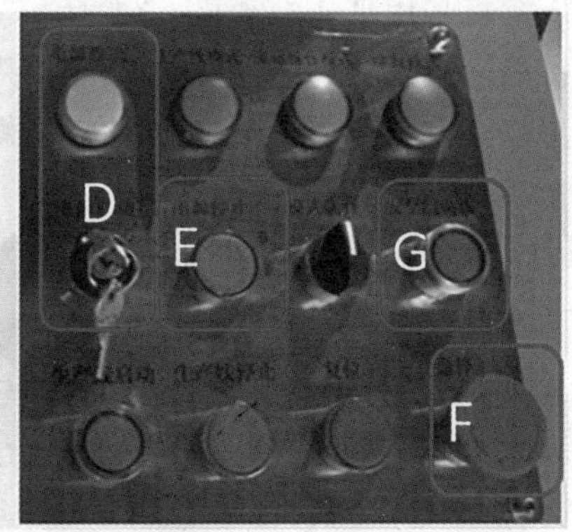

图 8-16　操作面板功能按钮

G 为安全门确认按钮，通常与门禁配合使用：安全门关闭后，按下此按钮指示灯会亮；同样，打开安全门后，指示灯熄灭。

触摸屏采用的是二代精简面板，型号是 SIEMENS KTP700 BASIC DP，用于对生产线工作台的监控。点击启动项 Starting 后，进入如图 8-17 所示的界面，此界面采用动态图来显示流水线工作台的整体布局。通过传感器信号工作与否，来判断流水线的流程步骤。

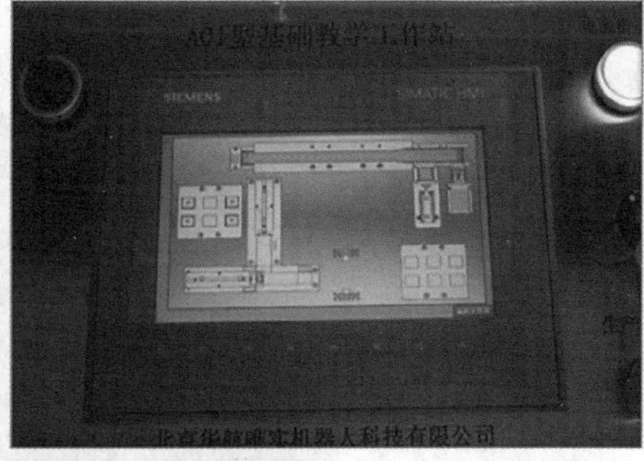

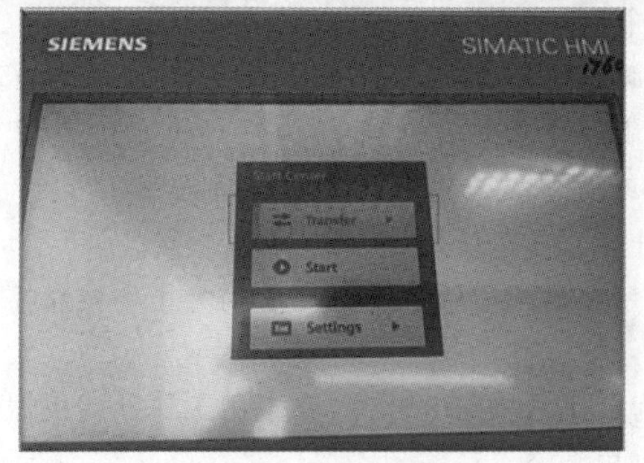

图 8-17　触摸屏

8.2.2 工作站的开启和关闭操作

工作站设备的电源控制分别为配电箱空气开关、钥匙旋钮开关和机器人电源开关。

1. 开启

(1) 打开配电箱。从左至右的空气开关分别控制工作站总电源、机器人系统电源、电源转换器电源和插座电源。

(2) 工作站的开启。首先将配电箱中的空气开关从左至右依次打开，然后顺时针旋转电源启动钥匙旋钮(见图8-18)，工作站得电，最后将机器人系统电源开关从 OFF 挡位旋转到 ON 挡位。

图 8-18　电源启动钥匙旋钮

2. 关闭

首先，依次进入 ABB 主菜单→重新启动→高级，选择关闭主计算机选项，关闭机器人系统，如图 8-19 所示；其次在机器人控制器的操作面板上将电源开关从 ON 挡位逆时针旋转到 OFF 挡位，如图 8-20 所示。

然后，按下电源停止按钮，如图 8-21 所示，工作站断电。

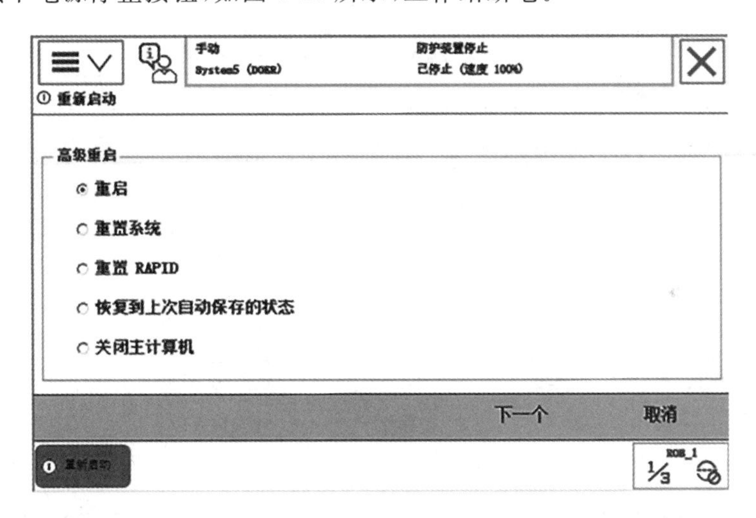

图 8-19　关闭机器人

图 8-20　机器人电源开关

图 8-21　电源停止按钮

最后，将配电箱空气开关从左至右依次断开，如图 8-22 所示。

图 8-22　配电箱空气开关

8.2.3　机器人的手动操纵

手动操作机器人运动一共有三种模式：单轴运动、线性运动和重定位运动。如图8-23所示。

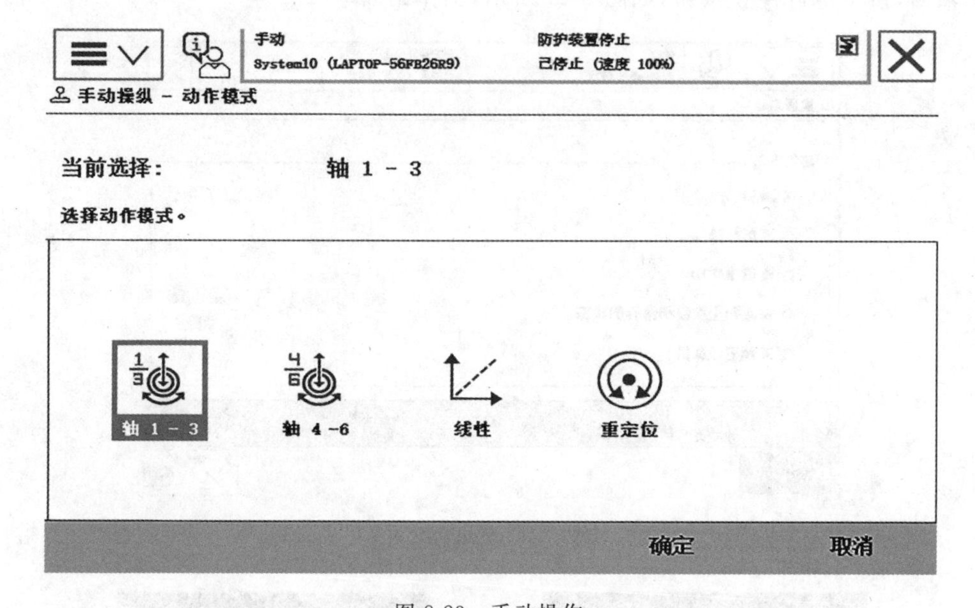

图 8-23　手动操作

1. 单轴运动

一般地，ABB 机器人是六个伺服电动机分别驱动机器人的六个关节轴，每次手动操作一个关节轴的运动，就称之为单轴运动。单轴运动是每一个轴可以单独运动，所以在一些特别的场合使用单轴运动来操作会很方便快捷，比如说在进行转数计数器更新的时候可以用单轴运动的操作，还有机器人出现机械限位和软件限位，也就是超出移动范围而停止时，可以利用单轴运动的手动操作，将机器人移动到合适的位置。单轴运动在进行粗略的定位和比较大幅度的移动时，相比其他的手动操作模式会方便快捷很多。

操作步骤如下：

(1) 将机器人操作模式选择器置于手动限速模式,如图 8-24 所示。

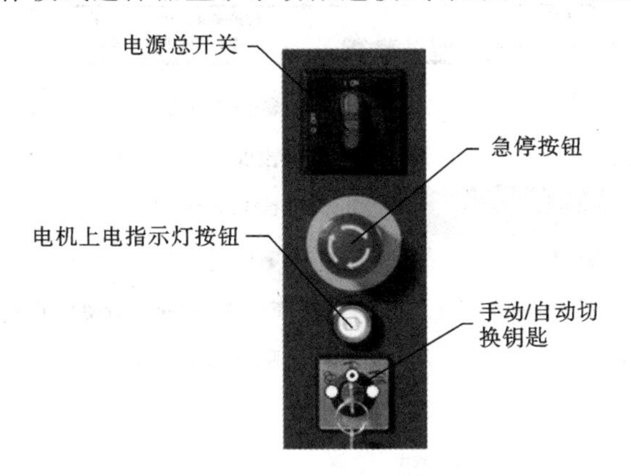

图 8-24 操作模式选择器

(2) 在状态栏中,确认机器人的状态已经切换为手动,如图 8-25 所示。

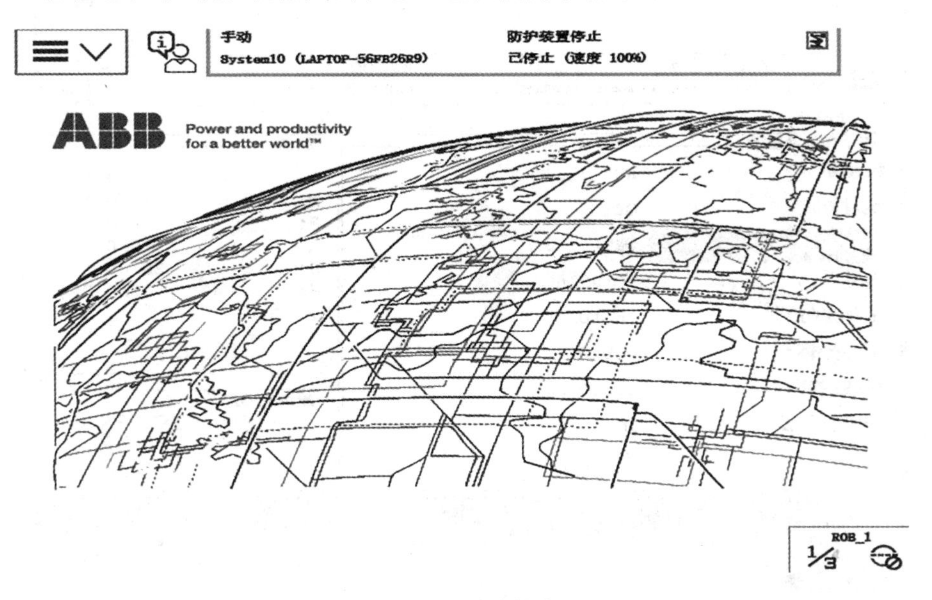

图 8-25 手动状态

(3) 单击示教器左上角按钮,选择"手动操纵"。在手动操纵的属性界面,单击"动作模式",如图 8-26 所示。

(4) 选中"轴 1-3",然后单击"确定"就能使机器人的 1 到 3 轴动作,如图 8-27 所示;选中"轴 4-6",然后单击"确定"就能使机器人的 4 到 6 轴动作。

(5) 轻轻按下"使能器",并在状态栏确认机器人已经处于"电机上电"状态,手动操作机器人摇杆,完成单轴运动;箭头所指方向为运动正方向,如图 8-28 所示。

2. 线性运动

机器人的线性运动是指安装在机器人第六轴法兰盘上的工具中心点在空间中所做的线性运动。线性运动移动的幅度较小,适合较为精确的定位和移动。

操作步骤如下:

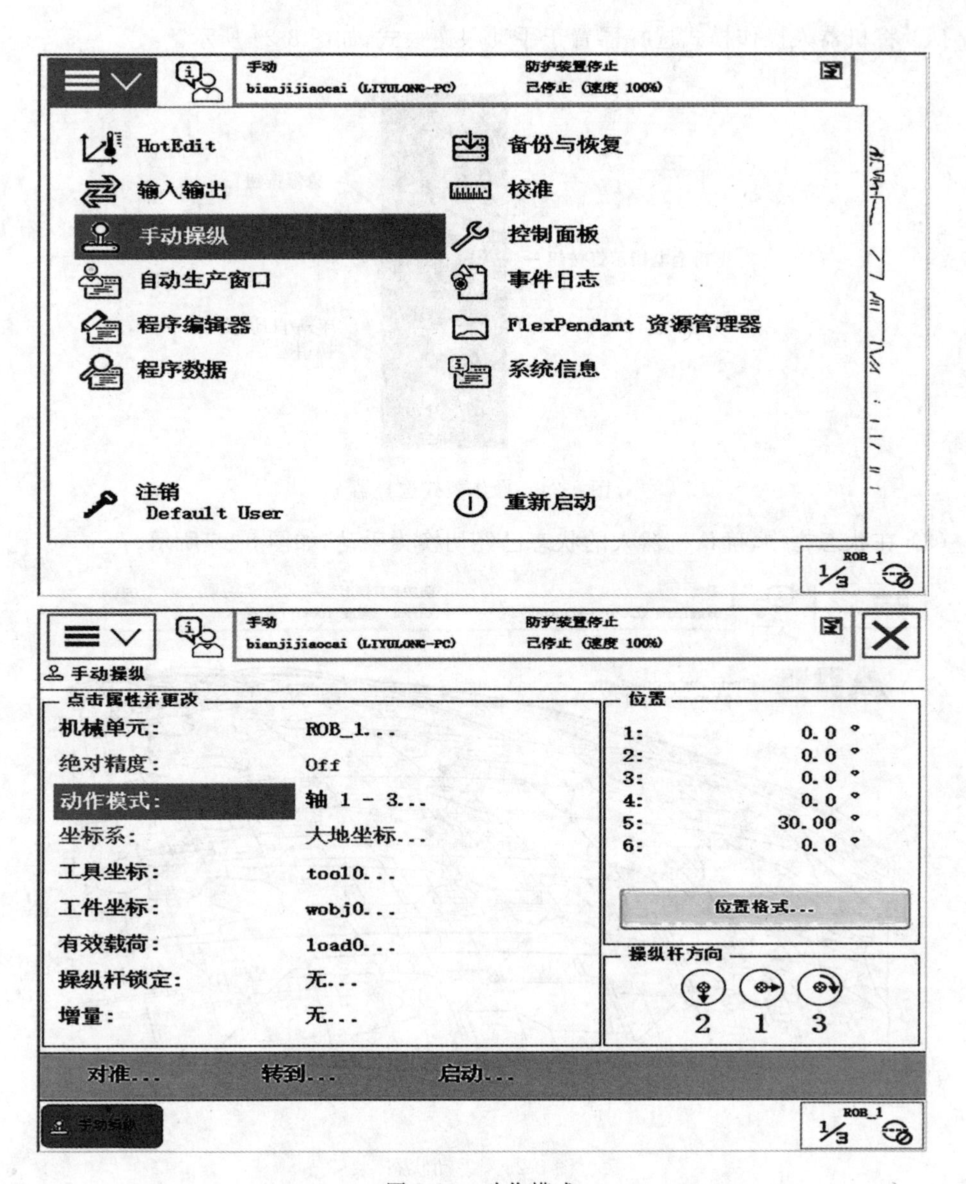

图 8-26　动作模式

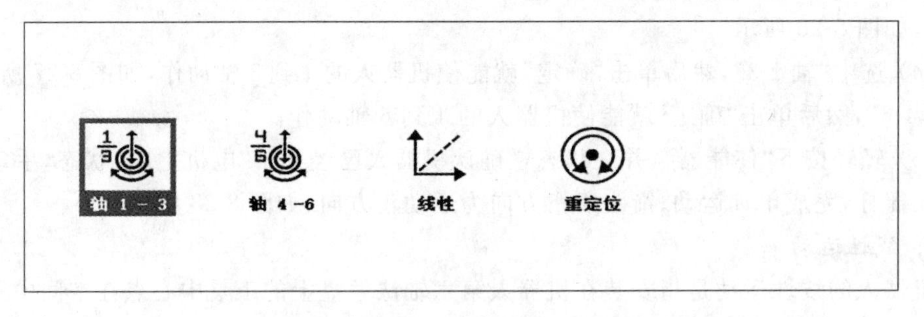

图 8-27　动作选择

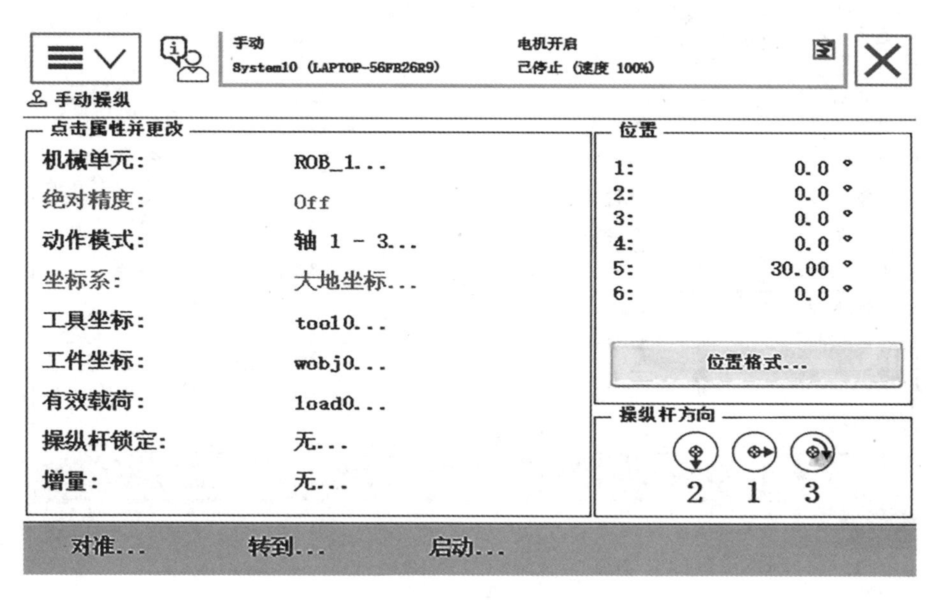

图 8-28　单轴运动

(1) 单击运动模式,选择“线性模式”,如图 8-29 所示。

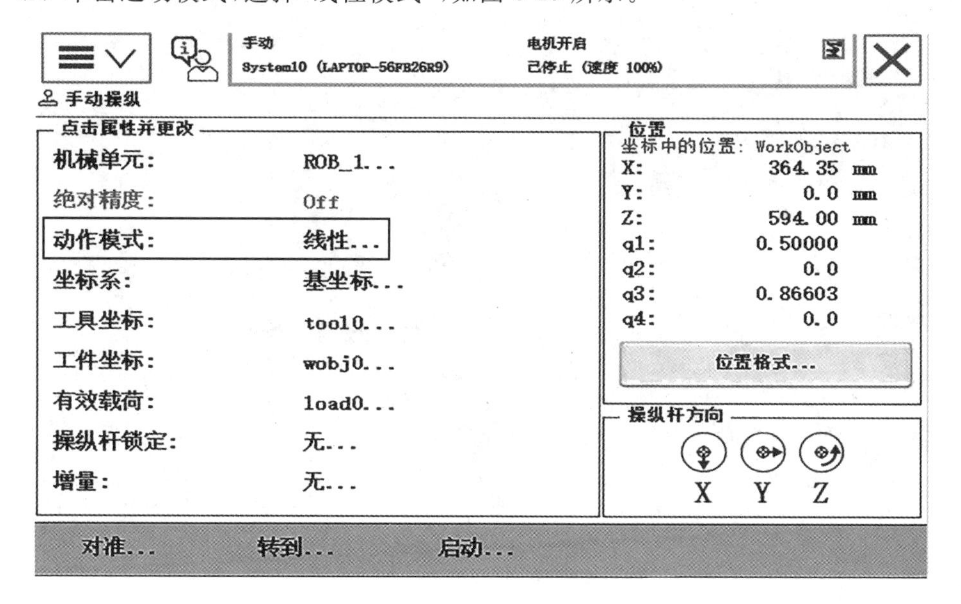

图 8-29　线性模式

(2) 将机器人的线性运动改为要指定的工具坐标号,单击“工具坐标”,选中对应的工具坐标号“tool1”(见图 8-30)。这里的 tool1 是自行定义的工具坐标系,tool0 是预定义的工具坐标系,中心点位于机器人安装法兰的中心,以后定义的新的工具坐标系为 tool0 的偏移值。

(3) 按下“使能器”,并在状态栏确认机器人处于“电机开启”状态,手动操作摇杆,完成线性运动(见图 8-31)。

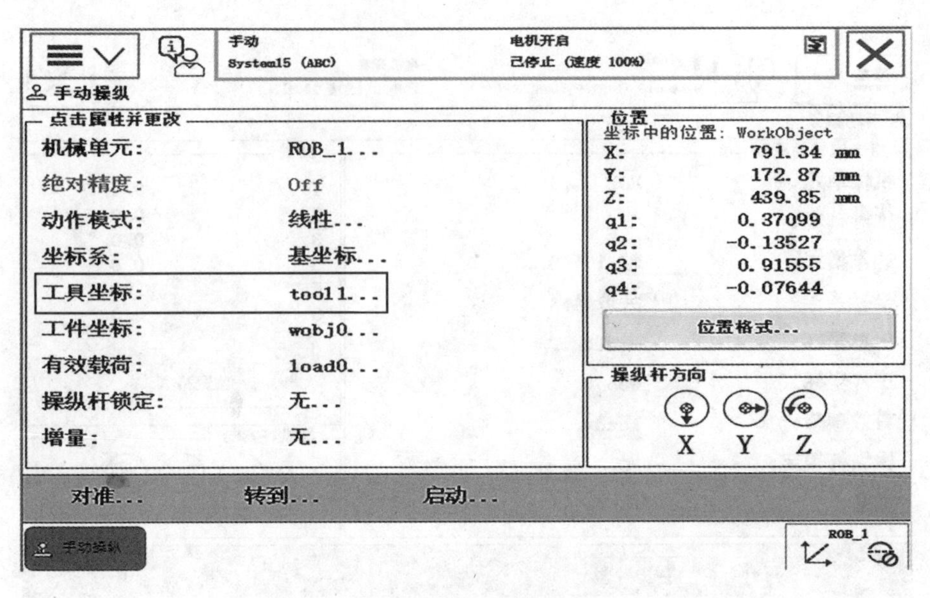

图 8-30 工具坐标系(1)

图 8-31 线性运动

3. 重定位运动

机器人的重定位运动是指机器人第六轴法兰盘上的工具中心点在空间中绕着坐标轴旋转的运动,也可以理解为机器人绕着工具中心点做姿态调整的运动。

(1) 单击运动模式,选择"重定位";单击坐标系,选择"工具坐标系",如图 8-32 所示。

(2) 点击工具坐标,选择"tool1",如图 8-33 所示。

(3) 按下"使能器",并在状态栏确认机器人处于"电机开启"状态,手动操作摇杆,完成机器人绕着工具 TCP 点做姿态旋转运动(见图 8-34);

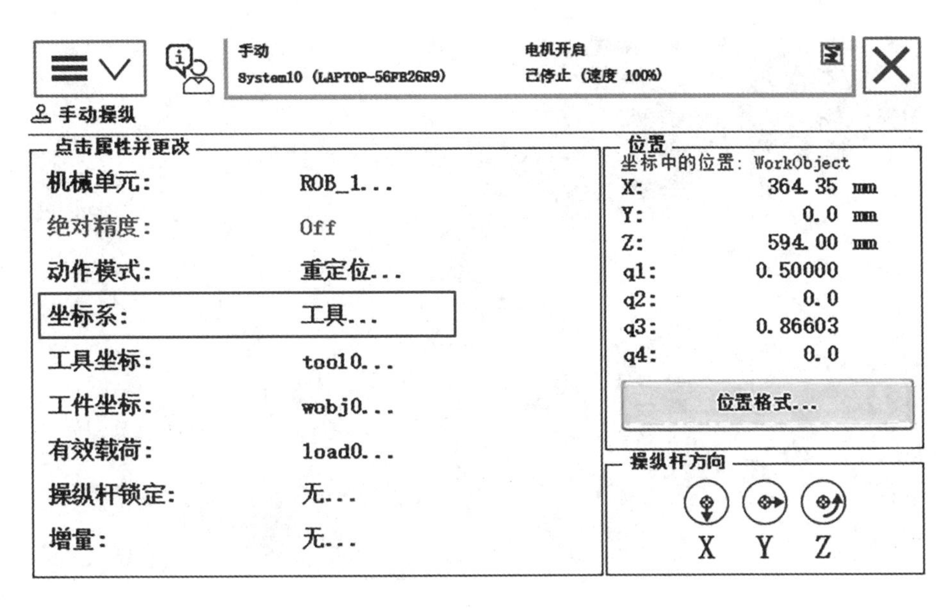

图 8-32 工具坐标系(2)

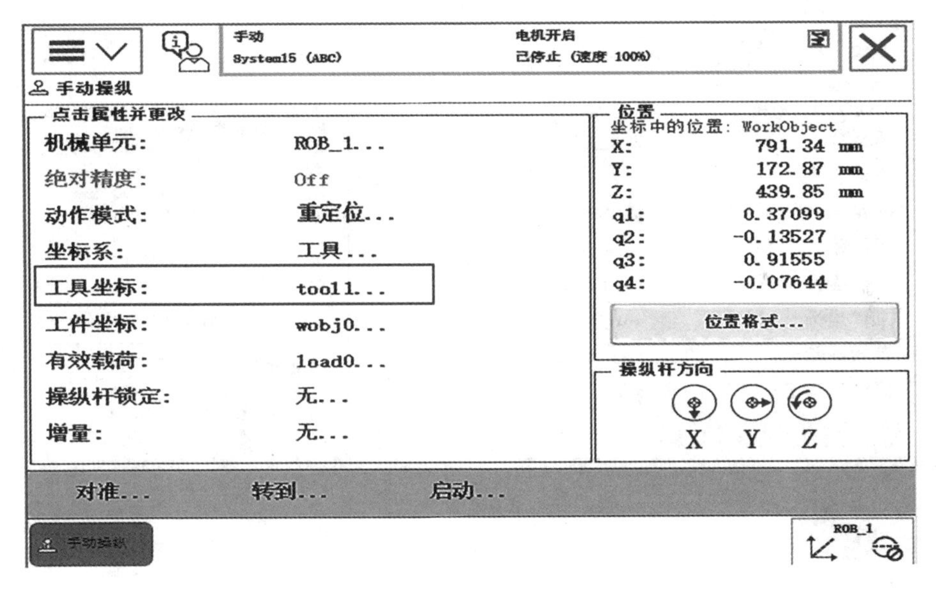

图 8-33 工具坐标系号选择

4. 增量模式

如果使用操纵杆来控制机器人的运动速度不熟练的话,那么可以使用增量模式来控制机器人的运动。

在增量模式下,操纵杆每位移一次,机器人就移动一步。如果操作操纵杆持续一秒或数秒钟,机器人就会持续移动(速率为每秒 10 步)。具体的操作步骤如下。

(1) 单击增量模式,如图 8-35 所示。

(2) 根据机器人所要移动幅度的大小(见表 8-2),选择相对应的挡位,单击“确定”,如图 8-36 所示。

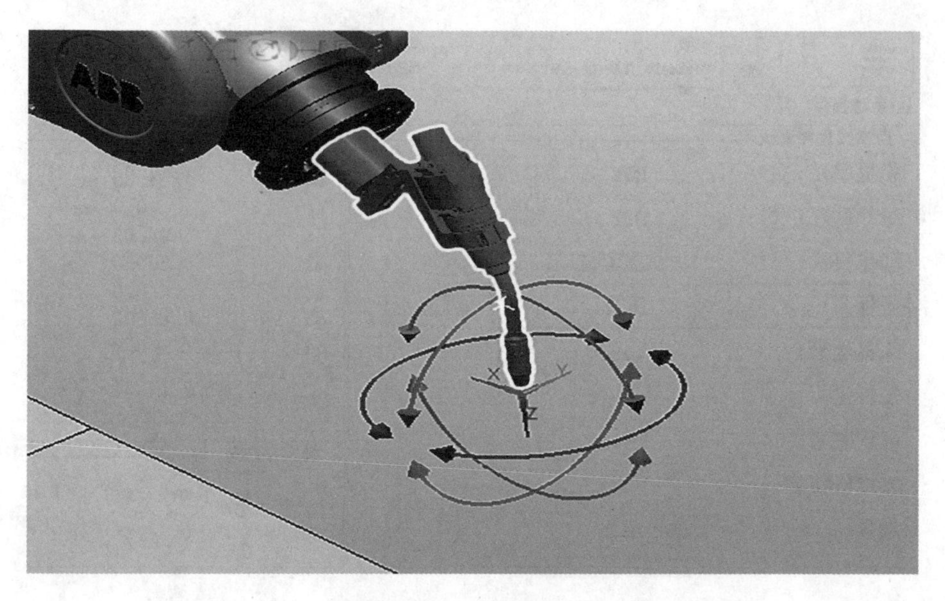

图 8-34　重定位运动

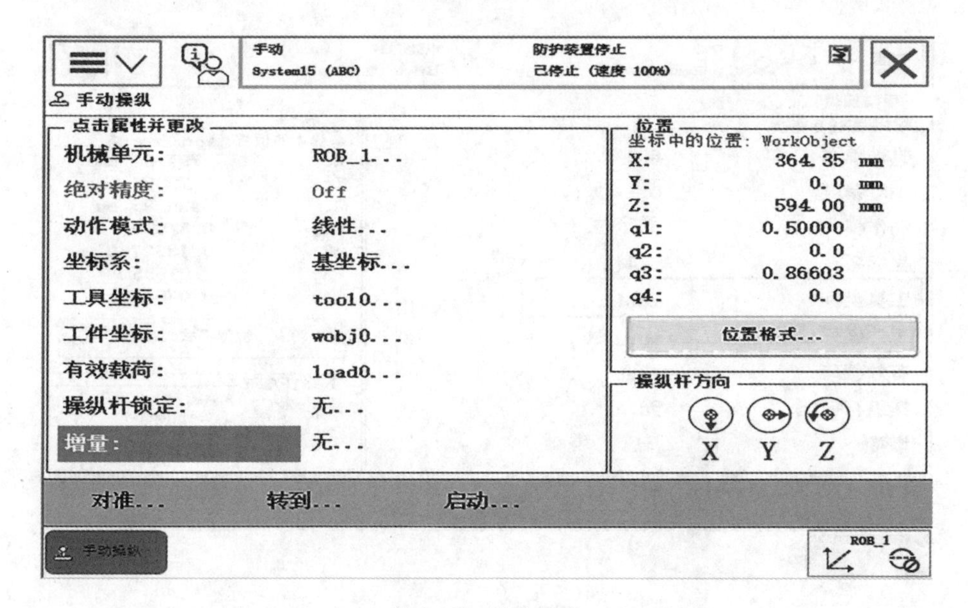

图 8-35　增量模式

表 8-2　移动幅度的大小

序　　号	增　　量	移动距离/mm	角度/(°)
1	小	0.05	0.005
2	中	1	0.02
3	大	5	0.2
4	用户	自定义	自定义

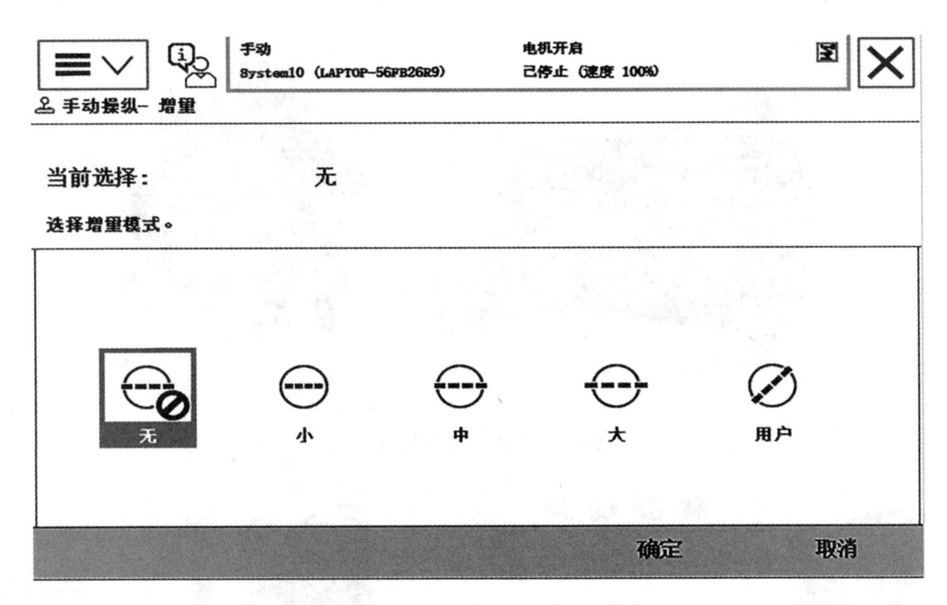

图 8-36　移动幅度选择

8.2.4　示教器操作

1. 认识示教器

示教器是人机交互接口，操作者可通过它对机器人进行编程调试或手动操纵机器人移动。

1）示教器组成

示教器由连接电缆、触控屏、急停按钮、手动操作杆、数据备份用 USB 接口、使能键、触控笔放置位、示教器复位键组成，如图 8-37 所示。

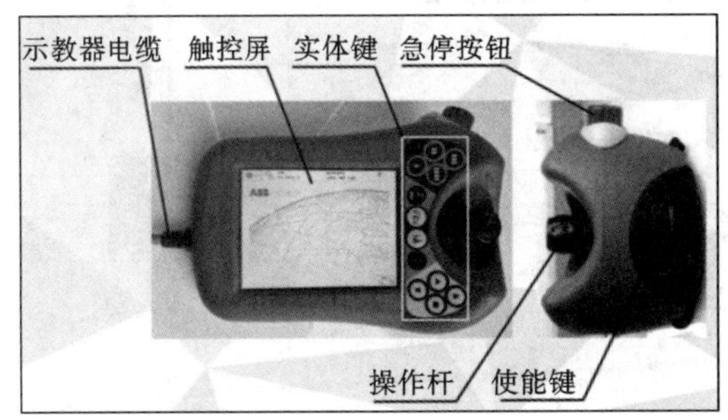

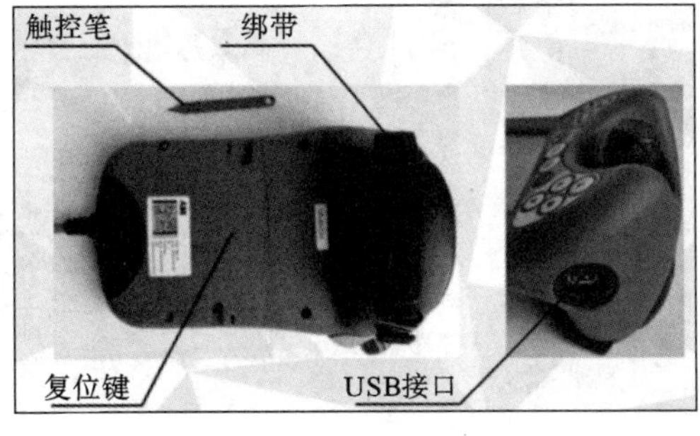

图 8-37　示教器

通常我们用左手持示教器，右手操作示教笔，示教器整体放在左手小臂内侧，如图 8-38 所示。手持示教器按钮功能如图 8-39 所示。

2）示教器主界面

示教器主界面由菜单栏、状态栏、通知栏、快捷菜单栏和任务栏组成，如图 8-40 所示。

在示教器主界面点击菜单栏后出现下拉菜单选项，如图 8-41 所示。

在示教器主界面点击通知栏后出现通知窗口，显示机器人程序消息，提示操作员进行适当操作,帮助程序有效执行,如图 8-42 所示。

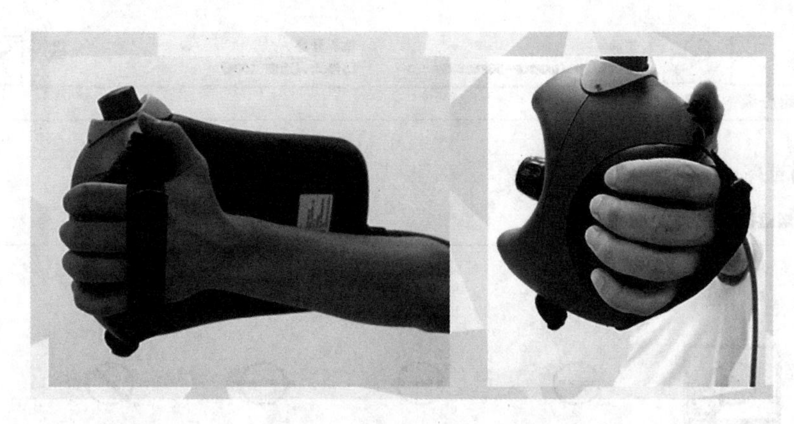

图 8-38　手持示教器标准姿态

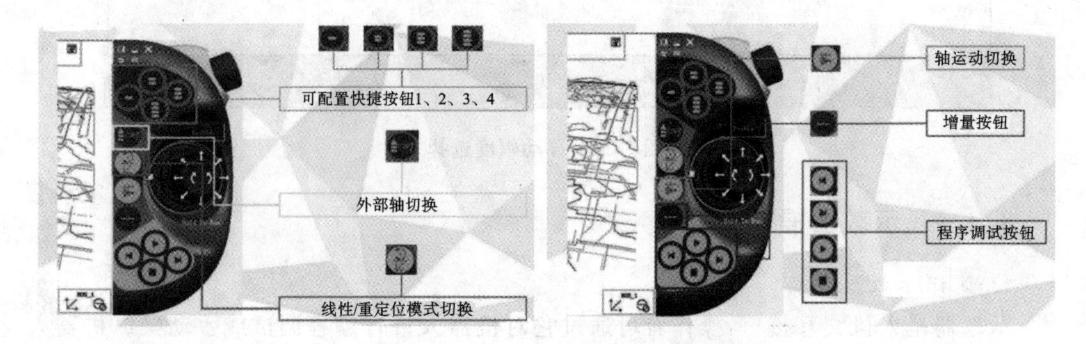

图 8-39　手持示教器按钮功能

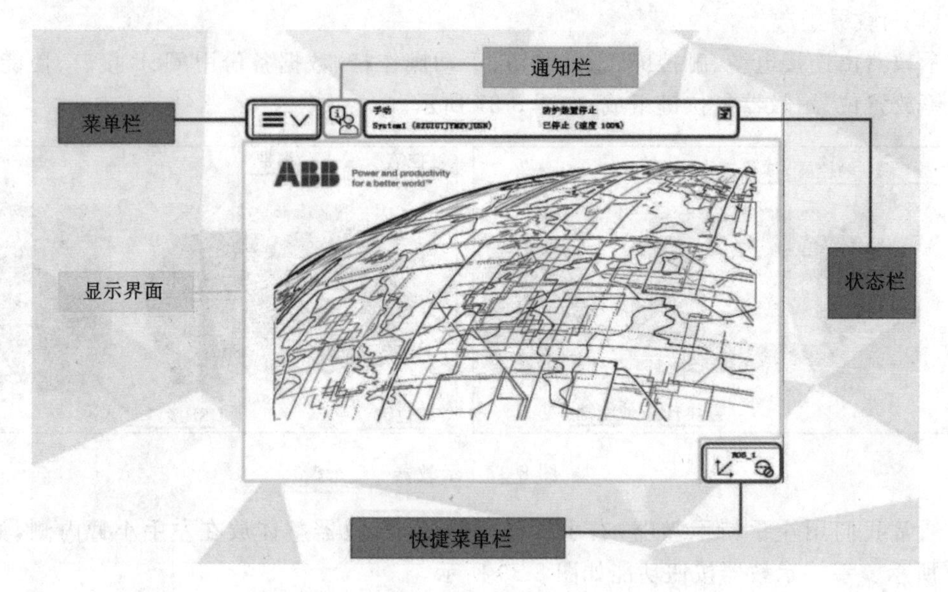

图 8-40　主界面

状态栏(见图 8-43)显示与系统有关的重要信息,例如电机开启/关闭、机器人运行状态等。

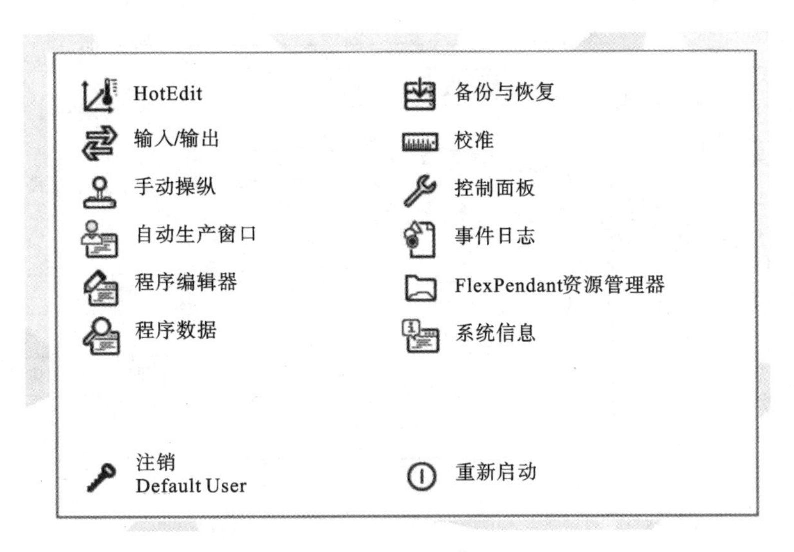

图 8-41 菜单栏

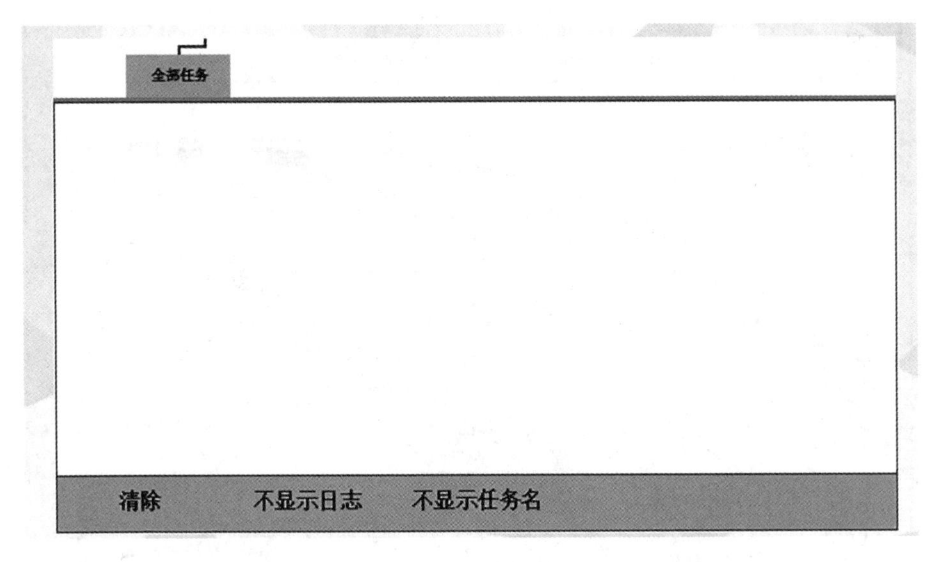

图 8-42 通知栏

任务栏通过 ABB 菜单可打开多个(最多六个)任务视图，但一次仅可操作一个。

使能键位于示教器操作杆的右侧，分为两挡。在手动状态下按下第一挡后机器人将处于“电机开启”状态。只有按下使能键并保持在“电机开启”状态才可以对机器人进行手动操作和程序调试，如图 8-44 所示。按下第二挡，机器人会处于“防护装置停止”状态，如图 8-45 所示。当发生危险时，人本能地将使能键松开或按紧，这两种情况下机器人会立刻停止，保证人身与设备的安全。

2. 系统备份与恢复

为了避免操作人员对机器人系统文件误删除所引起的故障，通常在操作前应先备份当前机器人系统。此外，当机器人系统无法重启时，可以通过恢复机器人系统的备份文件解决。机器人系统备份包含系统参数和所有存储在运行内存中的 RAPID 程序。但要注

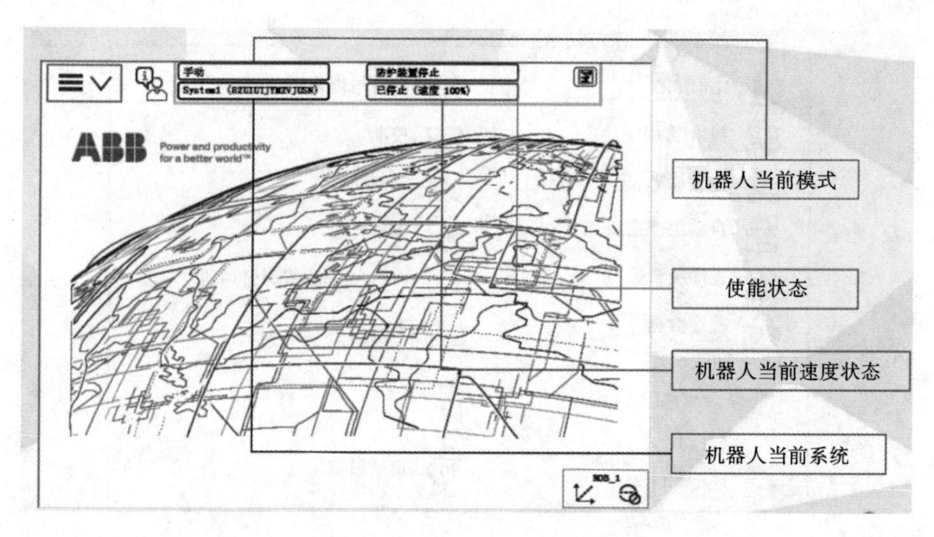

图 8-43　状态栏

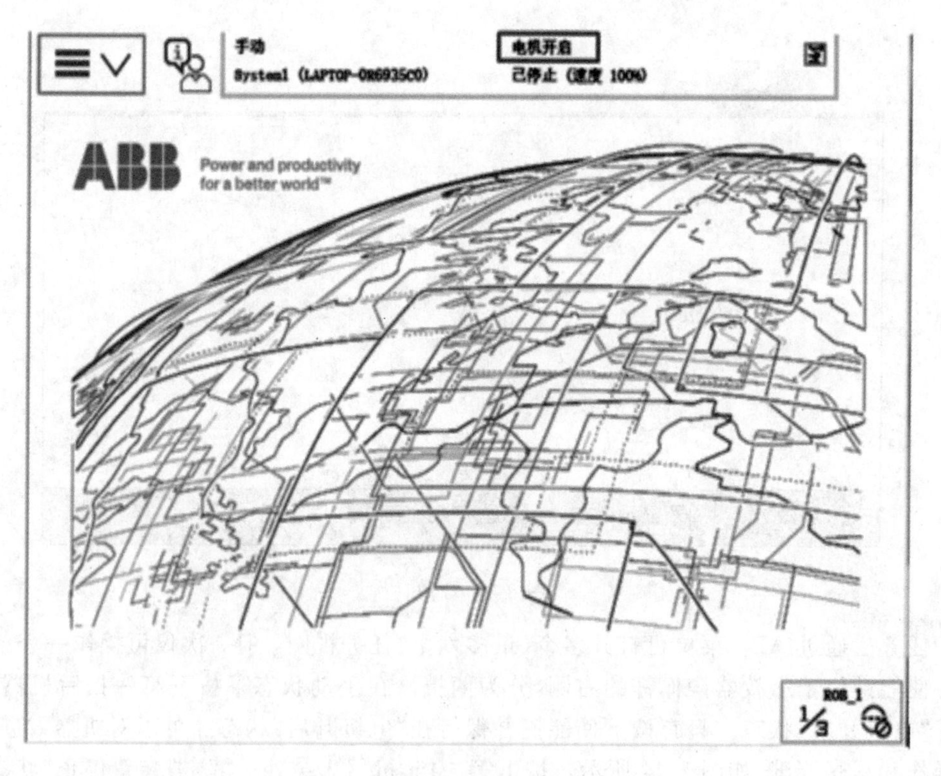

图 8-44　电机开启

意的是系统备份具有唯一性，即备份系统、恢复系统只能在同一个机器人中进行，不能将一个机器人的备份系统恢复到另一个机器人中，否则会引起故障。

系统备份具体步骤如下：

(1) 单击示教器 ABB 菜单栏；

(2) 进入主界面后选择“备份与恢复”选项；

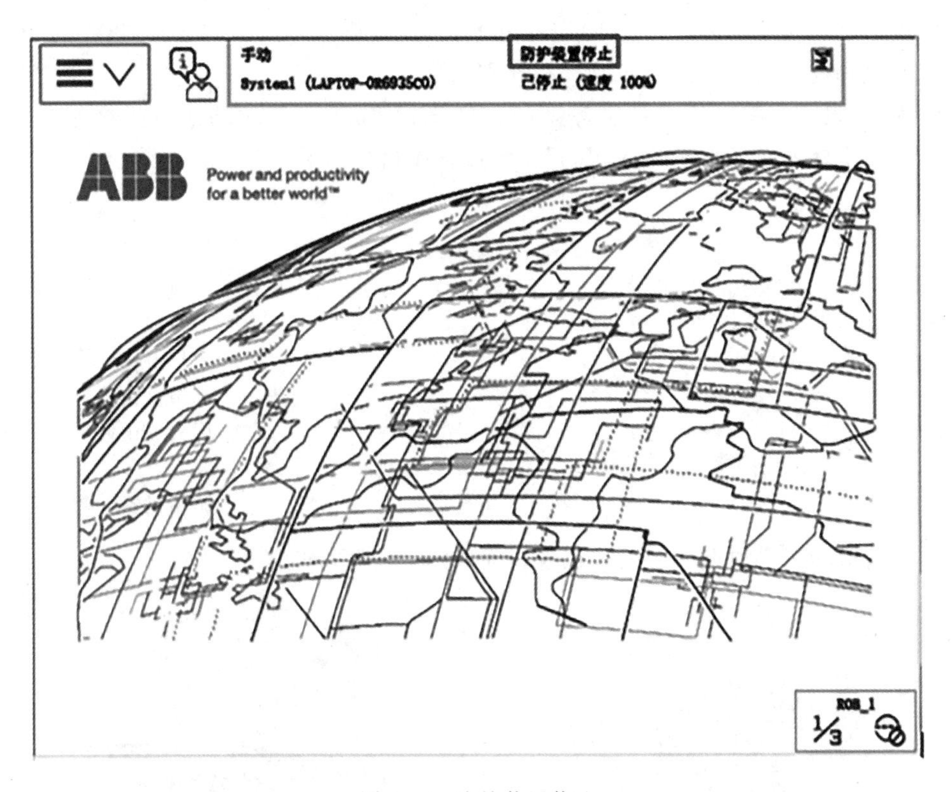

图 8-45 防护装置停止

(3) 单击"备份当前系统…",进入备份界面中,单击"ABC…"按钮可设置系统备份文件的名称,单击"…"按钮选择存放备份文件的位置;

(4) 单击"备份"按钮,即可对机器人系统进行备份;

(5) 界面出现"创建备份请等待!",等待界面消失即完成机器人系统备份。

系统恢复操作步骤如下:

(1) 将外部存储设备与示教器相连接,单击示教器 ABB 菜单栏;

(2) 进入主界面后选择"备份与恢复"选项;

(3) 单击"恢复系统…";

(4) 单击进入备份恢复界面中,单击"…"按钮可以选择恢复备份文件的位置;

(5) 选定恢复备份的文件夹,后单击"确定";

(6) 恢复路径选择成功,单击"恢复";

(7) 在跳出的"恢复"对话框中选择"是"。

8.3 曲面工作台轨迹的编程

8.3.1 三角形轨迹的编程

要完成一个三角形轨迹的编程,首先确定需要示教的几个点的位置,如图 8-46 所示,确定三角形轨迹三个顶点的位置和名称。

对一个闭环轨迹来说，点 SJ_10 既是起始点，也是终点，完成一个(段)轨迹的加工，需要在起始点和终点的上方添加入刀点和规避点。

编程前，设定好参考的工具坐标系和工件坐标系，本工作站的工具坐标系选择“BiTool”，工件坐标系选择默认的“wobj0”。添加程序指令如下：

```
PROC SanJiaoXing()
rHome;                                          调用机器人初始位置程序
MoveJ Offs(SJ_10,0,0,100), v150, z10, BiTool;   入刀点
MoveL SJ_10, v150, fine, BiTool;                三角形轨迹第一点
MoveL SJ_20, v150, fine, BiTool;                三角形轨迹第二点
MoveL SJ_30, v150, fine, BiTool;                三角形轨迹第三点
MoveL SJ_10, v150, fine, BiTool;                回到三角形轨迹第一点
MoveJ Offs(SJ_10,0,0,100), v150, z10, BiTool;   规避点
rHome;                                          调用机器人初始位置程序
```

对三角形的三个顶点分别校准位置。完成后，调试程序。

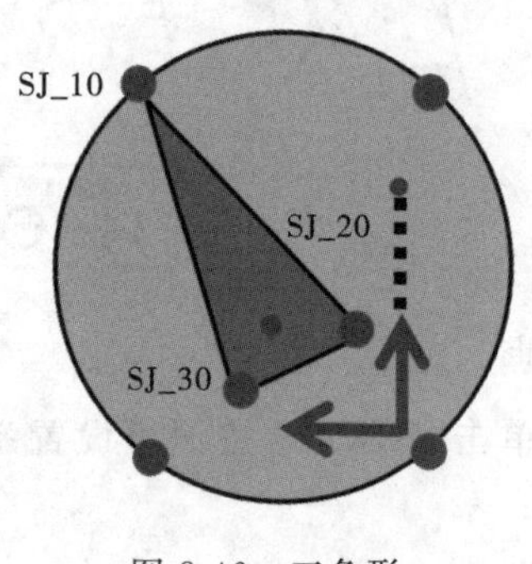

图 8-46　三角形

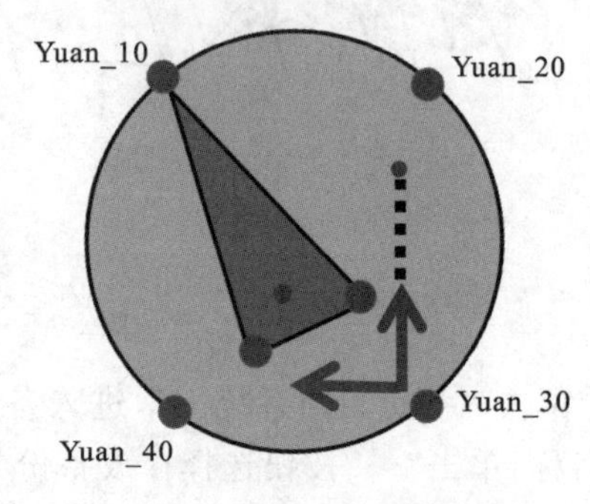

图 8-47　圆

8.3.2　圆形轨迹的编程

要完成一个圆形轨迹的编程，首先确定需要示教的几个点的位置，如图 8-47 所示，确定圆形轨迹上四点的位置和名称。

对一个闭环轨迹来说，点 Yuan_10 既是起始点，也是终点，完成一个(段)轨迹的加工，需要在起始点和终点的上方添加入刀点和规避点。一条圆弧指令引导的工具中心点画圆操作不能超过 240°，所以一个完整的画圆操作，至少需要两条 MoveC 指令。

编程前，设定好参考的工具坐标系和工件坐标系，本工作站的工具坐标系选择“BiTool”，工件坐标系选择默认的“wobj0”。添加程序指令如下：

```
PROC YuanXing()
rHome;                                            机器人初始位置程序
MoveJ Offs(Yuan_10,0,0,100), v150, z10, BiTool;   入刀点
MoveL Yuan_10, v150, fine, BiTool;                圆形轨迹第一点
MoveC Yuan_20, Yuan_30, v150, z1, BiTool;         圆形轨迹第二点和第三点
MoveC Yuan_40, Yuan_10, v150, z1, BiTool;         圆形轨迹第四点和第一点
MoveL Offs(Yuan_10,0,0,100), v150, z10, BiTool;   规避点
```

```
rHome;                                        回到机器人初始位置
ENDPROC
```

对圆形的四个点分别校准位置。完成后,调试程序。

课 后 习 题

8-1 完成如图 8-48 所示内轮廓轨迹的编程(20 分钟内完成)。

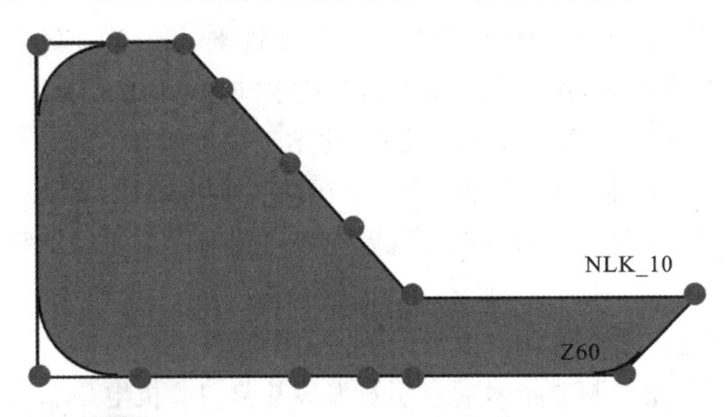

图 8-48 习题 8-1 图

要求:① 工具坐标系选择 BiTool,工件坐标系选择 wobj0;
② 示教第一点的名称为 NLK_10,位置如图所示;
③ 转完区数据如图所示。

8-2 完成如图 8-49 所示外轮廓轨迹的编程(20 分钟内完成)。

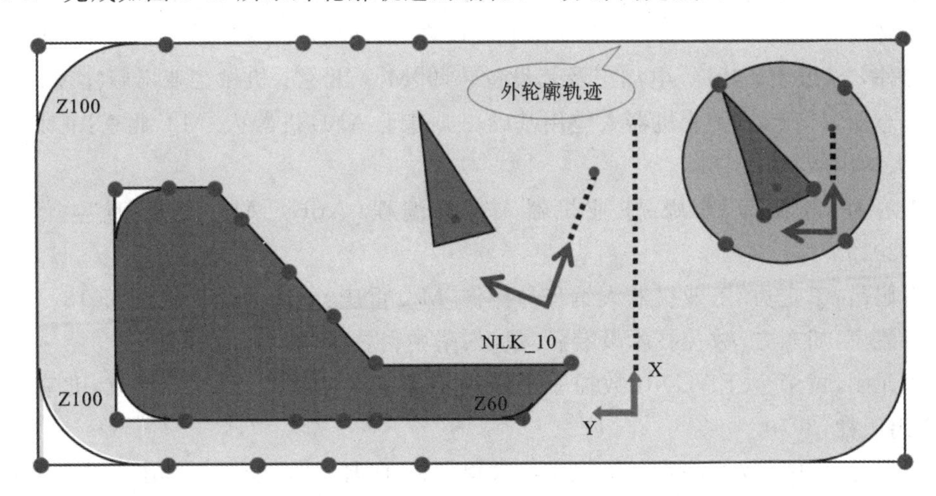

图 8-49 习题 8-2 图

要求:① 工具坐标系选择 BiTool,工件坐标系选择 wobj0;
② 示教第一点的名称为 NLK_10,位置如图所示;
③ 转完区数据如图所示。

参考文献

[1] 刘力新.现代制造技术及其发展趋势研究[J]. 中小企业管理与科技(上旬刊)，2019(5)：148-149.

[2] 彭澎.中国制造业的短板[J].中国中小企业，2021(5)：70-71.

[3] 梁天驰，谢智勇，赵严冬.制造业对我国经济的推动作用及未来发展建议[J].企业改革与管理，2020(24)：24-25.

[4] 行志娟. 现代机械制造技术发展趋势[J]. 科技资讯，2019，17(33)：86，88.

[5] 裴未迟，龙海洋，李耀刚，纪宏超. 先进制造技术[M]. 北京：清华大学出版社，2019.

[6] 牛同训. 现代制造技术[M]. 2版. 北京：化学工业出版社，2018.

[7] 王细洋. 现代制造技术[M]. 2版. 北京：国防工业出版社，2017.

[8] 冯春丽.先进机械制造技术的特点及发展趋势[J].现代工业经济和信息化，2020，10(9)：14-15.

[9] 霍逸飞.先进制造技术的应用与发展趋势[J].南方农机，2018，49(23)：195-197.

[10] 李建中，李祎文.先进制造技术的应用及发展趋势[J].机电信息，2007(11)：5-8，11.

[11] 刘志东.特种加工[M].北京：北京大学出版社，2017.

[12] 袁根福，祝锡晶.精密特种加工技术[M].北京：北京大学出版社，2007.

[13] 刘燕.现代制造技术实训教程[M].北京：清华大学出版社，2011.

[14] 杨树财，张玉华.数控加工技术与项目实训[M].北京：机械工业出版社，2013.

[15] 王志海，罗继相，舒敬萍.数控加工技术与项目实训[M].北京：清华大学出版社，2010.

[16] 郭伟，吴振明，叶锋.电加工及其设备装调[M]. 北京：机械工业出版社，2020.

[17] 魏志丽，林燕文.工业机器人应用基础——基于ABB机器人[M].北京：北京航空航天大学出版社，2016.

[18] 李春勤，赵振铎，李娜.工业机器人现场编程(ABB)[M].北京：航空工业出版社，2019.

[19] 雷旭昌，王定勇.工业机器人编程与操作[M].重庆：重庆大学出版社，2018.

[20] 韩建海，胡东方.数控技术及装备.武汉：华中科技大学出版社，2011.

[21] 崔元刚，黄荣金.FAUNC数控车削高级工理实一体化教程[M].北京：北京理工大学出版社，2010.

[22] 江书勇，宋鸣.数控编程与加工实习教程[M].成都：西南交通大学出版社，2017.

[23] 韩鸿鸾，丛培兰.数控加工工艺[M].北京：人民邮电出版社，2010.

[24] 常旭睿.数控铣削加工工艺及应用[M].北京：国防工业出版社，2010.

[25] 寇文化. 数控铣多轴加工工艺与编程[M].北京：化学工业出版社，2018.

[26] 苏维均，刘赟喆，王群. 激光内雕机的使用及相关问题的解决方案[J]. 食品科学技

术学报，2008，26(03)：25-28.
[27] 刘屹环. FDM：熔融沉积成型[EB/OL]. [2017-04-05]. https://zhuanlan.zhihu.com/p/26179634.
[28] 余辉. 叠加的魅力　3D 打印之熔融沉积成型技术[EB/OL]. [2016-04-08]. https://3dp.zol.com.cn/576/5767188.html.
[29] 华强电子网. 揭秘 3D 打印技术之 FDM 原理[EB/OL]. [2016-08-10]. https://tech.hqew.com/fangan_1708577.
[30] 3D 打印世界. FDM 材料选择[EB/OL]. [2018-07-26]. https://www.i3dpworld.com/techzone/view/5295.
[31] 讯臣三维. SLA 光固化 3D 打印的技术原理与未来趋势[EB/OL]. [2020-08-31]. https://baijiahao.baidu.com/s? id = 1676534033900452713&wfr = spider&for =pc.
[32] e 键打印. 3D 打印 SLA 后处理的清理步骤与方法[EB/OL]. [2020-06-16]. http://www.ejdyin.com/article/articleDetail-2436.html.
[33] 中国教育装备网. SLA 3D 打印技术的基本原理：优缺点和局限性[EB/OL]. [2019-11-12]. http://www.ceiea.com/html/201911/201911121512414846.shtml.
[34] GODOI F C, PRAKASH S, BHANDARI B R. 3D printing technologies applied for food design: Status and prospects [J]. Journal of Food Engineering, 2016, 179: 44-54.
[35] JARIWALA S H, LEWIS G S, BUSHMAN Z J, et al. 3D Printing of Personalized Artificial Bone Scaffolds [J]. 2015, 2(2): 56-64.
[36] 张学军，唐思熠，肇恒跃，等. 3D 打印技术研究现状和关键技术 [J]. 材料工程，2016，44(2)：122-128.
[37] 黎宇航，董齐，郃清安，等. 熔融沉积增材制造成形碳纤维复合材料的力学性能 [J]. 塑性工程学报，2017，24(3)：225-230.
[38] 蔡志楷(CHEE KAI CHUA)，梁家辉(KAH FAI LEONG). 3D 打印和增材制造的原理及应用[M]. 北京：国防工业出版社，2017.
[39] 郑维明，李志，仰磊，等. 智能制造数字化增材制造[M]. 北京：机械工业出版社，2021.
[40] 杨占尧，赵敬云. 增材制造与 3D 打印技术及应用 [M]. 北京：清华大学出版社，2017.
[41] 王广春. 增材制造技术及应用实例 [M]. 北京：机械工业出版社，2014.
[42] 富宏亚，李玥华. 热塑性复合材料纤维铺放技术研究进展 [J]. 航空制造技术，2012(18)：44-48.
[43] MARSH G. Automating aerospace composites production with fibre placement [J]. Reinforced Plastics, 2011, 55(3): 32-37.
[44] GÜNTHER D, HEYMEL B, GÜNTHER J F, et al. Continuous 3D-printing for

additive manufacturing [J]. Rapid Prototyping Journal, 2014, 20(4): 320-327.

[45] GARDAN J. Additive manufacturing technologies: state of the art and trends[J]. International Journal of Production Research, 2016, 54(10):15.

[46] 梁盈富. ABB工业机器人操作与编程[M]. 北京:机械工业出版社,2021.